面向新工科的电工电子信息基础课程系列教材
教育部高等学校电工电子基础课程教学指导分委员会推荐教材

国家精品课程配套教材

数据库原理与应用

刘亚军　高莉莎　编著

清華大學出版社
北　京

内 容 简 介

本书主要介绍数据库原理与应用。全书分为两篇：第1篇为数据库原理，内容包括概述，数据模型，关系数据库标准语言，事务管理和查询优化，数据库的安全和完整性约束；第2篇为数据库应用，内容包括关系数据库设计理论，数据库设计的需求分析，数据库的概念设计，数据库的逻辑设计，数据库的物理设计，数据库的实现、运行和维护，数据库设计示例以及大数据时代数据管理技术。此外，附录给出了第1～11章习题的题解。

本书力求概念清晰、易于理解，通过大量应用实例讲述基本概念和方法，便于学生学习。本书针对思考题、典型题目和考试真题，以及综合实验进行视频讲解，为课堂教学提供很好的补充。

本书适合作为大学本科信息类专业数据库课程的教材，也可供考研学生和从事数据库应用的人士参考。

图书在版编目(CIP)数据

数据库原理与应用：微视频版/刘亚军，高莉莎编著. —北京：清华大学出版社，2020.9(2022.7重印)
面向新工科的电工电子信息基础课程系列教材
ISBN 978-7-302-55883-5

Ⅰ.①数… Ⅱ.①刘… ②高… Ⅲ.①数据库系统－高等学校－教材 Ⅳ.①TP311.13

中国版本图书馆CIP数据核字(2020)第109153号

责任编辑：文 怡
封面设计：王昭红
责任校对：李建庄
责任印制：杨 艳

出版发行：清华大学出版社
网　　址：http://www.tup.com.cn，http://www.wqbook.com
地　　址：北京清华大学学研大厦A座　　**邮　　编**：100084
社 总 机：010-83470000　　**邮　　购**：010-62786544
投稿与读者服务：010-62776969，c-service@tup.tsinghua.edu.cn
质量反馈：010-62772015，zhiliang@tup.tsinghua.edu.cn
课件下载：http://www.tup.com.cn，010-83470236
印 装 者：三河市龙大印装有限公司
经　　销：全国新华书店
开　　本：185mm×260mm　　**印　张**：26.25　　**字　　数**：606千字
版　　次：2020年9月第1版　　**印　　次**：2022年7月第2次印刷
印　　数：2501～3500
定　　价：59.80元

产品编号：088007-01

前言

本书是一本面向大学本科生的数据库课程教材。全书分为两篇,共有 13 章。

第 1 篇是数据库原理,其中第 1 章介绍数据库技术的基本概念、数据管理技术的发展过程、数据模型和数据模式以及数据库系统体系结构;第 2 章介绍有代表性的数据模型,重点介绍关系数据模型的结构、约束、操作,另外还介绍了用于数据库设计的 E-R 模型;第 3 章介绍关系数据库查询语言 SQL 以及存储过程;第 4 章介绍事务的恢复、并发控制以及查询优化;第 5 章介绍数据库的安全性和完整性约束及其实现。

第 2 篇是数据库应用,其中第 6 章介绍关系数据库设计的理论知识;第 7 章将软件工程中结构化分析方法的数据流程分析和数据库设计相结合,介绍数据库设计的需求分析;第 8 章介绍数据库的概念设计并使用最新的 UML E-R 数据模型作为建模工具;第 9 章介绍数据库的逻辑设计;第 10 章介绍数据库的物理设计;第 11 章介绍数据库的实现、运行和维护;第 12 章介绍数据库的一些应用示例;第 13 章简单介绍了大数据时代的数据管理技术。第 1～11 章后面都安排了习题供学生练习,附录中给出了各章习题的解答。

本次改版在完善前一版内容基础上增加了各章思考题、重点内容和典型题目的视频讲解;选择题、计算题、简答题、编程题、设计题及综合应用题的真题视频讲解;数据库综合实验内容和要求,以及如何撰写实验报告的视频讲解。这些视频是对目前课堂教学内容的很好的补充,强化了对数据库知识点的理解和应用。

尽管本书编者长期从事数据库课程的教学工作并有多年信息系统开发和数据库设计的经验,但书中依然难免有疏漏和不足之处,恳请读者批评指正。

编者

2020 年 7 月于南京

课件＋教学大纲

目录

第1篇　数据库原理

目录

目录

目录

目录

目录

目录

目录

第1篇

数据库原理

第1章 概述

近年来,计算机科学技术发展迅速,而数据库技术是计算机科学技术发展最快的领域之一,同时也是应用最广泛的技术之一。在信息管理自动化程度日益提高的今天,数据库技术越来越多地渗透到了人们工作和生活的各个方面。

数据库的基础知识是从事信息产业工作人员和相关专业工作人员的必备知识与技能,同时也是进一步深入研究数据库原理及其应用的出发点。本章主要介绍数据库的基本概念、数据管理技术的发展过程、数据库以及数据库系统体系结构。

1.1 数据库技术的基本概念

计算机在发展的初期只用于复杂的科学计算,后来随着软硬件技术的发展以及字符串处理能力的引入,计算机开始具有了数据处理能力。数据库技术是数据管理的最新技术,也是计算机科学的一个重要分支。数据库是信息系统的核心和基础,数据库技术的出现促进了计算机应用向各行各业的渗透。

1.1.1 数据

数据(data)是数据库中存储和管理的基本对象,是描述事物属性的一种符号记录。数据可分为两大类:一类是能够参与数值运算的数值型数据,如学生成绩、职工工资等;另一类是不能参与数值运算的非数值型数据,如文字、图形、图像、声音等。数据有多种形式,如学生的档案记录、学生的选课情况、学生的照片等,它们都可以经过数字化后存入计算机。

在计算机中,为了存储和处理这些事物,要选择能够描述事物特征的一组数据组成一个记录。

例如:在学生的档案中,如果人们最感兴趣的是学生的姓名、性别、出生年月、籍贯、所在系别、入学时间,那么可以这样描述某个学生的档案记录:

(李明,男,1978-10-25,江苏,计算机系,1996)

该记录表示李明是个大学生,1978 年 10 月 25 日出生,男,江苏人,1996 年考入计算机系。但数据的表现形式并不能完全表达其内容,不了解其语义的人无法理解其含义,必须经过语义解释才能被人理解。语义解释是指对数据含义的说明,数据的含义称为数据的语义。人们通过解释、推论、分析、综合等方法,从数据所获得的有意义的内容称为信息。因此,数据与其语义信息是密不可分的。数据是信息存在的一种形式,只有通过解释或处理才能成为有用的信息。

1.1.2 数据库

数据库(database,DB)是长期存储在计算机内部的逻辑上相关、可共享的数据集合。

所谓“逻辑上相关”是指数据库中存储的是数据和数据之间的逻辑关系。数据库中的数据通常按一定的数据模型组织、描述和存储，具有较小的冗余度、较高的数据独立性和易扩展性，并可为各种用户共享。

1.1.3 数据库管理系统

数据库管理系统（database management system，DBMS）是位于用户与操作系统之间的一层数据管理软件，其主要功能包括以下几个方面。

① 数据定义功能：用数据描述语言定义模式、外模式和内模式。

② 数据操纵功能：用数据操纵语言实现对数据的操作。包括数据的查询、插入、删除和修改。

③ 数据库的运行管理功能：对数据库的安全性、完整性、故障恢复和并发操作等方面的管理功能。

④ 数据库的建立和维护功能：对数据库数据的初始装载、数据库转储、数据库重组和记录日志文件。

因此，DBMS 是数据库系统的一个重要组成部分。

DBMS 的一般工作原理如下。

① 用户编写的应用程序经过接口软件处理后，抽出其中的数据库语言语句，转换成一种最基本的数据库语言，交词法和语法器分析，产生相应的语法树。然后进行授权检查，检查用户是否有权访问语法树中所涉及的数据对象。如果授权检查通过，则继续执行；否则返回适当消息，拒绝执行。

② 通过授权检查以后，就可对语法树进行语义分析和处理。对数据定义语句、查询语句、数据操纵语句和数据控制语句分别做不同的处理。其中的查询语句是最复杂和最基本的，这部分功能常统称为查询处理。在查询处理时，还存在多种存取路径的选择问题，这就是所谓查询优化。

③ 经过语义分析和查询处理，就形成了语句的执行计划，并用 DBMS 内部定义的存取原语表示。存取原语是一些基本操作命令，例如打开文件、关闭文件、取一记录、建立索引等。存取原语由存取机制执行。在执行过程中，还须有并发控制，以防止多用户并发访问数据库时引起的数据不一致。数据是重要的资源，任何破坏都会导致严重的后果。但是，再好的系统也会发生故障。在发生故障时，恢复机制能够使数据库恢复到最近的一致状态或先前的某个一致状态。

DBMS 是建立在操作系统之上的软件系统，是操作系统的用户。计算机系统的硬件和各种资源由操作系统统管理。DBMS 若有分配内存、创建或撤销进程、访问磁盘等要求，必须通过系统调用请求操作系统为其服务。

DBMS 须按查询处理所确定的执行计划对数据进行各种处理，以获得所需的查询结果，并通过接口以一定的格式提供给应用程序或用户。

1.1.4 数据库系统

数据库系统(database system,DBS)是指在计算机系统中引入数据库后的系统,一般由数据库、数据库管理系统、应用程序、数据库管理员和用户构成,如图 1.1 所示。

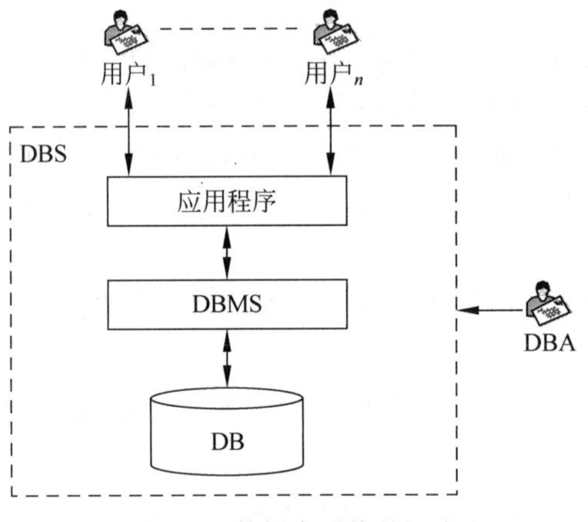

图 1.1 数据库系统的组成

图 1.1 中,用户是指与数据库系统的设计、创建、使用和维护等工作相关的人员; DB 是指应用中实际存储数据的一组关系表; DBMS 是指管理、控制 DBS 和执行数据库操作的系统软件,是 DBS 的重要组成部分; DBA 是指数据库管理员,其职责是负责数据库的规划、设计、协调、维护和管理,保证 DBS 正常运行。

1.1.5 数据库管理员

数据库是一种共享的资源,需要有人进行数据库的规划、设计、协调、维护和管理等工作,负责这些工作的人员或集体称为数据库管理员(database administrator,DBA)。DBA 的具体职责如下。

① 决定数据库中的信息内容和结构。

② 决定数据库的存储结构和存取策略。

③ 定义数据的安全性要求和完整性约束条件。

④ 监控数据库的使用和运行。

1.1.6 数据库应用系统

数据库应用系统(database application system,DBAS)是指系统开发人员利用数据库系统资源开发出来的,面向某一类实际应用的应用软件系统。例如,应用于教务部门的学生选课管理系统、应用于人事部门的人事管理系统以及应用于财务部门的财务管理系统等。

1.1.7 数据目录

数据目录(catalog)是一组关于数据的数据,也叫元数据。在高级程序设计语言中,程序所用到的数据由程序中的说明语句定义,程序运行结束了,这些说明也就失效了。DBMS的任务是管理大量的、共享的、持久的数据。有关这些数据的定义和描述须长期保存在系统中,一般就把这些元数据组成若干表,称之为数据目录,由系统管理和使用。

数据目录的内容包括基表、视图的定义以及存取路径(索引、散列等)、访问权限和用于查询优化的统计数据等的描述。数据目录只能由系统定义并为系统所有,在初始化时由系统自动生成。数据目录是被频繁访问的数据,同时又是十分重要的数据,几乎DBMS的每一部分在运行时都要用到数据目录。如果把数据目录中所有基表的定义全部删去,则数据库中的所有数据,尽管还存储在数据库中,将无法访问。为此,DBMS一般不允许用户对数据目录进行更新操作,而只允许用户对它进行有控制的查询。

1.1.8 空值

空值在数据库中是一个特殊的值,它表明该属性的值为空缺或未知。空值的存在会对关系代数运算产生一些影响,对数据库用户来说也可能会引起混淆,所以应当尽量避免使用空值。

1.2 数据管理技术的发展过程

数据库技术是应管理任务的需要而产生的。反过来,数据库系统的广泛应用又促进了数据库技术的进一步发展和创新。

在应用需求的推动下,在计算机硬件、软件发展的基础上,数据管理技术经历了人工管理、文件管理、数据库管理三个阶段。

1.2.1 人工管理阶段

20世纪50年代中期以前,计算机主要用于科学计算。当时的硬件状况是外存只有纸带、卡片、磁带,没有磁盘等直接存取的存储设备;软件状况是没有操作系统,没有管理数据的软件;数据处理方式是批处理方式。

这个阶段的人工管理数据具有如下特点。

1. 数据不保存

由于当时计算机主要用于科学计算,一般不需要将数据长期保存,只是在计算某一课题时将数据输入,用完就撤走。不仅对用户数据如此处置,对系统软件有时也是这样。

2. 应用程序管理数据

数据需要由应用程序自己管理,没有相应的软件系统负责数据的管理工作。应用程序中不仅要规定数据的逻辑结构,而且要设计物理结构,包括存储结构、存取方法、输入方式等。因此程序员负担很重。

3. 数据不共享

数据是面向应用的,一组数据只能对应一个程序。当多个应用程序涉及某些相同的数据时,由于必须各自定义,无法互相利用、互相参照,程序与程序之间有大量的冗余数据。

4. 数据不具有独立性

当数据的逻辑结构或物理结构发生变化后,必须对应用程序做相应的修改,这就进一步加重了程序员的负担。

1.2.2 文件管理阶段

20 世纪 50 年代后期到 60 年代中期,数据管理技术进入了文件管理阶段。这个阶段在硬件方面已有了磁盘、磁鼓等直接存取存储设备;软件方面也已经在操作系统中有了专门的数据管理软件,一般称为文件系统;数据处理方式不仅有了批处理,而且还能够进行联机实时处理。

用文件系统管理数据具有如下特点。

1. 数据可以长期保存

由于计算机大量用于数据处理,数据需要长期保留在外存上反复进行查询、修改、插入和删除等操作。

2. 由文件系统管理数据

由专门的软件即文件系统进行数据管理,文件系统把数据组织成相互独立的数据文件,利用"按文件名访问,按记录进行存取"的管理技术,可以对文件进行修改、插入和删除的操作。

文件系统实现了记录内的结构性,但整体无结构。程序和数据之间由文件系统提供存取方法进行转换,使应用程序与数据之间有了一定的独立性,程序员可以不必过多地考虑物理细节,将精力集中于算法。数据在存储上的改变不一定反映在程序上,大大节省了维护程序的工作量。但是,文件系统仍存在缺点。

3. 数据共享性差,冗余度大

在文件系统中,一个文件基本上对应于一个应用程序,即文件仍然是面向应用的。

当不同的应用程序具有部分相同的数据时，也必须建立各自的文件，而不能共享相同的数据，因此数据的冗余度大，浪费存储空间。同时由于相同数据的重复存储、各自管理，容易造成数据的不一致性，给数据的修改和维护带来了困难。

4. 数据独立性差

文件系统中的文件是为某一特定应用服务的，文件的逻辑结构对该应用程序来说是优化的，因此要想对现有的数据再增加一些新的应用会很困难，系统不容易扩充。一旦数据的逻辑结构改变，必须修改应用程序，修改文件结构的定义。

应用程序的改变(例如应用程序改用不同的高级语言等)也将引起文件的数据结构的改变。因此数据与程序之间仍缺乏独立性。可见，文件系统仍然是一个不具有弹性的无结构的数据集合，即文件之间是孤立的，不能反映现实世界事物之间的内在联系。

1.2.3 数据库管理阶段

20 世纪 60 年代后期以来，计算机用于管理的规模越来越大，应用也越来越广泛，数据量急剧增长，同时多种应用、多种语言互相覆盖地共享数据集合的要求越来越强烈。这个阶段的硬件已有大容量磁盘，随着硬件价格的下降和软件价格的上升，编制和维护系统软件及应用程序所需的成本相对增加；数据处理方式上联机实时处理要求占多数，并开始提出和考虑分布式处理。

在这种背景下，以文件系统作为数据管理手段已经不能满足应用的需求，于是为解决多用户、多应用共享数据的需求，使数据为尽可能多的应用服务，数据库技术应运而生，出现了统一管理数据的专门软件系统，即数据库管理系统。

与人工管理和文件管理相比，数据库管理的特点主要有以下几个方面。

1. 数据结构化

数据结构化是数据库与文件系统的根本区别。例如，一个学生基本信息记录文件，每个记录都有如图 1.2 所示的记录格式。

学号	姓名	性别	系别	年龄	政治面貌	家庭出身	籍贯	家庭成员	奖惩情况

图 1.2 学生基本信息记录

在文件系统中，尽管记录内部已有了某些结构，但记录之间没有联系。而数据库系统实现的是整体数据的结构化，这也是数据库系统与文件系统的本质区别。

在数据库系统中，数据不再针对某一应用，而是面向整个组织，具有整体的结构化。不仅数据是结构化的，存取数据的方式也很灵活，可以存取数据库中的某一个数据项、一组数据项、一个记录或一组记录。而在文件系统中，数据的最小存取单位是记录。

2. 数据的共享性高，冗余度低，易扩充

数据库系统从整体角度描述数据，数据不再面向某个应用而是面向整个系统，因此数据可以被多个用户、多个应用共享使用。数据共享可以大大减少数据冗余,节约存储空间。数据共享还能够避免数据之间的不相容性与不一致性。所谓数据的不一致性是指同一数据不同副本的值不一样。采用人工管理或文件系统管理时,由于数据被重复存储,当不同的应用使用和修改不同的副本时就很容易造成数据的不一致。在数据库中数据共享,减少了由于数据冗余造成的不一致现象。

由于数据面向整个系统,不仅可以被多个应用共享使用,而且容易增加新的应用,这就使得数据库系统弹性大,易于扩充,可以适应各种用户的要求。可以取整体数据的各种子集用于不同的应用系统,当应用需求改变或增加时,只要重新选取不同的子集或加上一部分数据便可以满足新的需求。

3. 数据独立性高

数据独立性是数据库领域中一个常用术语,包括数据的物理独立性和数据的逻辑独立性。物理独立性是指用户的应用程序与存储在磁盘上的数据库中的数据是相互独立的。也就是说,数据在磁盘上的数据库中怎样存储是由 DBMS 管理的,用户程序不需要了解,应用程序要处理的只是数据的逻辑结构,这样即使数据的物理存储改变了,应用程序也不用改变。逻辑独立性是指用户的应用程序与数据库的逻辑结构是相互独立的,也就是说,数据的逻辑结构改变了,用户程序也可以不变。

数据与程序的独立,把数据的定义从程序中分离出去,数据的存取又由 DBMS 负责,这些简化了应用程序的编制,大大减少了应用程序的维护和修改。

4. 数据由 DBMS 统一管理和控制

数据库的共享是并发的共享,即多个用户可以同时存取数据库中的数据,甚至可以同时存取数据库中同一个数据。

为此,DBMS 必须提供以下几方面的数据控制功能。

(1) 数据的安全性(security)保护

数据的安全性是指保护数据以防止不合法的使用造成的数据的泄密或破坏。DBMS 保证每个用户只能按规定对某些数据以某些方式进行使用和处理。

(2) 数据的完整性(integrity)检查

数据的完整性指数据的正确性、有效性和相容性。完整性检查将数据控制在有效的范围内。

(3) 并发(concurrency)控制

当多个用户的并发进程同时存取、修改数据库时,可能会发生相互干扰而得到错误的结果或使得数据库的完整性遭到破坏的情况,因此必须对多用户的并发操作加以控制和协调。

(4) 数据库恢复(recovery)

计算机系统的硬件故障、软件故障、操作员的失误以及故意的破坏也会影响数据库中数据的正确性,甚至造成数据库部分或全部数据的丢失。DBMS 必须具有将数据库从错误状态恢复到某一已知的正确状态(亦称为完整状态或一致状态)的功能,这就是数据库的恢复功能。

数据库系统的出现使信息系统从以加工数据的程序为中心转向围绕共享的数据库为中心的新阶段。这样既便于数据的集中管理,又有利于应用程序的研发和维护,提高了数据的利用率和相容性,提高了决策的可靠性。

目前,数据库已经成为现代信息系统不可分离的重要组成部分。具有海量数据的数据库已经普遍存在于科学技术、工业、农业、商业、服务业和政府部门的信息系统中。

1.3 数据模型和数据模式

1.3.1 数据模型

数据模型(data model)是现实世界数据特征的抽象。在数据库中用数据模型来抽象、表示和处理现实世界中的数据和信息。

通常,数据模型应满足以下三个方面的要求。

① 能比较真实地模拟现实世界。

② 容易为人所理解。

③ 便于在计算机上实现。

数据模型通常由数据结构、数据操作和完整性约束三部分组成。数据结构是刻画一个数据模型性质最重要的方面,是对系统静态特性的描述。因此,在数据库系统中,通常按照其数据结构的类型来命名数据模型。数据操作是指对数据库中各种对象(型)的实例(值)允许执行的操作的集合,包括操作及有关的操作规则。数据操作是对系统动态特性的描述。完整性约束是对给定的数据模型中数据及其联系所具有的制约和依存规则,用以限定符合数据模型的数据库状态以及状态的变化,以保证数据的正确性、有效性以及相容性。

数据库中,数据模型一般可分为三级。

① 概念数据模型:在数据库设计的开始阶段,概念数据模型用来描述一个单位内部的数据和数据间关系的概念化结构。这种模型主要用来为现实世界建模,是一种语义信息模型,与具体的DBMS无关。

② 逻辑数据模型:是用户从数据库所看到的数据模型,与所选的DBMS有关。反映数据的逻辑结构。

③ 物理数据模型:是反映数据存储结构的数据模型,与所选的DBMS有关。反映数据的物理结构。

1.3.2 数据模式

数据模式(data schema)是以一定的数据模型对一个单位的数据的类型、结构及其相

互间的关系所进行的描述。数据模式有型与值之分,型是指框架,而值是指框架中的实例。例如,学生记录的型为

(姓名、性别、出生年月、籍贯、所在系别、入学时间)

而

(李明,男,1978-10-25,江苏,计算机系,1996)

是上述框架的一个值。

数据模型和数据模式的主要区别在于数据模型是描述现实世界数据的手段和工具。数据模式是利用这个手段和工具对相互间的关系所进行的描述,是关于型的描述。它与DBMS和OS硬件无关。

在DBMS中,数据模式也分为三级。

① 概念模式:是用逻辑数据模型对一个单位的数据的描述。

② 外模式:是用逻辑模型对用户所用到的那部分数据的描述。外模式也称子模式或用户模式,是与应用程序对应的数据库视图,是数据库的一个子集。

③ 内模式:是数据物理结构和存储方式的描述,是数据的数据库内部表示方式。内模式也称为存储模式。

概念模式、外模式和内模式都存于数据目录中,是数据目录的基本内容。DBMS通过数据目录,管理和访问数据模式。一般数据库系统中用户只能看到外模式。

1.4 数据库系统体系结构

随着计算机系统功能的不断增强、计算机领域的不断拓展以及网络技术的不断提高,数据库系统的应用环境也在不断地发生变化。常见的数据库系统体系结构有分布式数据库系统体系结构、客户机/服务器结构以及浏览器/服务器结构。

1.4.1 分布式数据库系统体系结构

分布式数据库系统是数据库技术与网络技术相结合的产物,其特点是分布式数据库是由一组数据库组成的。这组数据库物理上分布在网络中的不同计算机上,但它们在逻辑上是一个整体,好像是一个集中式数据库,如图1.3所示。

网络中的每个节点上的DBMS是分布式DBMS(简称D-DBMS),它们都可以独立处理本地数据库中的数据,执行局部应用;同时也可以存取和处理多个异地数据库中的数据,执行全局应用。

分布式数据库不是简单地把集中式DBMS分散安装在网络各节点上实现的。分布式DBMS比集中式DBMS更加复杂,它具有自己的特征和概念,也必须具备在网络环境下更复杂的数据完整性、安全性、并发控制和恢复等控制能力。分布式数据库系统体系结构适合于那些地理上分散的公司、团体和组织的数据库应用的需求。

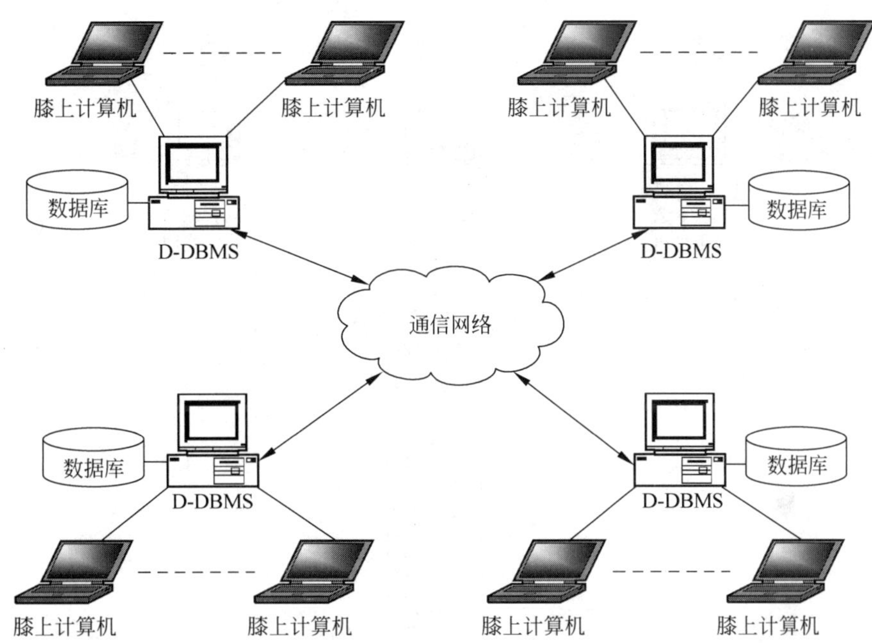

图 1.3 分布式数据库系统体系结构

1.4.2 客户机/服务器结构

随着互联网的不断发展,当今数据库的应用大多是基于网络的应用,使用数据库的用户不是直接面对数据库系统,而是通过网络与远程数据库系统相连。因此,通过网络使用数据库系统的用户使用的计算机常被称为客户机,而运行数据库系统的计算机常被称为服务器,如图 1.4 所示。这种客户机/服务器结构通常称为二层结构(也称为 C/S 结构,即 client/server 结构)。

在二层结构中,计算机将具体应用分为多个子任务,由多台计算机完成。客户机完成数据处理、用户接口等功能;服务器完成 DBMS 的核心功能。客户机向服务器发出信息处理的服务请求,系统通过数据库服务器响应用户的请求,将处理结果返回客户机。

此时,客户机的主要任务如下。

① 管理用户界面。

② 接收用户的数据和处理要求。

③ 处理应用程序。

④ 产生对数据库的请求。

⑤ 向服务器发出请求。

⑥ 接收服务器返回的结果。

服务器的主要任务如下。

① 接收客户机发出的数据请求。

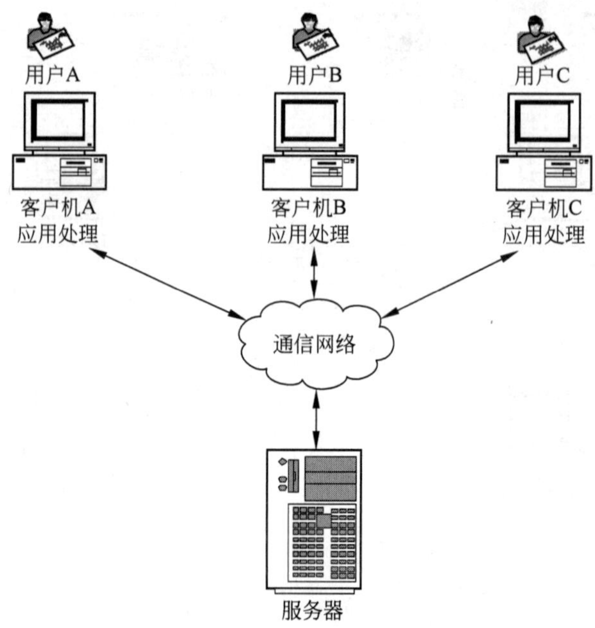

图 1.4　客户机/服务器结构

② 处理对数据库的请求。

③ 将处理结果送给发出请求的客户机。

④ 查询/更新的优化处理。

⑤ 控制数据安全性规则和进行数据完整性检查。

⑥ 维护数据目录和索引。

⑦ 处理并发问题和数据库恢复问题。

由此可见,在客户机/服务器结构中,服务器负责提供数据和文件的管理。客户机运行前端应用程序,提供应用开发工具,并通过网络获得服务器的服务,使用服务器上的共享资源,这些计算机通过网络连接起来成为一个相互协作的系统。

不过,这种结构存在一些问题,如应用程序在客户机端,一旦应用程序修改或升级,便造成所有客户机上的应用程序全部都要修改或升级。因此,客户机/服务器两层体系结构存在灵活性差、升级困难、维护工作量大等缺陷,已较难适应当前信息技术与网络技术发展的需要。

1.4.3　浏览器/服务器结构

浏览器/服务器结构是把二层 C/S 结构的事务处理逻辑模块从客户机的任务中分离出来,由 Web 服务器单独组成一层来负担其任务,这样客户机的压力减轻了,把负荷分配给了 Web 服务器。在浏览器/服务器结构中,用户通过浏览器向分布在网络上的许多服务器发出请求,服务器对浏览器的请求进行处理,将用户所需信息返回到浏览器。这种浏览器/服务器结构通常称为三层结构(也称为B/S结构),如图1.5所示。

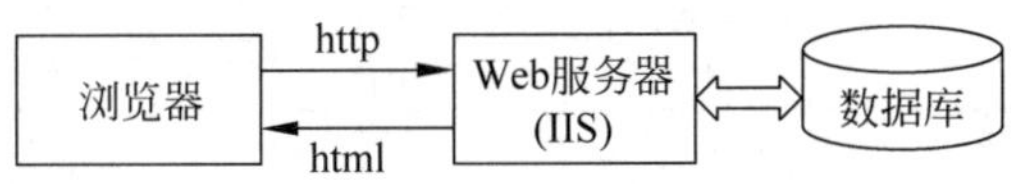

图1.5 浏览器/服务器结构

B/S结构简化了客户机的工作,客户机上只需配置少量的客户端软件。Web服务器将担负更多的工作,对数据库的访问和应用程序的执行将在Web服务器上完成。浏览器发出请求,而其余如数据请求、加工、结果返回以及动态网页生成等工作全部由Web服务器完成。

与二层结构相比,由于B/S结构中应用程序只在Web服务器上,所以一旦应用程序修改或升级,只需对Web服务器上的应用程序进行修改或升级即可,这样就大大减少了软件维护的工作量。另外,客户端扩展灵活,只要客户端有一个浏览器,可以连上网络,就可以执行业务操作;系统功能扩展/维护也简单方便,只需要在服务器端添加/修改相应的文件即可。

但是,B/S结构也暴露出以下很多问题。

① 由于浏览器只是为了进行Web浏览而设计的,当其应用于Web应用系统时,许多功能不能实现或实现起来比较困难。比如通过浏览器进行大量的数据输入,或进行报表的应答都是比较困难和不便的。

② 复杂的应用构造困难。虽然可以用ActiveX、Java等技术开发较为复杂的应用,但是相对于发展已非常成熟的C/S结构的一系列应用工具来说,这些技术的开发复杂,并没有完全成熟的技术供使用。

③ http可靠性低有可能造成应用故障,特别是对于管理者来说,采用浏览器方式进行系统的维护是非常不安全与不方便的。

④ Web服务器成为数据库的唯一的客户端,所有对数据库的连接都通过该服务器实现。Web服务器同时要处理与客户请求以及与数据库的连接,当访问量大时,服务器端负载过重。

⑤ 由于处理逻辑和数据访问程序一般由JavaScript、VBScript等嵌入式小程序实现,且分散在各个页面里,难以实现共享,这样就给升级和维护带来了不便。同时由于源代码的开放性,使得商业规则很容易暴露,而商业规则对应用程序来说则是非常重要的。

1.4.4 混合体系结构

为克服B/S结构存在的不足,许多研究人员在原有B/S体系结构基础上,尝试采用一种新的混合体系结构,如图1.6所示。

在混合结构中,一些需要用Web处理的,满足大多数访问者请求的功能界面(如信息发布查询界面)采用B/S结构。后台只需少数人使用的功能应用(如数据库管理维护界面)采用C/S结构。

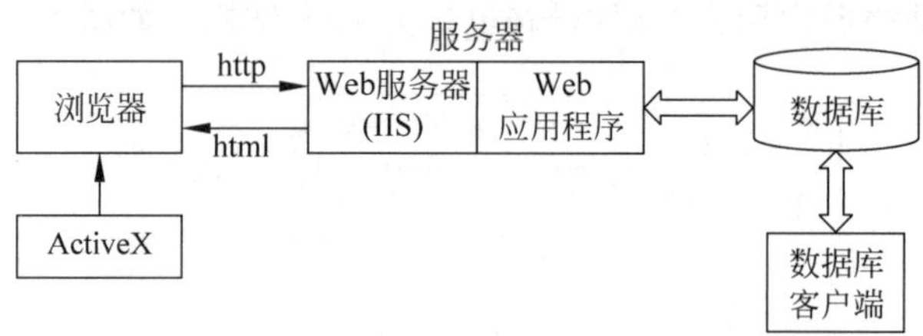

图 1.6　新的混合体系结构

组件位于 Web 应用程序中,客户端发出 http 请求到 Web 服务器。Web 服务器将请求传送给 Web 应用程序。Web 应用程序将数据请求传送给数据库服务器,数据库服务器将数据返回 Web 应用程序。然后再由 Web 服务器将数据传送给客户端。对于一些实现起来较困难的软件系统功能或一些需要丰富内容的 html 页面,可通过在页面中嵌入 ActiveX 控件来完成。

开发一个数据库应用系统首先要确定系统的总体结构,因此了解数据库系统的体系结构对读者是必要的。

思考题

1. 数据模型和数据模式是本课程中很重要的两个概念。请指出它们之间的主要区别。

2. 在 DBMS 中,通常采用多级数据模式,例如概念模式、外模式和内模式。请考虑这种多级数据模式对数据独立性是否有影响。

习题

1. 什么是数据? 它的表现形式是什么?
2. 何谓数据独立性? 试说明其重要性。
3. 试比较文件系统和数据库系统,并指出其重要区别。
4. 数据库系统与数据库管理系统的主要区别是什么?
5. 数据独立性和数据联系有什么区别?
6. 现代 DBMS 应该具备哪些功能?
7. 什么是数据冗余? 数据库系统与文件系统相比怎样减少冗余?
8. DBA 的职责是什么?

第2章 数据模型

数据模型是描述数据、数据间的联系、数据的语义以及数据一致性约束的概念工具的集合。在数据库技术中,数据模型常用来抽象、表示和处理现实世界中的数据和信息。由于现有的数据库管理系统均是基于某种数据模型实现的。因此,了解数据模型的基本概念是学习数据库的基础。

数据模型可分为以下两类。

(1) 独立于计算机系统的数据模型。它完全不涉及信息在计算机系统中的表示,只是用来描述某个特定组织所关心的信息结构,这类模型称为"概念数据模型"或简称为"概念模型"。概念模型通常用于建立信息世界的数据模型,强调其语义表达能力。因此,模型中的概念应该简单、清晰、易于理解。概念模型是现实世界的第一层抽象,是用户和数据库人员之间进行交流的工具。最著名的概念模型是"实体-联系模型(简称 E-R 模型)",E-R 模型是一种高层数据模型,用来表示现实世界中实体以及实体间的联系。

(2) 直接面向数据库的逻辑结构。它是现实世界的第二层抽象。这类模型涉及计算机系统和数据库管理系统,又称为"基本数据模型"或"结构数据模型"。例如,层次数据模型(简称层次模型)、网状数据模型(简称网状模型)、关系数据模型(简称关系模型)、面向对象数据模型(简称对象模型)。这类模型有严格的形式化定义,便于在计算机系统中实现。

目前,层次模型和网状模型已基本退出历史舞台,而关系模型因其简单且有严格的数学定义,已成为当今主要的数据模型。关系模型是一种底层模型,它是用表的集合来表示数据和数据间的联系。多数数据库管理系统都是基于关系模型的。在数据库应用中,通常是先用 E-R 模型在高层对数据建模,然后再将其转换为关系模型。

本章先对层次模型和网状模型做简单介绍,然后重点讨论关系模型、实体-联系(E-R)模型。

2.1 层次数据模型

层次数据模型(hierarchical data model)是一种用树型(层次)结构表示数据及数据间联系的数据模型。这种数据模型是以记录为节点的有向树,且满足以下条件:

(1) 有且仅有一个节点没有双亲节点,即根节点。

(2) 其他节点有且仅有一个双亲节点。

图 2.1 所示是一个记录的型,表示记录由系名、系号、系主任以及系的所在地点字段组成。

图 2.2 所示是一个记录的实例,即记录的型的一个值,表示计算机系,系号为 9,系主任为李西远,计算机系的地点在中心楼。

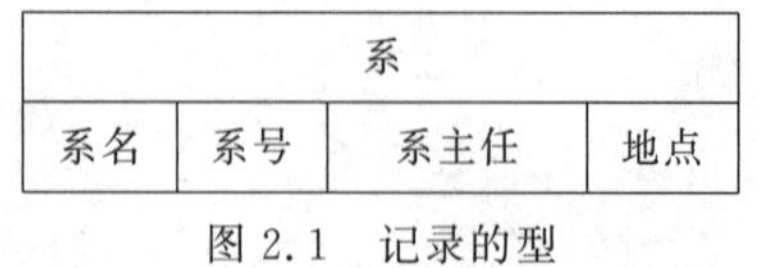

系			
系名	系号	系主任	地点

图 2.1　记录的型

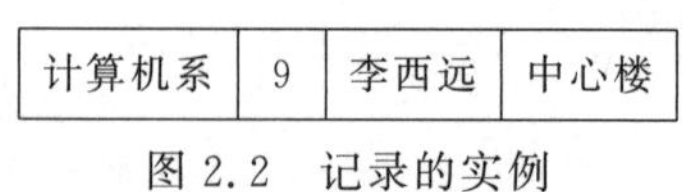

计算机系	9	李西远	中心楼

图 2.2　记录的实例

一个系通常有若干个班级，系和班级的这种“一对多(1∶N)”联系在层次数据模型中用双亲子女关系(PCR)表示，如图2.3所示。图中“1”和“N”表示“1个”系有“多个”班级。

假如计算机系由4个班级组成，则图2.4表示一个双亲子女实例。

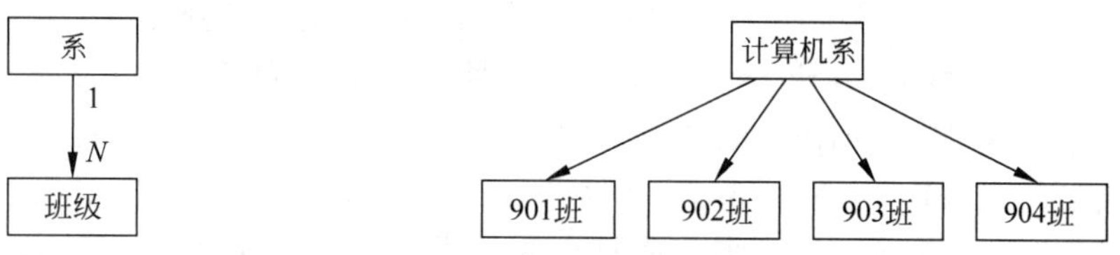

图2.3　双亲子女关系的型　　图2.4　双亲子女关系的实例

利用双亲子女关系，可以构成层次数据模型。图2.5所示是层次数据模型的一个例子，它表示一个系由若干个班级和教研组组成；一个班级由若干个学生组成；一个教研组由若干个教师组成。

假设一个学生可以选修多门课程，而一门课程可以由多个学生选修，那么学生和课程之间的这种选修关系是一种“多对多(M∶N)”的联系。在层次数据模型中也用双亲子女关系(PCR)表示。图2.6(a)表示学生与课程间联系的型，图2.6(b)表示学生与课程间联系的一个实例。

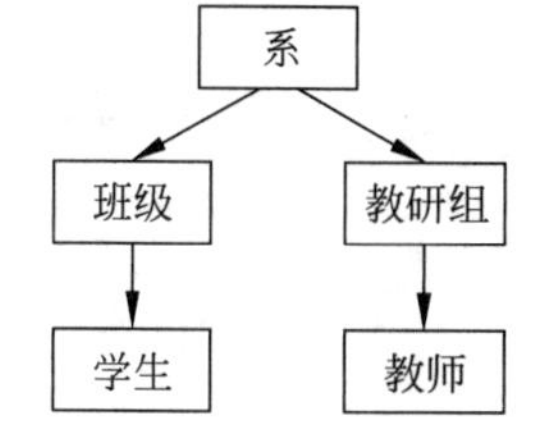

图2.5　层次数据模型的例子

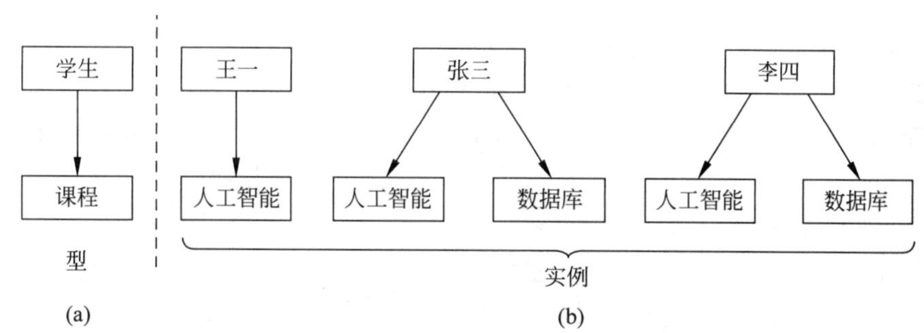

图2.6　用双亲关系表示的一种 M∶N 联系

可以看出，用这种方法表示多对多的联系存在数据的冗余。为解决冗余，可以采用虚拟记录表示多对多的联系。如图2.7所示，虚拟记录是用指针替代的记录，用下标v表示。这样，学生和课程可以一次存储而多次引用，这样便消除了数据冗余。

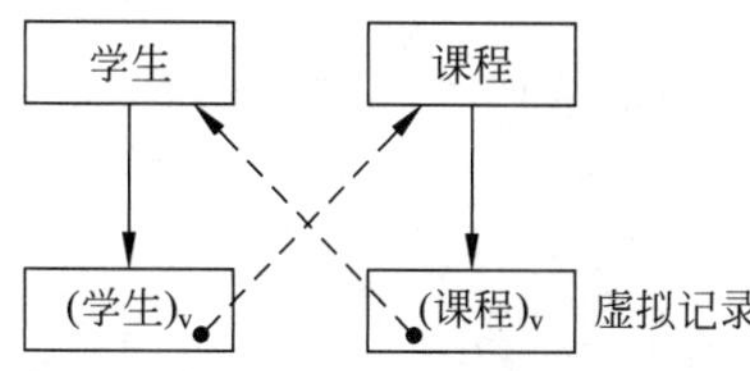

图2.7　用虚拟记录表示 M∶N 联系

层次数据模型的优点如下。

① 能直观地描述客观世界。

② 记录之间的联系通过指针实现，查询效率较高。

层次数据模型的缺点如下。

① 只能直接表示一对多的联系，不能直接表达多对多的联系。

② 数据的查询和更新较复杂。

2.2 网状数据模型

网状数据模型(network data model)是一种用有向图(网络结构)表示数据及数据之间联系的数据模型。有向图中的节点表示记录类型,箭头表示从箭尾的记录类型到箭头的记录类型间联系是 1∶*N* 联系。网状数据模型中,仍以记录为数据单位。一个记录包含若干数据项。数据项可以是多值或复合的数据(不同于层次数据模型)。每个记录有一个码(DBK)。数据间的联系用"系"表示。系代表两个记录型之间的一对多(1∶*N*)联系,如图 2.8 所示。

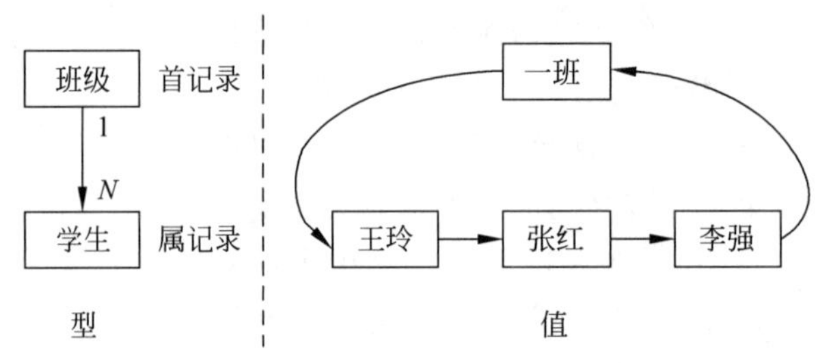

图 2.8 班级-学生系

在网状数据模型中,记录之间的多对多联系可用两个一对多联系表示。例如,学生通过选课和课程发生的"多对多"联系,可用图 2.9 表示。其中,LINK 是联系记录型,学生和课程都是实体记录型;学生与 LINK 以及课程与 LINK 之间都是一对多(1∶*N*)联系。

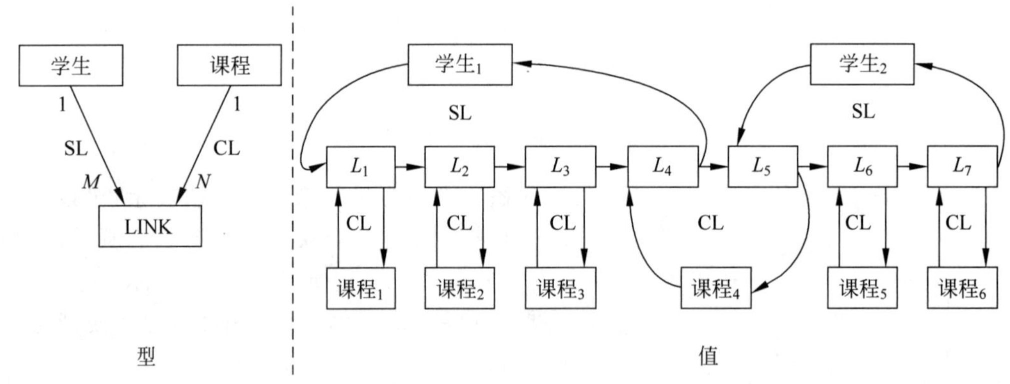

图 2.9 用联系记录表示 *M*∶*N* 联系

网状数据模型的优点如下。

① 不同记录之间的联系通过指针实现。

② 多对多(*M*∶*N*)联系也容易实现(一个 *M*∶*N* 联系可拆成两个 1∶*N* 联系),查询效率较高。

网状数据模型的缺点如下。

① 不便于修改数据库的结构。

② 编写应用程序比较复杂。

③ 程序员必须熟悉数据库的逻辑结构。

2.3 关系数据模型

关系数据模型(relation data model)是目前数据处理应用中的主要数据模型,也简称关系模型。它是由若干个关系模式组成的集合,每个关系模式实际上是一张二维表。关系模型的主要特征是用表格结构表达实体,用外键表示实体间联系。因此,这种模型简单,用户只需用简单的查询语句就可以对数据库进行操作,并不涉及存储结构、访问技术等细节,易于初学者接受。

下面举个关系数据模型的例子。例如,有一个存放零件数据的关系模式 PART、一个存放工程项目数据的关系模式 PROJECT、一个存放供应商数据的关系模式 SUPPLIER、一个存放各项工程使用零件数据的关系模式 P-P 以及供应商提供零件数据的关系模式 P-S,这五个关系模式中的属性如图 2.10 所示。

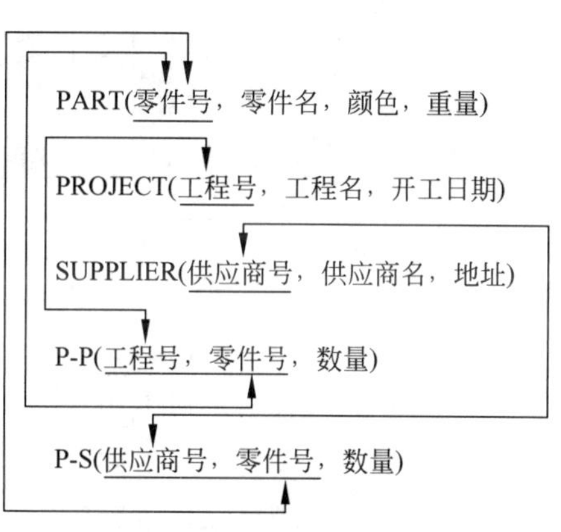

图 2.10 关系数据模型的例子

图 2.10 中,带下划线的属性是关系的主键,而关系模式 P-P 以及 P-S 中的主键同时也是外键,外键在其他关系模式中是主键,见图中连线对应的关系模式。主键和外键的概念将在下面内容中介绍。可见,关系模型是一个由若干个关系模式所组成的集合。每一个关系模式是一张二维表,用来表达一个实体。而实体与实体之间通过外键发生联系。

2.3.1 关系

在关系数据模型中,数据的逻辑结构是一个二维表,每个表有唯一的名字。表中的每一行称为一个元组(或记录),表中的每一列称为一个属性(或字段),如图 2.11 所示。

关系数据库中的数据以表的形式存放,一个关系对应一张表,表中的每一行对应不同的记录,表中的每一列对应不同的属性。表中不允许有重复记录,列名唯一,行序和列序可以任意。如图 2.12 所示,图(a)中的 3、4 行位置可以进行对调,4、5 列位置也可以进行对调,对调后的结果如图(b)所示。

部门表中的部门号、部门名、地点、负责人、电话是表的属性名,用来描述部门的特征。表中的每一行是表的一条记录,表中记录的值不允许有相同的,即表中的记录是唯一的。例如,部门表中不允许出现两个部门号为 B001 的记录。

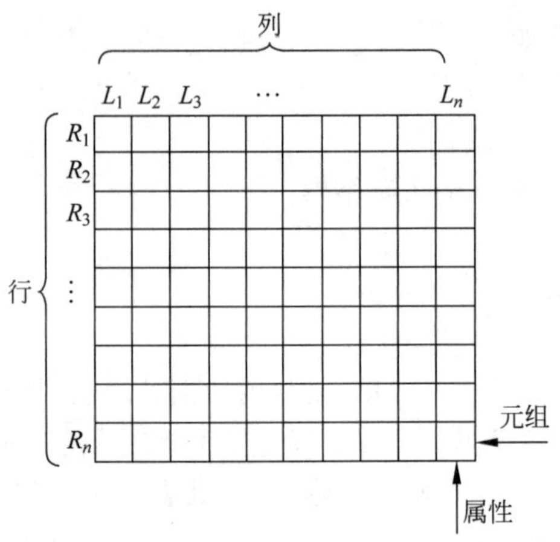

图 2.11　关系数据模型中的二维表

部门号	部门名	地点	电话	负责人
B001	工具车间	1号厂房	86432561	E0121
B002	金工车间	2号厂房	86432562	E0227
B003	装配车间	3号厂房	86432567	E0338
B004	生产科	办公大楼	86432588	E0412
B005	销售科	办公大楼	86432587	E0518
…	…	…	…	…

(a)

部门号	部门名	地点	负责人	电话
B001	工具车间	1号厂房	E0121	86432561
B002	金工车间	2号厂房	E0227	86432562
B004	生产科	办公大楼	E0412	86432588
B003	装配车间	3号厂房	E0338	86432567
B005	销售科	办公大楼	E0518	86432587
…	…	…	…	…

3、4行对调

4、5列对调

(b)

图 2.12　部门关系表

每一个属性的取值范围称为属性的域。域的概念是很重要的，它可以用来对数据的完整性进行检查。同一张表中，不允许有同名属性，但不同属性可有相同的域。

2.3.2　关系的键

由于表中的记录是唯一的，因此，表中必须有一个能够唯一标识记录的属性或属性组，这样的属性或属性组称为关系的键(或候选键)。

1. 超键

如果关系的某一个属性或属性组的值能够唯一决定关系中其他所有属性的值，而其任何真子集也具有此性质，则这个属性或属性组称为该关系的超键。

2. 候选键

如果关系的某一个属性或属性组的值能够唯一决定关系中其他所有属性的值，而其任何真子集无此性质，则这个属性或属性组称为该关系的候选键。

例如，在图 2.12 的部门表中，属性“部门号”能够唯一确定一条记录，由于部门号是单属性，根本不存在真子集，所以部门号是候选键。

3. 主键和候补键

一个关系的候选键可能有多个。若选中一个作为关系的主键，其他则称候补键。每个元组的主键值应是唯一的。

4. 全键

一个关系的主键如果由关系的所有属性组成，则该键称为全键。

5. 外键

如果一个关系中的属性引用了其他关系的键或本关系的键，则该属性称为外键。

关系数据模型中，表与表之间的联系是通过关系的外键或公共属性体现的。因此，关系数据模型不能显式地表示这种事物间的联系，这是它的一个不足之处。如图 2.13 所示，部门表的主键是部门号，外键是负责人(来自于职工表的职工号)。职工表的主键是职工号，外键是部门号(来自于部门表的部门号)。部门表和职工表通过外键发生联系。

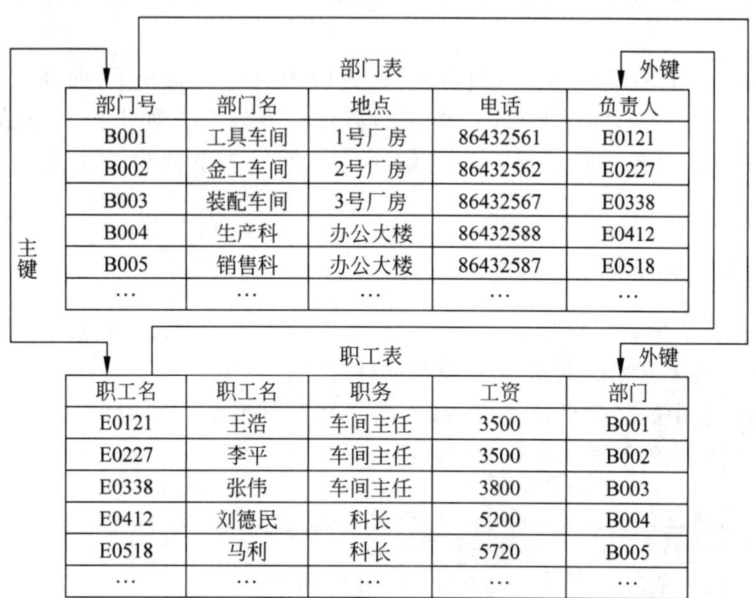

部门表

部门号	部门名	地点	电话	负责人
B001	工具车间	1号厂房	86432561	E0121
B002	金工车间	2号厂房	86432562	E0227
B003	装配车间	3号厂房	86432567	E0338
B004	生产科	办公大楼	86432588	E0412
B005	销售科	办公大楼	86432587	E0518
…	…	…	…	…

职工表

职工名	职工名	职务	工资	部门
E0121	王浩	车间主任	3500	B001
E0227	李平	车间主任	3500	B002
E0338	张伟	车间主任	3800	B003
E0412	刘德民	科长	5200	B004
E0518	马利	科长	5720	B005
…	…	…	…	…

图 2.13 部门表和职工表的联系

2.3.3 关系的主属性和非主属性

1. 主属性

一个关系中,凡是能够作为候选键的属性,都称为主属性。上述部门表中部门号、部门名是候选键,职工表中职工号是候选键,所以这两张表的主属性是部门号、部门名和职工号。

2. 非主属性

一个关系中,凡是不能够作为候选键的属性,称为非主属性。上述部门表和职工表中,除了部门号、部门名和职工号以外,其他属性都是非主属性。

主属性和非主属性的概念主要用在关系的规范化中,详见第 6 章的讨论。

2.3.4 关系的完整性约束

虽然数据库是用来存放数据的,但不是任何数据都可以存储,它还要受到一定的完整性约束,以保证数据库中的数据是正确的。

1. 空值

空值表示一个属性的值是"未知"的,或没有值。空值与"零"和"空格"是不同的,"零"和"空格"是值,而空值代表没有值。空值是处理不完整数据或异常数据的一种方式。

例如,假定一个部门暂时没有负责人,或者因为负责人离开了,而新负责人还没有上任。这时,部门表中"负责人"这列相应的值就没有定义。如果没有空值,相应的值就是错误的,而这没有实际意义。如何解决这个问题?下面讨论关系的完整性约束问题。

2. 实体完整性约束

每一个关系都有一个用来唯一识别一个元组的主键。因此,它的值不能为空,也不能重复,否则无法区分和识别元组,这就是实体完整性约束。

例如,部门表中的部门号是主键,每个部门都有一个唯一的编号,该编号不能为空。否则,该部门的信息就不能插入到部门表中。

3. 引用完整性约束

这是指不同关系之间或同一关系的不同元组间的约束。

如果一个表中存在外键，则外键的值必须存在，或者为空。这就是关于外键的引用完整性约束。

例如，部门表中“负责人”这列是外键，来自于职工表中的“职工号”列的值，因此，这个值必须在职工表中存在；或者为空，表示该职工已登记注册，但是还没有分配到某个部门。

4. 域的完整性约束

域完整性约束是最简单、最基本的约束，它表示关系中属性的取值应是给定域中的值。属性的值能否为空，由问题的语义决定。

例如，在职工表中，如果“工资”列的值规定为1000～5000，在插入职工数据时，当工资数据小于1000或者大于5000时，不能插入表中。

从上面讨论可知，关系的完整性约束主要是保证数据库中数据的正确性。

关系模型的优点如下。

① 数据和数据间的联系都用关系来表示，使得数据描述具有一致性。

② 数据结构单一，容易修改。

③ 容易实现数据的完整性约束。

关系模型的缺点如下。

① 许多情况下，查询涉及多张表，影响查询效率，但可以通过查询的优化来提高查询效率。

② 表与表之间的联系不是很直观。

2.3.5 关系代数

关系代数是一种过程化的查询语言。它包括一个运算的集合，这些运算以一个关系或两个关系为输入，产生一个新的关系作为结果。关系代数提供的运算有选择、投影、并、交、差、笛卡儿积、自然连接、除法等。

关系代数是学习SQL查询语言的基础。因此，必须掌握关系代数的基本运算。

1. 选择运算

选择运算(select)是在给定关系 R 中选择满足某一条件 F 的所有元组 t 组成的新关系，记为 $\sigma_F(R)$。

$$\sigma_F(R)=\{t \in R \wedge F(t)=.\mathrm{T}.\}$$

选择运算是一种一元运算。下面以图2.13的职工表为例，给出选择运算的例子。

例2.3.1 查询职工表中在部门号为B002的部门工作的所有职工。

解：可表示为以下表达式：

$$\sigma_{部门号='B002'}(职工表)$$

查询结果是由满足条件的所有元组组成的新的关系。该例的查询结果如图 2.14 所示。

职工号	职工名	职务	工资	部门
E0227	李平	车间主任	3500	B002
…	…	…	…	…

图 2.14　在 B002 部门工作的职工

注意：为了说明方便起见，本书关系表的名字和表中属性的名字有些地方使用了中文。但在具体应用中关系表名和属性名一般不使用中文。

例 2.3.2　查询职工表中职务为车间主任并且在 B001 部门工作的职工。

解：可表示为以下表达式：

$$\sigma_{职务='车间主任' AND 部门号='B001'}(职工表)$$

查询结果如图 2.15 所示。

职工号	职工名	职务	工资	部门
E0121	王浩	车间主任	3500	B001
…	…	…	…	…

图 2.15　在 B001 部门工作且职务为车间主任的职工

2. 投影运算

投影运算(project)也是一种一元运算。它是从给定关系 R 中选择指定的所有属性 A 组成的新关系，记为 $\Pi_A(R)$。

$$\Pi_A(R)=\{ t[A] \mid t \in R\}$$

结果关系中的属性次序也可通过投影运算改变。

例 2.3.3　产生一个由职工号、职工名以及所在部门组成的新的职工表。

解：根据题目要求，可以对原职工表进行投影操作来得到新的职工表。投影运算的表达式为

$$\Pi_{职工号,职工名,部门}(职工表)$$

投影运算的结果是一个新的关系，称为新职工表，如图 2.16 所示。

例 2.3.4　查询在 B003 部门工作的所有职工名。

解：这个例子稍微复杂一些，可以先根据部门属性进行选择运算，再在职工名属性上进行投影运算。这种混合运算的表达式为

$$\Pi_{职工名}(\sigma_{部门='B003'})$$

注意：对投影运算而言，利用了选择运算的结果所形成的新关系作为投影的关系。

查询结果如图 2.17 所示。

职工号	职工名	部门号
E0121	王浩	B001
E0227	李平	B002
E0338	张伟	B003
E0412	刘德民	B004
E0518	马利	B005
…	…	…

图 2.16 由职工号、职工名以及部门号组成的职工表

职工名
张伟
…

图 2.17 在 B003 部门工作的所有职工

3. 交运算

交运算(intersection)是一个二元运算。它是将两个给定关系 R 和 S 进行交运算后生成一个新的关系,这个新的关系是由同时属于关系 R 和 S 的那些元组组成,记为 $R \cap S$。

$$R \cap S=\{t \mid t \in R \wedge t \in S\}$$

例 2.3.5 假设给定如图 2.18 所示的两个关系 R 和 S,求关系 R 和 S 的交。

R

A	**B**	**C**
a	b	c
d	a	f
c	b	d

S

A	**B**	**C**
b	g	a
d	a	f

图 2.18 关系 R 和 S

解:关系 R 和 S 交运算的表达式如下:

$$R \cap S$$

由于同时出现在关系 R 和 S 中的元组只有一个,即(d,a,f),所以两个关系交运算的结果如图 2.19 所示。

4. 并运算

并运算(union)也是一个二元运算。对于给定的两个关系 R 和 S,并运算是将属于关系 R 或属于关系 S 或同时属于关系 R 和 S 的那些元组组成新的关系,记为 $R \cup S$。

$$R \cup S=\{t \mid t \in R \vee t \in S\}$$

例 2.3.6 对图 2.18 中的两个给定关系 R 和 S 进行并运算。

解:关系 R 和 S 进行并运算的结果如图 2.20 所示。

A	**B**	**C**
d	a	f

图 2.19 $R \cap S$

A	**B**	**C**
a	b	c
d	a	f
c	b	d
b	g	a

图 2.20 $R \cup S$

5. 差运算

差运算(set-difference)也是一个二元运算。对于给定的两个关系 R 和 S,差运算是将属于 R 而不属于 S 的那些元组组成新的关系,记为 $R-S$。

例 2.3.7 对图 2.18 中的两个给定关系 R 和 S 进行差运算 $R-S$、$S-R$。

解:关系 R 和 S 进行差运算的结果如图 2.21 所示。

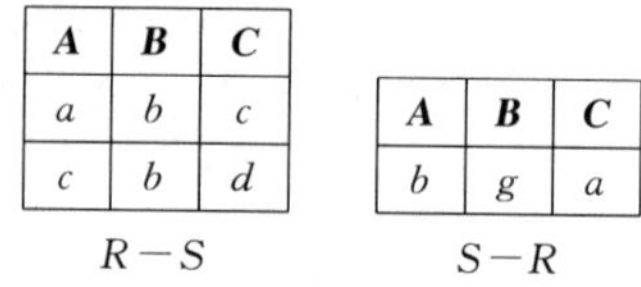

A	B	C
a	*b*	*c*
c	*b*	*d*

$R-S$

A	B	C
b	*g*	*a*

$S-R$

图 2.21 关系 R 和 S 的差运算

注意:两个关系的交运算可以用两个关系的差运算表示,即 $R\cap S\equiv R-(R-S)$。现在对例 2.3.5 用差运算的形式再做一遍,结果如图 2.22 所示。

A	B	C
a	*b*	*c*
d	*a*	*f*
c	*b*	*d*

R

A	B	C
a	*b*	*c*
c	*b*	*d*

$R-S$

A	B	C
d	*a*	*f*

$R-(R-S)$

图 2.22 例 2.3.5 用差运算实现

计算结果完全一样。因此,两个关系的交运算可用两个关系的差运算替代。

注意:参与并、差运算的两个关系必须满足以下条件:

(1) 两个关系必须具有相同的属性数目;

(2) 两个关系中对应的属性域应相同。

6. 笛卡儿积运算

笛卡儿积运算(Cartesian-product)也是一个二元运算。它是将任意两个关系的元组组合在一起形成一个新的关系。将关系 R 和 S 的笛卡儿积运算记为 $R\times S$,且

$$R\times S=\{t=<t_1,t_2>\mid t_1\in R\wedge t_2\in S\}$$

由于两个关系中可能有同名属性,为了区分这些属性,采用的方式是在属性上附加该属性所来自的关系名,例如,图 2.18 中 $R\times S$ 的关系模式为

$$(R.A, R.B, R.C, S.A, S.B, S.C)$$

对于那些只在其中一个关系中出现的属性,在笛卡儿积的运算结果关系中通常不附加关系名。

例 2.3.8 根据图 2.18 中给定的两个关系,求 $R\times S$。

解:关系 R 和关系 S 的笛卡儿积运算的结果如图 2.23 所示。

R.A	R.B	R.C	S.A	S.B	S.C
a	b	c	b	g	a
a	b	c	d	a	f
d	a	f	b	g	a
d	a	f	d	a	f
c	b	d	b	a	g
c	b	d	b	a	f

图 2.23　$R\times S$

注意：参加运算的两个关系的属性个数以及属性域可以不相同，笛卡儿积的结果也是一个关系，其中的元组由 R 中的每一个元组与 S 中的每一个元组组合而成，该结果关系的属性个数是两个关系属性个数之和，而结果关系的元组个数是两个关系元组个数之积。

选择运算、投影运算、集合的并、差运算以及笛卡儿积运算是关系代数的基本运算，这些运算的组合可以表达任何关系代数查询。但是，对某些常用查询来说，表达式可能会显得冗长。因此，下面介绍一些其他的运算，这些运算虽然不能增加关系代数的表达能力，却可以简化一些常用查询。

7. 关系的连接运算

关系的连接运算(join operation)是从两个关系的笛卡儿积中选取属性间满足某一 θ 操作的元组组成的新的关系，记为 $R\underset{(A\theta B)}{\infty}S$。

$$R\underset{(A\theta B)}{\infty}S=\sigma_{A\theta B}(R\times S)$$

(1) 等值连接

当 θ 连接中的 θ 为"="时，θ 连接称为等值连接，它不要求参加操作的两个关系有同名属性。

(2) 自然连接

自然连接是连接的一个重要特例，它也是在等值(θ 取"=")情况下的连接，并且去除重复的属性。自然连接有很大的实用价值，被连接的两个关系至少应有一个相同的属性名，并且类型应相同。自然连接记为 $R\infty S$。

例 2.3.9　根据图 2.18 所给定的关系 R 和 S，求 $R\infty S$。

解：关系 R 和 S 自然连接运算的结果如图 2.24 所示。

例 2.3.10　给定关系 R 和 T，如图 2.25 所示，求 $R\infty T$。

A	B	C
d	a	f

图 2.24　$R\infty S$

R

A	B	C
a	b	c
b	a	f
c	b	d

T

D	E	C
b	a	f
d	a	d

图 2.25　给定的关系 R 和 T

解：关系 R 和 T 的自然连接运算结果如图 2.26 所示。

A	**B**	**C**	**D**	**E**
b	*a*	*f*	*b*	*a*
c	*b*	*d*	*d*	*a*

图 2.26　$R\infty T$

可以看出，自然连接运算实际上是将选择运算和笛卡儿积运算合并在一起的一个运算。它首先进行两个关系的笛卡儿积运算，然后根据两个关系相同属性上值相等的情况进行选择运算，最后消除重复属性。

8. 除法运算

除法运算(division operation)是一种二元关系运算，用÷表示。假设有关系 $R(X,Y)$和 $S(Y)$，$S\subseteq R$，X，Y 为属性组，$S(Y)\neq\varnothing$，则关系 R 和 S 的除法运算记为$R\div S$，且

$$R\div S=\Pi_X(R)-\Pi_X(\Pi_X(R)\times S-R)$$

上式表明，左边的除法运算等价于右边较复杂的关系代数表达式。下面通过一个具体例子来说明这种等价性。

例 2.3.11　给定两个关系 R 和 S，如图 2.27 所示。查询所有向仓库号为 WH1、WH3 以及 WH5 提供零件的供应商编号。

仓库号	供应商号
WH1	S1
WH1	S2
WH1	S3
WH2	S3
WH3	S1
WH3	S2
WH5	S1
WH5	S2
WH5	S4
WH6	S2

R

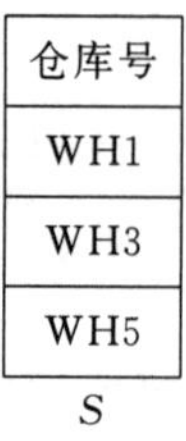

仓库号
WH1
WH3
WH5

S

图 2.27　给定的关系 R 和 S

解：第一步，先计算 $\Pi_X(R)$，计算结果如图 2.28(a)所示。

第二步，计算 $\Pi_X(R)\times S$，计算结果如图 2.28(b)所示。

第三步，计算 $\Pi_X(R)\times S-R$，计算结果如图 2.28(c)所示。

第四步，计算 $\Pi_X(\Pi_X(R)\times S-R)$，计算结果如图 2.28(d)所示。

第五步，计算 $\Pi_X(R)-(\Pi_X(\Pi_X(R)\times S-R))$，计算结果如图 2.28(e)所示。

供应商号
S1
S2
S3
S4

(a)

仓库号	供应商号
WH1	S1
WH1	S2
WH1	S3
WH1	S4
WH3	S1
WH3	S2
WH3	S3
WH3	S4
WH5	S1
WH5	S2
WH5	S3
WH5	S4

(b)

仓库号	供应商号
WH1	S4
WH3	S3
WH3	S4
WH5	S3

(c)

供应商号
S3
S4

(d)

供应商号
S1
S2

(e)

图 2.28 $R \div S$

运算结果表明：可以用除法运算简化某些较为复杂的关系代数查询。

9. 外连接运算

外连接运算是一种扩充的关系代数运算，可以用来处理缺失的信息。外连接运算又分为全外连接运算、左外连接运算以及右外连接运算。

如果关系 R 和关系 S 做自然连接运算时，把两个关系中未匹配上的所有元组也都保留在新关系中，由于非匹配元组无元组与之匹配，所以在其空缺部分填以 NULL。这种运算称为“全外连接”运算，记为 $*\infty*$。

如果关系 R 和关系 S 做自然连接运算时，将 R 中未匹配上的元组也放到新关系中，这种运算称为“左外连接”运算，记为 $*\infty$。

如果关系 R 和关系 S 做自然连接运算时，将 S 中未匹配上的元组也放到新关系中，这种运算称为“右外连接”运算，记为$\infty*$。

例 2.3.12 给定关系 R 和 S，如图 2.29 所示。求 $R*\infty*S$、$R*\infty S$、$R\infty*S$。

解：关系 R 和关系 S 做自然连接运算，它们的公共属性是 C 和 D。

(1) 关系 R 和关系 S 做全外连接运算时，只有关系 R 中有一个不能匹配的元组。所以，$R*\infty*S$ 的结果如图 2.30 所示。

R

A	B	C	D
a_1	b_1	c_1	d_1
a_1	b_1	c_2	d_2
a_1	b_1	c_3	d_3
a_2	b_2	c_1	d_1
a_2	b_2	c_2	d_2
a_3	b_3	c_1	d_1

S

C	D
c_1	d_1
c_2	d_2

图 2.29　给定的关系 R 和 S

	A	B	C	D
匹配元组	a_1	b_1	c_1	d_1
	a_2	b_2	c_1	d_1
	a_3	b_3	c_1	d_1
	a_1	b_1	c_2	d_2
	a_2	b_2	c_2	d_2
不匹配元组	a_1	b_1	c_3	d_3

图 2.30　$R*\infty*S$

(2) 关系 R 和关系 S 做左外连接运算时,关系 R 中有一个不能匹配的元组。所以,$R*\infty S$ 的结果如图 2.31 所示。

(3) 关系 R 和关系 S 做右外连接运算时,关系 S 中没有不能匹配的元组。所以,$R\infty *S$ 的结果如图 2.32 所示。

	A	B	C	D
匹配元组	a_1	b_1	c_1	d_1
	a_2	b_2	c_1	d_1
	a_3	b_3	c_1	d_1
	a_1	b_1	c_2	d_2
	a_2	b_2	c_2	d_2
不匹配元组	a_1	b_1	c_3	d_3

图 2.31　$R*\infty S$

	A	B	C	D
匹配元组	a_1	b_1	c_1	d_1
	a_2	b_2	c_1	d_1
	a_3	b_3	c_1	d_1
	a_1	b_1	c_2	d_2
	a_2	b_2	c_2	d_2

图 2.32　$R\infty *S$

下面是一个应用外连接的例子,要求生成一个关系表,列出所有课程名及其先修课程号。

例 2.3.13　假设有关系 R 和 S,如图 2.33 所示。R 是表示课程名与先修课程号的关系。如果课程无先修课程,则其先修课程号为 NULL;如果一门课程有多门先修课程,则每门先修课程须用一个元组表示。S 是课程名与课程号的对照表,通过 R 与 S 的连接,可把先修课程号映射到相应的课程名。

R

课程名	先修课程号
C++程序设计	NULL
数据结构	C01
数据库原理	C02
数据库设计	C01
数据库设计	C02

S

课程号	课程名
C01	C++程序设计
C02	数据结构
C03	数据库原理
C04	数据库设计
C05	编译原理

图 2.33　给定的关系 R 和 S

解:如果采用自然连接运算,则结果中会丢失某些课程的信息,如图 2.34 所示。

可以看到,$R\infty S$ 的结果丢失了编译原理课程信息,这是因为在关系 R 中没有描述先修课程号为 C05 的元组。

使用外连接可以避免这样的信息丢失。为了列出所有课程名(包括没有先修课程的课程名),须用右外连接。其表达式为

$$R\infty *_{先修课程号=课程号} S$$

右外连接运算 $R\infty *_{先修课程号=课程号} S$ 的结果如图 2.35 所示。

课程号	课程名	先修课程号
C01	C++程序设计	NULL
C02	数据结构	C01
C03	数据库原理	C02
C04	数据库设计	C01
C04	数据库设计	C02

图 2.34 $R\infty S$

课程号	课程名	先修课程号
C01	C++程序设计	NULL
C02	数据结构	C01
C03	数据库原理	C02
C04	数据库设计	C01
C04	数据库设计	C02
C05	编译原理	NULL

图 2.35 $R\infty *_{先修课程号=课程号} S$

图 2.35 所示结果关系中包含了所有课程名。因此,通过外连接运算,避免了信息丢失。

2.3.6 关系演算

除了用关系代数表示关系运算外,还可以用谓词演算来表达关系的运算,这称为关系演算(relational calculus)。用关系代数表示关系的运算,须标明关系运算的序列,因而以关系代数为基础的数据库语言是过程语言。用关系演算表达关系的运算,只要说明所要得到的结果,而不必标明运算的过程,因而以关系演算为基础的数据库语言是非过程语言。目前,面向用户的关系数据库语言基本上都是以关系演算为基础的。随着所用变量不同,关系演算又可分为元组关系演算和域关系演算。

1. 元组关系演算

元组关系演算(tuple relational calculus)是以元组为变量,其一般形式为

$$\{t\ [\langle 属性表\rangle]\mid P(t)\}$$

t 是元组变量,既可以用整个 t 作为查询对象,也可以查询 t 中某些属性。如查询整个 t,则可省去〈属性表〉。$P(t)$是 t 应满足的谓词。可用下面的元组关系演算表达式。

例 2.3.14 假设有关系 STUDENT(学号,姓名,性别,出生年月,籍贯,地址,……)。要求用元组关系演算表达式查询江苏籍女大学生的姓名。

解: {t [姓名] | t ∈STUDENT AND t.性别='女'AND t.籍贯='江苏'}

另外,利用元组关系演算,还可以表达关系代数运算。

· 投影

设有关系模式 $R(A,B,C)$,r 为 R 的一个值,则

$$\Pi_{AB}(r)=\{t\ [A,B]\mid t\in r\}$$

· 选择

仍用上述的关系,则

$$\sigma_F(R)=\{t \mid t \in r \text{ AND } F\}$$

F 是以 t 为变量的布尔表达式。其中,属性变量以 $t.A$ 形式表示。

· 并

设 r、s 是 $R(A,B,C)$的两个值,则

$$r \cup s=\{t \mid t \in r \text{ OR } t \in s\}$$

· 差

$$r-s=\{t \mid t \in r \text{ AND } \neg(t \in s)\}$$

· 连接

设有两个关系模式 $R(A,B,C)$和 $S(C,D,E)$,r、s 分别为其值,则

$$r \infty s=\{t\ (A,B,C,D,E) \mid t\ [A,B,C] \in r \text{ AND } t\ [C,D,E] \in s\ \}$$

因此,元组关系演算与关系代数具有同等表达能力,也是关系完备的。用谓词演算表示关系运算时,只有结果是有限集才有意义。一个表达式的结果如果是有限的,则称此表达式是安全的,否则是不安全的。谓词演算中的否定常常会导致不安全的表达式,例如,表达式$\{t \mid \neg(t \in \text{STUDENT})\}$是不安全的,因为宇宙中不属于 STUDENT 的元组是无限多的。实际上,在计算上述表达式时,所感兴趣的范围既不是宇宙,也不是整个数据库,而仅仅是关系 STUDENT。因此,可以限制 t 取值的域,设此域为 DOM(P),则上述表达式可改写为

$$\{t \mid t \in \text{DOM}(P) \text{ AND} \neg(t \in \text{STUDENT})\}=\text{DOM}(P)-\text{STUDENT}$$

从而使上式成为安全表达式。关系 DOM(P)的估算从略。

2. 域关系演算

域关系演算(domain relational calculus)是以域为变量,其一般形式为

$$\{\langle x_1,x_2,\cdots,x_n\rangle \mid P(x_1,x_2,\cdots,x_n,x_{n+1},\cdots,x_{n+m})\}$$

式中,$x_1,x_2,\cdots,x_n,x_{n+1},\cdots,x_{n+m}$ 为域变量,其中 $x_1,x_2,\cdots,x_n$ 出现在结果中,其他 m 个域变量不出现在结果中,但出现在谓词 P 中。

例 2.3.15 从关系 GRADE(学号,课程号,成绩)中查询须补考的学生的学号和补考的课程号,查询的表达式如下:

$$\{\langle x,y\rangle \mid (z)(\text{GRADE}(x,y,z) \text{ AND } z<60)\}$$

式中,GRADE(x,y,z)是一个谓词,如$\langle x,y,z\rangle$是 GRADE 中的一个元组,则该谓词为真。

不难证明,域关系演算也是关系完备的。

2.4 传统实体-联系数据模型

实体-联系数据模型(entity-relation data model,简称 E-R 模型)是一种用来描述实体与实体之间联系的数据模型。E-R 模型与网状模型、层次模型以及关系模型的区别在

于：E-R 模型不是面向实现，而是面向现实世界的，是一种概念模型。因此，它能比较自然地描述现实世界，具有较丰富的语义信息。在数据库的概念设计中是一个非常有用的建模工具。

传统 E-R 模型的表示方法可分基本 E-R 模型和扩充 E-R 模型。

2.4.1 传统基本 E-R 模型

传统基本 E-R 模型(又称 E-R 图)主要由以下几个概念组成。

1. 实体

在现实世界中，任何可以相互区别，且可被人们识别的事、物、概念等统统可抽象为实体。每一个实体可用一个关系表来表示。

例如，部门是一个实体，而部门表中的每一个部门都是部门实体中的一个实例或一个值；职工也是一个实体，职工表中的每一个职工也都是职工实体中的一个实例或一个值。

每个实体都有一个唯一的名字。实体的名字通常使用名词。

E-R 模型中，实体用一个矩形表示。

2. 弱实体

这种实体不能单独存在，总是依附于某个实体，因此称之为弱实体。例如，每个职工都有一些亲戚关系，因此，亲戚本身可以组成一个实体。但是亲戚实体是依赖于职工这个实体的，即如果某个职工离开单位了，则其对应亲戚的存在就没有任何意义了。所以，把亲戚称为弱实体。在 E-R 模型中，弱实体用双框的矩形表示。

3. 属性

实体通过一组属性来表示。属性描述实体中每一个实例的特征。例如，职工实体中的“职工号”“职工名”“职务”“工资”“部门”是描述职工实体的属性。每个属性都有其取值的范围，称为该属性的域。例如，属性“职工号”的域是一定长度的字符串的集合。同一实体中，每个实例的所有属性都只有一个值。例如，职工实体中的每个实例(即每个职工)的属性都是不同的，每个属性只有一个值。职工实体中每个属性的域相同，但值可不同。例如，职工表中，属性“职工号”的域虽然相同，但不同职工的职工号是不同的。

在 E-R 模型中，属性可以是单域的简单属性，也可以是多域的组合属性(如通信地址是个组合属性，由省、市、区、街道等组成)。属性的值可以是单值的，也可以是多值的。例如，职工表中的属性“职工号”是单值的，因为每个职工只有一个编号。但是，属性“职务”是多值的，因为一个职工可能担任多个职务。

传统 E-R 模型中，属性用椭圆框表示。

4. 联系

联系是指不同实体间存在的相互关联。例如,部门表与职工表通过部门号存在相互关联。一个部门可以拥有多名职工,而一个职工必须是属于某一个部门的。

每个联系都有一个唯一的名字。联系的名字通常使用动词或动词短语。

如果参与联系的实体数为 2,则称为二元联系;如果参与联系的实体数大于 2,则称为多元联系。数据模型中,二元联系用得较多。

传统 E-R 模型中,联系用菱形框表示。

对于两个不同的实体 A 和 B 来说,实体间联系的类型可分为以下几种。

① 一对一(1∶1)联系

实体 A 中的一个实例最多和实体 B 中的一个实例相联系;实体 B 中的一个实例也最多和实体 A 中的一个实例相联系,则称实体 A 和实体 B 是 1∶1 联系,如图 2.36(a)所示。

② 一对多(1∶N)联系

实体 A 中的一个实例可以和实体 B 中的任意个实例相联系,而实体 B 中的一个实例最多和实体 A 中的一个实例相联系,则称实体 A 和实体 B 是 1∶N 联系,如图 2.36(b)所示。

③ 多对多(M∶N)联系

实体 A 中的一个实例可和实体 B 中的任意个实例相联系,实体 B 中的一个实例也可以和实体 A 中的任意个实例相联系,则称实体 A 和实体 B 是 M∶N 联系,如图 2.36(c)所示。

④ 自联系(同一实体内部不同实例之间的联系)

同一个实体内部的不同实例之间发生的联系,则称为自联系,如图 2.36(d)所示。

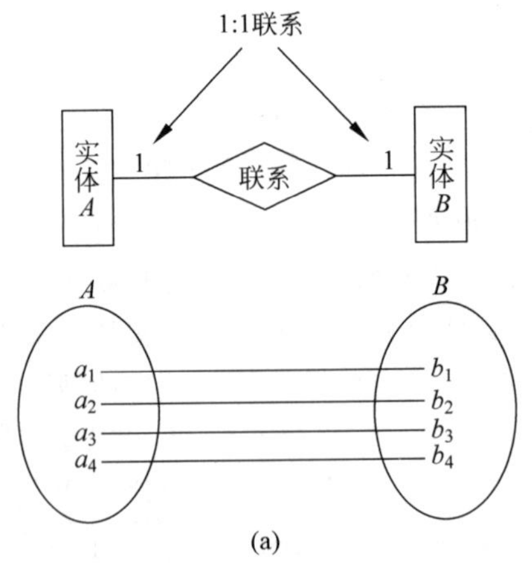

图 2.36　E-R 图中不同实体之间四种联系的表示

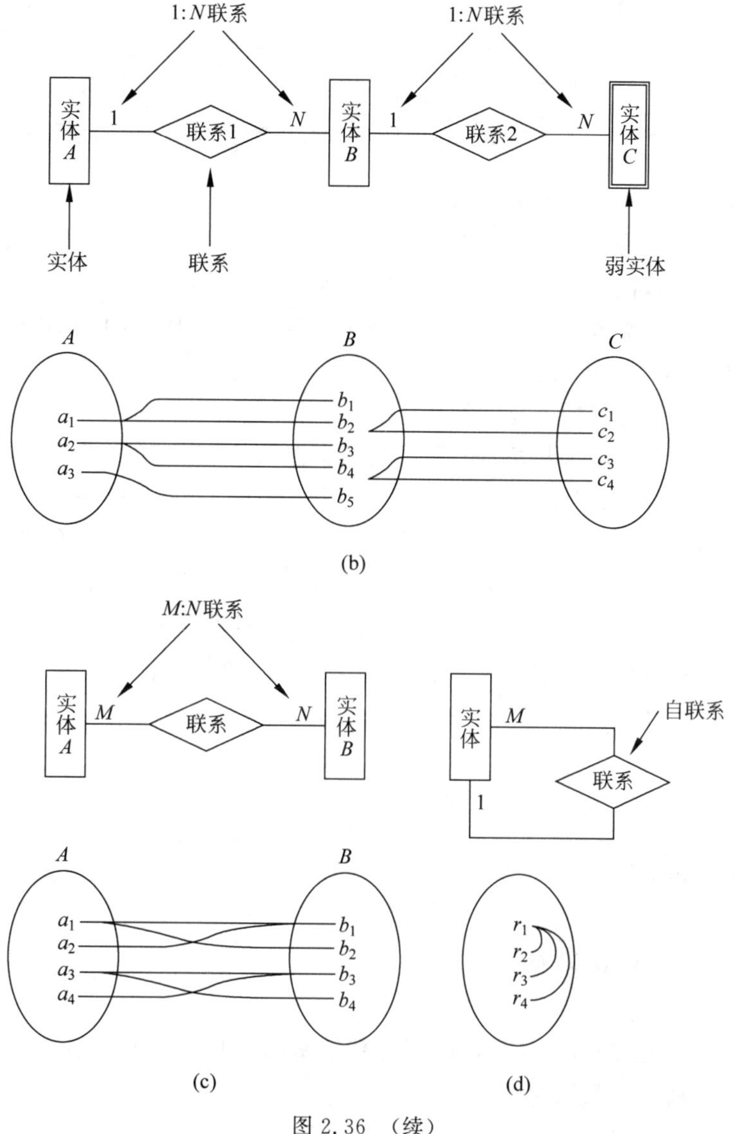

图 2.36 （续）

5. 参与度

实体参与联系的最小次数和最大次数称为实体的参与度，用(M ： N)表示，M 表示实体参与联系的最小次数，N 表示实体集参与联系的最大次数。

$M=0$，表示实体参与联系是非强制性的，即实体不一定参与联系。

$M>0$，表示实体参与联系是强制性的，即实体一定参与联系。

例如，一个部门拥有多个职工。如果规定职工担任的职务最多不能超过 5 个，允许有些职工不担任任何职务。那么，部门和职工实体之间，职工和职务实体之间的联系可用图 2.37 表示。

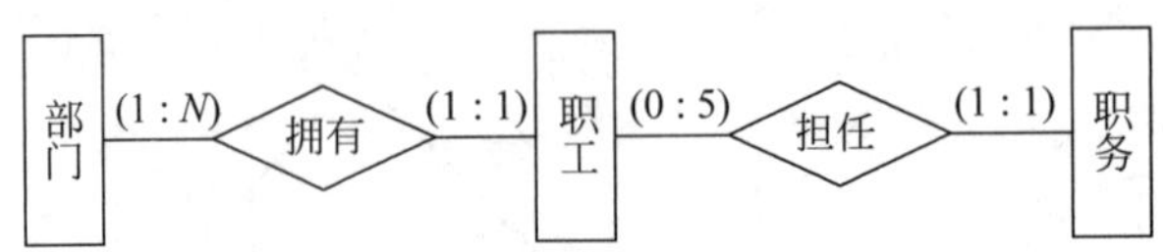

图 2.37　E-R 图中实体参与度的表示

图 2.37 中,部门与职工实体之间的参与度如下。

(1 : N)表示部门实体参与“拥有”联系是强制性的,即实体中的每个部门必须拥有职工,且最多可有多名职工,即每个部门必须至少有 1 到多名职工。

(1 : 1)表示职工实体参与“拥有”联系是强制性的,即实体中的每个职工必须属于某个部门,而且只能属于一个部门。

职工与职务实体之间的参与度如下。

(1 : 1)表示职务实体参与“担任”联系是强制性的,即实体中的每个职务必须有人担任,而且只能由一个职工担任。

(0 : 5)表示职工实体参与“担任”联系是非强制性的,即实体中的有些职工可以不担任任何职务。如果担任职务,最多只能担任 5 个职务,即每个职工可以担任 0~5 个职务。

注意:参与度是表示每个实体参与联系次数的一种复杂的约束,很容易与联系的类型搞混淆。例如,把图 2.37 中职工实体边上的(0 : 5)曲解为“拥有”联系是从职务实体到职工实体之间的一对多联系,这正好与正确的解释相反。

如果一个二元联系两边实体的参与度最大值都为 1,那么这个联系是一对一的。

E-R 模型可以描述实体、实体的属性、不同实体之间的联系以及实体参与联系的最小和最大次数,所以利用 E-R 模型这些丰富的语义信息,可以在数据库设计中建立满足应用需求的概念模型。

2.4.2　传统扩充 E-R 模型

传统扩充 E-R 模型(又称 EER 图)是在传统基本 E-R 模型的基础上引入了特殊化和普遍化、聚集、范畴的抽象概念。

1. 特殊化和普遍化

一个实体是具有某些共性的实例的集合。这些实体一方面具有共性,另一方面还具有各自的特殊性。例如,所有的职工是个实体,但是职工中有普通职工、技术员、干部等。普通职工有工种之分,技术员有技术职称之分,干部有职务之分,因此,他们都有各自的特殊性。从普遍化到特殊化的过程叫作特殊化。例如,将职工实体分为普通职工、技术员、干部等实体的过程。与此相反的过程称为普遍化。例如,将普通职工、技术员、干部等实体全部用职工实体表示的过程,如图 2.38 所示。

图 2.38 中,超类是一个实体,包含所有在子类中出现的公共属性和关系。子类也是一个实体,它有一个区分的角色,有自己的一些特殊属性。子类继承超类所有的属性和关系。

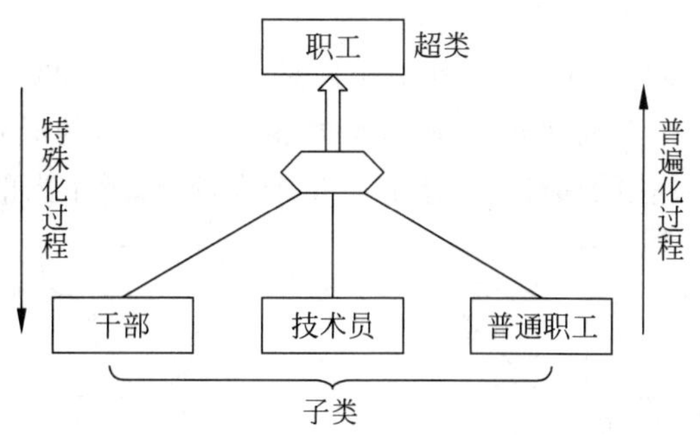

图 2.38 实体集的特殊化和普遍化

特殊化是一个自顶向下的方法，它定义超类以及有关的子类。所以，特殊化是通过标识实体成员间的不同特征来最大化它们的差别。

普遍化是一个自底向上的方法，它是从初始的子类中产生普遍化的超类。当标识超类时，要找出子类间的相似之处，如公共的属性和关系。所以，普遍化是通过标识实体的共有特征来最小化它们的差别。

2. 聚集

在传统基本 E-R 图中，只有实体才能参与联系，不允许联系参与联系。在 E-R 图中，可把联系看成由参与联系的实体组合而成的新的实体，其属性为参与联系的实体的属性和联系的属性的并。这种新的实体称为参与联系的实体的聚集，如图 2.39 所示。

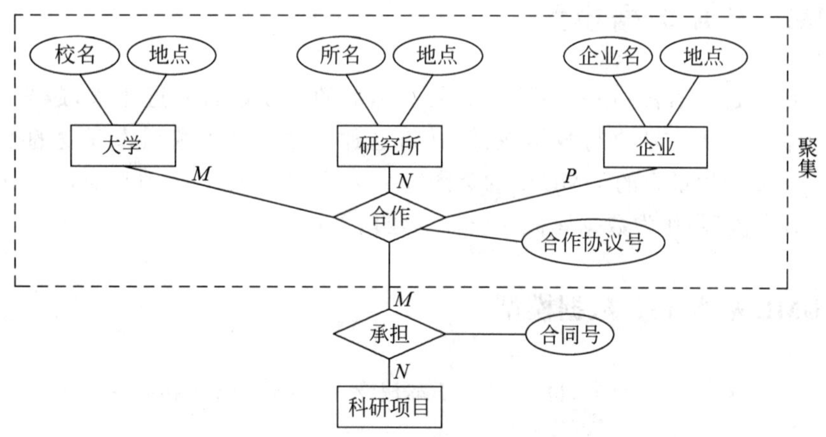

图 2.39 应用聚集的 E-R 图

3. 范畴

由不同类型的实体组成的实体集，称之为范畴。例如，这个实体集的成员可能是单位，也可能是个人。这种由不同类型实体组成的实体集不同于前面所定义的实体集。

设 $E_1,E_2,\cdots,E_n$ 是 n 个不同类型的实体集，则范畴 T 可定义为

$$T\subseteq(E_1\cup E_2\cup\cdots\cup E_n)$$

其中，$E_1,E_2,\cdots,E_n$ 也称为 T 的超实体集。

图 2.40 是应用范畴的一个例子，其中账户是一个范畴，可以是单位，也可以是个人。圆圈中的∪表示并操作。范畴也继承其超类的属性，但范畴的继承是有选择性的，即如果账户是单位，则继承单位的属性；如果账户是个人，则继承个人的属性。

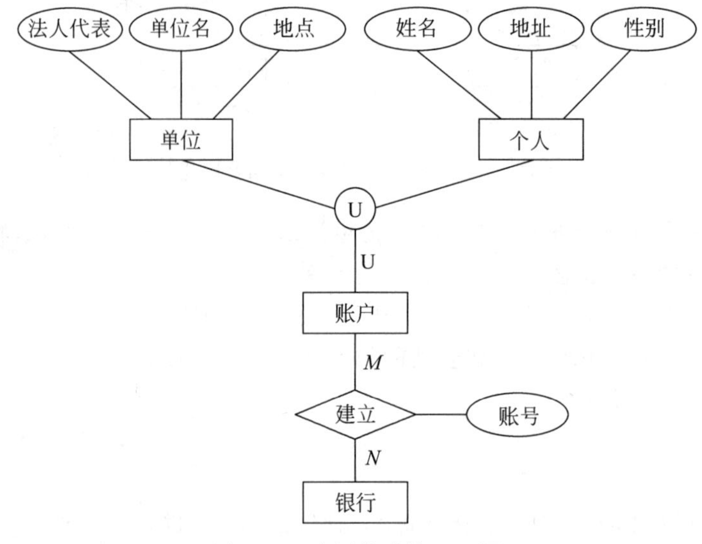

图 2.40　应用范畴的 E-R 图

2.5　UML E-R 数据模型

UML(统一建模语言)是一种面向对象的标准的建模语言。近年来，越来越多的公司正在采用标准化的方法进行数据建模，并将这种方法贯穿于数据库开发的整个过程。本书将在第 8 章使用最新的 UML 中的类图表示法(因类图与 E-R 图相似，本书中称其为 UML E-R 数据模型)作为数据库概念设计的建模工具。

2.5.1　UML 基本 E-R 数据模型

在 UML E-R 数据模型中，也有三个基本概念，即实体、属性和联系。

1. 实体

实体是现实世界中一组有相同属性的对象集合(为了统一起见，UML E-R 数据模型中也用实体的概念)。每个实体都用一个唯一的名字和一些特征(也称属性)来标识。

UML 的 E-R 中，也有弱实体的概念，意义同前。

UML 的 E-R 中，每个实体用一个如图 2.41 所示的矩形表示。

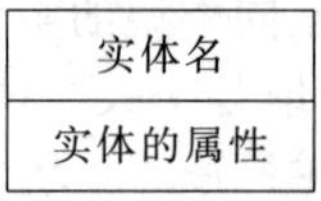

实体名
实体的属性

图 2.41　实体的图形化表示

2. 属性

实体的特征称为实体的属性,它表示人们想知道的有关的实体的内容。例如,职工的姓名、性别、出生年月、住址等都是职工实体的属性,反映每个职工的基本信息,也是存储在数据库中的数据的主要来源。

与一般 E-R 数据模型一样,属性可以是单域的简单属性,也可以是多域的组合属性。简单属性是不能再分解的原子属性。属性的值可以是单值的,也可以是多值的。对于一个具体的实体来说,大多数属性都是单值属性。例如,职工实体中每个职工的姓名、性别、出生年月、住址等都是只有一个值。但是对于职务这个属性,不同的职工担任的职务不同,可能会有多个值。

UML E-R 图中实体的属性表示在实体的方框内。属性的图形化表示如图 2.41 所示。

3. 联系

联系是指实体和实体之间的一组关联。每个联系也有一个唯一的名字,用来描述联系的功能。每个联系用连接不同实体的一条线表示,线的上方有一个方向标记,给一个有意义的解释。例如,部门拥有多名职工,部门和职工之间联系的图形化表示如图 2.42 所示。

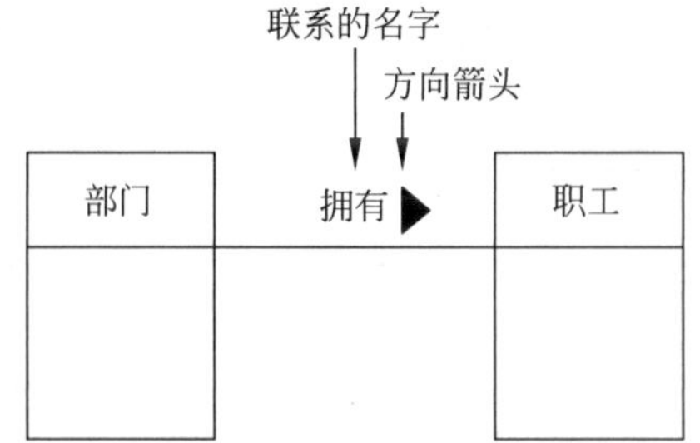

图 2.42　联系的图形化表示

如果参与联系的实体数为 2,也称为二元联系;如果参与联系的实体数大于 2,也称为多元联系。

与一般 E-R 模型一样,联系的类型也可分为以下几种。

① 一对一(1∶1)联系。

② 一对多(1∶*)联系。

③ 多对多(*∶*)联系。

④ 自联系(同一实体内部不同实例之间的联系)。

联系的图形化表示如图 2.43 所示。

4. 参与度

实体参与联系的最小次数和最大次数称为实体的参与度,用 $M..N$ 表示,M 表示实体集参与联系的最小次数,N 表示实体集参与联系的最大次数。

$M=0$,表示实体集参与联系是非强制性,即实体不一定参与联系。

$M>0$,表示实体集参与联系是强制性的,即实体一定参与联系。

例如,一个部门不少于 5 人,最多不超过 20 人,则部门的参与度表示为 5..20。一个职工必须属于部门,而且只能属于一个部门,则职工的参与度为 1..1,如图 2.44 所示。

注意:在 UML E-R 图中,参与度表示的位置和传统 E-R 图中参与度表示的位置正好相反。

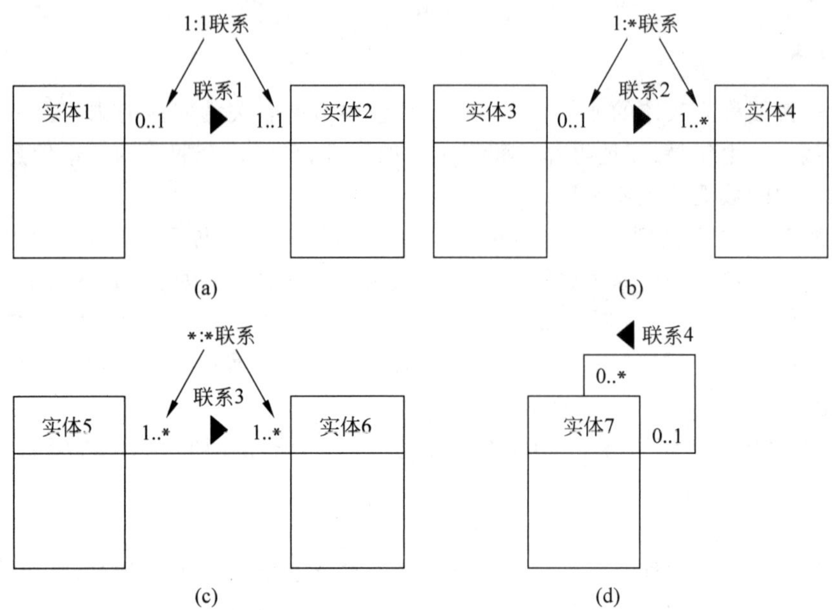

图 2.43　UML E-R 图中实体集之间四种联系的表示

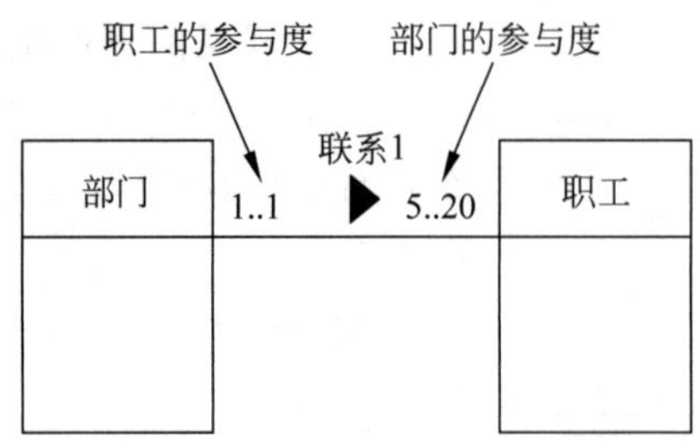

图 2.44　UML E-R 图中参与度的表示

2.5.2　UML 扩充 E-R 数据模型

UML 扩充 E-R 数据模型(又称 UML EER 图)是在 UML 基本 E-R 数据模型的基础上引入了普遍化、特殊化、参与约束以及无连接约束的抽象概念,使得模型的语义信息更加丰富。

特殊化(特化)和普遍化(泛化)的概念与传统 EER 图中的概念相同,它们的图形化表示如图 2.45 所示。

图 2.45 表示一个系有多名教职工,教职工由教师、教辅人员以及行政人员组成。教职工实体是一个超类,其属性为所有子类的公共属性,如职工号、姓名、性别以及工资等,职工号是主键。教师、教辅人员以及行政人员实体是教职工实体的子类,其属性分别为其特殊角色的属性,如教师有职称、硕导/博导等特殊属性；教辅人员有实验室等特殊属性；行政人员有办公室、职务等特殊属性。

超类/子类关系可以使用两类约束,分别为参与约束以及无连接约束。

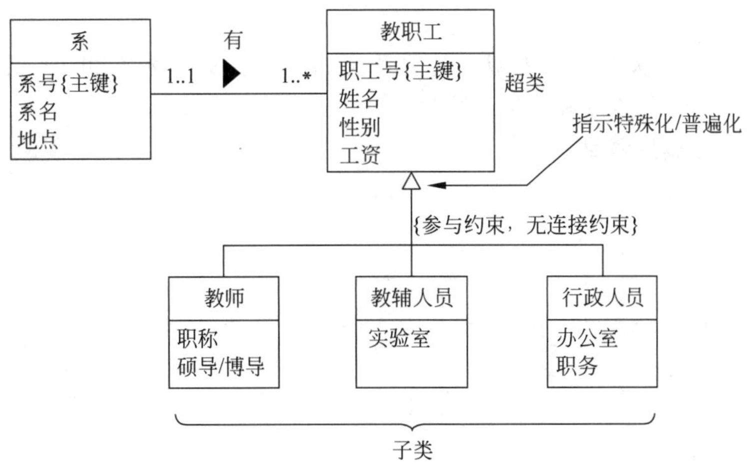

图 2.45　通过特殊化/普遍化将教职工实体转换为不同角色的子类

1. 参与约束

参与约束决定超类中的每个成员是否必须作为子类的一个成员。参与约束可以是强制的也可以是可选的。有强制参与的超类/子类关系指明超类中出现的每个成员必须也是子类的成员。可选参与的超类/子类关系指明超类的成员不需要成为任何子类的成员。UML EER 图中强制参与用“mandatory”表示,可选参与用“optional”表示。参与约束的表示放在超类的三角下的花括号中,如图 2.45 所示。

2. 无连接约束

无连接约束用来描述子类成员之间的关系,并且表明超类的成员是否可能是一个或多个子类的成员。只有当超类有多个子类时,才应用无连接约束。如果子类是无连接的,那么实体只能是一个子类的成员,用“or”表示。如果子类是非无连接的,那么实体的出现可能是多个子类的成员,用“and”表示。无连接约束的表示放在超类的三角下的花括号中,如图 2.45 所示。

思考题

1. 关系代数中的笛卡儿积运算、等值连接运算、自然连接运算有什么区别?

2. 关系代数和关系演算都可以表达关系运算,它们之间有什么区别?

重点内容与典型题目

重点内容

1. 关系数据模型的基本概念,包含关系的主键、外键、主属性、非主属性以及完整性约束等；

2. 关系数据模型上的关系代数运算主要包含交、并、差、笛卡儿积、除法、选择、投影和连接运算。

典型题目

1. 已知关系 R、S 和 T，如图 2.46 所示。

R

A	B	C
a	*b*	*c*
b	*a*	*f*
c	*b*	*d*

S

A	B	C
b	*a*	*f*
d	*a*	*d*

T

D	E	C
b	*a*	*f*
d	*a*	*d*

图 2.46　关系 R、S 和 T

求：$\pi_A(R)$，$R-S$，$R\cup S$，$R\cap S$，$R\times T$，$R\infty T$，$\sigma_{R.A='b'}(R\times T)$。

2. 假设有学生关系 S、课程关系 C 以及学生选课关系 SC，如图 2.47 所示。试用关系代数表达式表示下列查询语句。

(1) 查询“程军”老师所授课程的课程号和课程名。

(2) 查询年龄大于 21 的男学生的学号和姓名。

(3) 查询选修了编译原理课程的学生姓名。

S

S#	SNAME	AGE	SEX
1	李强	23	男
2	刘丽	22	女
3	张友	22	男

C

C#	CNAME	TEACHER
k1	C 语言	王华
k5	数据库原理	程军
k8	编译原理	程军

SC

S#	C#	GRADE
1	k1	83
2	k2	85
3	k1	92
2	k5	90
3	k5	84
3	k8	80

图 2.47　学生关系 S、课程关系 C 以及学生选课关系 SC

习题

1. 层次模型、网状模型以及关系模型之间有什么区别？
2. 域完整性约束、实体完整性约束以及引用完整性约束之间有什么区别？
3. 为什么关系中的元组没有先后顺序？
4. 为什么关系中不允许有重复元组？
5. E-R 模型和关系模型之间有什么联系？
6. 已知仓库关系和职工关系如图 2.48 所示。

仓库

仓库号	城市	面积
CK1	北京	370
CK2	上海	500
CK3	广州	200
CK4	合肥	300

职工

仓库号	职工号	工资
CK2	ZG1	1220
CK1	ZG3	1210
CK2	ZG4	1250
CK3	ZG6	1230
CK1	ZG7	1250

图 2.48　习题 6 图

假定现在要往职工关系中插入一个元组：

```
("CK7", "ZG9", 1400)
```

请问：这样的操作是否存在问题？

7. 使用第 6 题中给出的仓库关系和职工关系，写出以下表达式的运算结果：

(1) $\sigma_{仓库号='CK1' AND\ 职工号='ZG3'}$(职工表)；

(2) $\Pi_{职工号,工资}$(职工表)；

(3) 仓库表∞职工表。

8. 设有下列关系表：

```
S(S#, SNAME, CITY)
```

S 表示供应商，S# 表示供应商代号，SNAME 表示供应商姓名，CITY 表示供应商所在城市，主键为 S#。

```
P(P#, PNAME, COLOR, WEIGHT)
```

P 表示零件，P# 为零件代号，COLOR 表示零件颜色，WEIGHT 表示零件重量，主键为 P#。

```
J(J#, JNAME, CITY)
```

J 表示工程，J# 表示工程号，JNAME 为工程名，CITY 表示工程所在城市，主键为 J#。

```
SPJ(S#, P#, J#, QTY)
```

SPJ 表示供应关系，QTY 为零件数量，主键为(S#，P#，J#)，外键有三个，分别为 S#、

P#、J#。

用关系代数完成下列查询：

(1) 找出能同时提供零件 P1 和 P2 的供应商号。

(2) 找出供应红色 P1 零件且其供应量大于 1000 的供应商号。

(3) 找出与供应商 S1 在同一城市的供应商所提供的所有零件号。

(4) 找出这样的工程号，至少有一个与该工程不在同一城市的供应者向它提供零件。

(5) 找出不提供零件号 P1 和 P2 的供应商号。

9. 设一个系有学生、班级、课程、教师、教研组、选课等数据对象，每个数据对象可有若干属性，对象之间可有若干联系，试用 E-R 图对该系进行模拟。

10. 传统 E-R 数据模型和 UML E-R 数据模型有什么不同?

第3章 关系数据库标准语言

SQL(structured query language,结构化查询语言)是关系数据库的标准语言,它以关系代数运算与谓词演算为基础,主要用于对关系数据库进行各种操作。虽然用关系代数表示的查询很简洁,但是,以关系代数为基础设计的数据库语言,用户不但要说明需要什么数据,还要说明获得这些数据的过程。因此,这种语言实际上是一种过程性语言。

在数据库的应用中,需要一种对用户更加友好的查询语言,使用这种语言时,用户只要说明需要的数据,如何获得这些数据则不必由用户说明,而是由系统来实现。SQL 就是这样一种语言,也是一种非过程性语言。SQL 的功能非常强大,除了能够提供数据库的查询功能外,还可以提供数据定义功能、数据操纵功能以及数据控制功能等。

数据库语言本身不是计算完备的语言,不能用来独立编制应用程序。目前常用方法是将数据库语言嵌入到一种高级程序设计语言中(如 C 语言)。这种高级程序设计语言称为数据库语言的宿主语言。数据库语言主要用于访问数据库,而宿主语言主要用来处理数据。两种语言是独立发展起来的,由此带来许多不匹配的问题。例如,宿主语言一般是过程性语言,而数据库语言往往是非过程语言;两者所支持的数据类型一般也不一致;数据库语言常常是面向集合的语言,即执行一条语句可以一次性地提供所需的所有元组,而这些元组,作为程序设计语言的输入,只能逐个地对程序设计语言有关变量赋值而分别地处理。为了解决这些问题,SQL 提供了另一种使用方式,即将 SQL 嵌入到高级语言中使用。这种方式下使用的 SQL 称为嵌入式 SQL。

本章首先介绍 SQL 的发展过程,然后详细讨论 SQL 的基本功能,最后讨论嵌入式 SQL。

3.1 SQL 的发展过程

SQL 有许多版本,最早的版本是由当时 IBM 的 San Jose 研究室提出的。该语言最初叫 Sequel,是 20 世纪 70 年代作为 System 项目的一部分实现的。发展到现在,该语言的名字已经变为 SQL,并明确地确定了其作为标准关系数据库语言的地位。

1986 年 10 月,美国国家标准局(ANSI)的数据库委员会颁布了第一个标准 SQL。

1987 年 6 月,国际标准化组织(ISO)将其采纳为关系数据库语言的国际标准,即 SQL86。

1989 年 4 月,ISO 在 SQL86 的基础上增强了完整性特征,形成了 SQL89。

1992 年,ISO 又推出了新标准 SQL92,即 SQL2。

1999 年,ANSI 在 SQL2 的基础上扩充了面向对象的功能,并制定通过了 SQL99 标准,即 SQL3。

目前,许多关系数据库产品,如 SQL Server、Oracle、DB2、Sybase 等都使用 SQL 作为数据的查询语言。

3.2 SQL 的组成和基本结构

SQL 按其功能主要由以下几个部分组成。

① DDL(data definition language,数据定义语言),用于定义、撤销和修改关系模式,

如表、视图、索引。

② QL(query language,查询语言),用于查询数据库中的数据。

③ DML(data manipulation language,数据操纵语言),用于在关系模式中增加、删除以及修改元组数据。

④ DCL(data control language,数据控制语言),用于数据访问权限的控制。

SQL 的基本结构主要由 **SELECT**、**FROM** 和 **WHERE** 三个子句组成。一个典型的 SQL 查询语句具有以下形式:

```
SELECT  A1,A2,…,An
FROM    r1,r2,…,rm
WHERE   P;
```

其中:

SELECT 子句对应关系代数中的投影运算,用来列出查询结果的内容。每个 A_i 表示一个目标列表达式,该表达式可以是属性列、聚集函数和常量的任意算数运算组成的运算公式。

FROM 子句对应关系代数中的笛卡儿积运算,用来列出查询中需扫描的关系。每个 r_i 表示一个关系。

WHERE 子句对应关系代数中的选择谓词,用来列出查询时必须满足的条件。P 是谓词条件。

上面这个查询语句等价于下面的关系代数表达式:

$$\Pi_{A_1,A_2,\cdots,A_n}(\sigma_P(r_1 \times r_2 \times \cdots \times r_m))$$

即,SQL 先构造 **FROM** 子句中关系的笛卡儿积,根据 **WHERE** 子句中的谓词 P 进行关系代数的选择运算,然后将结果投影到 **SELECT** 子句中的属性列上。

下面将详细讨论 SQL 语言的基本功能。

3.3 数据定义语言

关系是关系数据库的基本组成单位,也称为表。在 SQL 中,表分为以下两种。

(1) 基表

基表是一个实表,其数据显式地存储在数据库的表中。

(2) 视图

视图是一个虚表。数据库中仅存放视图的定义,而不存放视图对应的数据,这些数据仍存放在原来的基表中。基表中数据发生变化时,从视图中查询出的数据也随之发生变化。视图又分为普通视图和临时视图。

普通视图仅有逻辑定义,可根据其定义由其他基表导出,但不作为一个表显式地存储在数据库中。视图可像基表一样,参与各种数据库操作。

对于较复杂的查询,可将查询中相对独立部分作为查询的中间结果,定义为临时视图。临时视图在功能上与普通视图一样,但仅用于附在临时视图定义后的查询语句中。

该查询语句结束后,临时视图随之自行消失。

本书主要介绍普通视图。

3.3.1 基表模式的定义

SQL 中的数据定义功能包括定义表和定义索引。

基表模式的定义主要使用 SQL 中 **CREATE TABLE** 语句,其一般形式为

```
CREATE TABLE <表名>
    (<属性列名> <数据类型>[ <属性级完整性约束条件> ]
    [,<属性列名> <数据类型>[ <属性级完整性约束条件>] ] …
    [,<表级完整性约束条件> ]);
```

其中:

——<属性级完整性约束条件>:包括该属性列是否为空,默认值。

——<表级完整性约束条件>:包括引用完整性检查以及唯一性检查。

注意:方括号内为任选项。

一般 SQL 都支持的数据类型如表 3.1 所示。

表 3.1 SQL 支持的数据类型

数据类型	说明符	备 注
整数	INT	字长 32 位
短整数	SMALLINT	字长 16 位
十进制数	DEC(*m*,*n*)	*m* 为总十进制位数(不包括小数点),*n* 为小数点后的十进制位数
浮点数	FLOAT	一般指双精度浮点数,字长 64 位
定长字符串	CHAR(*n*)	按固定长度 *n* 存储字符串。如果实际字符串长小于 *n*,后面填空格符;如果实际字符串长大于 *n*,则报错
变长字符串	VARCHAR(*n*)	按实际字符串长度存储,但字符串长不得超过 *n*,否则报错
日期	DATE	格式为"yyyymmdd",yyyy 表示年份,范围为 0001~9999;mm 表示月份,范围为 1~12;dd 表示日,范围为 1~31
时间	TIME	格式为"hhmmss",hh 表示时,范围为 0~24;mm 表示分,ss 表示秒,范围都是 0~59
时标	TIMESTAMP	格式为"yyyymmddhhmmssnnnnnn",nnnnnn 表示微秒,范围为 0~999999,其他符号的意义同上

常用的完整性约束有如下。

① 主键约束:**PRIMARY KEY**(定义该属性列为主键)。

② 唯一性约束:**UNIQUE**(不能取相同值但允许多个空值)。

③ 非空值约束:**NOT NULL**(该属性列的值不能为空)。

④ 引用(参照)完整性约束。

```
FOREIGN KEY <属性列> REFERENCES <表名>(<属性列>)
```

例 **3.3.1** 创建一个学生表 STUDENT，它由学号 SNO、姓名 SNAME、性别 SEX、出生日期 BDATE、所在系 DEPT 五个属性构成。其中，学号 SNO 不能为空，值是唯一的。

利用 SQL 中 **CREATE TABLE** 语句定义如下：

```
CREATE TABLE STUDENT
  (SNO      CHAR(8),
   SNAME    VARCHAR(10),
   SEX      CHAR(2),
   BDATE    DATE,
   DEPT     CHAR(10),
   PRIMARY  KEY(SNO));
```

其中：

PRIMARY KEY(SNO)表示属性 SNO 为学生关系的主键。主键要求非空且值是唯一的。

SNO CHAR(8)表示属性 SNO 的数据类型为固定长度字符串，即关系中每个元组在该属性上的值都是具有 8 个字符长度的字符串。

SNAME VARCHAR(10)表示属性 SNAME 的数据类型为可变长度字符串，即关系中每个元组在该属性上的值是最多可以有 10 个字符长度的字符串。

BDATE DATE 表示属性 BDATE 的数据类型为日期型，即关系中每个元组在该属性上的值均用日期型数据表示。

DEPT CHAR(10)表示属性 DEPT 的数据类型为固定长字符串，即关系中每个元组在该属性上的值都是具有 10 个字符长度的字符串。

例 **3.3.2** 创建一个课程表 COURSE，它由课程号 CNO、课程名 CNAME、学时数 LHOUR、学分数 CREDIT、开设学期 SEMESTER 五个属性组成。

利用 SQL 中 CREATE TABLE 语句定义如下：

```
CREATE TABLE COURSE
  (CNO        CHAR(6),
   CNAME      VARCHAR(20),
   LHOUR      SMALLINT,
   CREDIT     INT,
   SEMESTER   CHAR(2),
   PRIMARY KEY (CNO));
```

其中：

PRIMARY KEY(CNO)表示属性 CNO 为该课程关系的主键。主键要求非空且值是唯一的。

例 **3.3.3** 创建一个选课表 SC，它由学号 SNO、课程号 CNO、成绩 GRADE 三个属性组成。

利用 SQL 中 **CREATE TABLE** 语句定义如下：

```
CREATE TABLE SC
 (SNO CHAR (8) NOT NULL,
 CNO CHAR (6)   NOT NULL,
 GRADE DEC (4,1)   DEFAULT NULL,
 PRIMARY KEY (SNO, CNO),
 FOREIGN KEY (SNO)
     REFERENCES STUDENT,
     ON DELETE CASCADE,
FOREIGN KEY (CNO)
     REFERENCES COURSE,
     ON DELETE RESTRICT);
```

其中：

PRIMARY KEY(SNO,CNO)表示属性(SNO,CNO)为选课关系的主键。主键要求非空且值是唯一的。

FOREIGN KEY(SNO)**REFERENCES** STUDENT 表示 SNO 也是外键,引用的是学生关系中的主键 SNO。

ON DELETE 是引用完整性的任选项,**ON DELETE CASCADE** 表示当主表中删除了某一主键时,基表中引用此主键的行也随之被删除。

FOREIGN KEY(CNO)**REFERENCES** COURSE 表示 CNO 也是外键,引用的是课程关系中的主键 CNO。

ON DELETE RESTRICT 表示凡是被基表所引用的主键,不得被删除。

3.3.2 基表模式的修改

如果需要对已定义的基表模式进行修改,可以利用 SQL 提供的修改基表模式的命令。SQL 提供 7 种修改基表模式的命令。

1. 增加列

```
ALTER TABLE <表名>
     ADD <属性列><类型>;
```

例 3.3.4 向学生 STUDENT 表中增加“入学时间”属性列 SCOME,其数据类型为日期型。

```
ALTER TABLE STUDENT ADD SCOME DATETIME DEFAULT GETDATE();
```

注意：不论基表中原来是否已有数据,新增加的属性列一律为当前日期。

2. 删除基表

```
DROP TABLE <表名>;
```

例 3.3.5 删除学生 STUDENT 表。

```
DROP TABLE STUDENT;
```

删除基表后，表里的数据、表上的索引都会被删除，表上的视图往往仍然保留，但无法引用。

删除基表时，系统会从数据目录中删去有关该基表及其索引的描述。

注意：SQL 未提供删除列的命令。若要删除列，只有另定义一个新表，并将原来表中要保留的属性列的内容复制到新表中，然后删除原表。最后还要用重命名命令把新表改为原表名。

3. 补充定义主键

如果原表以前未定义主键，需要时可利用此命令补充定义主键。

```
ALTER TABLE <表名>
      ADD PRIMARY KEY (<属性列表>);
```

4. 撤销主键定义

一般情况下，一个基表如果已定义了主键，则系统会在主键上自动建立索引。当插入新元组时，系统会进行主键唯一性检查，这样，当进行大量的插入操作时，必影响系统效率。为了提高效率，可利用撤销主键命令暂时撤销主键，完成插入操作后再补充定义主键。

```
ALTER TABLE <表名>
      DROP PRIMARY KEY;
```

5. 补充定义外键

如果原表以前未定义外键，需要时可利用此命令补充定义外键。

```
ALTER TABLE <表名-1>
        ADD AFOREIGN KEY [<外键名>](<属性列表>)
            REFERENCES <表名-2>
            [ON DELETE { RESTRICT|CASCADE|SET NULL}];
```

花括号表示任选三项之一，其中：

RESTRICT，凡被基表引用的主键，不能删除；该选项通常为默认项。

CASCADE，如主表中删除了某一主键，则基表中引用此主键的元组也被删除。

SET NULL，该列应无 NOT NULL 说明。

6. 撤销外键定义

由于定义外键后，须作引用完整性检查，这会影响系统性能，因此，SQL 提供了撤销外键的命令，必要时可暂时撤销。

```
ALTER TABLE <表名>
```

```
DROP <外键名>;
```

7. 定义和撤销别名

需要时,可以给基表或视图定义别名,定义别名的命令为

```
CREATE SYNONYM <标识符>
        FOR <表名>|<视图名>;
```

当然,需要时也可以撤销基表或视图别名,撤销别名的命令为

```
DROP SYNONYM <标识符>;
```

3.3.3 索引的建立与撤销

在基表上建立索引是加快表的查询速度的有效手段。用户可以根据应用环境的需要,在基表上建立一个或多个索引,以提供多种存取路径,加快查找速度。

1. 建立索引

建立索引使用 **CREATE INDENX** 命令,其一般形式为

```
CREATE [UNIQUE] [CLUSTER] INDEX <索引名> ON <表名>(<属性列>[<次序>][,<属性列>[<次序>] ]…);
```

其中:

——<索引名>为要建立的索引文件的名字。

——<表名>为要建索引的基表名字。

——索引可以建立在该表的一个属性列或多个属性列上,各属性列之间用逗号分隔。

——<次序>表示索引值的排列次序,**ASC** 表示升序,**DESC** 表示降序,默认值为 **ASC**。

——**UNIQUE** 表示此索引的每一个索引值只对应唯一的数据记录。

——**CLUSTER** 表示要建立的索引是簇集索引(关于簇集的概念在数据库物理设计一章再详细介绍)。

例 3.3.6 对选课文件 SC 按学号 SNO 属性降序、按课程号 CNO 属性升序建立索引文件,索引文件名为 SC_INDEX。

```
CREATE UNIQUE SC_INDEX ON SC (SNO DESC,CNO ASC);
```

2. 撤销索引

撤销索引可使用 **DROP INDENX** 命令,其一般形式为

```
DROP INDENX <索引名>
```

命令执行后,系统会从数据目录中删去有关该索引的描述。

注意：SQL标准中没有定义对索引的修改功能，可以采用删除后重新定义索引的方式实现索引的修改功能。

例3.3.7 撤销索引文件SC_INDEX。

```
DROP INDENX SC_INDEX;
```

注意：若在SQL Server中使用DROP INDEX，必须以"表名.索引名"的形式同时给出表名和索引名，即

```
DROP INDEX SC.SC_INDEX;
```

3.4 查询语言

数据库的查询是数据库操作的核心，所以，SQL中的查询语句也是使用最多的。SQL查询语句又分为基本查询语句和复杂查询语句，利用基本查询语句可以编写一些简单的查询，而利用复杂查询语句可以编写出一些较为复杂的查询。本节将详细讨论如何编写查询语句。

3.4.1 基本SQL查询语句

基本查询语句主要包括三个子句：SELECT、FROM和WHERE，其一般形式为

```
SELECT [ALL|DISTINCT] <目标列表达式>[别名][,<目标列表达式>[别名]]…
FROM <表名或视图名>[,<表名或视图名> ] …
[ WHERE <条件表达式> ]
[ GROUP BY <属性列 1 > [ HAVING <条件表达式> ] ]
[ ORDER BY <属性列 2 > [ ASC|DESC ] ];
```

其中：

——**SELECT**后面的目标列表达式可以是属性列、聚集函数和常量的任意算术运算组成的运算公式。别名是为目标列表达式起的别名。**ALL**表示查询结果中不消除重复元组，**DISTINCT**表示查询结果中要消除重复元组。

——**FROM**后面给出查询内容所涉及的基表或视图。

——**WHERE**后面给出查询的条件，是任选项。

——**GROUP BY**表示将查询结果根据属性列1的值进行分组，**HAVING**是分组必须满足的附加条件，是任选项。

——**ORDER BY**表示将查询结果根据属性列2进行排序，**ASC**表示升序排序，**DESC**表示降序排序，是任选项。**ORDER BY**子句的次序必须位于**GROUP BY**子句的后面。

整个句子的含义是：根据**WHERE**子句的条件表达式，从基表(或视图)中找出满足条件的元组，按**SELECT**子句中的查询内容，从元组中选出相应的属性值形成查询结果。

如果有 **GROUP BY** 子句,则查询结果按指定的属性列进行分组,有 **HAVING** 时,满足条件的组才给予输出。如果有 **ORDER BY** 子句,则查询结果要根据指定的属性列按升序或降序排序。

假设学生 STUDENT 表、课程 COURSE 表以及选课 SC 表中的数据如表 3.2～表 3.4 所示。

表 3.2 STUDENT 表

SNO	SNAME	SEX	BDATE	DEPT
09920201	刘　芳	女	1974-3-12	计算机系
09920202	张晓晨	男	1974-1-24	计算机系
09920203	王文选	男	1973-11-15	计算机系
09920301	张　玲	女	1974-8-19	计算机系
09920302	李莉平	女	1975-9-24	计算机系

表 3.3 COURSE 表

CNO	CNAME	LHOUR	CREDIT	SEMESTER
CS-110	计算机概论	32	2	秋
CS-201	数据结构	80	5	秋
CS-221	数字电路	64	4	春
EE-122	继电保护	48	3	秋
EE-201	电力系统分析	80	5	春

表 3.4 SC 表

SNO	CNO	GRADE
09920201	CS-110	95
09920201	CS-201	90
09920202	CS-110	85
09920202	EE-201	80
09920203	CS-110	82
09920203	CS-201	75
09920203	EE-122	

例 3.4.1 查询所有学生详细情况。

分析:这是一个简单查询,查询的内容是学生的详细情况。查询内容所涉及的基表只有 STUDENT 一张表。因为是查询所有学生情况,所以不需要给出查询条件。该查询的 SQL 语句如下:

```
SELECT *
FROM STUDENT;
```

其中,"*"号表示查询基表中的所有内容(即所有属性列的值)。

查询结果为

SNO	SNAME	SEX	BDATE	DEPT
09920201	刘　芳	女	1974-3-12	计算机系
09920202	张晓晨	男	1974-1-24	计算机系
09920203	王文选	男	1973-11-15	计算机系
09920301	张　玲	女	1974-8-19	计算机系
09920302	李莉平	女	1975-9-24	计算机系

例 3.4.2　查询学生姓名和出生年月。

分析：本题查询是一个简单查询，查询内容是所有学生的姓名(SNAME)和出生年月(BDATE)。查询内容所涉及的基表也只有 STUDENT 一张表。该查询的 SQL 语句如下：

```
SELECT SNAME, BDATE
FROM STUDENT;
```

查询结果为

SNAME	BDATE
刘　芳	1974-3-12
张晓晨	1974-1-24
王文选	1973-11-15
张　玲	1974-8-19
李莉平	1973-9-24

例 3.4.3　查询选修了课程的学生学号。

分析：本题查询是个简单查询，查询的内容是选修了课程的学生学号(SNO)。由于一个学生可能选修多门课程，所以，查询结果中可能包含重复元组。在写 SQL 语句时要注意消除重复元组。该查询的 SQL 语句如下：

```
SELECT DISTINCT SNO
FROM SC;
```

其中，**DISTINCT** 表示消除查询结果中的重复元组。

注意：在关系代数投影运算(Π)的定义中直接去掉了结果中的重复元组，在 SQL 中必须在 **SELECT** 子句中用 **DISTINCT** 明确指定才能去掉重复元组。

查询结果为

SNO
09920201
09920202
09920203

例 3.4.4　查询所有女生的学号和姓名。

分析：本题查询是个简单查询，查询内容是所有女生的学号(SNO)和姓名

(SNAME),查询内容涉及的基表只有学生 STUDENT 表,查询条件是从学生表中选择出性别为“女”的那些元组。所以,该查询的 SQL 语句如下:

```
SELECT SNO,SNAME
FROM STUDENT
WHERE SEX = '女';
```

查询结果为

SNO	SNAME
09920201	刘　芳
09920301	张　玲
09920302	李莉平

注意:WHERE 子句常用的查询条件如表 3.5 所示。

表 3.5　WHERE 子句中常用的查询条件

查询条件	谓　词
比较	=,<,>,<=,>=,<>,!=,!>,!<;NOT+上述比较符
确定范围	BETWEEN…AND…,NOT　BETWEEN…AND…
确定集合	IN,NOT IN
字符匹配	LIKE,NOT LIKE
空值	IS NULL,IS NOT NULL
多重条件	AND,OR

例 3.4.5　检索学习课程号为 CS-221 的课程的学生学号与姓名。

分析:本题的查询内容是学生的学号(SNO)和姓名(SNAME),由于学生的选课信息在 SC 表中,而学生姓名在 STUDENT 表中,所以该查询内容涉及两张基表。查询条件是查询结果中的这些学生必须选修了 CS-221 课程。该查询的 SQL 语句如下:

```
SELECT SC.SNO,SNAME
FROM STUDENT,SC
WHERE STUDENT.SNO = SC.SNO
  AND CNO = 'CS-201';
```

该语句执行时,先对 STUDENT 和 SC 做笛卡儿积操作,然后在两个基表的公共属性上选择出属性值相等且课程号为 CS-201 的那些元组。由于 SNO 在 STUDENT 和 SC 中都出现,因此引用 SNO 时需注明基表名,例如,STUDENT.SNO 表示引用的是 STUDENT 基表中的 SNO。

查询结果为

SNO	SNAME
09920201	刘　芳
09920203	王文选

例 3.4.6 查询至少选修课程号为 CS-110 和 CS-201 的课程的学生学号与姓名。

分析：本题的查询内容是学生学号(SNO)和姓名(SNAME)，查询内容涉及选课表 SC 和学生表 STUDENT。查询条件是学生必须选修了课程号为 CS-110 和 CS-201 的课程。由于 CS-110 和 CS-201 出现在同一个基表 SC 的不同元组中，为了区别，可以引入别名 X、Y，也可看成定义了两个元组变量 X、Y。在语句中应该用别名加以限定，保留字 AS 可省。该查询的 SQL 语句如下：

```
SELECT SNO, SNAME
FROM STUDENT
WHERE SNO IN
    (SELECT X.SNO
     FROM SC AS X, SC AS Y
     WHERE X.SNO = Y.SNO
       AND X.CNO = 'CS - 110'
       AND Y.CNO = 'CS - 201' );
```

查询结果为

SNO	SNAME
09920201	刘　芳
09920203	王文选

例 3.4.7 查询 1973 年出生的学生名及其秋季所修课程的课程号及成绩。

分析：本题的查询内容是学生名(SNAME)、课程号(CNO)及成绩(GRADE)，由于学生名在学生表中，课程号和成绩在选课表中，课程开设时间为秋季还是春季的详细信息在课程表中，所以，查询内容涉及的基表有学生表 STUDENT、课程表 COURSE 和选课表 SC。查询条件是 1973 年出生的学生且所选课程必须是秋季开设的课程。显然，这是具有多个条件的查询，可用逻辑运算符 **AND** 和 **OR** 来联结多个查询条件。该查询的 SQL 语句如下：

```
SELECT SNAME, COURSE.CNO, GRADE
FROM STUDENT, COURSE, SC
WHERE STUDENT.SNO = SC.SNO
  AND SC.CNO = COURSE.CNO
  AND YEAR(BDATE) = 1973
  AND SEMESTER = '秋';
```

查询结果为

SNAME	CNO	GRADE
王文选	CS-110	82
王文选	CS-201	75
王文选	EE-122	

下面,根据学生表STUDENT、课程表COURSE和选课表SC中的数据来验证查询结果。

从STUDENT表中可知,1973年出生的学生如下:

SNO	SNAME	SEX	BDATE	DEPT
09920203	王文选	男	1973-11-15	计算机系

从SC表中可知,09920203所选的课程如下:

SNO	CNO	GRADE
09920203	CS-110	82
09920203	CS-201	75
09920203	EE-122	

从COURSE表中可知,秋季开设的课程如下:

CNO	CNAME	LHOUR	CREDIT	SEMESTER
CS-110	计算机概论	32	2	秋
CS-201	数据结构	80	5	秋
EE-122	继电保护	48	3	秋

对它们进行自然连接操作,然后在SNAME、CNO和GRADE属性上投影,最后就可得到上面的查询结果。

例3.4.8 将课程号为CS-110的课程根据学生的成绩进行降序排列。

分析:本题的查询内容主要是查询学生的成绩,查询结果要求降序排列。由于每个成绩应该对应学生的学号和姓名,所以,该查询内容涉及学生表STUDENT和选课表SC两张基表。查询条件是只查询CS-110课程的成绩。该查询的SQL语句如下:

```
SELECT STUDENT.SNO,SNAME,GRADE
FROM STUDENT,SC
WHERE STUDENT.SNO = SC.SNO
  AND CNO = 'CS - 110';
```

查询结果为

SNO	SNAME	GRADE
09920201	刘　芳	95
09920202	张晓晨	85
09920203	王文选	82

例3.4.9 查询缺成绩的学生学号和课程号。

分析:本题查询涉及对空值的查询。查询内容只涉及选课表SC,查询条件是元组在GRADE属性上没有值。该查询的SQL语句如下:

```
SELECT SNO,CNO,GRADE
FROM SC
WHERE GRADE IS NULL;
```

查询结果为

SNO	CNO	GRADE
09920203	EE-122	NULL

为了使查询结果更加清晰,可以根据情况,在SELECT子句后面适当增加属性列。

注意:空值是状态而不是值,所以不能写成GRADE=**NULL**或**NOT** GRADE=**NULL**。

3.4.2 较复杂的SQL查询语句

较复杂的查询是指查询条件比较复杂的查询语句。例如,带谓词**IN**、**BETWEEN…AND…**、**LIKE**的查询,嵌套查询、带聚集函数的查询等。

1. 带谓词IN的查询

带谓词**IN**的查询语句格式一般为

```
(集合1) IN (集合2)
(集合1) NOT IN (集合2)
```

集合1与集合2可以是一个SELECT子查询,或值的集合,但它们的结构相同。

IN操作表示:如果集合1中每个元素都在集合2内,那么其逻辑值为true,否则为false;

NOT IN操作表示:如果集合1中某个元素不在集合2内,那么其逻辑值为true,否则为false。

例3.4.10 查询秋季学期有一门以上课程获90分以上成绩的学生。

分析:本题的查询内容是学生,查询条件是这些学生必须选修了秋季的课程且成绩在90分以上。由于学生姓名在STUDENT表中,课程开设的学期信息在COURSE表中,而成绩信息在SC表中,因此,该查询涉及学生表STUDENT、课程表COURSE和选课表SC三张基表。这种查询可有多种写法,现在用谓词**IN**和嵌套查询来写查询语句。所谓嵌套查询是指一个**SELECT FROM WHERE**查询块可以嵌套在另一个**SELECT FROM WHERE**查询块中。其中的每一个**SELECT FROM WHERE**查询块也称为子查询。SQL中允许多层嵌套。该查询的SQL语句如下:

```
SELECT SNAME
FROM STUDENT
WHERE SNO IN
     (SELECT DISTINCT SNO
      FROM SC
      WHERE GRADE> = 90.0
        AND CNO IN
```

```
(SELECT CNO
 FROM COURSE
 WHERE SEMESTER = '秋'));
```

查询结果为

SNAME
刘　芳

注意：嵌套查询是由里向外处理的，即每个子查询在上一级处理之前求解。这样外层查询可以利用内层查询的结果。

例如，本题最内层子查询：

```
SELECT CNO
FROM COURSE
WHERE SEMESTER = '秋';
```

查询结果为

CNO
CS-110
CS-201
EE-122

中间层子查询：

```
SELECT DISTINCT SNO
FROM SC
WHERE GRADE >= 90.0
  AND CNO IN
      (集合 2);
```

此时集合 2 中的值为(CS-110,CS-201,EE-122)，所以中间层子查询的查询结果为

SNO
09920201

最外层子查询：

```
SELECT SNAME
FROM STUDENT
WHERE SNO IN
      (集合 2);
```

此时集合 2 中的值为(09920201)，所以最外层子查询的查询结果为

SNAME
刘　芳

例 3.4.11 查询只有一个人选修的课程号。

分析：本题查询内容是课程号，查询条件是这些课程只能有一个学生选修。该查询只涉及 SC 表，为了区别不同层次上对同一个表的查询，外层上的表取了别名 SCX。该查询的 SQL 语句如下：

```
SELECT CNO
FROM SC SCX
WHERE CNO NOT IN
    (SELECT CNO
     FROM SC
     WHERE SNO <> SCX.SNO);
```

查询结果为

CNO
EE-201
EE-122

2. 带谓词 EXISTS 的查询

EXISTS 是存在量词。带有 **EXISTS** 的子查询不返回任何数据，只返回逻辑真值和逻辑假值。若内层查询结果非空，则外层查询的 **WHERE** 后面的条件为真值，否则为假值。

例 3.4.12 查询没有选修 EE-201 课程的学生姓名。

分析：本题查询内容是学生姓名，查询条件是没有选修 EE-201 课程的那些学生。可以利用 **EXISTS** 存在量词，该查询的 SQL 语句如下：

```
SELECT SNAME
FROM STUDENT
WHERE NOT EXISTS
    (SELECT *
     FROM SC
     WHERE SNO = STUDENT.SNO AND CNO = 'EE - 201');
```

查询结果为

SNAME
刘芳
王文选
张玲
李莉平

本例的执行过程为：从头到尾扫描 STUDENT 表中的各个元组，对于每一个元组，执行子查询，如果在 SC 表中能找到 SNO＝STUDENT.SNO 的元组，则 **EXISTS** 子句返回真值，而外层 **WHERE** 条件则为假值，查询结果中不输出该元组；如果在 SC 表中找不到 SNO＝STUDENT.SNO 的元组，则 **EXISTS** 子句返回假值，而外层 **WHERE** 条件则为真

值,查询结果中输出该元组。

注意:当查询涉及多个关系时,用嵌套查询逐次求解层次分明,具有结构程序设计特点,并且嵌套查询的执行效率也比连接查询的效率高。

3. 使用 BETWEEN…AND…的查询

用 **BETWEEN…AND…**可进行范围查询,其一般形式为

```
E [NOT] BETWEEN E1 AND E2
```

相当于:

```
[NOT](E >= E1 AND E <= E2)
```

例 3.4.13 查询 1973 年到 1974 年出生的学生姓名。

分析:本题查询内容是学生姓名,查询条件是 1973 年到 1974 年出生。查询只涉及 STUDENT 表,因为是范围查询,可以利用 **BETWEEN…AND…**。该查询的 SQL 语句如下:

```
SELECT SNAME
FROM STUDENT
WHERE YEAR(BDATE)BETWEEN 1973 AND 1974;
```

查询结果为

SNAME
刘　芳
张晓晨
王文选
张　玲

注意:**BETWEEN** 后面是低值,**AND** 后面是高值。

4. 使用谓词 LIKE 的查询

用谓词 **LIKE** 可以进行全部或部分字符串的匹配,其一般形式为

```
属性列 LIKE 字符串常数
```

如果使用部分字符串匹配,则用通配符:"%",匹配 0 个或多个字符;或"_",匹配 1 个字符。如:a%b 表示以 a 开头,以 b 结尾的任意长度的字符串,如 acb,addgb,ab 等都满足该匹配串。a_b 表示以 a 开头,以 b 结尾的长度为 3 的任意字符串,如 acb,afb 等都满足该匹配串。

对数据库进行查询时,使用 **LIKE** 和通配符可以实现模糊查询。

例 3.4.14 查询计算机系所开课程的详细情况。

分析:计算机系开设的课程可以从课程号的头两个字母识别出来,即以 CS 开头的课程号是计算机系开设的课程。而以 EE 开头的课程号是电机系开设的课程。本题查询

内容是课程的详细情况，查询条件是计算机系开设的课程，查询只涉及 COURSE 表。可以利用 **LIKE** 谓词进行模糊匹配，因此，该查询的 SQL 语句如下：

```
SELECT *
FROM COURSE
WHERE CNO LIKE'CS%';
```

查询结果为

CNO	CNAME	LHOUR	CREDIT	SEMESTER
CS-110	计算机概论	32	2	秋
CS-201	数据结构	80	5	秋
CS-221	数字电路	64	4	春

5. 使有 ANY 或 ALL 谓词的子查询

谓词 **ANY** 的语义是指某些值；谓词 **ALL** 的语义是指所有值。它们通常需要配合比较运算符使用，例如：

＞ **ANY**　大于子查询结果中的某些值。

＞ **ALL**　大于子查询结果中的所有值。

＜ **ANY**　小于子查询结果中的某些值。

＜ **ALL**　小于子查询结果中的所有值。

＞＝**ANY**　大于或等于子查询结果中的某些值。

＞＝**ALL**　大于或等于子查询结果中的所有值。

＜＝**ANY**　小于或等于子查询结果中的某些值。

＜＝**ALL**　小于或等于子查询结果中的所有值。

＝**ANY**　等于子查询结果中的某些值。

＝**ALL**　等于子查询结果中的所有值(通常没有实际意义)。

！＝(或＜＞) **ANY**　不等于子查询结果中的某个值。

！＝(或＜＞) **ALL**　不等于子查询结果中的任何一个值。

注意：用聚集函数实现子查询通常比直接用 **ANY** 或 **ALL** 查询效率要高，因为聚集函数通常能够减少比较次数。

6. 使用聚集函数的查询

SQL 提供了许多聚集函数，可以进行简单的统计和计算功能。常用的聚集函数有五类。

(1) 计数

```
COUNT([DISTINCT|ALL] * )                统计关系中元组的个数
COUNT([DISTINCT|ALL] <属性列名>)         统计某属性中值的个数
```

(2) 计算总和

SUM([DISTINCT|ALL] <属性列名>)　　计算某属性值(该属性必须为数值型)的总和

(3) 计算平均值

AVG([DISTINCT|ALL] <属性列名>)　　计算某属性值的平均值

(4) 求最大值

MAX([DISTINCT|ALL] <属性列名>)　　求某属性值的最大值

(5) 求最小值

MIN([DISTINCT|ALL] <属性列名>)　　求某属性值的最小值

例 3.4.15　统计学生总人数。

分析：本题主要统计 STUDENT 表中所有元组的个数，即学生总人数，所以可以使用聚集函数 **COUNT**。该查询的 SQL 语句如下：

```
SELECT COUNT( * ) AS NUM
FROM STUDENT;
```

查询结果为

NUM
5

例 3.4.16　查询选修了课程的学生人数。

分析：本题主要对 SC 表统计选修了课程的学生人数，由于一个学生可能选修了多门课程，但统计时不能重复计算学生人数，否则出错，所以要利用 **DISTINCT** 选项。该查询的 SQL 语句如下：

```
SELECT COUNT (DISTINCT SNO) AS NUM
FROM SC;
```

查询结果为

NUM
3

注意：用 **DISTINCT** 是为了避免重复计算学生人数。

例 3.4.17　查询每门课程的选课人数。

分析：本题主要对 SC 表统计每门课程的选课人数，可以使用 **GROUP BY** 子句按课程号进行分组，然后用 **COUNT** 函数统计各组的人数。该查询的 SQL 语句如下：

```
SELECT CNO,COUNT(SNO) AS NUM
FROM SC
```

```
GROUP BY CNO;
```

查询结果为

CNO	NUM
CS-110	3
CS-201	2
EE-122	1
EE-201	1

注意：**GROUP BY** 子句是按某一属性列或多个属性列的值进行分组，值相等的分为一组。另外，分组的属性列名(本题为 CNO)必须在本层的 **SELECT** 语句中出现。

例 3.4.18 查询选修了 3 门以上课程的学生的学号。

分析：本题查询内容是学生的学号，查询条件是这些学生必须选修了 3 门以上的课程。该查询只涉及 SC 表。可以利用 **GROUP BY** 子句根据 SNO 进行分组，然后统计每组的课程数，凡是选修了 3 门以上课程的学生的学号可出现在查询结果中。该查询的 SQL 语句如下：

```
SELECT SNO
FROM SC
GROUP BY SNO
HAVING COUNT( * )> 3;
```

查询结果为

SNO
09920203

注意：**HAVING** 短语指定选择组的条件，只有满足条件(元组数大于 3，表示此学生选修的课程数超过 3 门)的组才会在查询结果中。

WHERE 子句与 **HAVING** 短语是有区别的。**WHERE** 子句作用于基表或视图，**HAVING** 短语作用于组。另外，**HAVING** 短语必须紧跟在 **GROUP BY** 后面。

对于前面的例 3.4.11，也可以使用聚集函数写 SQL 语句：

```
SELECT SNO
  FROM SC
  GROUP BY SNO
  HAVING COUNT( * )> = 1;
```

这说明同一个查询可用不同的 SQL 语句写，即查询语句不是唯一的。

例 3.4.19 查询计算机系所开课程的最高成绩、最低成绩和平均成绩。如果某门课程的成绩不全(即 GRADE 中有 NULL 出现)，则该课程不予统计，结果按 CNO 升序排列。

分析：本题查询内容为每门课程的最高成绩、最低成绩和平均成绩，查询条件是这些课程必须为计算机系开设的课程。由于课程由哪个系开设的信息在 CNO 中可以看出，而成绩信息也在 SC 表中，所以本题查询只涉及 SC 表。该查询的 SQL 语句如下：

```
SELECT CNO, MAX (GRADE) AS MAXGRADE, MIN (GRADE) AS MINGRADE, AVG(GRADE) AS AVGGRADE
FROM   SC
WHERE   CNO LIKE 'CS%'              --选择计算机系所开的课程
GROUP BY CNO                        --按 CNO 分组
HAVING CNO NOT IN
              (SELECT CNO           --删除成绩不全的组
              FROM SC
              WHERE GRADE IS NULL)
ORDER BY CNO;   --结果按 CNO 升序排序
```

查询结果为

CNO	MAXGRADE	MINGRADE	AVGGRADE
CS-110	95	82	87.3
CS-201	90	75	82.5
EE-201	80	80	80

注意：对 SQL 语句进行注释的方法有如下两种。

(1) 单行语句注释，使用注释符号(--)。

(2) 多行注释方法，使用注释符号(/ * … * /)。

3.4.3 集合查询

关系代数中可以进行两个关系的并、交和差的集合运算，在 SQL 中也可实现集合运算。SQL 提供了保留字 **UNION**、**INTERSECT** 和 **EXCEPT** 以实现关系的集合运算，前提是参加集合运算的两个关系必须具有相等的目，且对应的属性域相同。

1. 查询的并集

例 3.4.20 查询 1973 年出生的学生和选修电机系所开课程(EE 标志)的学生的学号。

分析：本题查询内容是学生的学号。查询条件有两个，一个条件是出生时间为 1973 年的学生，此信息在 STUDENT 表中；另一个条件是选修了电机系所开课程的学生，此信息在 SC 表中。可以先分别查询 1973 年出生的学生和选修电机系所开课程的学生的学号，然后利用关系的并操作，将两个查询结果进行合并。查询并集用保留字 **UNION**。该查询的 SQL 语句如下：

```
(SELECT SNO
 FROM STUDENT
 WHERE YEAR(BDATE) = 1973)
  UNION
```

```
(SELECT SNO
 FROM SC
 WHERE CNO LIKE 'EE%');
```

查询结果为

SNO
09920203

2. 查询的交集

例 3.4.21 查询计算机系 1973 年出生的学生详细信息。

分析：本题可以用查询的交集来得到结果。查询交集保留字用 AND。该查询的 SQL 语句如下：

```
SELECT *
FROM STUDENT
WHERE DEPT = '计算机系'
  AND YEAR(BDATE) = 1973;
```

查询结果为

SNO	SNAME	SEX	BDATE	DEPT
09920203	王文选	男	1973-11-15	计算机系

3. 查询的差集

例 3.4.22 查询选修了 CS-110 课程但没有选修 CS-201 课程的学生学号。

分析：本题可以先查询选修了 CS-110 课程的学生学号集合 X，然后查询选修了 CS-201 课程的学生学号集合 Y，最后通过差运算从 X 中减去 Y 得到选修了 CS-110 课程但没有选修 CS-201 课程的学生学号。该查询的 SQL 语句如下：

```
(SELECT CNO
FROM SC SCX)
EXCEPT
 (SELECT CNO
  FROM SC);
```

查询结果为

SNO	SNAME
09920301	张　玲
09920302	李莉平

注意：由于在不同层次上对同一个表查询，为区别起见，外层上的表取了别名 SCX。

3.5 数据操纵语言

SQL 中的数据操纵语言主要用于在关系模式中插入、删除以及修改元组数据。

3.5.1 插入数据

SQL 中提供了 **INSERT** 语句将元组数据插入关系模式中去。

1. 插入一个元组

插入元组的语句格式为

```
INSERT INTO <表名> [(<属性列 1>[,<属性列 2>…)]]
VALUES (<常量 1> [,<常量 2>]… )
```

其中：

——**INSERT** 表示对表进行插入元组操作。

——**INTO** 子句：

- 指定要插入元组的表名及属性列。
- 属性列的顺序可与表定义中的顺序不一致。
- 如果没有指定属性列则表示要插入的是一条完整的元组，且属性列与表定义中的顺序一致。
- 如果指定部分属性列则插入的元组在其余属性列上取空值。

——**VALUES** 子句：

- 提供给属性列插入的值。
- 提供的值的个数和值的类型必须与 INTO 子句匹配。

例 3.5.1 将一个新学生记录（学号，09920303；姓名，韩晓红；性别，女；出生年月，1976-4-7；所在系，计算机系）插入 STUDENT 表中。

分析：该题是向 STUDENT 表中插入一个新的元组。SQL 插入语句为

```
INSERT INTO STUDENT
VALUES ('09920303', '韩晓红', '女', 1976 - 4 - 7, '计算机系');
```

插入后的 STUDENT 表中的最后一行增加了一个新的元组。

SNO	SNAME	SEX	BDATE	DEPT
09920201	刘　芳	女	1974-3-12	计算机系
09920202	张晓晨	男	1974-1-24	计算机系
09920203	王文选	男	1973-11-15	计算机系
09920301	张　玲	女	1974-8-19	计算机系
09920302	李莉平	女	1973-9-24	计算机系
09920303	韩晓红	女	1976-4-7	计算机系

2. 插入子查询的结果

插入子查询结果的语句格式为

```
INSERT INTO <表名>  [(<属性列 1>[,<属性列 2>…)]]
    子查询;
```

例 3.5.2 生成一个女学生成绩临时表 FGRADE,表中包括 SNAME、CNO、GRADE 三个属性。

分析:本题是将子查询的结果插入到指定的表中。可以首先定义一个临时表 FGRADE,即

```
CREATE TABLE FGRADE
    (SNAME VCHAR(8)  NOT NULL,
    CNO  CHAR(6) NOT NULL,
    GRADE DEC(4,1)  DEFAULT NULL);
```

然后,利用子查询的结果将其插入临时表 FGRADE 中。

```
INSERT INTO FGRADE
    SELECT SNAME,CNO,GRADE
    FROM STUDENT,SC
    WHERE STUDENT.SNO = SC.SNO;
```

插入后的临时表 FGRADE 具有如下结果:

SNAME	CNO	GRADE
刘　芳	CS-110	95
刘　芳	CS-201	90
张晓晨	CS-110	85
张晓晨	EE-201	80
王文选	CS-110	82
王文选	CS-201	75
王文选	EE-122	

注意:DBMS 在执行插入语句时会检查欲插入的元组是否会破坏表上已定义的完整性规则。如果破坏,系统会给出提示,且该记录不会被插入数据库中。

3.5.2 修改数据

SQL 中提供了 UPDATE 语句对指定关系模式中的数据进行修改操作。修改语句的格式为

```
UPDATE  <表名>
SET  <属性列名> = <表达式>[,<属性列名> = <表达式>]…
[WHERE <条件>];
```

其中：

——**UPDATE** 表示对指定的表中满足条件的元组进行修改操作。表达式中可以出现常数、属性列名、聚集函数以及运算符。

——**SET** 子句指定要修改的属性和修改后取值。

——**WHERE** 子句：

- 指定要修改的元组必须满足的条件。
- 默认时表示要修改表中的所有元组。

例 3.5.3 将 SC 表中所有学生的成绩置 0，缺成绩的除外。

分析：本题是多记录修改。除了缺成绩的以外，其他所有学生的成绩都要修改为 0。SQL 修改语句为

```
UPDATE SC
SET GRADE = 0
WHERE GRADE IS NOT NULL;
```

修改后的 SC 表为

SNO	CNO	GRADE
09920201	CS-110	0
09920201	CS-201	0
09920202	CS-110	0
09920202	EE-201	0
09920203	CS-110	0
09920203	CS-201	0
09920203	EE-122	

注意：DBMS 在执行修改语句时会检查欲修改的元组是否会破坏表上已定义的完整性规则。如果破坏，系统会给出提示，且该记录不会被修改。

例 3.5.4 把学生“李莉平”的姓名改为“李莉萍”。

分析：本题是单记录修改。SQL 修改语句为

```
UPDATE STUDENT
SET SNAME = '李莉萍'
WHERE SNAME = '李莉平';
```

修改后的 STUDENT 表为

SNO	SNAME	SEX	BDATE	DEPT
09920201	刘　芳	女	1974-3-12	计算机系
09920202	张晓晨	男	1974-1-24	计算机系
09920203	王文选	男	1973-11-15	计算机系
09920301	张　玲	女	1974-8-19	计算机系
09920302	李莉萍	女	1975-9-24	计算机系

3.5.3 删除数据

SQL 提供了 DELETE 语句对指定关系模式中的元组数据进行删除。删除语句的格式为

```
DELETE
FROM <表名>
[WHERE <条件>];
```

其中：

——**DELETE** 表示对表中的元组进行删除操作。

——**FROM** 指定在哪张表中删除。

——**WHERE** 子句：

• 指定要删除的元组必须满足的条件。

• 默认时表示要修改表中的所有元组。

例 3.5.5 删除姓名为“李莉萍”的学生记录。

```
DELETE
FROM STUDENT
WHERE SNAME = '李莉萍';
```

删除后的 STUDENT 表为

SNO	SNAME	SEX	BDATE	DEPT
09920201	刘　芳	女	1974-3-12	计算机系
09920202	张晓晨	男	1974-1-24	计算机系
09920203	王文选	男	1973-11-15	计算机系
09920301	张　玲	女	1974-8-19	计算机系

注意：DBMS 在执行删除语句时会检查删除所选的元组后是否会破坏表上已定义的完整性规则。如果破坏，系统会给出提示，且该记录不会被删除。

前面介绍过 **DROP** 语句，现在又介绍了 **DELETE** 语句，这两个语句之间的区别如下。

• **DROP TABLE** <表名>　表示删除指定的基表。DBMS 执行后，该表不再存在。

• **DELETE　FROM** <表名>　表示删除指定表中的元组。DBMS 执行后，该表仍然存在，但所有元组被删除，已为空表。

3.6 视图

视图是从一个或几个基表(或视图)导出的表，它与基表不同，是一个虚表，本身不保存数据，数据仍保存在基表中。DBMS 执行 **CREATE VIEW** 语句时只是把视图的定义存入数据目录，并不执行其中的 **SELECT** 语句。在对视图查询时，按视图的定义从基表中将数据

查出。

视图一经定义,就可以像基表一样被查询和删除,并且可以在视图之上再定义新的视图。如果基表中的数据发生变化,从视图中查询出的数据也随之改变。不过,视图的更新(增加、删除、修改)操作会受到一定的限制。

3.6.1 定义视图

SQL 中视图的定义主要使用 **CREATE VIEW** 语句,其一般形式为

```
CREATE VIEW <视图名> [(<属性列名>  [,<属性列名>]…)]
AS <子查询>
[WITH CHECK OPTION];
```

注意:

——**CREATE VIEW** <视图名>表示视图的名字,该视图内容由若干个属性列表组成。

——<子查询>是视图的定义,子查询中的属性列不允许定义别名,一般不允许含有 **ORDER BY** 和 **DISTINCT** 短语。

——**WITH CHECK OPTION** 表示对视图进行 **UPDATE**、**INSERT**、**DELETE** 操作时要保证所操作的元组必须满足视图定义的谓词条件。

例 3.6.1 定义一个视图 ENROL-SPRING,作为学生春季选课一览表,其中含有 SNO、SNAME、CNO、CREDIT 属性。

分析: 本题要求定义一个学生春季选课视图,由于学生姓名在 STUDENT 表中,选课信息在 SC 表中,而课程开设学期在 COURSE 表中,所以该视图根据这三个基表进行定义。SQL 语句如下:

```
CREATE VIEW ENROL - SPRING
AS SELECT SNO, SNAME, CNO, CREDIT
   FROM STUDENT, COURSE, SC
   WHERE STUDENT. SNO = SC. SNO
     AND COURSE. CNO = SC. CNO
     AND SEMESTER = '春';
```

该视图是利用 SELECT 查询的结果进行定义的。

例 3.6.2 定义一个视图 GRADE-AVG,表示学生的平均成绩,其中包括 SNO 和 AVGGRADE(平均成绩)两个属性。

分析: 定义一个表示学生平均成绩的视图,该视图可以根据 STUDENT 和 SC 进行定义。SQL 语句如下:

```
CREATE VIEW GRADE - AVG(SNO, AVGGRADE)
AS SELECT SNO, AVG(GRADE)
   FROM SC
   GROUP BY SNO;
```

该视图也是利用 **SELECT** 查询的结果进行定义的。可见,视图实际上是一个 **SELECT** 语句。

3.6.2 查询视图

一旦定义了视图,就可以像查询基表一样查询视图。事实上,对视图的查询最终将转变为对基表的查询。

例 3.6.3 查询平均成绩大于 90 分的学生学号。

分析:本题查询可以利用例 3.6.2 定义好的视图 GRADE-AVG。SQL 语句如下:

```
SELECT *
FROM GRADE - AVG
WHERE AVGGRADE > = 90;
```

DBMS 在数据目录中找到该视图的定义,然后将其转换为对基表的查询,相当于执行了以下 SQL 语句:

```
SELECT SNO,AVG(GRADE)
FROM SC
GROUP BY SNO
HAVING AVG(GRADE)> = 90;
```

需要注意的是,对视图的两次查询结果可能不同,原因是虽然没有改动视图 GRADE-AVG 的定义,但是基表 SC 在此期间可能发生了变化。

3.6.3 删除视图

当视图不再需要时,可以将视图删除。SQL 中视图的删除主要使用 **DROP VIEW** 语句,其一般形式为

```
DROP VIEW <视图名>;
```

注意:

——该语句从数据目录中删除指定的视图定义。

——由该视图导出的其他视图定义仍在数据目录中,但已不能使用,必须显式删除。

——删除基表时,由该基表导出的所有视图定义都必须显式删除。

例 3.6.4 删除视图 ENROL-SPRING。

分析:本题要求从数据目录中将视图 ENROL-SPRING 的定义删除。SQL 语句如下:

```
DROP VIEW ENROL - SPRING;
```

3.6.4 更新视图

更新视图是一个较复杂的问题,通常都会加以限制。例如,由一个基表定义的视图,如果只含有基表的主键或候补键,并且视图中没有用表达式或函数定义的属性,才允许更新;如果是由多表连接所定义的视图,则视图不允许更新;如果视图定义中用到 **GROUP BY** 子句或聚集函数,则视图不允许更新。如果定义视图时带有 **WITH CHECK OPTION** 子句,则 DBMS 在更新视图时会进行检查,防止用户通过视图对不属于视图范围内的基表数据进行更新。

3.6.5 视图的作用

视图是关系数据库系统提供给用户以多种角度观察数据库中数据的重要机制。视图的作用主要体现在以下几点。

(1) 提供了逻辑数据独立性

在关系数据库中,数据的整体逻辑结构或存储结构都有可能发生改变,如果这些改变与用户无关,那么原有的应用程序就不必修改;当这些改变与用户有关时,也只要修改视图,应用程序仍可不改动或只需做少量改动。

(2) 简化了用户观点

数据库的全部结构是复杂的,并有多种联系。一般用户只用到数据库中一部分数据,而视图机制正好适应了用户的需要。视图是由一个 SELECT 语句定义的,用户只需关心视图的内容,而不必关心构成视图的若干关系的连接、投影操作。

(3) 提供数据的安全保护功能

在数据库中,有些数据是保密的,不能让用户随便使用。此时,可针对不同的用户定义不同的视图,在视图中只出现用户需要的数据。系统提供视图让用户使用,而不是关系。这样,就可达到数据的安全保护功能。

例如,全校学生的成绩在一张表中,如果要限制各系的教务员只能查询本系学生的成绩,就可以为每个系教务员定义一个只包含本系学生成绩的视图。这样,各系教务员查成绩时就只能查自己系的学生成绩。

又如,为了不让无关人员了解有关职工个人收入情况,可以定义一个不包含经济收入属性的视图,供查询一般情况用。

要注意,有些 DBMS 没有视图功能,但系统可以根据用户访问限制条件,自动地修改查询条件,使用户只能在给定访问范围内查询。例如,计算机系教务员要查学生情况,DBMS 可在其查询语句上自动加上 "DEPT = '计算机系'"的限制条件。因此,查询修改实际上起了视图的作用。而且处理起来比视图还简单,容易实现,效率也高。

3.7 数据控制语言

SQL 中的数据控制功能包括事务管理功能和数据保护功能，即数据库的恢复和并发控制，数据库的安全性和完整性控制。本节主要讨论数据库的安全性和完整性控制，而数据库的恢复和并发控制将在第 4 章讨论。

数据库的安全性措施之一是通过控制用户对数据库中数据的访问权限来保证数据的安全性。数据库的安全性控制可通过授权机制来实现，详见本节其余部分的讨论。不同类型的操作对象具有不同的操作权限，常见的操作权限如表 3.6 所示。

表 3.6 不同对象类型允许的操作权限

对　象	对象类型	操作权限
属性列	TABLE	SELECT，INSERT，UPDATE，DELETE，ALL PRIVIEGES（四种权限总和）
视图	TABLE	SELECT，INSERT，UPDATE，DELETE，ALL PRIVIEGES（四种权限总和）
基表	TABLE	SELECT，INSERT，UPDATE，DELETE，ALTER，INDEX，ALL PRIVIEGES（六种权限总和）
数据库	DATABASE	CREATETAB 建立表的权限，可由 DBA 授予普通用户

访问控制在数据库之间是相互独立的，一个用户在一个数据库所获得的访问权限不能用于其他数据库。一个用户可能在一个数据库中享有 DBA 特权，而在另一个数据库中可能只是一般用户。

数据库用户按其访问权力的大小，一般可分为以下三类。

(1) 一般数据库用户

在 SQL 中，这种用户称为“具有 CONNECT 特权的用户”。这种用户可以与数据库连接，并具有下列特权。

① 按照授权可以查询或更新数据库中的数据。

② 可以创建视图或定义数据的别名。

(2) 具有支配部分数据库资源特权的数据库用户

在 SQL 中，这种用户称为“具有 RESOURCE 特权的用户”，除具有一般数据库用户所拥有的所有特权外，还具有下列特权。

① 可以创建表、索引和簇集。

② 可以授予或收回其他数据库用户对其所创建的数据对象所拥有的访问权。

③ 有权对其所创建的数据对象跟踪审查。

(3) 具有 DBA 特权的数据库用户

DBA 拥有支配整个数据库资源的特权。这种用户除具有上述两种用户所拥有的一切特权外，还具有下列特权。

① 有权访问数据库中的任何数据。

② 不但可以授予或收回数据库用户对数据对象的访问权,还可以批准或收回数据库用户。

③ 可以为 PUBLIC 定义别名,PUBLIC 是所有数据库用户的总称。

④ 有权对数据库进行调整、重组或重构。

⑤ 有权控制整个数据库的跟踪审查。

具有 DBA 特权的用户对数据库拥有最大的特权,因而也对数据库负有特别的责任。

DBMS 按用户的访问权限来控制用户的数据访问,因此,需要解决两个问题。

• 用户的标识与鉴别

用户的标识是数据库用户注册时给出的,这是一个公开的标识。

• 授权

SQL 语言提供 GRANT 语句向用户授予对数据库的操作权限。

3.7.1 授权

授权就是给予用户一定的访问特权,这是对用户访问权限的规定和限制。在 SQL 中,有两种授权:一种是授予某类数据库用户的特权,只有得到这种授权,才能成为数据库用户,这只能由 DBA 授予;另一种是授予对某些数据对象进行某些操作的特权,这可以由 DBA 授予,也可由数据对象的创建者授予。

对于第一种授权,可用下面的 SQL 语句:

```
GRANT  <权限>[,<权限>]…[ON  <对象类型> <对象名>]
TO <用户>[,<用户>]…[WITH GRANT OPTION];
```

其中:

——**GRANT** 表示授权操作,后面<权限>是指定的操作权限。

——**ON** 后面是指定的对象类型和对象名。

——**TO** 后面是接受权限的用户,可以是一个或多个用户,也可是 PUBLIC 用户。

——**WITH GRANT OPTION** 表示用户可将权限授予其他用户。

例 3.7.1 把查询表 STUDENT 的权限授给用户 U1。

分析:本题是一个授权操作,即把查询表 STUDENT 的权限(**SELECT**)授予用户 U1。SQL 语句如下:

```
GRANT SELETE
ON TABLE STUDENT
TO U1;
```

例 3.7.2 把对表 STUDENT 和 COURSE 的全部操作权限授予用户 U2 和 U3。

分析:本题也是一个授权操作,即把查询表 STUDENT 和 COURSE 的全部操作权限(ALL PRIVILIGES)授予用户 U2 和 U3。SQL 语句如下:

```
GRANT ALL PRIVILIGES
```

```
ON TABLE STUDENT, COURSE
TO U2,U3;
```

例 3.7.3 把查询表 STUDENT 和修改学生学号的权限授予用户 U4。

分析：本题也是一个授权操作，即把查询表 STUDENT 和修改学生学号的权限(**SELECT** 和 **UPDATE**)授予用户 U4。SQL 语句如下：

```
GRANT UPDATE(SNO),SELETE
ON TABLE STUDENT
TO U4;
```

例 3.7.4 把对表 SC 的 INSERT 权限给用户 U5，并允许将此权限再授予其他用户。

分析：本题除了给用户 U5 授权外，还允许该用户将此权限再授予其他用户。SQL 语句如下：

```
GRANT INSERT
ON TABLE SC
TO U5 WITH GRANT OPTION;
```

如 U5 要将此权限授予 U6，并允许 U6 将此权限再授予其他用户，则 SQL 语句如下：

```
GRANT NSERT
ON TABLE SC
TO U6 WITH GRANT OPTION;
```

U6 还可以将此权限授予 U7，SQL 语句如下：

```
GRANT INSERT
ON TABLE SC
TO U7;
```

因为 U6 未给 U7 再授权的权限，因此 U7 不能再传播此权限。

例 3.7.5 DBA 把在数据库 SELECT-COURSE 中建立表的权限授予用户 U8。

分析：本题是授予用户 U8 在数据库 SELECT-COURS 中建立表的权限。授权 SQL 语句如下：

```
GRANT CREATE TABLE
ON DATABASE SELECT - COURSE
TO U8
```

3.7.2 收回权限

SQL 还提供了将用户权限收回的功能。收回权限的 SQL 语句如下：

```
REVOKE <权限>
```

```
ON <对象类型> <对象名>
FROM <用户>[,<用户>];
```

注意：收回权限时，连同转授予其他用户的权限一起收回。

例 3.7.6 设有用户 U1、U2、U3 和 U4，下面是一连串授权过程：

U1 授权给 U2：

```
GRANT SELECT ON TABLES TO U2 WITH GRANT OPTION;
```

U2 授权给 U3：

```
GRANT SELECT ON TABLES TO U3 WITH GRANT OPTION;
```

U3 授权给 U4：

```
GRANT SELECT ON TABLES TO U4 WITH GRANT OPTION;
```

U1 收回授给 U2 的权限：

```
REVOKE SELECT ON TABLES TO U2 WITH GRANT OPTION;
```

此语句不仅收回 U1 授予 U2 的权限而且还收回 U2 授予 U3、U3 授予 U4 的这种权限。

例 3.7.7 收回所有用户对 SC 表的查询权限。

分析：本题是收回所有用户(**PUBLIC**)对 SC 表的查询(**SELECT**)权限。收回权限的 SQL 语句如下：

```
REVOKE SELECT
ON SC
FROM PUBLIC;
```

3.7.3 完整性控制

SQL 标准使用了一系列的技术来表达完整性，包括实体完整性、引用完整性、域完整性。这些语义约束完整性条件的功能主要在 **CREATE TABLE** 语句中表达，由 DBMS 实现。

具体例子可见 3.3.1 节内容。

3.8 嵌入式 SQL

3.8.1 嵌入式 SQL 介绍

SQL 是一种非过程化的查询语言，大多数语句可以独立执行，不能根据不同的条件执行不同的任务，所以单纯用 SQL 语句很难完成实际的应用，往往需要将 SQL 与其他高级语言结合起来使用。

SQL 又可分为交互式 SQL 和嵌入式 SQL。所谓交互式 SQL 是指在 DBMS 环境中直接使用 SQL 对关系进行交互式操作，但是这种操作仅限于数据库操作，缺少数据处理能力。而嵌入式 SQL 是指把 SQL 嵌入程序设计语言中，即宿主语言中，嵌入式 SQL 利用了宿主语言的数据处理能力，SQL 语句负责操纵数据库，宿主语言语句负责控制程序流程。

由于 SQL 是基于关系数据模型的语言，而宿主语言是基于整数、实数、字符、记录、数组等数据类型的语言，因此两者之间存在很大差别。例如，SQL 语句不能直接使用指针、数组等数据结构，而宿主语言一般不能直接进行集合运算。为了能在宿主语言的程序中嵌入 SQL 语句，必须做某些规定。本节主要介绍嵌入式 SQL 的一些使用规定和使用技术。

为了能够将 SQL 语言同其他宿主语言结合起来使用。嵌入式 SQL 必须解决下列 4 个问题。

① 宿主语言编译器不可能识别和接受 SQL 语言，如何将嵌有 SQL 的宿主语言程序编译成可执行码，这是首先要解决的问题。

② 宿主语言和 DBMS 之间如何传递数据和信息。

③ 数据库的查询结果一般是元组的集合，这些元组须逐个地赋值给宿主语言程序中的变量，供其处理，其间存在一个转换问题，如何进行这种转换。

④ 两者的数据类型有时不完全对应或等价，须解决必要的数据类型转换问题。需要进行何种数据类型转换，与宿主语言和 DBMS 有关。

各个 DBMS 在实现嵌入式 SQL 时，对不同的宿主语言，所用的基本方法是一样的。但由于宿主语言的差异，在实现时须利用其各自的特点，也须解决各自的特殊问题。下面以 SQL 嵌入 C 语言为例，说明实现嵌入式 SQL 的一般方法。

3.8.2 嵌入式 SQL 的说明部分

为了在程序中能够区别 C 语句和 SQL 语句，凡是 SQL 语句，前面都以 EXEC SQL 开头，结尾加分号“;”(注意：不同宿主语言中 SQL 的结束标志会有区别)。C 和 SQL 之间的数据传送则通过宿主变量进行。所谓宿主变量是指 SQL 中可引用的 C 语言变量；凡是宿主变量，前面须用 EXEC SQL 开头的说明语句说明。在 SQL 语句中引用宿主变量时，为了有别于数据库本身的变量，例如属性名，在宿主变量前须加冒号“:”。因此，即使宿主变量与数据库中的变量同名也是允许的。在宿主语言语句中，宿主变量可与其他变量一样使用，不须加冒号。宿主变量按宿主语言的数据类型及格式定义，若与数据库中的数据类型不一致，则由数据库系统按实现时的约定进行必要的转换。在实现嵌入式 SQL 时，往往对宿主变量的数据类型加以适当的限制，例如对 C 语言，不允许用户定义宿主变量为数组或结构。

在宿主变量中，有一个系统定义的特殊变量，叫 SQLCA(SQL communication area，SQL 通信区)。它是全局变量，供应用程序与 DBMS 通信之用。由于 SQLCA 已由系统

定义,只需在嵌入的可执行 SQL 语句开始前加 INCLUDE 语句就行了,而不必由用户说明,其格式为

```
EXEC SQL INCLUDE SQLCA
```

SQLCA 中有一个分量叫 SQLCODE,可表示为 SQLCA. SQLCODE。它是一个整数,供 DBMS 向应用程序报告 SQL 语句执行情况之用。每执行一条 SQL 语句后,都要返回一个 SQLCODE 代码,其具体含义随系统而异,一般规定:

- SQLCODE 为零,表示 SQL 语句执行成功,无异常情况。
- SQLCODE 为正数,表示 SQL 语句已执行,但有异常情况,例如 SQLCODE 为 100 时,表示无数据可取,可能是数据库中无满足条件的数据,也可能是查询的数据已被取完。
- SQLCODE 为负数,表示 SQL 语句因某些错误而未执行,负数的值表示错误的类别。

宿主变量不能直接接受空缺符 NULL。凡遇此情况,可在宿主变量后紧跟一指示变量。指示变量也是宿主变量,一般是一个短整数,用来指示前面的宿主变量是否为 NULL。如果指示变量为负,表示前面的宿主变量为 NULL,否则,不为 NULL。

所有 SQL 语句中用到的宿主变量,除系统定义之外,都必须说明,说明的开头行为

```
EXEC SQL BEGIN DECLARE SECTION;
```

结束行为

```
EXEC SQL END DECLARE SECTION;
```

例 3.8.1 说明宿主变量。

分析:本题意为在宿主语言中说明可在 SQL 中引用的 C 语言变量。说明语句如下:

```
EXEC SQL BEGINE DECLARE SECTION;
  CHAR SNO[7];
  CHAR GIVENSNO[7];
  CHAR CNO[6];
  CHAR GIVENCNO[6];
  FLOAT GRADE;
  SHORT GRADEI;
EXEC SQL END DECLARE SECTION;
```

本题中,SNO、CNO、GRADE 是作为宿主变量说明的,虽与表 SC 的属性列同名也无妨。GRADEI 是 GRADE 的指示变量,它只有与 GRADE 连用才有意义。必须注意,上述的宿主变量是按 C 语言的数据类型和格式说明的,与 SQL 有些区别。

3.8.3 嵌入式 SQL 的可执行语句

嵌入式 SQL 的说明部分不对数据库产生任何作用。下面介绍作用于数据库的嵌入

式 SQL 语句，即可执行语句。这包括嵌入的 DDL、QL、DML 及 DCL 语句。这些语句的格式与对应的交互式 SQL 语句基本一致，只不过因嵌入的需要增加了少许语法成分。此外，可执行语句还包括进入数据库系统的 CONNECT 语句以及控制事务结束的语句。例如，CONNECT 语句的格式为

```
EXEC SQL CONNECT : uid IDENTIFIED BY  : pwd;
```

其中，uid、pwd 为两个宿主变量，前者表示用户标识符，后者表示该用户的口令。这两个宿主变量应在执行 CONNECT 语句前由宿主语言程序赋值，执行本语句成功后才能执行事务中的其他可执行语句。执行成功与否可由 SQLCODE 判别。

嵌入式 SQL 的 DDL 和 DML 语句除了前面加 EXEC SQL 外，与交互式 SQL 没有什么区别。

例 3.8.2 将宿主变量 SNO，CNO，GRADE 中的值插入到表 SC 中。

分析：本题要求在宿主语言中实现往 SC 表中插入元组值的功能，插入的元组由三个宿主变量构成，宿主变量由宿主语言程序赋值。嵌入式 SQL 语句如下：

```
EXEC SQL INSERT INTO SC(SNO,CNO,GRADE)
VALUES(:SNO,:CNO,:GRADE);
```

例 3.8.3 在选课表中删除变量 SNAME 中指定的学生选课记录。

分析：本题要求在宿主语言中实现在 SC 表中删除元组的功能，被删除的元组由变量名 SNAME 指定。嵌入式 SQL 语句如下：

```
EXEC SQL DELETE
FROM SC
WHERE SNO IN
    (SELETE SNO
    FROM STUDENT
    WHERE NAME = :SNAME);
```

查询语句是用得最多的嵌入式 SQL 语句。如果查询的结果只有一个元组，则可将查询结果用 INTO 子句对有关的宿主变量直接赋值。

例 3.8.4 查询某个学生某门课程的成绩。

分析：本题要求在宿主语言中实现对 SC 表的查询功能，被查询学生的学号和课程由 GIVENSNO 和 GIVENCNO 指定。查询结果插入到宿主变量 GRADE 中。

```
EXEC SQL SELECT GRADE INTO :GRADE, :GRADEI
FROM SC
WHERE SNO = :GIVENSNO AND CNO = :GIVENCNO;
```

由于{SNO，CNO}是 SC 的主键，本句的查询结果不超过一个元组(单属性元组)，可以直接用 INTO 子句对有关的宿主变量赋值。如果不是用主键查询，则查询结果可能有多个元组；若仍直接对宿主变量赋值，则系统可能会报错。因为 GRADE 属性允许为 NULL，故在宿主变量 GRADE 后加了指示变量 GRADEI。

如查询结果超过一个元组,需在程序中开辟一个区域来存放查询的结果。该区域及其相应的数据结构称为游标。然后利用游标逐个地取出每个元组给宿主变量赋值。

使用游标是为了 SQL 的集合处理方式与宿主语言单记录处理方式的协调。由于 SQL 语句可以处理一组记录,而宿主语言语句一次只能处理一个记录,因此需要游标机制把集合操作转换成单记录方式。

使用游标需要下面 4 条语句。

(1) 说明游标语句

说明游标语句定义一个命名的游标,并将它与相应的查询语句相联系。说明游标语句格式为

```
EXEC SQL DECLARE <游标名> CURSOR FOR
     SELECT …
     FROM …
     WHERE …;
```

其中,<游标名>是为定义的游标取的名字,这个游标与对应的查询语句相联系。

(2) 打开游标语句

打开游标语句是将定义的一个游标打开,在打开游标时,执行与游标相联系的 SQL 查询语句,并将查询结果置于游标中。打开游标的语句格式为

```
EXEC SQL OPEN <游标名>;
```

注意:

- 游标打开时,位于第一个元组的前一位置。
- 游标中的查询结果对应于打开游标时的宿主变量的当前值。
- 打开游标后,即使宿主变量改变,游标中的查询结果也不随之改变,除非游标关闭后重新打开。

(3) 取数语句

取数语句是取游标所在位置的元组。取数语句格式为

```
EXEC SQL FETCH <游标名> INTO :hostvar1, :hostvar2, …;
```

注意:

- 每次执行取数语句时,首先把游标向前推进一个位置,然后按照游标的当前位置取一元组并对宿主变量 hostvar1,hostvar2,…赋值。
- 与单个元组的查询不一样,INTO 子句不是放在查询语句中,而是放在取数语句中。
- 要恢复游标的初始位置,必须关闭游标后重新打开。
- 在 SQL 中,有游标后退及跳跃功能,游标可以定位到任意位置。如果游标中的数已经取完,若再执行取数语句,SQLCODE 将返回代码 100。

(4) 关闭游标语句

因取完数或取数发生错误等原因而不再使用游标时,应关闭游标。关闭游标语句的

格式为

```
EXEC SQL CLOSE <游标名>;
```

游标关闭后，如果再对它取数，将返回出错信息，说明要从中取数的游标无效。

例 3.8.5 输入学号并存在变量 givensno 内，查询学号、课程号以及成绩。

分析：本题是在 C 语言中使用嵌入式 SQL 的一个例子。完成此功能的 C 语言程序如下：

```
#define NO - MORE - TUPLES
void sel()
{
    EXEC SQL BEGIN DECLARE SECTION  -- 对 SQL 语句中用到的宿主变量进行说明
    char snun[8],cnun[6],givensno [8];
    Int gr;
    char SQLSTATE[6];
    EXEC SQL END DECLARE SECTION  -- 结束说明
    EXEC SQL DECLARE SCX CURSOR FOR
/* 说明 SCX 为一个游标,并与查询语句对应 */
        SELECT SNO,CNO,GRADE
        FROM SC
        WHERE SNO = : givensno;
    EXEC SQL OPEN SCX;  -- 打开游标 SCX
    while(1)
    {
    EXEC SQL FETCH SCX INTO :snun, :cnun, : gr;
/* 将游标所在处的元组值取到宿主变量中 */
    if(NO - MORE - TUPLES)break;
    printf(" % s, % s, % d",snun,cnun,gr);
    }
    EXEC SQL CLOSE SCX;  -- 关闭游标 SCX
}
```

注意：NO-MORE-TUPLES 是 C 语言中定义的宏，检测查询状态，当查找结束时值为.T.。

3.9 嵌入式 SQL 的实现

嵌入式 SQL 的实现有两种处理方式：第一种方式是通过扩充宿主语言的编译程序，使之能处理 SQL 语句；第二种方式是采用预处理方式，即先用预处理程序对源程序进行扫描，识别出 SQL 语句，并处理成宿主语言的过程调用语句；然后再用宿主语言的编译程序把源程序编译成目标程序。目前多数系统采用后一种方式。嵌入式 SQL 的处理过程如图 3.1 所示，其中最关键的一步是将嵌有 SQL 的宿主语言源码通过预编译器变成纯宿主语言源码。关系 DBMS 除了提供 SQL 语言接口外，一般还提供一批函数，称为 SQL 函数，供应用程序调用 DBMS 的各种功能。例如建立与 DBMS 的连接及其连接的环境、传送 SQL 语句、执行 SQL 语句并建立游标、返回执行结果、返回执行状态及各种异常情况等。这些函数组成 SQL 函数库。SQL 函数库实际上是 DBMS 向应用程序提供的一种访问数据库的接口,称为调用级接口。预编译器将冠以 EXEC SQL 的语句编译成宿主语言对 SQL 函数的调用,从而把嵌有 SQL 的宿主语言源码变换成纯宿主语言源码,可以在编译连接后执行。

图 3.1　嵌入式 SQL 处理过程

3.10　动态 SQL

嵌入式 SQL 语句必须在源程序中完全确定,然后再由预处理程序预编译和宿主语言编译程序编译。在实际问题中,源程序往往还不能包括用户的所有操作。用户对数据库的操作有时在系统运行时才能提出来,例如,编译时下列信息不能确定:SQL 语句正文、宿主变量个数、宿主变量的数据类型、SQL 语句中引用的数据库对象(属性、索引、基表、视图等)。

例如,对 SC 表,任课老师想查询选修他所授课程的学生学号及其成绩;班主任想查询某个学生选修的课程号及相应成绩;学生想查询自己某门课程的成绩。如果用户对数据库的操作在系统运行时才能提出来,则要用到嵌入式 SQL 的动态技术才能实现。

动态 SQL 方法允许在程序运行过程中根据以下情况,临时"组装"SQL 语句:

① 语句可变——允许用户在程序运行时临时输入完整的 SQL 语句。

② 条件可变——WHERE 条件和 HAVING 短语。

③ 数据库对象、查询条件均可变——SELECT 中的列名,FROM 中的表名或视图名,WHERE 和 HAVING 中的条件都可能不确定。

如果使用动态 SQL,程序就能够在运行时以字符串的形式生成 SQL 查询语句,然后立即执行该查询或使其为后续使用做好准备。

例 3.10.1　删除某些学生记录,删除条件由用户在程序运行时给出。

分析:本题是一个直接执行的动态 SQL 例子,只用于非查询语句的执行。无须返回查询结果。程序如下:

```
    …
EXEC SQL BEGIN DECLARE SECTION;
char sqlstring[200]; /* 定义宿主变量 sqlstring */
EXEC SQL END DECLARE SECTION;
char cond[150];
/* 填入 SQL 语句的固定部分 */
strcpy(sqlstring,"DELETE FROM STUDENT WHERE")
```

```
/* 提示用户输入删除条件 */
printf("Enter delete condition:");
scanf("%s",cond); /* 临时输入删除条件 */
strcat(sqlstring, cond); /* 输入的条件加在 sqlstring 后面 */
/* 执行 sqlstring 中的 SQL 语句 */
EXEC SQL EXECUTE IMMEDIATE: sqlstring;
        …
```

例 3.10.2 删除某些学生记录。

分析：这是一个带动态参数的动态SQL，也用于非查询语句的执行。这类SQL语句中，含有未定义的变量，仅起占位符的作用。执行前，程序提示用户输入相应的参数，以取代这些占位用的变量。也可有多个占位符，执行时根据语句中出现的顺序，依次用USING后的宿主变量取代。程序如下：

```
        …
EXEC SQL BEGIN DECLARE SECTION;
char sqlstring[200]; /* 定义宿主变量 sqlstring */
In birth-year;
EXEC SQL END DECLARE SECTION;
strcpy(sqlstring,"DELETE FROM STUDENT WHERE YEAR(BDATE)<= :y;")
/* 提示用户输入参数 birth-year,用以指明删除何年以前出生的学生记录 */
printf("Enter birth-year for deleting:");
scanf("%d",&birth-year); /* 临时输入出生年份 */
/* 用 PREPARE 语句定义 sqlstring 中的 SQL 语句为命令 PURGE */
EXEC SQL PREPARE PURGE FROM: sqlstring;
/* 用参数 birth-year 取代 y 执行命令 PURGE */
EXEC SQL EXECUTE PURGE USING: birth-year;
        …
```

例 3.10.3 查询成绩，并将查询结果排序。

分析：本题是一个查询类动态SQL，必须返回查询结果。由于查询结果可能是一个元组或一组元组，编译时不能确定，所以动态SQL须一律以游标取数。程序如下：

```
        …
EXEC SQL BEGIN DECLARE SECTION;
char sqlstring[200];
char SNO[7];
float GRADE;
short GRADEI;
char GIVENCNO[6];
EXEC SQL END DECLARE SECTION;
char orderby[150];
strcpy(sqlstring,"SELECT SNO,GRADE FROM SC WHERE CNO = :c");
/* 提示用户输入 ORDER BY 子句 */
printf("Enter ORDER BY clause:");
scanf("%s", orderby);
strcat(sqlstring, orderby); /* 输入的子句语句加在 sqlstring 后面 */
/* 提示用户输入要查询成绩的课程号 */
```

```
printf("Enter the course number:");
scanf(" % s", GIVENCNO);
/ * 准备查询语句 * /
EXEC SQL PREPARE query FROM: sqlstring;
/ * 说明游标 * /
EXEC SQL DECLARE grade - cursor CURSOR FOR query;
/ * 打开游标 * /
EXEC SQL OPEN grade - cursor USING: GIVENCNO;
/ * 取数 * /
While(TURE)
{
    EXEC SQL FETCH  grade - cursor
      INTO :SNO, :GRADE, :GRADEI;
    if(SQLCA.SQLCODE == 100)
      break;
    if(SQLCA.SQLCODE < 0)
      break;
/ * 以下处理从游标所取的数据,从略 * /
            …
}
/ * 关闭游标 * /
EXEC SQL CLOSE grade - cursor;
              …
```

3.11 SQL 的存储过程

存储过程是指常用的访问数据库的程序。该程序作为一个过程,经过编译后,存储在数据库中,且在数据目录中登录,供用户调用。

创建存储过程的好处是可以方便用户,即存储过程只需用户提供参数,不必编写程序;可以改善性能,即存储过程编译后存于数据库中,不必再进行语法分析、查询处理和优化;可以扩充功能,即存储过程不仅可用 SQL 语句,还可用控制程序流程的语句。

例 3.11.1 定义学生退学的处理过程。

```
EXEC SQL
   CREATE PROCEDURE drop_student
       (IN student_no CHAR(7),
        OUT message CHAR(30))
   BEGIN ATOMIC
       DELETE FROM STUDENT
       WHERE SNO = student_no;
       DELETE FROM SC
       WHERE SNO = student_no;
       SET message = student_no || 'dropped';
   END;
 EXEC SQL
```

```
/* 以上是退学处理过程的定义,下面表示应用程序调用此过程 */
    …
  CALL drop_student( … )
    …
```

存储过程的定义由 EXEC SQL…EXEC SQL 界定,DBMS 也是通过它们来识别存储过程;drop_student 是退学存储过程的过程名。该过程有一个输入(IN)参数 student_no,是退学人的学号;一个输出(OUT)参数 message,是返回给用户的信息;BEGIN…END 之间是过程体,完成三件事:①从 STUDENT 表中删除指定学生(由 student_no 决定)对应的元组;②从 SC 表中删除该学生所选的所有课程;③输出信息"×××××× dropped",其中,××××××为退学人的学号。BEGIN 后面的 ATOMIC 表示过程体执行时要保持原子性,即要么全做,要么都不做。如果不加 ATOMIC,则允许过程体有些操作完成,有些操作失败。在本过程中,由于学生退学后,必须删除其学籍和所选的课程,所以 BEGIN 后面须加 ATOMIC。

思考题

1. 用关系代数表示的查询与用 SQL 表示的查询有什么区别与联系?
2. SQL 中的嵌套查询在什么情况下使用?如何使用?
3. 存储过程有什么作用?其意义是什么?

重点内容与典型题目

重点内容

基本 SQL 查询和较复杂的 SQL 查询。

典型题目

1. 假设有三张表:水手表(Sailors)、船表(Boats)和预订船表(Reserves),如图 3.2 所示。

Sailors

sid	sname	rating	age
22	dustin	7	45.0
28	yuppy	9	35.0
31	lubber	8	55.5
44	guppy	5	35.0
58	rusty	10	35.0

Boats

bid	bname	color
101	tiger	red
103	lion	green
105	hero	blue

Reserves

sid	bid	day
22	101	10/10/96
58	103	11/12/96

图 3.2 典型题目 1 图

(1) Find sailors who've reserved at least one boat.

(2) Find sid's of sailors who've reserved a red or a green boat.

(3) Find sid's of sailors who've reserved a red and a green boat.

(4) Find name and age of the oldest sailor(s).

2. 给定水手表(Sailors)的实例,如图 3.3 所示。

Sailors

sid	sname	rating	age
22	dustin	7	45.0
29	brutus	1	33.0
31	lubber	8	55.5
32	andy	8	25.5
58	rusty	10	35.0
64	horatio	7	35.0
71	zorba	10	16.0
74	horatio	9	35.0
85	art	3	25.5
95	bob	3	63.5
96	frodo	3	25.5

图 3.3　典型题目 2 图

查询要求:

(1) Find age of the youngest sailor with age≥18, for each rating with at least 2 such sailors.

(2) Find age of the youngest sailor with age≥18, for each rating with at least 2 such sailors and with every sailor under 60.

习题

1. SQL 是一种什么语言? 包括哪些功能?
2. 数据库语言与宿主语言有什么区别?
3. 视图的作用是什么?
4. 简述 WHERE 子句与 HAVING 子句的区别。
5. 基表与视图的区别与联系是什么?
6. 所有视图是否都可以更新,为什么?
7. 使用 SQL 如何实现各种关系代数运算?
8. C 语言程序中,嵌入式 SQL 中是如何区分 SQL 语句和宿主语言语句的?
9. 嵌入式 SQL 中是如何解决宿主语言和 DBMS 之间数据通信的?
10. 游标的作用是什么?
11. 在嵌入式 SQL 中,如何协调 SQL 的集合处理方式与宿主语言单记录处理方式的关系?
12. 嵌入式 SQL 语句中,何时需要使用游标? 何时不需要使用游标?

13. 试分析空值产生的原因。为了处理空值,DBMS要做哪些工作?

14. 试叙述SQL的关系代数特点和元组演算特点。

15. 根据关系代数公式写出SQL语句:

(1) $\Pi_{SNO}(\sigma_{CNO='CS-110'}(SC))$;

(2) $\sigma_{GRADE\leqslant 100 \wedge GRADE\geqslant 90}(SC)$;

(3) $\Pi_{NAME}(\sigma_{GRADE\geqslant 90}(SC)\infty(STUDENT))$。

16. 要求根据表3.2～表3.4,写出下列的SQL语句和查询结果:

(1) 查询计算机系秋季所开课程的课程号和学分数;

(2) 查询选修计算机系秋季所开课程的男生的姓名、课程号、学分数、成绩;

(3) 查询至少选修一门电机系课程的女生的姓名;

(4) 查询每位学生已选课程的门数和总平均成绩;

(5) 查询有一门以上(含一门)三学分以上课程的成绩低于70分的学生的姓名;

(6) 查询1974—1976年出生的学生的学号、总平均成绩及已修学分数;

(7) 查询每个学生选课门数、最高成绩、最低成绩和平均成绩;

(8) 查询秋季有两门以上课程成绩为90分以上的学生的姓名;

(9) 查询选课门数唯一的学生的学号;

(10) 查询所学每一门课程成绩均高于或等于该课程平均成绩的学生的姓名及相应课程号。

17. 为什么在嵌入式SQL中要使用游标?

18. 宿主语言与SQL的数据类型有时不完全对应或等价,如何解决数据类型转换问题?

第4章 事务管理和查询优化

DBMS 中并不是每一个对数据库的完整操作都可以用一条命令来完成的,多数情况下都可能需要一组命令来完成一个完整的操作。当软件发生意外错误,硬件发生意外故障时,都会使正在进行的操作强制中断。这时候对数据的更新尚未完成,数据既不是当前的正确状态,也不是在此之前某一时刻的正确状态,数据处于"未知"状态。"未知"状态的数据是不可靠的,也是不能使用的,必须要能够把这样的数据恢复到修改之前的正确状态。为此,DBMS 中引入了事务以解决上述问题。

事务是 DBMS 中的执行单位,它由有限的数据库操作序列组成。无论系统是否发生故障,数据库系统必须保证事务的正确执行,因此,这些操作序列要么都执行,要么都不执行。例如,银行的一个资金转账业务,即把 A 账户中的一部分资金转到 B 账户中,整个转账过程中涉及的所有操作就是一个事务。为了保证 A 账户的资金正确转账到 B 账户中,就必须保证整个转账过程中涉及的所有操作全部都执行或由于系统发生故障而全部都不执行。

数据库是一种共享资源,因此可能存在多个用户同时使用数据库资源的情况。DBMS 允许多个事务并发执行,但是,当多个事务并发执行时,即使每个事务都正确执行,数据库的一致性也可能遭到破坏。为了防止并发执行产生的问题,DBMS 需要具备并发控制能力。

恢复和并发控制是保证事务正确执行的两项基本措施,它们合称为事务管理。

关系数据库查询语言是非过程语言,用户不必关心查询语言具体的执行过程,而由 DBMS 确定合理、有效的执行策略。

本章主要讨论事务的概念、系统恢复技术、事务的并发控制以及查询优化。

4.1 事务

事务(transaction)是访问并可能更新数据库中各种数据项的一个执行单位,它由有限的数据库操作序列组成,也是并发控制和数据恢复的基本单位。但不是任意数据库操作序列都能成为事务,一般要求事务具有下列 4 个性质。

(1) 执行的原子性(atomic)

事务在执行时,应遵守"要么不做,要么全做"的原则,即不允许事务部分地完成。即使因为故障而使事务未能完成,在恢复时也要消除其对数据库的影响。

保证原子性是数据库系统本身的职责,由 DBMS 的事务管理子系统实现。

(2) 功能上的保持一致性(consistency)

事务对数据库的作用应使数据库从一个一致状态转变到另一个一致状态。所谓数据库的一致状态是指数据库中的数据满足完整性约束,例如一个账号的收支之差应等于其余额。如果对这个账号只拨款,不修改余额,则数据库就不一致,这样的数据库操作序列就不能成为事务。只有既拨款又修改余额,才能构成一个事务。

功能上的保持一致性可由编写事务程序的应用程序员完成,也可由系统测试完整性约束自动完成。

(3) 彼此的隔离性(isolation)

如果多个事务并发地执行,应像各个事务独立执行一样。并发控制就是为了保证事务间的隔离。

隔离性由 DBMS 的并发控制子系统实现。

(4) 作用的持久性(durability)

一个成功地执行的事务对数据库的影响应是持久的,即使数据库因故障而受到破坏,DBMS 也应该能够恢复。

事务的持久性由 DBMS 的恢复管理子系统实现。

以上性质通常被称为 ACID 特性,ACID 由四个性质的英文表达的第一个字母组成,ACID 特性是数据库完整性的保证。不但在系统正常时事务要满足 ACID 准则,在系统发生故障时也要满足 ACID 准则;不但在单事务执行时要满足 ACID 准则,在事务并发执行时也要满足 ACID 准则。

为了更好地理解 ACID 特性,考虑一个简化的银行系统,这个系统由几个账户和访问、更新这些账户的一组事务组成。

例 4.1.1 设银行数据库中有一转账事务 T_i,从账号 A 转一笔款($50)到账号 B,其操作如下:

```
Ti: read (A);
    A := A - 50;
    write (A);
    read (B);
    B := B + 50;
    Write (B).
```

现在分别考虑 ACID 性质(为便于讲解,下面不按 A-C-I-D 的次序讲述)。

- 功能上的保持一致性。在事务 T_i 执行结束后,要求数据库中 A 的值减 50,B 的值增 50,也就是 A 与 B 的和不变,此时称数据库处于一致状态。
- 执行的原子性。从事务的一致性可以看出,事务中所有操作应作为一个整体,不可分割,要么全做,要么全不做。如果事务 T_i 执行结果只修改 A 值而未修改 B 值,那么就违反了事务的原子性。事务的原子性保证了事务的一致性。

  事务的执行过程总有一段时间。譬如事务 T_i 已经执行完成,但在某时刻数据库中 A 值已减了 50,而 B 值未改,显然这是一个不一致状态。但这个暂时的不一致状态将很快由于 B 的值增 50 而改变成一致的状态。事务执行中出现的暂时不一致状态,是不能让用户知道的,用户也不必为此担忧。
- 作用的持久性。在事务执行过程中,数据库中数据值会发生变化,这个变化应在系统不发生故障的情况下才能实现。即使计算机系统的故障导致内存中数据丢失,但写入磁盘的数据也决不能丢失。

  DBMS 可通过下面两点保证事务持久性的实现。

  ① 事务的更新操作应在事务完成之前写入磁盘。

  ② 事务的更新和写入磁盘这两个操作应保存足够的信息,足以使数据库系统在

遇到故障后重新启动时重构更新操作。

- 彼此的隔离性。多个事务并发执行时，相互之间应该互不干扰。譬如，事务 T_i 在 A 减 50 后，系统暂时处于不一致的状态。此时若第二个事务插进来计算 A 与 B 之和，则得到错误的数据；甚至于第三个事务插进来修改 A、B 的值，势必造成数据库中数据有错。并发控制子系统尽可能提高事务的并发程度，而又不让错误发生。

4.2 系统恢复

计算机系统与任何其他系统一样，故障是不可避免的。发生故障的原因多种多样，如计算机硬件故障、系统软件和应用软件的错误、操作员的失误、恶意的破坏等。一旦这些故障发生，就会给系统造成影响，轻者造成运行事务非正常中断，重者造成数据库被破坏。因此，DBMS 必须预先采取措施，以保证即使发生故障，也必须使数据库恢复到故障发生前的某一个状态，保证事务的 ACID。

4.2.1 系统恢复技术

数据对一个单位是至关重要的。但系统发生故障时，可能会导致数据的丢失，导致一个单位的瘫痪，因此，DBMS 必须采用一定的恢复技术恢复数据库中丢失的数据。

恢复技术大致分为下列 3 种。

1. 单纯以后备副本为基础的恢复技术

这种恢复技术的特点是周期性地把磁盘上的数据库转储到磁带上。由于磁带脱机存放，可以不受系统故障的影响。转储到磁带上的数据库副本称为后备副本。转储可分为静态转储、动态转储、海量转储以及增量转储。

① 静态转储。系统中无运行事务时进行转储，转储开始时数据库处于一致性状态，转储期间不允许对数据库进行任何存取、修改活动。这种转储方法实现简单，但由于转储必须等用户事务结束，新的事务也必须等转储结束，所以降低了数据库的可用性。

② 动态转储。转储操作与用户事务并发进行，转储期间允许对数据库进行存取或修改。这种转储方法的优点是不用等待正在运行的用户事务结束，也不会影响新事务的运行，但是不能保证副本中的数据正确有效。

③ 海量转储。每次转储全部数据库。

④ 增量转储。只转储上次转储后更新过的数据。

这种以后备副本为基础的恢复技术是当数据库失效时，取最近的后备副本来恢复数据库，如图 4.1 所示。

很显然，用这种方法，数据库只能恢复到最近后备副本的一致状态，从最近后备副本至发生故障期间所有数据库的更新将会丢失。取后备副本的周期愈长，丢失的数据更新

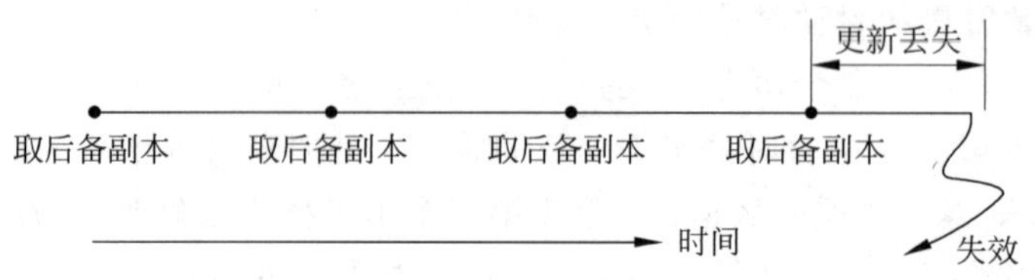

图 4.1 利用后备副本恢复数据库

也愈多。

实际上,数据库中的数据一般只部分更新,很少全部更新。因此,可以利用增量转储,只转储其修改过的物理块,这样转储的数据量显著减少,从而可以减少发生故障时的数据更新丢失,如图 4.2 所示。

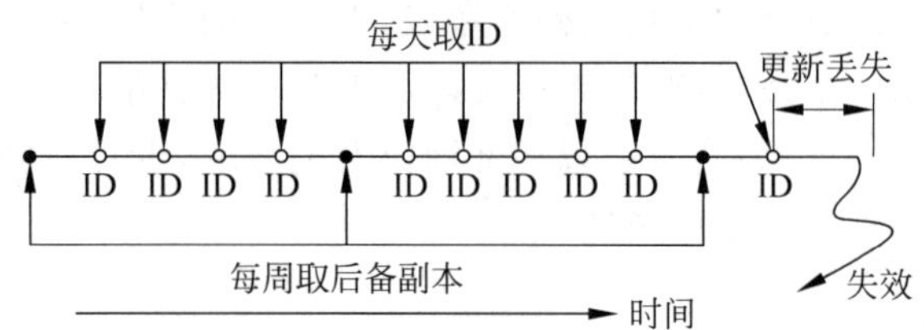

图 4.2 用增量转储减少数据更新丢失

例如,一个数据库系统每周取一次后备副本,在最坏情况下,可能丢失一周的数据更新。如果除了每周取一次后备副本,每天还取一次 ID(检查点),则至多丢失一天的数据更新。

可见,当数据失效时,可取出最近的后备副本,并用其后的一系列 ID 把数据库恢复至最近 ID 的数据库状态。很显然,这比恢复到最近后备副本所丢失的数据更新要少。

这种以后备副本为基础的恢复技术实现起来很简单,不会增加数据库正常运行时的开销。其缺点是不能恢复到数据库的最近一致状态。这种恢复技术主要用于文件系统。在数据库系统中,只用于小型的和不重要的数据库系统。

2. 以后备副本和日志文件为基础的恢复技术

日志文件(log)是用来记录事务对数据库的更新操作的文件。

日志文件的格式分为以记录为单位的日志文件和以数据块为单位的日志文件。

① 以记录为单位的日志文件中包括的内容如下。

- 各个事务的开始标记(BEGIN TRANSACTION)。
- 各个事务的结束标记(COMMIT 或 ROLLBACK)。
- 各个事务的所有更新操作。
- 与事务有关的内部更新操作。

② 以数据块为单位的日志文件中包括的内容如下。

- 事务标识。
- 操作类型。

- 操作对象。
- 更新前数据的旧值(前像)。
- 更新后数据的新值(后像)。

在数据库的恢复技术中,日志文件的用途主要是事务故障恢复、系统故障恢复以及介质故障恢复(协助后备副本进行)。以后备副本和日志文件为基础的恢复过程如图 4.3 所示。

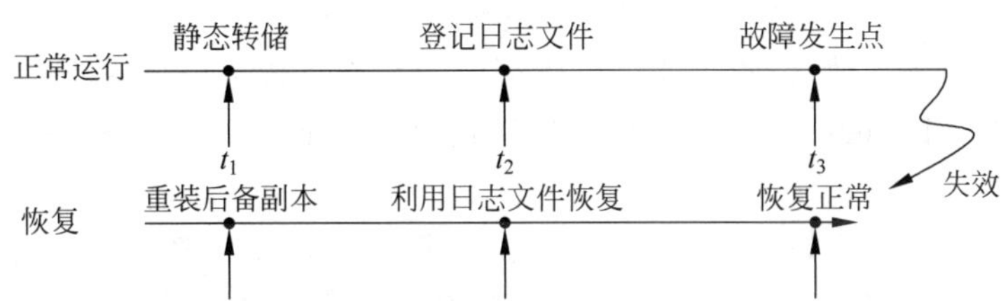

图 4.3 利用后备副本和日志文件恢复数据库

日志文件是供恢复用的数据库运行情况的记录。它一般包括以下内容。

(1) 前像

当数据库被一个事务更新时,所涉及的物理块更新前的映像称为该事务的前像(before image,BI),前像以物理块为单位。有了前像,如果需要,可以使数据库恢复到更新前的状态,即撤销更新,这种操作在恢复技术中称为撤销(undo)。

(2) 后像

当数据库被一个事务更新时,所涉及的物理块更新后的映像称为该事务的后像(after image,AI),后像也以物理块为单位。有了后像,即使更新的数据丢失了,仍可以使数据库恢复到更新后的状态,相当于重做一次更新,这种操作在恢复技术中称为重做(redo)。

(3) 事务状态

记录每个事务的状态,以便在恢复时做不同的处理。每个事务从交付 DBMS 到结束为止,其状态的变迁如图 4.4 所示。

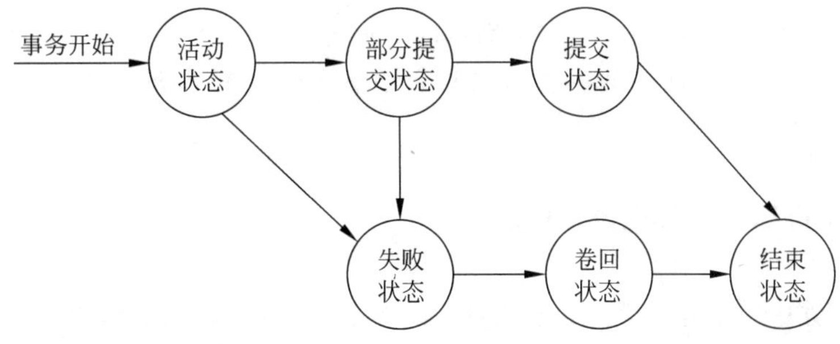

图 4.4 事务状态变迁图

在图 4.4 中:

活动状态:在事务开始执行后,立即进入"活动状态"。在活动状态,事务将执行对数据库的读/写操作。但“写操作”并不立即写到磁盘上,很可能暂时存放在系统缓冲区。

部分提交状态:事务的最后一个语句执行后,进入“部分提交”状态。此时事务已经完成执行,但对数据库的修改结果很可能还在内存的系统缓冲区中,如果此时出现故障,事务仍有可能被卷回。

失败状态:处于活动状态的事务还没到达最后一个语句就中止执行,此时称为事务进入“失败状态”状态。失败状态还可以从部分提交状态转来,因为部分提交状态下事务语句虽执行结束,但对数据库的修改有可能未写到数据库。

卷回状态:事务失败后,很可能已对磁盘中的数据进行了部分修改。为了保证事务的原子性,应该撤销(undo)该事务对数据库已做的修改。撤销操作称为事务的卷回(rollback)。

提交状态:事务进入提交(commit)状态后,把对数据库的修改全部写到磁盘上,并通知系统,事务成功地结束,事务进入“结束”状态。只有在事务提交后,事务对数据库的更新才能被其他事务访问。

系统中的每个事务必须处于状态变迁图中的某一个状态。当数据库失效时,可取出最近后备副本,然后根据日志文件,对未提交的事务用前像卷回;对已提交的事务,必要时用后像重做。

这种以后备副本和日志文件为基础的恢复技术,可使数据库恢复至最近的一致状态,在数据库系统中用得最多,大部分商品化的 DBMS 都支持这种恢复技术。但这种恢复技术必须有数据库运行情况的记录,因此需要花费较大的存储空间,而且也影响数据库正常工作的性能。

3. 基于多副本的恢复技术

如果系统中有多个数据库副本,而且这些副本具有独立的失效模式,则可利用这些副本互为备份,用于恢复。所谓的独立的失效模式是指各个副本不致因同一故障而一起失效。

这种多副本的恢复技术在分布式数据库系统中用得比较多,因为在分布式数据库系统中,有时出于性能或其他因素的考虑,在不同的结点上设有数据副本。

采用这种多副本的恢复技术,在读数据时,可以选读其中任一结点上的数据;而在写数据时,每个结点都写入同样的内容。当一个结点上的数据被破坏时,可用另一个结点上的数据来恢复。

4.2.2 故障的类型及恢复的对策

一个恢复方法的恢复能力总是有限的,一般只对某些类型的故障有用。通常的恢复方法都是针对概率较高的故障,这些故障可分为下列 3 类。

1. 事务故障

事务故障又分非预期故障和可预期故障。非预期故障是指不能由事务程序处理的故障，例如，数据库中没有要访问的数据，输入数据类型不对，除数为零等。这时事务因无法执行而自行夭折。另外，由于系统调度上的原因而中止某些事务的执行，例如，当系统发生死锁时，必须中止一些事务才能解除。可预期故障是指应用程序能够发现和处理的故障，例如，本来应拨款给张三，在输入时输成李四了，此时只有撤销事务。

2. 系统故障

系统故障也称软故障，通常是由于软件的错误引起的内存数据丢失，而数据库中的数据未遭破坏。对于系统故障，一般须采取下列恢复措施：

① 重新启动操作系统和 DBMS。

② 对未提交的事务进行 undo 操作，对已提交的事务进行 redo 操作，恢复数据库至一致状态。

只有当数据库恢复至一致状态，才允许用户访问数据库。

3. 介质故障

介质故障也称硬件故障或磁盘故障，例如划盘、磁头破损等，使得数据库受损，影响正在存取这部分数据的所有事务。对于介质故障，一般采取下列恢复措施。

① 修复系统，必要时更换磁盘。

② 如果系统(操作系统和 DBMS)崩溃，重新启动系统。

③ 加载最近后备副本。

④ 用日志文件中的后像，重做取最近后备副本以后提交的所有事务。

在正常情况下，介质故障应该是很少的，但是一旦发生，从介质故障中恢复数据库是很费时的，而且要求日志文件提供取最近后备副本后提交的所有事务的后像，数据量也是很大的。

4.3 并发控制

数据库是一种共享资源，为了提高系统的吞吐量和资源利用率，事务处理系统通常允许多个事务并发执行，这样可以交叉地利用硬件资源和数据资源，有利于提高系统的资源利用率，但多个事务并发更新数据可能会引起数据不一致性问题。另外，这些并发的事务中，有的事务较长，有的事务较短。如果事务串行执行，短事务可能需较长时间等待长事务的完成，这可能导致难以预测的延迟。如果各个事务读取的是数据库的不同部分，事务并发执行会更好。并发执行可以减少不可预测的事务执行延迟，也可以减少一个事务从开始执行到完成所需的平均时间。

数据库系统必须控制不同事务之间的相互影响，防止数据库的一致性遭到破坏。本节主要介绍如何利用并发控制(concurrency-control)机制实现多用户对数据的并发访问控制，允许多个事务同时对数据库进行操作。

4.3.1 并发的概念

如果一个事务执行完全结束后,另一个事务才开始,则这种执行方式称为串行访问;如果 DBMS 可以同时接纳多个事务,事务可在时间上重叠执行,则称这种执行方式为并发访问,如图 4.5 所示。

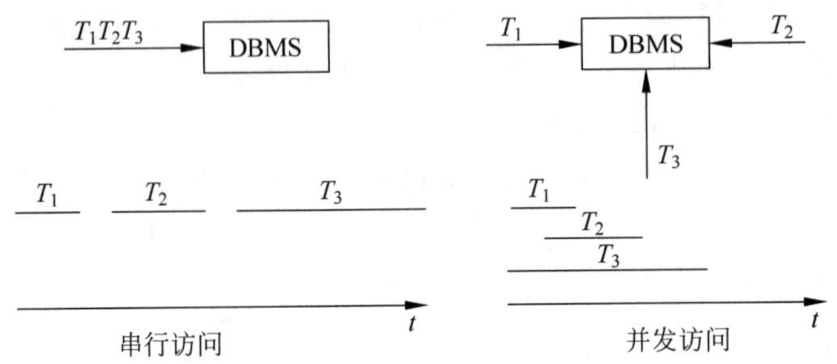

图 4.5 串行访问和并发访问

一个常见的并发访问例子是飞机订票系统中的订票业务。假设有两个旅客在不同的机票销售地点同时预定同一个航班的飞机票,分别视这两个订票操作为事务 T_1 和事务 T_2。下面是这两名旅客订票的一个活动序列:

① 事务 T_1:甲售票员读出某航班的机票余额 A,设 $A=18$。

② 事务 T_2:乙售票员读出同一航班的机票余额 A,A 也为 18。

③ 事务 T_1:甲售票员卖出一张机票,修改机票余额 $A \leftarrow A-1$,所以 $A=17$,把 A 写入数据库。

④ 事务 T_2:乙售票员卖出两张机票,修改机票余额 $A \leftarrow A-2$,所以 $A=16$,把 A 写入数据库。

从结果来看,总共卖出去 3 张票,结果数据库中的余票应该为 15 张,但实际上机票余额却为 16。这是由于两个事务并发执行,对同一个数据进行更新,造成数据库中数据的不一致性。

事务的并发操作引起的数据库的不一致主要体现在:丢失修改、不可重复读和读"脏"数据。

(1) 丢失修改

丢失修改是指事务 T_1 与事务 T_2 从数据库中读入同一数据并修改,事务 T_2 的提交结果破坏了事务 T_1 提交的结果,导致事务 T_1 的修改被丢失,如图 4.6 所示。

丢失修改是由于两个事务对同一个数据并发写入所造成的,称为写-写冲突。

(2) 不可重复读

不可重复读是指事务 T_1 读取数据后,事务 T_2 执行更新操作,使事务 T_1 无法再现前一次读取结果。

事务 T_1 读取某一数据后,有两种不可重复读的情况。

① 事务 T_2 对其做了修改，当事务 T_1 再次读该数据时，得到与前一次不同的值。

② 事务 T_2 删除了其中部分记录，当事务 T_1 再次读取数据时，发现某些记录神秘地消失了。

不可重复读情况如图 4.7 所示。

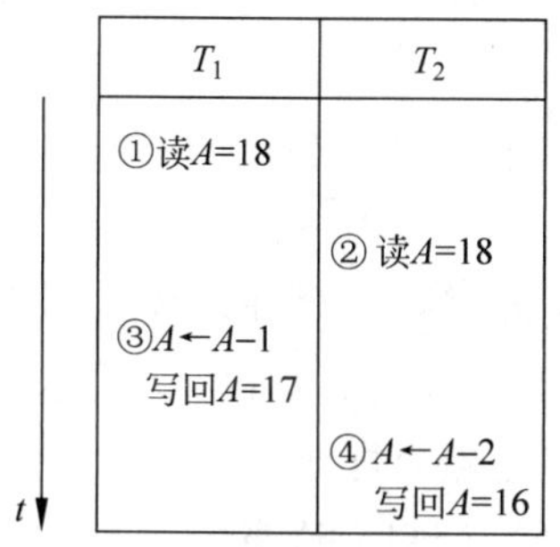

图 4.6　丢失修改

T_1	T_2
①读A=50 读B=100 $A+B$=150	
	②读B=100 B←B×2 写回B=200
③读A=50 读B=200 $A+B$=250 (验算不对)	

图 4.7　不可重复读

不可重复读的原因是由读-写冲突所引起。

(3) 读“脏”数据

事务 T_1 修改某一数据，并将其写回磁盘，事务 T_2 读取同一数据后，事务 T_1 由于某种原因被撤销。这时事务 T_1 已修改过的数据恢复原值，事务 T_2 读到的数据就与数据库中的数据不一致，是不正确的数据，被称为“脏”数据，如图 4.8 所示。

读脏数据的原因是由于一个事务读另一个更新事务尚未提交的数据所引起的，称为读-写冲突。

从以上分析可知，并发所引起的问题，主要来自于并发执行的事务对同一数据对象的写-写冲突和读-写冲突，且问题出在“写”上，只读事务并发执行不会发生问题。

T_1	T_2
①读C=100 C←C×2 写回C	
	②读C=200
③ROLLBACK C恢复为100	

图 4.8　读“脏”数据

由于事务的并发操作破坏了事务的隔离性，引发了数据的不一致性，因此并发控制机制必须用正确的方式调度并发操作，使每一个事务的执行不受其他事务的影响，从而避免数据的不一致性。

并发控制采用的主要技术是加锁技术。

4.3.2　加锁与锁的协议

事务的并发操作会破坏事务的隔离性，引发数据的不一致性。为保持事务的隔离性，系统必须对并发事务之间的相互作用加以控制，这种控制主要通过对数据对象加锁来实现。

1. 加锁

加锁(locking)就是事务 T 在对某个数据对象(例如表、记录等)操作之前,先向系统发出请求,对其加锁。加锁后事务 T 就对该数据对象有了一定的控制,在事务 T 释放它的锁之前,其他的事务不能更新此数据对象。加锁是实现并发控制的一个非常重要的技术。

给数据对象加锁的方式有多种,基本的锁的类型有排他锁(又称为写锁或 X 锁)和共享锁(又称为读锁或 S 锁)。

X 锁:若事务 T 对数据对象 A 加 X 锁(即 Xlock A),则只允许事务 T 读取和修改 A,其他任何事务都不能再对 A 加其他锁,直到事务 T 释放了 A 上的锁。在事务 T 释放 A 上的锁之前,不允许其他事务读取或修改 A,故此锁也称为排他锁。

S 锁:若事务 T 对数据对象 A 加 S 锁(即 Slock A),则只允许事务 T 读取 A 但不能修改 A,其他任何事务只能对 A 加 S 锁,而不能加 X 锁,直到事务 T 释放了 A 上的锁。在事务 T 释放 A 上的锁之前,不允许其他事务再修改 A。数据对象加了 S 锁后只允许其他事务同时读该数据对象,故此锁也称为共享锁。

X 锁和 S 锁的控制方式可用如图 4.9 所示的相容矩阵表示。

T_2事务的锁请求

T_1 事务已拥有的锁 \ T_2	X	S	—
X	N	N	Y
S	N	Y	Y
—	Y	Y	Y

图 4.9　X、S 锁的相容矩阵

图 4.9 中,Y 为 Yes,表示相容的请求;N 为 No,表示不相容的请求;"—"表示未加锁。

例如,如果事务 T_1 已拥有 X 锁,此时事务 T_2 申请 X 锁不被允许,所以对应的值为 N(第 1 行,第 1 列);

如果事务 T_1 已拥有 X 锁,此时事务 T_2 申请 S 锁不被允许,所以对应的值为 N(第 1 行,第 2 列);

如果事务 T_1 已拥有 S 锁,此时事务 T_2 申请 X 锁不被允许,所以对应的值为 N(第 2 行,第 1 列);

如果事务 T_1 已拥有 S 锁,此时事务 T_2 申请 S 锁则被允许,所以对应的值为 Y(第 2 行,第 2 列);

如果事务 T_1 未加任何锁,此时 T_2 事务无论申请 X 锁还是 S 锁都被允许,所以对应的值都为"Y"(第 3 行各列)。

从以上讨论可知,由于 S 锁只用于读,同一数据对象可允许多个事务并发读,从而提高了并发度。

2. 锁的协议

锁的协议是指给操作对象加锁时必须遵守的协议,加锁是为了实现并发控制。锁的类型不同,加锁的协议也不同。

(1) 一级加锁协议

一级加锁协议是指事务 T 在修改数据对象 A 之前必须先对其加 X 锁,直到事务结束才释放。

一级加锁协议可防止丢失修改,并保证事务 T 是可恢复的。如图 4.10 所示,使用一级加锁协议解决数据丢失修改问题。

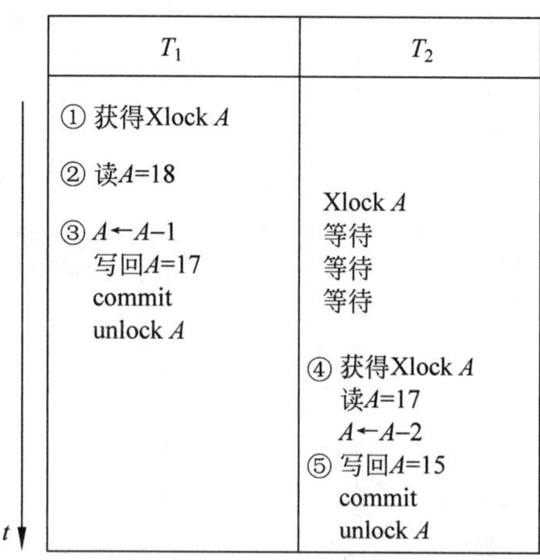

图 4.10 一级加锁协议可防止丢失修改

图 4.10 中,lock 表示加锁,unlock 表示解锁,commit 表示事务正常结束。

图 4.6 中,事务 T_1 读数据之前没有加锁,事务 T_2 又从数据库中读入同一数据并修改,事务 T_2 的提交结果破坏了事务 T_1 提交的结果,导致事务 T_1 的修改丢失。而在图 4.10 中,由于事务 T_1 在修改数据对象 A 之前先对其申请了 X 锁,直到事务结束才释放。在此期间,事务 T_2 申请锁不被批准,直到事务 T_1 结束(即 commit)后才获得锁,才能读取并修改同一数据对象。

在一级加锁协议中,如果是读数据,不需要加锁,所以它不能保证可重复读和不读“脏”数据。

(2) 二级加锁协议

二级加锁协议是在一级加锁协议基础上加上事务 T 在读取数据 B 前必须先加 S 锁,读完后即可释放 S 锁。

与一级加锁协议相比,二级封锁协议可防止读“脏”数据,如图 4.11 所示。

二级加锁协议解决了图 4.8 中读“脏”数据的问题。

在二级加锁协议中,由于读完数据后即可释放 S 锁,所以它不能保证可重复读。

(3) 三级加锁协议

三级加锁协议是事务 T 在读取数据之前必须先对其加 S 锁,在修改数据之前必须先对其加 X 锁,直到事务结束才释放所有的锁。

三级加锁协议可防止数据不可重复读,如图 4.12 所示。

T_1	T_2
	① Xlock B 读B=50 B←B×2 写回B=100
② Slock B 等待 等待 等待 等待	③ ROLLBACK (B恢复为50) unlock B
④ 获得Slock B ⑤ 读B=50 commit B unlock B	

图 4.11　二级封锁协议可以防止读“脏”数据

T_1	T_2
① Slock A 读A=50 Slock B 读B=100 求和=150	
	② Xlock B 等待
③ 读A=50 读B=100 求和=150 commit unlock A unlock B	
	④ 获得Xlock B 读B=100 B←B×2 写回B=200 ⑤ commit unlock B

图 4.12　三级加锁协议可防止数据不可重复读

由于三级加锁协议对事务进行全程加锁(包括 X 锁、S 锁),因此,不仅不丢失修改,不读“脏”数据,还解决了图 4.7 中的不可重复读问题。

加锁由 DBMS 统一管理。DBMS 提供一个锁表,记载各个数据对象加锁的情况。事务如果需要对某数据对象进行操作,须向 DBMS 申请。DBMS 根据锁表的状态和加锁协议,同意其申请或令其等待。锁表是 DBMS 的公共资源,而且访问频繁,一般置于公共内存区。锁表的内容仅反映数据资源使用的暂时状态,如果系统失效,锁表的内容也将随之失效,无保留价值。

4.3.3　死锁与活锁

加锁技术虽然可以有效地解决并行操作的一致性问题,但同时也会带来一些新的问题,如死锁与活锁问题。

1. 死锁

所谓死锁(deadlock)是指一个事务如果申请锁而未获准,则须等待其他事务释放锁。这就形成了事务间的等待关系。当事务中出现循环等待时,如果不加干预,则会一直等待下去,使得事务无法继续执行,如图 4.13 所示。

T_1	T_2
① Xlock B 读B B←B−50 写回B	
	② Slock A 读A Slock B 等待
③ Xlock A 等待	

图 4.13　加锁带来的死锁现象

图 4.13 中,事务 T_1 在数据对象 B 上拥有 X 锁,而事务 T_2 申请数据对象 B 上的 S 锁不被批准(事务 T_1 还未释放),所以事务 T_2 等待事务

T_1 释放数据对象 B 上的锁；类似地，事务 T_2 在数据对象 A 上拥有 S 锁，而事务 T_1 申请数据对象上的 X 锁也不被批准，所以事务 T_1 等待事务 T_2 释放数据对象 A 上的锁。由于事务 T_1 和事务 T_2 处于相互等待的状态，都不能继续执行，这种情形表示发生了死锁。

多个事务并发执行容易发生死锁，系统对付死锁无非两种办法。

- 检测死锁，发现死锁后处理死锁。
- 防止死锁。

(1) 死锁的检测和处理

死锁应尽可能及时发现，及时处理。死锁检测的方法一般有下列两种。

① 超时法。如果一个事务的等待时间超过某时限，则认为发生死锁。这种发现死锁的方法虽然简单，但死锁发生后，须等待一定的时间才能被发现，而且事务因其他原因(如系统负荷太重，通信受阻等)而使事务等待时间超过时限，也可能被误判为死锁。如果时限设定得太小，则这种误判的死锁会增多；如果时限设定得太大，则发现死锁的滞后时间会过长。因此，时限须根据系统运行情况通过试验确定。

② 等待图法。等待图是一个有向图 $G=(W,U)$。其中，W 是结点的集合，$W=\{T_i \mid T_i$ 是数据库系统中当前运行的事务，$i=1,2,\cdots,n\}$，U 是边的集合，$U=\{(T_i,T_j) \mid T_i$ 等待 $T_j, i\neq j\}$。DBMS 根据锁申请和加锁的情况，动态地维护一个等待图。当且仅当等待图中出现回路时，死锁才发生，如图 4.14 和图 4.15 所示。

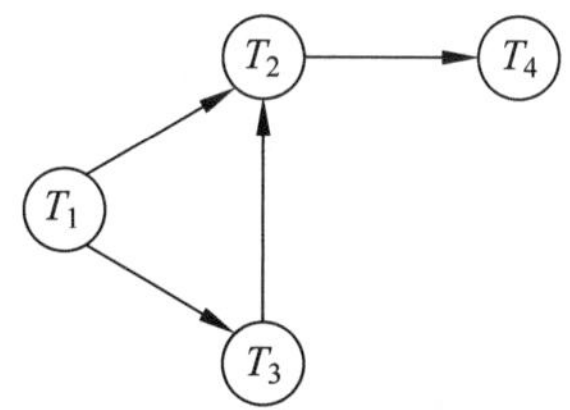

图 4.14　无环等待图

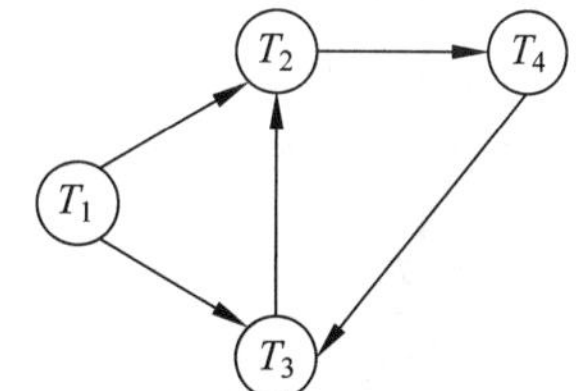

图 4.15　有环等待图

图 4.14 中，事务 T_1 在等待事务 T_2 和 T_3；事务 T_3 在等待事务 T_2；事务 T_2 在等待事务 T_4。由于该图是无环等待图，所以系统没有处于死锁状态。

假设事务 T_4 申请被事务 T_3 持有的数据对象，则边 $T_4 \rightarrow T_3$ 被加入等待图中，结果得到有环等待图 4.15，这意味着事务 T_2、T_3、T_4 都处于死锁状态。

当运行的事务比较多时，维护等待图和检测回路的开销比较大。如果每一个新的等待事件发生后，都要检测一次，固然可以及时发现死锁，但开销太大，影响系统的性能。比较合理的办法是周期性地进行死锁检测。

系统发现死锁后，仅靠事务本身无法打破死锁，必须由 DBMS 干预。DBMS 对死锁一般做下列处理。

- 在循环等待的事务中，选一个事务作为牺牲者，给其他事务“让路”。
- 卷回牺牲的事务，释放其获得的锁及其他资源。

- 将释放的锁让给等待它的事务。

选择哪个事务作为牺牲者呢？一般有下列几种选法。

- 选择最迟交付的事务作为牺牲者。
- 选择获得锁最少的事务作为牺牲者。
- 选择卷回代价最小的事务作为牺牲者。

(2) 死锁的防止

检测死锁需要一定的系统开销。若能防止死锁的发生,则可免去死锁的检测。防止死锁的方法有两种。第一种方法是通过对加锁请求进行排序或要求同时获得所有的锁来保证不会发生循环等待。第二种方法是每当等待有可能导致死锁时,进行事务卷回而不是等待加锁。

由于事务执行前通常很难预知哪些数据需要加锁,另外,在数据库中,一般都是按内容访问,而不是按名访问,很难预先确定所有的访问对象,而且数据经常变动,次序也要经常调整。因此,第一种方法用于数据库系统是不实际的,而第二种方法是比较实用的防止死锁的方法。

第二种防止死锁的方法是当事务申请锁而未获准时,不是一律等待,而是让一些事务卷回重执,以避免循环等待。为了区别事务开始执行的先后,每个事务在开始执行时,赋予一个唯一的、随时间增长的整数,称为时间标记 t_s。例如,有两个事务 T_i 和 T_j,如 $t_s(T_i)<t_s(T_j)$,则表示 T_i 早于 T_j 执行,也就是 T_i 比 T_j“年老”,或者说 T_j 比 T_i“年轻”。事务重执一般有两种策略。

① 等待-死亡(wait-die)策略。在这种策略中,设 T_j 持有某数据对象的锁,当 T_i 申请同一数据对象的锁而发生冲突时,则按如下的规则处理:

```
if ts(Ti)< ts(Tj)
then
Ti waits;          /* 如果事务 Ti 早于 Tj 执行,则 Ti 等待 */
else{
rollback Ti;   /* Ti 事务卷回(死亡) */
restart Ti with the same ts(Ti);
}
```

由上述规则可知,总是年老的事务等待年轻的事务,因而不会循环等待,从而避免了死锁。

例 4.3.1 假设事务 T_1、T_2 和 T_3 的时间标记分别为 5、10 和 15。如果 T_1 申请的数据对象当前被 T_2 持有,则 T_1 将等待。如果 T_3 申请的数据对象当前被 T_2 持有,则 T_3 将卷回。

当然,由年老的事务等待年轻的事务在调度策略上未必合理。T_i 重执应隔一段时间,以避免重复地被卷回。但是 T_i 不会永远重执下去,因为 T_i 重执时仍用原来的时间标记;随着时间的流逝,因年轻而遭卷回的 T_i,总会变成年老事务而等待。一个事务一旦获得它所需的所有锁而不再申请锁时,它就不会有被卷回重执的危险。

② 击伤-等待(wound-wait)策略。这种策略按另一种规则处理冲突：

```
if t_s(T_i)> t_s(T_j)
then
T_i waits;        /* 如果事务 T_i 迟于 T_j 执行,则 T_i 等待 */
else{
rollback T_j;   /* T_j 事务卷回(受伤) */
restart T_j with the same t_s(T_j);
}
```

在此策略中，总是年轻的事务等待年老的事务，因而不会出现死锁。设 T_j 已获得锁，若有一比它年老的事务来申请锁而发生冲突，则 T_j 可能被卷回，好像 T_i 把 T_j 击伤似的。不过 T_j 被击伤后，在重执时，它就处于申请地位，最多只会等待，而不会再卷回。把已获得锁的事务，甚至已执行的事务卷回不太合理，但在这种策略中，年轻事务等待年老事务比较合理，且无重复卷回现象。

例 4.3.2 同例 4.3.1，对于事务 T_1、T_2 和 T_3，如果 T_1 申请的数据对象当前被 T_2 持有，则 T_1 将从 T_2 抢占该数据对象，T_2 将卷回。如果 T_3 申请的数据项当前被 T_2 持有，则 T_3 将等待。

在上述的两种策略中，当发生冲突时，总是以年轻的事务作为牺牲品。因为年轻的事务随着时间的流逝总会变成年老的事务，不致永远成为牺牲品。

死锁来自循环等待。如果事务申请锁不成就卷回，则无等待现象，也就不会有死锁。但事务动辄卷回，开销太大，一般不用这种方法。事务重执是一种折中，它有选择地卷回部分事务，以防止死锁。

2. 活锁

由于 S 锁只用于读，故同一数据对象可允许多个事务并发读，从而比单一的 X 锁提高了并发度。若某数据对象加了 S 锁，这时若有其他事务申请对它的 X 锁，则须等待。但此时，若有其他事务申请对它的 S 锁，按相容矩阵，应可获准。如果不断有事务申请对此数据对象的 S 锁，以致它始终被 S 锁占有，而 X 锁的申请迟迟不能获准。这种现象称为活锁(livelock)。活锁虽不会导致“死等”，但对系统的性能有不良影响。为了避免活锁，在加锁协议中应规定“先申请，先服务”(first come，first served)的原则。这样，比 X 锁后申请的 S 锁就不会先于 X 锁获准了。

4.3.4 可串行化调度与两段锁协议

在数据库系统中，经常有多个事务并发地执行，每个事务含有若干有序的操作。这些操作由系统安排其执行的顺序，安排的原则是：既要交叉执行，以充分利用系统的资源；又要避免访问冲突。

设数据库系统中在某一时刻并发执行的事务集为$\{T_1, T_2, \cdots, T_n\}$，调度(schedule) S 是对 n 个事务的所有操作的顺序的一个安排。在调度中，不同事务的操作次序如果不交叉,则这种调度称为串行调度;如果不同事务的操作相互交叉,但仍保持各个事务的操作次序,则这种调度称为并发调度,如图 4.16 和图 4.17 所示。

T_1	T_2
① read A=1000 $A \leftarrow A-50$ write A=950 read B=2000 $B \leftarrow B+50$ write B=2050	
	② read A=950 $T=A\times0.1$ $A \leftarrow A-T$ write A=855 read B=2050 $B \leftarrow B+T$ write B=2145

图 4.16　调度 1:串行调度

T_1	T_2
① read A=1000 $A \leftarrow A-50$ write A=950	
	② read A=950 $T=A\times0.1$ $A \leftarrow A-T$ write A=855
③ read B=2000 $B \leftarrow B+50$ write B=2050	
	④ read B=2050 $B \leftarrow B+T$ write B=2145

图 4.17　调度 2:等价于调度 1 的一个并发调度

图 4.16 中事务 T_1 的所有操作先执行,事务 T_2 的所有操作后执行,这是一个串行调度。图 4.17 中事务 T_1 和事务 T_2 的操作交叉执行,是等价于调度 1 的一个并发调度。虽然并发调度中不同事务的操作可以交叉,但每个事务本身的操作次序保持不变。图 4.16 和图 4.17 的执行结果一样,账户 A 与账户 B 最终的值都分别为 855 元和 2145 元,因此,账户 A 与账户 B 的资金总数(即 $A+B$)保持不变。

1. 可串行化调度

不同事务的一对操作对同一个数据对象进行操作,有些是冲突的,有些是不冲突的。从调度角度来看,事务的重要操作是 read 和 write 操作,因为它们容易产生冲突,如读-写冲突和写-写冲突,因此调度中通常只显示 read 与 write 操作,如图 4.18 所示。

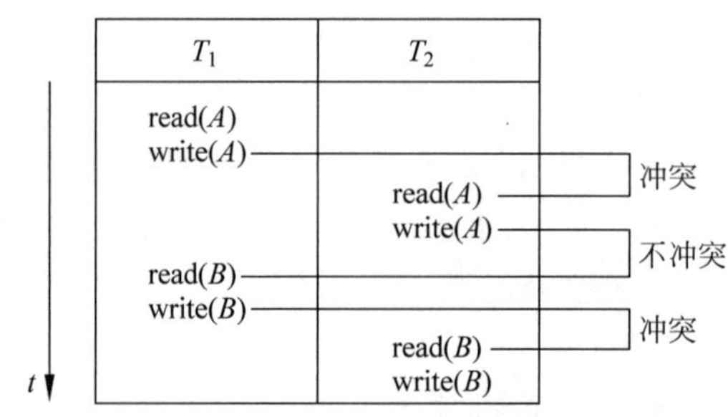

图 4.18　调度 3:只显示 read 与 write 操作

图 4.18 中 T_1 的 write(A)操作与 T_2 的 read(A)操作是对同一个数据对象 A 进行操作,产生冲突;同样,T_1 的 write(B)操作与 T_2 的 read(B)操作是对同一个数据对象 B 进行操作,也产生冲突;而 T_2 的 write(A)操作与 T_1 的 read(B)操作不是对同一个数据对象进行操作,不产生冲突。

由于 T_2 的 write(A)操作与 T_1 的 read(B)操作不产生冲突,可以交换不冲突操作的次序得到一个等价的调度，如图 4.19 所示。

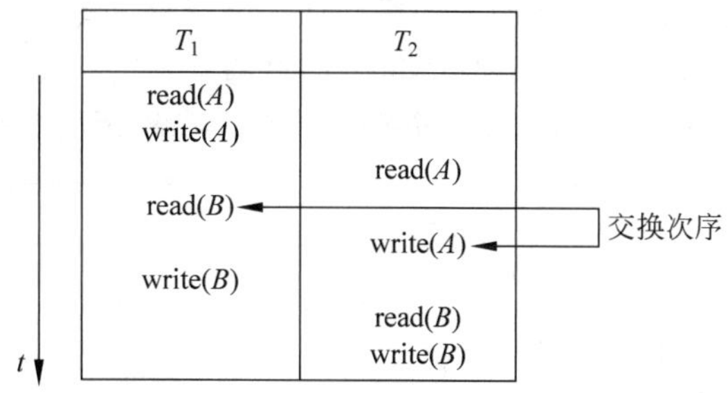

图 4.19　调度 4：交换调度 3 的一对操作得到的调度

不管系统初始状态如何，调度 3 与调度 4 得到的系统最终状态是相同的。

继续交换不冲突操作如下。

- 交换 T_1 的 read(B)操作与 T_2 的 read(A)操作。
- 交换 T_1 的 write(B)操作与 T_2 的 write(A)操作。
- 交换 T_1 的 write(B)操作与 T_2 的 read(A)操作。

经过以上交换的结果是一个串行调度，如图 4.20 所示。

通过调换调度 S 中不冲突操作得到的调度，称为 S 的冲突等价(conflict equivalence)调度。等价调度的概念又引出了冲突可串行化的概念：若一个调度 S 与一个串行调度冲突等价，称 S 是冲突可串行化(conflict serializable)的。由于调度 3 等价于串行调度 1，所以调度 3 是冲突可串行化的。

对同一事务集，可能有很多种调度。如果其中两个调度 S_1 和 S_2，在数据库的任何初始状态下，所有读出的数据都是一样的，留给数据库的最终状态也是一样的，则称 S_1 和 S_2 是等价的，也称为目标等价(view equivalence)。这是一种比冲突等价的限制要宽松的等价形式。

目标等价的概念又引出了目标可串行化(view serializable)的概念：若某个调度 S 目标等价于一个串行调度，则称 S 是目标可串行化的。很显然，如果两个调度是冲突等价的，一定是目标等价的；反之未必正确。

例 4.3.3　如图 4.21 调度 6 所示，因为该调度既不等价于串行调度< T_1，T_2 >，也不等价于串行调度< T_2，T_1 >，所以这不是一个冲突可串行化调度。

T_1	T_2
read(A)	
write(A)	
write(B)	
read(B)	
	read(A)
	write(A)
	read(B)
	write(B)

图 4.20　调度 5：与调度 3 等价的一个串行调度

T_1	T_2
read(A)	
	write(A)
write(A)	

图 4.21　调度 6：非冲突可串行化调度

如果在调度 6 中增加事务 T_3，由此得到调度 7，如图 4.22 所示。调度 7 是目标可串行化的。由于调度 6 和调度 7 中 read(A)操作均是读取数据对象 A 的初始值，最后都是写入数据对象 A 的值，因此调度 7 目标等价于串行调度$< T_1, T_2, T_3 >$。但是，调度 7 中每对操作均冲突，无法通过交换操作得到冲突等价调度，所以调度 7 不是冲突可串行化的。

T_1	T_2	T_3
read(A)		
	write(A)	
write(A)		
		write(A)

t ↓

图 4.22　调度 7：一个目标可串行化调度

由于冲突可串行化覆盖了绝大部分可串行化的调度实例，且测试算法简单，在 DBMS 中也很容易实现。因此，冲突可串行化是当前 DBMS 中普遍采用的并发控制的正确性准则。

如何确定一个给定的调度 S 是否可串行化呢？一个简单有效的方法是利用调度 S 构造一个前驱图(precedence graph)来测试。前驱图是个有向图 $G=(V,E)$，其中，V 是结点的集合，E 是边的集合。V 包含所有参与调度的事务。边可以通过分析冲突操作来决定。如果下列条件之一成立，则在 E 中可加边 $T_i \rightarrow T_j$。

- $R_i(x)$在 $W_j(x)$之前。
- $W_i(x)$在 $R_j(x)$之前。
- $W_i(x)$在 $W_j(x)$之前。

注意：R 即 read，x 是数据对象，$R_i(x)$表示事务 i 对数据对象 x 的读操作。

W 即 write，$W_i(x)$表示事务 i 对数据对象 x 的写操作。

如此构成的前驱图若有回路，则 S 显然不可能等价于任何串行调度。如果前驱图无回路，则可用拓扑排序，得到 S 的一个等价的串行调度。其算法如下：由于图中无回路，必有入度为零的结点，可将这些结点及其有关的边从图中移去，并把这些结点存放在一个队列中(若有多个这样的结点，其存放次序可以任选)。对所剩的图做同样的处理，不过移去的结点要放在队列中已存结点的后面。如此继续进行，直至所有结点移入队列为止。按队列中结点次序串行安排各事务的操作，就可以得到一个等价的串行调度。

例 4.3.4　设有对事务集$\{T_1, T_2, T_3, T_4\}$的一个调度 S。

$$S=W_3(y)R_1(x)R_2(y)W_3(x)W_2(x)W_3(z)R_4(z)W_4(x)$$

试检验 S 是否可串行化，若为可串行化，试找出其等价的串行调度。

解：分别分析对 x、y、z 的所有操作。对每一对冲突操作，按其在 S 中执行的先后，在前驱图中画上相应的边。

该调度的冲突操作对有：$R_1(x)\ W_3(x)$、$R_1(x)\ W_2(x)$、$R_1(x)\ W_4(x)$、$W_2(x)\ W_4(x)$、$W_3(y)\ R_2(y)$、$W_3(x)\ W_4(x)$。如此可得前驱图如图 4.23 所示。

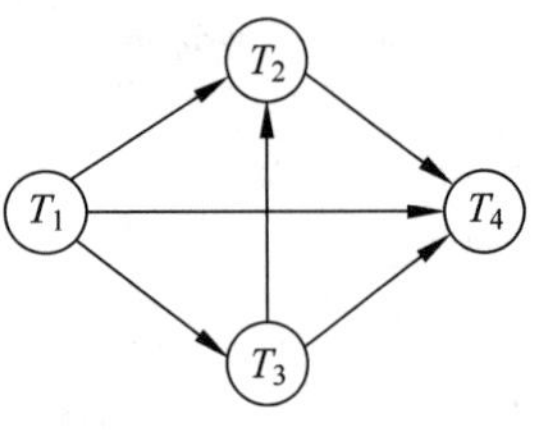

图 4.23　前驱图

由于前驱图无回路，故 S 是可串行化的。按照拓扑排序算法可得结点的队列为 T_1、T_3、T_2、T_4，具体的排序过程见图 4.24。

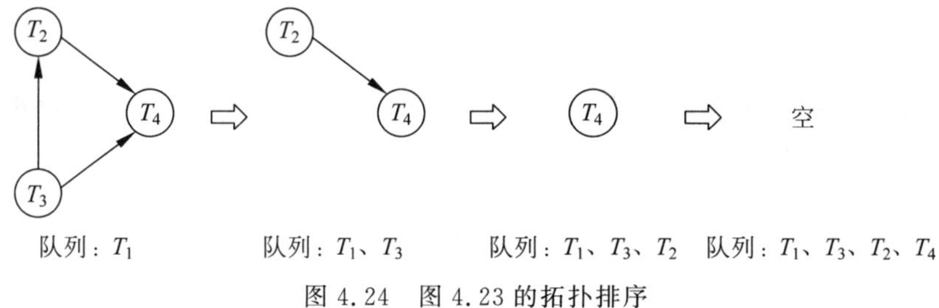

图 4.24　图 4.23 的拓扑排序

故 S 的等价串行调度为 $S'=R_1(x)W_3(y)W_3(x)W_3(z)R_2(y)W_2(x)R_4(z)W_4(x)$。

可串行化调度与串行调度是有区别的，前者交叉执行各事务的操作，但在效果上相当于事务的某一串行执行；而串行调度完全是串行执行各事务，失去并发的意义，不能充分利用系统的资源。DBMS 的并发控制的任务就是要保证事务执行的可串行化。

2. 两段锁协议

保证调度可串行化的一个协议是两段锁协议（two-phase locking protocol）。该协议要求每个事务分两个阶段提出加锁和解锁申请。

① 锁的增长阶段（growing phase）：事务可以申请锁，但不能释放锁。

② 锁的缩减阶段（shrinking phase）：事务可以释放锁，但不能获得新锁。

开始事务处于锁的增长阶段，事务根据需要获得锁。一旦该事务释放了锁，它就进入了缩减阶段，不能再发出加锁请求。如果事务的加锁动作都在所有释放锁动作之前，则称此事务为两段事务（two-phase transaction）。如图 4.25 所示，事务 T_1 是一个两段事务。

两段锁协议可保证调度可串行化，但不能避免死锁。尽管两段锁协议不是可串行化的必要条件，但由于两段锁协议简单，一般都用它来实现调度可串行化。

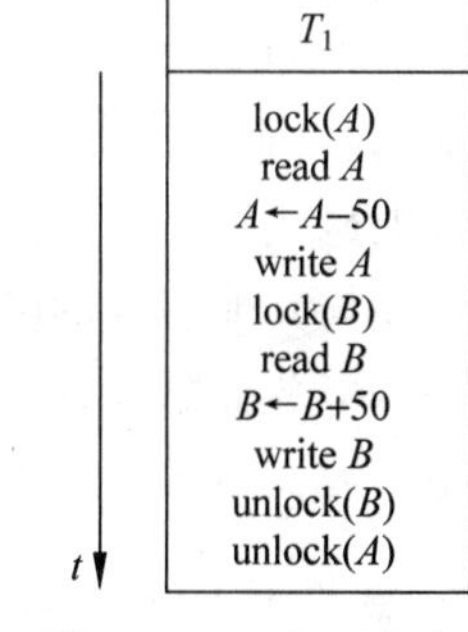

图 4.25　一个两段事务

4.3.5　多粒度锁

虽然前面已讨论了如何给数据对象加锁，但是被加锁的数据对象究竟有多大，也就是加锁粒度问题还没有讨论。在关系数据库中，加锁对象可以小到属性或属性组、元组、数据页或索引页，也可以大到整个关系、数据库等。加锁的粒度越大，加锁起来越简单，但是这样做往往把一些不需加锁的数据也锁住了，从而不必要地排斥其他事务，降低了并发度。而加锁的粒度越小，往往需要加很多的锁，加起来很麻烦。在实际应用中，有时要访问大片数据，例如生成所有学生的成绩单；有时只需访问个别数据，例如查询某学生的成绩。比较合理的办法是提供多级加锁单位，根据应用的需要加以选用。这样，可兼顾提高并发度和减少锁的个数这两个矛盾的要求。这种加锁方法称多粒度加锁

(multiple granularity locking)。

1. 多粒度树

一个数据库由若干个关系组成,一个关系由若干个元组组成,一个元组由若干个属性组成。由此可以得到一棵粒度层次树,如图 4.26 所示。

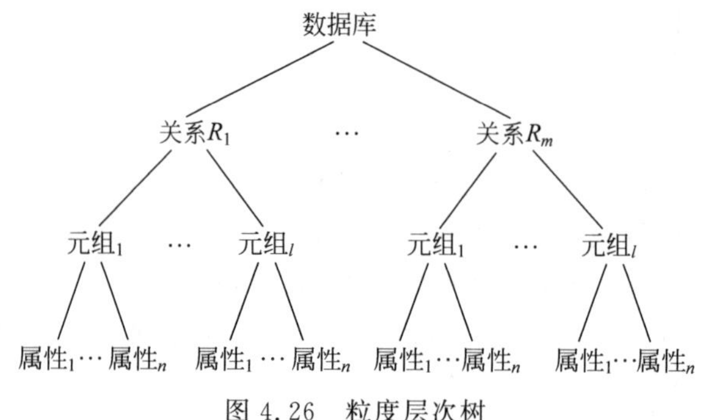

图 4.26 粒度层次树

树中每一个结点都可以单独加锁。在多粒度加锁中,一个数据对象可能以两种方式被封锁:一种是显式封锁(explicit locking),即系统应事务的要求,直接加锁于该数据对象;还有一种是隐式封锁(implicit locking),即这个数据对象本身并未加锁,而是由于它的上级被封锁,因而这个数据对象被隐含地封锁了,例如一个关系被加锁,则这个关系的所有元组和属性也都被隐含地加锁了。显式封锁和隐式封锁的效果是一样的,系统在检查加锁是否冲突时,两者都要考虑。如果只有显式锁,则锁的冲突很容易发现;如果有了隐式锁,则检查锁冲突就比较复杂。例如,假设要对某数据对象加锁,不但要检查该数据对象有无显式锁与之冲突;还要检查该数据对象的所有上级结点(祖先),以防止本事务的显式锁与其他事务的隐式锁冲突;而且还要检查该数据对象的所有下级结点(子孙),以防止本事务的隐式锁与其他事务的显式锁冲突。这种加锁冲突检查方法显然效率很低,为此,人们引入了所谓意向锁(intent locks)的概念。

2. 意向锁

意向锁的含义是对任一结点加 X 锁或 S 锁,必须先对它的上层结点(祖先结点)加意向锁,如果一个结点加了意向锁,则意味着要在该结点的下层结点(子孙结点)进行显式加锁。例如,对任一元组 r 加锁,先对关系 R 加意向锁。事务 T 要对关系 R 加 X 锁,系统只要检查根结点数据库和关系 R 是否加了不相容的锁,不需要搜索和检查 R 中每一个元组是否加了 X 锁。

常用的意向锁有以下三种。

(1) IS 锁

IS 锁又称为意向共享锁(intent share lock)。一个数据对象加了 IS 锁,表示它的某些子孙结点加了或拟(意向)加 S 锁。在图 4.26 中,如果某元组加了 S 锁,则其祖先结点(关系和数据库)都得加上 IS 锁,以防止其他事务在数据库和关系这一级加锁(例如 X

锁),导致其隐式锁和 S 锁冲突。

(2) IX 锁

IX 锁又称为意向排他锁(intent exclusive lock)。一个数据对象加了 IX 锁,表示它的某些子孙结点加了或拟加 X 锁。在图 4.26 中,如果元组加了 X 锁,则其祖先结点(关系和数据库)都得加上 IX 锁,以防止其他事务在数据库和关系一级加锁,导致其隐式锁与 X 锁冲突。

(3) SIX 锁

SIX 锁相当于加了 S 锁,再加上 IX 锁,即 SIX＝S＋IX。在实际应用中,常常需要读整个关系,并更新其中个别元组。最典型的例子是工资表,每次发薪时,所有元组都要读,但要更新的元组一般是个别的。在此情况下,在关系这一级可加上 SIX 锁。图 4.27 是意向锁的相容矩阵。

事务 T_1 拥有的锁 \ 事务 T_2 的锁请求	S	X	IS	IX	SIX	…
S	Y	N	Y	N	N	Y
X	N	N	N	N	N	Y
IS	Y	N	Y	Y	Y	Y
IX	N	N	Y	Y	N	Y
SIX	N	N	Y	N	N	Y
…	Y	Y	Y	Y	Y	Y

图 4.27 意向锁的相容矩阵

从图 4.27 可以看出,各种锁排斥性是不一样的。X 行全部都是 N,即排斥其他事务所有的锁请求;而 IS 只排斥其他事务的 X 锁请求。

4.4 查询优化

查询优化是由 DBMS 对查询语言确定合理的、有效的执行策略,构造具有最小查询执行代价的查询计划。

查询优化可分为代数优化、基于存取路径的优化以及基于代价估算的优化。

查询优化在关系数据库中占有非常重要的地位,是影响关系数据库管理系统性能的关键因素。

本节主要介绍查询优化的目的、方法和策略,对优化算法不作讨论。

4.4.1 查询优化的目的

当用户提交查询要求时,DBMS 将根据查询语句进行查询处理和查询优化,查询处理是指从数据库中提取数据时涉及的一系列活动。这些活动包括：①将高层数据库语言表示的查询语句进行语法分析并翻译为能在文件系统的物理层上使用的关系代数表达式；②为优化查询进行各种变换；③实际执行查询。查询处理和优化的基本步骤如图 4.28 所示。

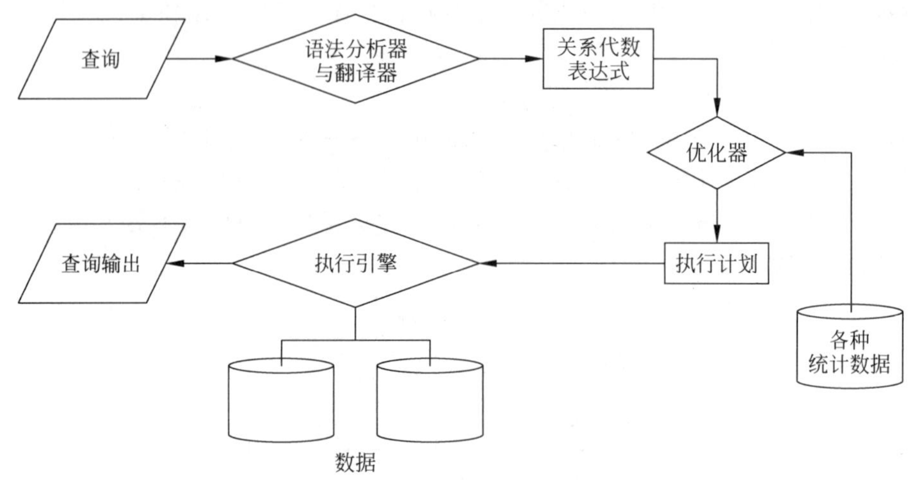

图 4.28　查询处理和优化的基本步骤

为什么要对查询进行优化？下面让我们来看一个例子：

查询选修了 C2 课程的学生姓名。

该例子仍使用第 3 章的 STUDENT 表、COURSE 表以及 SC 表。该查询对应的查询语句为

```
SELECT SNAME
FROM STUDENT,SC
WHERE SNO = SC.SNO AND CNO = 'C2';
```

现在我们来分析该查询所对应的 3 个等价的关系代数表达式 Q_1、Q_2 和 Q_3：

$Q_1=\Pi_{SNAME}(\sigma_{STUDENT.SNO=SC.SNO \wedge SC.CNO='C2'}(STUDENT \times SC))$

$Q_2=\Pi_{SNAME}(s_{SC.CNO='C2'}(STUDENT \bowtie SC))$

$Q_3=\Pi_{SNAME}(STUDENT \bowtie \sigma_{SC.CNO='C2'}(SC))$

假设 SC 表中有 10000 个学生的选课数据，即 $|SC|=10000$ 个元组；STUDENT 表中有 1000 个学生数据，即 $|STUDENT|=1000$ 个元组，SC 表中选修了课程号为 C2 的学生有 50 个，即 $|SC|_{CNO='C2'}=50$ 个元组。

假设一个物理块能装 20 个 STUDENT 元组或 100 个 SC 元组，则 STUDENT 表占用物理块的大小为 $1000\div20=50$(块)，SC 表占用物理块的大小为 $10000\div100=100$ 块。再假设系统每秒可以读取 10 个物理块。

下面我们对上述三种关系代数表达式进行分析。

(1) 表达式 Q_1

表达式 Q_1 首先执行笛卡儿积操作(×)，然后在此基础上进行选择操作(σ)，最后进

行投影操作(Π)。

① 笛卡儿积操作(STUDENT×SC)

从关系 STUDENT 和关系 SC 中选择一个占用空间小的关系,假设为 STUDENT,读取 STUDENT 表的 5 个物理块以及 SC 表的 1 个物理块到内存。在内存中连接两个关系的元组,连接后的元组装满一个物理块后就写到中间文件上,再从 SC 中读取下一个物理块到内存,直到 SC 处理完;这时再从 STUDENT 中读取 5 个物理块、从 SC 中读取 1 个物理块到内存,重复上述过程,直到 STUDENT 表全部处理完。

假设读取时,内存中只能存放 5 个物理块的 STUDENT 元组和 1 个物理块的 SC 元组,则对于 STUDENT 表来说,读取 50 个物理块,需读取 50÷5=10 遍;而对于 SC 表来说,读取 100 个物理块,需读取(100÷1)×10 遍。因此,读取的总物理块数=50+100×10=1050 块,需耗时 105s。

从以上分析可知,对 STUDENT 中的每一个学生,都要读 SC 中的 10000 个元组。因此,计算连接操作所涉及的元组数共计 $10^4\times10^3=10^7$。假设每个物理块能装 10 个连接后的元组,而且系统每秒可以读取 10 个物理块,则写中间结果需耗时 10^5s。

② 选择操作($\sigma_{\text{STUDENT.SNO=SC.SNO}\wedge\text{SC.CNO='C2'}}$(STUDENT×SC))

在笛卡儿积操作的基础上进行选择操作。依次读入连接后的元组(笛卡儿积操作的结果),按照选择条件选择课程号为 C2 的元组。这一步读取中间文件花费的时间(同写中间文件)需 10^5s。假设选择操作中满足条件的元组仅有 50 个,可放在内存中。

③ 投影操作 Π_{SNAME}($\sigma_{\text{STUDENT.SNO=SC.SNO}\wedge\text{SC.CNO='C2'}}$(STUDENT×SC))

在内存将第 2 步的结果集在属性 SNAME 上投影,得到的最终元组数仍为 50 个。

因此,表达式 Q_1 总执行时间=$105+2\times10^5\approx2\times10^5$s。其中,105 为读取所有物理块的时间,$2\times10^5$ 为中间文件 I/O 的时间。表达式 Q_1 的执行过程如图 4.29 所示。

(2) 表达式 Q_2

表达式 Q_2 首先执行自然连接操作(⋈),然后在此基础上进行选择操作(σ),最后进行投影操作(Π)。

① 自然连接操作 (STUDENT⋈SC)

执行自然连接操作时读取 STUDENT 和 SC 的策略不变,需花费时间仍为 105s。但自然连接操作的结果得到的元组数比表达式 Q_1 中计算笛卡儿积所得到的元组数大大减少,最多为 10^4 个元组(为什么?)。假设每个物理块能装 10 个元组,写 10^4 个元组到外存的时间为

$$(10^4\div10)\div10=100\text{s}$$

② 选择操作 ($\sigma_{\text{SC.CNO='C2'}}$(STUDENT⋈SC))

从外存读取 10^4 个元组到内存执行选择运算,花费时间也为 100s。假设满足条件的元组数为 50,可以放在内存。

③ 投影操作 Π_{SNAME}($\sigma_{\text{SC.CNO='C2'}}$(STUDENT⋈SC))

在内存中将第 2 步的结果集在属性 SNAME 上投影,得到的最终元组数仍为 50 个。

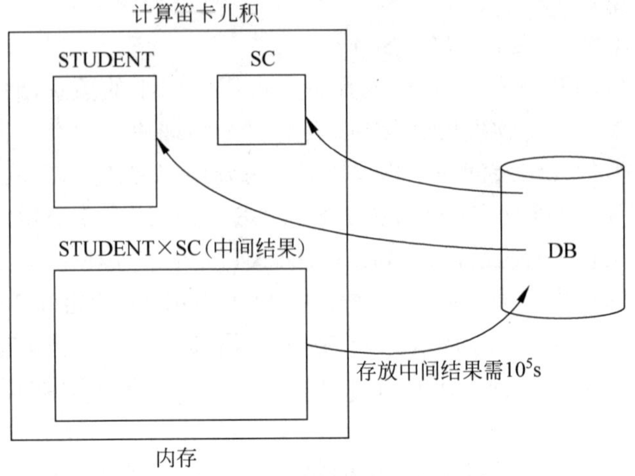

每次读1块SC，需读取100×10次
每次读5块 STUDENT，需读取10次

(a) 笛卡儿积操作

选择操作

STUDENT×SC

读连接后的元组(10^5s)

DB

$\sigma_{STUDENT.SNO=SC.SNO \wedge SC.SNO='C2'}$(STUDENT×SC)

假设满足条件的有50个元组，可以放在内存中

内存

(b) 执行选择操作

投影操作

$\Pi_{SNAME}(\sigma_{STUDENT.SNO=SC.SNO \wedge SC.SNO='C2'}$(STUDENT×SC))

在内存直接执行投影操作，产生
最多50个元组，可以放在内存中

内存

(c) 执行投影操作

图 4.29　表达式 Q_1 的执行过程

因此，表达式 Q_2 总的执行时间＝105＋100＋100＝305s。其中，105s 为读取所有物理块的时间，(100＋100)s 为中间文件 I/O 的时间。

表达式 Q_2 的执行过程与图 4.29 类似，不再给出。

(3) 表达式 Q_3

表达式 Q_3 首先执行选择操作(σ)，然后在此基础上进行自然连接操作($\bowtie$)，最后进行投影操作(Π)。

① 选择操作 $\sigma_{SC.CNO='C2'}(SC)$。

对 SC 表作选择操作，只需要读一遍 SC 表。存取 SC 表 100 个物理块花费的时间为 100÷10＝10s。假设满足条件的元组数为 50，可以放在内存。

② 自然连接操作 $STUDENT \bowtie \sigma_{SC.CNO='C2'}(SC)$。

读取 STUDENT 表，把读入的元组和内存中已选择满足条件的 SC 元组做自然连接操作。此时只需要读一遍 STUDENT 表，共 50 个物理块，花费时间为 50÷10＝5s。

③ 投影操作 $\Pi_{SNAME}(STUDENT \bowtie \sigma_{SC.CNO='C2'}(SC))$。

把第 2 步的连接结果作投影输出。

由于在第 1 步选择操作中，得到的中间结果集就很小(满足条件的仅有 50 个元组)，再与 STUDENT 表做自然连接操作，所产生的结果集与表达式 Q_1 和表达式 Q_2 相比要小很多。表达式 Q_3 总的执行时间＝10＋5＝15s。

假如 SC 表的 CNO 字段上建有索引，就不必从外存读取 SC 表所有的元组而只需读取 CNO＝'C2'的那些元组(仅 50 个)。

若 STUDENT 表在 SNO 上也有索引，也不必从外存读取 STUDENT 表的所有元组。因为满足条件的 SC 表的元组仅 50 个，自然连接操作最多涉及 50 个 STUDENT 表的元组，因此，读取 STUDENT 表的物理块数会大大减少，总的存取时间将会更少。

上述情况表明，对于同一个查询语句，采用不同的关系代数表达式，查询的效率可能相差很大，其中笛卡儿积、连接运算耗时最多。

查询代价的度量取决于磁盘存取(I/O)时间、CPU 时间以及通信开销，其中耗时最多的是磁盘存取(I/O)时间。因此，查询代价主要考虑的因素是磁盘存取(I/O)时间。如果主存与外存之间传送的物理块数越多，则搜索磁盘的次数越少；当然，数据传送取决于数据缓冲区的大小，最好的情形是外存所有数据都可以读入到内存的数据缓冲区，磁盘不必再访问；最坏的情形是假定缓冲区每次只能容纳极少的数据块。代价估算时，通常假定最坏情况。

4.4.2 代数优化

上一节介绍了 DBMS 将高层数据库语言表示的查询语句进行语法分析并翻译为能在文件系统的物理层上使用的关系代数表达式，然后对关系代数表达式进行各种变换，以达到优化的目的。代数优化就是利用优化的一般策略和关系代数表达式的等价变换规则，对关系代数表达式进行优化。经过优化的表达式可能不是所有等价的关系代数表达式中最优的,但一般情况下能使查询效率大大提高。

如何安排关系代数操作中的选择、投影和连接操作的顺序,做到既省时间又省空间、执行效率又高,这是关系代数表达式优化需要解决的问题。

常用的等价变换规则:

1. $\sigma_{C_1 \text{AND} C_2 \text{AND} C_n}(R) \equiv \sigma_{C_1}(\sigma_{C_2}(\cdots(\sigma_{C_n}(R))\cdots)$

2. $\sigma_{C_1}(\sigma_{C_2}(R)) \equiv \sigma_{C_2}(\sigma_{C_1}(R))$

3. $\Pi_{\text{list}_1}(\Pi_{\text{list}_2}(\cdots\Pi_{\text{list}_n}(R))\cdots) \equiv \Pi_{\text{list}_1}(R)$,$\text{list}_i$ 是投影操作的属性集,且$_{\text{list}_1} \subseteq _{\text{list}_2} \subseteq \cdots \subseteq _{\text{list}_n}$

4. $\Pi_{A_1,A_2,\cdots,A_n}(\sigma_C(R)) \equiv \sigma_C(\Pi_{A_1,A_2,\cdots,A_n}(R))$

5. $R \bowtie S \equiv S \bowtie R$

6. $\sigma_C(R \bowtie S) \equiv \sigma_C(R) \bowtie S$

7. $\sigma_{C_1 \text{AND} C_2}(R \bowtie S) \equiv \sigma_{C_1}(R) \bowtie \sigma_{C_{12}}(S)$

8. $\Pi_L(R \bowtie_C S) \equiv ((\Pi_{A_1,A_2,\cdots,A_n})(R)) \bowtie_C)(\Pi_{B_1,B_2,\cdots,B_n})(S))$

9. $\sigma_C(R\theta S) \equiv (\sigma_C(R)\theta\sigma_C(S))$,$\theta \in \{\cup、\cap、-\}$

10. $\Pi_L(R \cup S) \equiv (\Pi_L(R)) \cup (\Pi_L(S))$

11. $(R\theta S)\theta T) \equiv R\theta(S\theta T)$,$\theta \in \{\bowtie、\cup、\cap、\times\}$

注意:规则 11 中,对于连接运算,可能出现 S 与 T 之间无连接条件的情况,此时的连接运算成为笛卡儿积。

查询优化树是关系代数表达式的一种图形表示,它可以清晰地描述出关系代数表达式中的关系操作顺序。

代数优化的基本步骤如下。

① 以 SELECT 子句对应投影操作,以 FROM 子句对应笛卡儿积,以 WHERE 子句对应选择操作,生成原始查询树。

② 应用变换规则 2、6、7、9、10,尽可能将选择条件移向树叶方向。

③ 应用连接、笛卡儿积的结合律(规则 11),按照小关系优先做的原则,重新安排连接(或笛卡儿积)的顺序。

④ 如果笛卡儿积后还须按连接条件进行选择操作可将两者组合成连接操作。

⑤ 对每个叶节点加必要的投影操作,以消除对查询无用的属性。

下面我们通过一个实例来看 DBMS 是如何对查询进行优化的。

例 4.4.1 假设教学管理数据库有 3 张表:学生表、课程表以及选课表,其中属性如下:

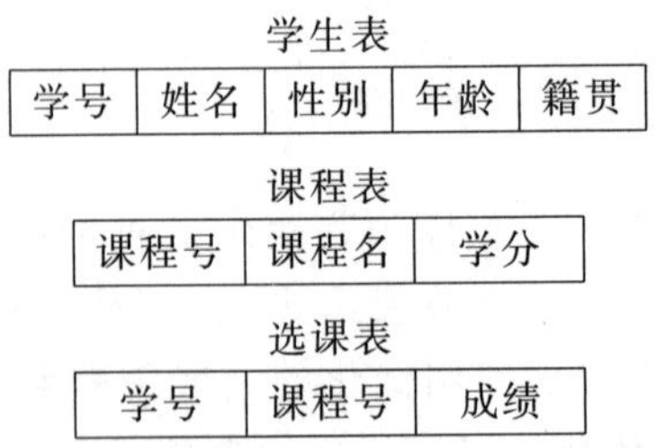

学生表

学号	姓名	性别	年龄	籍贯

课程表

课程号	课程名	学分

选课表

学号	课程号	成绩

现在想查找出选修“数据库”课程学生的姓名和成绩，则该查找所对应的 SQL 查询语句为

```
SELECT  姓名,成绩
FROM    学生.学号 = 选课.学号
  AND   选课.课程号 = 课程.课程号
  AND   课程.课程名 = '数据库';
```

首先，构建该查询对应的原始查询树，如图 4.30 所示。

其中：C＝学生.学号＝选课.学号 AND 选课.课程号＝课程.课程号 AND 课程.课程名＝'数据库'。根据规则 6，应尽可能将选择操作沿查询树下压，如图 4.31 所示。

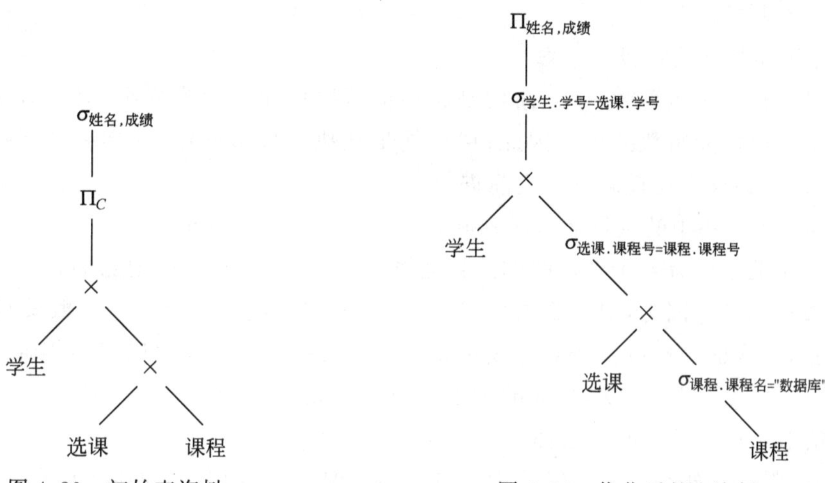

图 4.30　初始查询树　　　图 4.31　优化后的查询树 1

其次，根据数据目录所提供的统计数据，可以估算出学生、课程和选课关系经选择操作后的关系学生'、课程'和选课'的元组数。如果课程'元组数＜选课'元组数＜学生'元组数，则按照先连接小关系(元组数少的关系称之为小关系)的原则，可得如图 4.32 所示优化树。

最后，用投影操作消除对查询无用的属性，由此可得图 4.33。

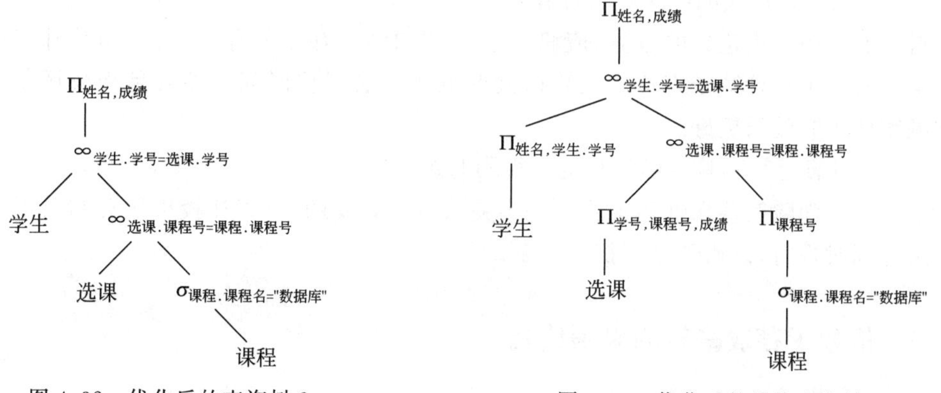

图 4.32　优化后的查询树 2　　　图 4.33　优化后的最终查询树

此例说明,利用等价变换规则对关系表达式进行优化,可以减少查询过程的中间结果,从而提高查询效率。

代数优化的一般策略如下。

(1) 尽可能早地执行选择运算

在基于关系数据模型的查询语言中,执行时间最长的一般是关系的笛卡儿积运算和连接运算,尤其是当两个关系的元组数都很多时,处理速度就更慢。关系代数中的选择运算对关系的元组有过滤作用,关系经过选择运算后,往往可以过滤掉许多元组,这样便可以使后面的操作大大减少对元组的存取次数。因此,尽可能早地执行选择运算对提高查询效率是有利的。

(2) 尽可能早地执行投影运算

对关系进行投影运算时,一方面切割属性值可以使元组规模变小,另一方面消除重复属性值也可以使元组数减少。因此,尽可能早地执行投影操作,同样有利于提高查询效率。一般,选择操作在投影操作之前进行。

(3) 同一个关系中的选择运算序列和投影运算序列合并处理

如果一个关系中有若干个连续的选择运算和投影运算,则可以把它们合并为一个选择操作和投影操作。因为,对一个关系 R 进行选择操作或投影操作时,一般要对 R 的元组进行扫描,多次的选择或投影会造成对关系的多次扫描。如果把这些操作合并为一个运算,则仅需对元组扫描一次,从而减少了 I/O 的次数,提高了查询效率。

(4) 笛卡儿积与其后面的选择运算合并为连接运算

在表达式中,当笛卡儿积运算后面是选择运算时,将它们合并为连接运算,使选择运算与笛卡儿积运算一并完成,以避免做完笛卡儿积运算后,再扫描一个较大的关系进行选择运算。

(5) 简化多余的运算

在关系代数表达式中,有些中间结果往往会出现空关系,即关系中的元组数为零。当一个关系操作中,它的变量有一个空关系,那么这个运算是多余运算,可以简化。有些操作虽然不包含空关系,但是它的两个自变量是同一个关系,则也可以简化。

(6) 公用子表达式的结果存于外存

对于有公用子表达式的运算,应将子表达式的结果存于外存。这样,当从外存中读出结果的时间少于计算子表达式运算时间时就可节省操作时间。尤其是当公用子表达式被频繁使用时效果更好。

(7) 让投影运算和其后面的其他运算同时进行

如果为了消除某些属性而去遍历一个关系是不必要的,可以让投影运算与其后面的其他运算同时进行,以避免重复扫描关系。

4.4.3 依赖于存取路径的规则优化

代数优化只能在关系代数表达式的操作次序和组合上根据等价变换规则进行变换

和调整，不涉及存取路径，无法选择执行策略，故优化效果有限。规则优化依赖于存取路径，可选择执行策略，因此优化效果较好。本节将讨论依赖于存取路径的规则优化，即结合存取路径的分析，讨论关系代数表达式各种基本操作执行的策略及其选择原则。

1. 选择操作的实现和优化

选择操作的执行策略与选择条件、可用的存取路径以及选取的元组数在整个关系中所占的比例有关。

选择条件有等值条件（=）、范围条件（>，<，≥，≤，BETWEEN）和集合条件（IN，EXISTS，NOT IN，NOT EXISTS）之分。选择条件也可以是复合条件，即由简单选择条件通过 AND、OR 连接而成的条件。

选择操作的实现方法有 3 种：顺序扫描、散列、索引。顺序扫描是按关系存放的自然顺序存取各元组，存取时根据选择条件选取那些满足条件的元组。这种方法不需特殊的存取路径，如果关系本身很小，或选择的元组数较多，顺序扫描比较有效；如果一个关系很大，用顺序扫描就很费时，此时可以建立各种存取路径。散列技术（数据结构课程有介绍）就是其中一种，它是根据记录的某个属性值通过散列函数求得记录的存储地址。该技术通常与索引技术连用。散列技术对于散列属性上等值查询非常有效，但对于散列属性上的范围查询却很慢，因此用得不多；索引是用得最多的一种存取路径。从数据访问观点来看，索引可分为无序索引和有序索引。无序索引是指索引建立在堆文件上，具有相同索引值的元组分散存放在堆文件中，一般情况下，每取一个元组都需要访问一个物理块。如果选择的元组较少，这种索引很有效，与顺序扫描相比，可减少很多 I/O 操作。但如果选择的元组很多，可能需要访问该关系的大部分物理块，加之索引本身的 I/O 操作，很可能还不如顺序扫描有效。有序索引是指关系按某指定的索引属性进行排序（簇集索引），此时，具有相同属性值的元组在物理上连续存放。如果按此索引属性进行查询，则查询所有元组涉及的物理块可能只有一块，或物理上相邻的几块，大大减少了 I/O 操作，这对范围查询非常有利。如果查询语句需要根据查询结果进行排序，则可省去结果的排序操作。但有序文件在插入新元组时，必须移动插入点后面的所有元组，而且还要重新修改索引，十分费时。

选择操作选择存取路径的启发式规则如下。

① 对于小关系，不需考虑其他存取路径，可采用顺序扫描。

② 若无索引、散列等存取路径可用，或估计选取的元组数占关系中的比例较大（大于 15%）且有关属性上无簇集索引，选择操作采用顺序扫描方式较好。

③ 对于主键的等值选择，优先选用主键上的索引或散列。

④ 对于非主键的等值选择，若选取的元组数占关系的比例较小（小于 15%），可以用无序索引；否则只能用簇集索引或顺序扫描。

⑤ 对于范围条件，先通过索引找到范围的边界，再通过索引的顺序集沿相应方向搜索，如选中的元组数在关系中所占比例较大，宜采用簇集索引或顺序扫描。

⑥ 对于用 AND 连接的合取选择条件：

若有相应的多属性索引,则优先选用多属性索引。否则,若有多个可用的二次索引,可用预查找方法处理,即通过二次索引找出满足各条件的 tid(元组标识符)集合,再求这些 tid 集合的交集,然后取出交集中 tid 所对应的元组,并在取这些元组的同时,用合取条件中的其余条件检查,凡能满足所有其余条件的元组,即为所选择的元组。如果上述途径都不行,但合取条件中有个别条件具有规则③、④、⑤中所述的存取路径,则可以此存取路径选择满足此条件的元组,再将这些元组用合取条件中的其他条件筛选。若合取条件中没有一个具有合适的存取路径,则只能用顺序扫描。

⑦ 对于用 OR 连接的析取选择条件,尚无好的方法,只能按其中各个条件分别选出一个元组集,再求这些元组集的并。

⑧ 有些选择操作只要访问索引就可得到结果,此时可优先利用索引,避免访问数据。

2. 连接操作的实现和优化

连接操作的开销很大,通常为查询优化的重点,这里主要讨论二元连接操作。

连接操作的实现方法一般有 4 种:嵌套循环法(nested loop)、利用索引或散列寻找匹配元组法、排序归并法(sort-merge)以及散列连接法(hash join)。

(1) 嵌套循环法

假设有关系 R 和 S 进行连接操作:$R \bowtie_{R.A=S.B} S$。

最原始的方法是取 R(作为外关系)的一个元组,与 S(作为内关系)的所有元组比较,凡满足连接条件的元组就进行连接并作为结果输出。然后再取 R 的下一个元组,与 S 的所有元组比较,直到 R 的所有元组与 S 的所有元组比较完为止。

但是,关系通常是以物理块为单位从磁盘取到内存。如果改为每次读 R 的一个物理块,都对 S 扫描一遍,S 扫描次数则与 R 的物理块数有关。由于关系所占物理块数小于关系中元组数,所以后一种方法明显得到优化。

(2) 利用索引或散列寻找匹配元组法

在嵌套循环法中,内关系上要做多次顺序扫描,若内关系上建有合适的存取路径(如连接属性上建有簇集索引或散列等),可以避免对内关系的顺序扫描,减少 I/O 次数。当内关系的连接属性上建有簇集索引时,索引对减少连接所需 I/O 次数的作用最明显。

(3) 排序归并法

如果 R 和 S 按连接属性排序,连接属性有相同值的元组是连续存放的。可按序比较 $R.A$ 和 $S.B$ 以找出匹配元组,此时 R 和 S 都只需扫描一次,排序归并法很有效。如果 A、B 不是主键,$R.A$、$S.B$ 中可能有相同的属性值,当两个关系在连接属性上有较多的重复等值匹配项,则利用排序归并法效率不高。

如果 R 和 S 没有事先按连接属性排序,在做连接操作前须特别为之进行排序,而排序的开销很大,此时是否值得采用排序归并法,需要权衡一下。

(4) 散列连接法

由于连接属性 $R.A$ 和 $S.B$ 应具有相同的值域,因此,可用 A、B 作为散列键,用相同的散列函数,把 R 和 S 散列到同一散列文件中。符合连接条件的元组必然在同一桶中，只需把桶中的匹配元组取出即可获得连接结果。由于桶中元组不会很多，在匹配时可用嵌套循环法。

虽然建立散列文件时，R、S 只要扫描一次，但散列时需要较多的 I/O 操作。因此，可以在桶中不填入 R、S 的实际元组，而是代之以元组的 tid，从而大大地缩小散列文件，使其有可能在内存中建立，而仅需对 R、S 各扫描一次。扫描 R 和 S 时，取出 $\Pi_A(R)$、$\Pi_B(S)$，附在相应的 tid 后，连接时以桶为单位，按 $\Pi_A(R)=\Pi_B(S)$ 找出匹配元组的 tid 对。在取实际元组时，为减少物理块访问，可将各桶中匹配元组的 tid 按块分类，一次集中取出同一块中所需的所有元组，这需要较大的内存开销。

3. 投影操作的实现

投影操作一般可与选择、连接等操作同时进行，无需附加的 I/O 开销。如果投影属性集合中不包含主键，则投影结果中可能出现重复元组。消除重复元组可以用排序或散列等方法。例如，将投影结果按其所有属性排序，使重复元组连续存放，可以发现和消除重复元组。

散列也是消除重复元组的一种可行方法，将投影结果按某一属性或多个属性散列成一个文件，当一个元组被散列到一个桶中时，可检查是否与桶中已有元组重复。若重复，则舍弃之。如果投影结果不太大，则这种散列可在内存中进行，省去散列的开销。

4. 集合操作的实现

在数据库系统中，常用的集合操作有笛卡儿积、并、交、差等几种。笛卡儿积将两个关系的元组无条件地互相拼接，一般用嵌套循环法实现，做起来很费时，结果要比参与运算的关系大得多，应尽量少用。并、交、差三种操作要求参与操作的关系并兼容，设关系 R、S 并兼容，对 R、S 进行并、交、差操作时，可以先将 R 和 S 按同一属性(通常选用主键)排序，然后扫描两个关系，选出所需的元组。

散列是上述并交差操作的另一种求解方法。将关系 R 散列到一个散列文件中，再将 S 散列到同一文件中。同时检查桶中有无重复元组。对于并操作，不再插入重复元组；对于交操作，选取重复元组；对于差操作，从桶中取消与 S 重复的元组。

5. 组合操作

一个查询中往往包含多个操作，如果每个操作孤立地执行，势必为每个操作创建一个临时文件，存放中间结果，作为下一个操作的输入，这在时间和空间上都不经济。因此，在处理查询时，应尽可能将多个操作组合起来同时进行，例如，投影操作和选择操作可以组合起来执行，但是，如果投影操作后有重复元组出现，则需先消除重复元组，再进行选择操作。对于嵌套循环操作，可以在对内关系或外关系扫描的同时，执行选择、投影操作。如果内关系需扫描多次，为了避免每次扫描都要执行选择、投影操作，可在第一次对内关系扫描时，将选择、投影的结果存入临时文件，以后只需扫描临时文件。这种组合操作实现的方法可省去创建许多临时文件，因而也省去了许多 I/O 操作。

例 4.4.2 给定三张表：学生表 STUDENT、课程表 COURSE、选课表 SC。

STUDENT

SNO	SNAME	SEX	BDATE	HEIGHT

主键为 SNO。

COURSE

CNO	LHOUR	CREDIT	SEMESTER

主键为 CNO。

SC

SNO	CNO	GRADE

主键为 SNO,CNO。

假设 STUDENT 在 SNO、BDATE 和 HEIGHT 上建有索引，并按 SNO 升序排序；COURSE 在 CNO 上建有排序主索引；SC 在{SNO,CNO}上建有主索引，在 SNO 上建有簇集索引。若有学生 10000 人，课程 200 门，每个学生已修课程数平均为 10 门，除此之外无其他特殊存取路径。试用规则优化，分别为以下查询设计一个或多个存取策略。

(1) 查询所有女学生的身高(以厘米表示)。

(2) 查询 1976 年出生的学生名及其秋季所学课程的课程号及成绩。

(3) 查询秋季学期有一门以上课程获 90 分以上成绩的学生名。

(4) 查询只有一人选修的课程号。

(5) 查询选修 CS-110 课程的学生名。

解：(1) 这是非主键的等值条件查询，由于在属性 SEX 上没有索引或散列等存取路径可用，且估计女生人数占总元组数的一半、SEX 属性上无簇集索引，故采用顺序扫描。

(2) 在 STUDENT 表中选择属性 BDATE 的值为 1976 时，因为估计中选的元组数在关系中占有较小的比例，且 STUDENT 表在属性 BDATA 上建有索引，所以可用无序索引优化，在 COURSE 上选择 SEMESTER＝'秋'时，因 COURSE 表没有在属性 SEMESTER 上建立索引，所以只能用顺序查询，然后连接两个结果关系及 SC 关系，因为在 3 个关系中，连接属性上都建有索引，所以可以用索引寻找匹配元组法，最后在连接结果中对 SNAME、CNO、GRADE 做投影操作。

(3) 查询秋季学期有一门以上课程获得 90 分以上的学生{SNO,CNO}建有主索引，SNO 上建有簇集索引，先查询属性 SEMESTER＝'秋'的课程号，SEMESTER 没有建立索引，不是主键，并且可能出现的比例为 50%，所以先采用顺序扫描，再采用主键上的索引，找到分数大于 90 的元组项。

(4) 查询只有一人选修的课程号，只需顺序遍历 SC 表找到课程号唯一的元组即可。

(5) 查询选修 CS-110 课程的学生名，由于 SC 表在{SNO,CNO}上建有主索引，这是主索引上的等值条件查询。由于属性 SNO 上建有簇集索引则采用主键上的索引，而对于 STUDENT 表，属性 SNO 上建有索引，所以查询学生名字仍然可采用主键上的索引。

4.4.4 代价估算优化

代价估算方法是一种比较复杂的优化方法，通常是先进行规则优化，选择几个可取的执行策略，然后对它们进行代价比较，从中选取代价小的作为优化的方法。

查询语句执行所花费的时间开销称为查询执行代价，包括访问辅助存储器的代价（简称 I/O 代价）、计算代价（简称 CPU 代价）以及通信代价。在集中式 DBMS 中，通信代价不是主要的，而在分布式系统中是需要考虑的因素。I/O 代价和 CPU 代价是执行任何查询都必须付出的代价，在数据库操作中，I/O 代价是主要考虑的因素。为了简化起见，在进行代价比较时，一般只考虑 I/O 代价。

1. 选择操作的代价估算

选择操作的代价按不同的存取策略可以估计如下。

1）顺序扫描

（1）最多选取一个元组

在顺序扫描时，最快的情况是当扫描到第一个物理块时就找到满足条件的元组，最慢的情况是当扫描到最后一个物理块时才找到满足条件的元组或根本没有满足条件的元组，这是两种极端的情况。在估算 I/O 代价 C_{Sa} 时，可取平均值，即

$$C_{\mathrm{Sa}}=0.5[n/p]=0.5b$$

式中，n 为关系中总的元组数，b 为关系所占用的物理块数，p 为每个物理块包含的元组数。

（2）选取多个元组

在采用顺序扫描时，一般不会在所查询的属性上建有簇集索引，也就是满足条件的元组是随机存放的。因此必须扫描整个关系，才能获得查询结果。I/O 代价 C_{Sb} 可估算为

$$C_{\mathrm{Sb}}=b$$

式中，b 为关系所占用的物理块数。

2）利用主键上的索引或散列进行等值查询

在此情况下，至多只选中一个元组，也就是最多访问数据的一个物理块，则通过索引访问的 I/O 代价 C_{Ik} 为

$$C_{\mathrm{Ik}}=L+1$$

式中，L 为索引的级数。

通过散列访问的 I/O 代价 C_{Hk} 为

$$C_{\mathrm{Hk}}=1$$

假定散列没有溢出。

3）利用非主键的无序索引进行等值查询

对于非主键属性，给定一个属性值，可能有多个元组满足此条件。在估算代价时，一般假定属性值的分布是均匀的。如果每取一个元组访问一个物理块，则 I/O 代价 C_{INK} 可

估算为

$$C_{INK}=L+s$$

式中,L 为索引的级数,s 为满足条件的元组数。

4) 利用簇集索引进行等值查询

因为满足条件的元组簇集存放,故 I/O 代价 C_{CI} 为

$$C_{CI}=L+\lceil s/p \rceil$$

式中,L 为索引的级数,s 为满足条件的元组数,p 为每个物理块存放的元组数。

5) 利用簇集索引进行范围查询

满足范围查询条件的元组数一般取总元组数的一半。对于建有簇集索引的文件,元组是按索引键的次序簇集存放的,故查询的 I/O 代价 C_{CIR} 可估算为

$$C_{CIR}=L+\lceil b/2 \rceil$$

式中,L 为访问索引所需的 I/O 代价,通过索引找到入口后,按数据存放次序扫描。对于非簇集索引,满足条件的元组是随机存放的。如果按选中的元组数等于总元组数的一半来估算,则估计的访问块数接近 b,还不如用顺序扫描。

2. 连接操作的代价估算

连接操作是非常耗时的一种操作,为了估算连接操作的代价,必须估算连接结果的大小。为此,引入连接选择因子 j_S。

$$j_S=|R\bowtie_C S|/|R\times S|=|R\bowtie_C S|/|R|\times|S|$$

如果无连接操作条件 C,则连接操作变成笛卡儿积,$j_S=1$。如果没有元组满足连接条件 C,则 $j_S=0$。一般 $0\leqslant j_S\leqslant 1$。如果连接条件 C 为 $R.A=S.A$,则有两种特殊情况:

① 如果 A 为关系 R 的键,则关系 S 中的每个元组最多与 R 中的一个元组匹配,故 $|R\bowtie_C S|\leqslant|S|$,即 $j_S\leqslant 1/|R|$。

② 如果 B 为关系 S 的键,同理可得 $j_S\leqslant 1/|S|$。

下面讨论连接操作各种执行方法的代价。

(1) 嵌套循环法

假设 $b_R<b_S$,故选 R 为外关系,S 为内关系。设共有 n_B 块缓冲,则用嵌套循环法做连接所需的代价 C_{NLJ} 为

$$C_{NLJ}=b_R+[b_R/(n_B-1)]\times b_S+(j_S\times|R|\times|S|)/p_{RS}$$

式中,b_R 为关系 R 所占用的物理块数,b_S 为关系 S 所占用的物理块数。最后一项代表存储连接结果所需的代价,j_S 为连接选择因子,p_{RS} 为连接结构的块因子。

(2) 利用索引或散列寻找匹配元组法

若用无序索引,则用索引寻找匹配元组法的代价 C_{NSJ} 为

$$C_{NSJ}=b_R+(|R|\times(L_B+|S|/N_B))$$

若用簇集索引,则用簇集索引寻找匹配元组法的代价 C_{SJ} 为

$$C_{SJ}=b_R+(|R|\times(L_B+|S|/(N_B/p_S)))$$

若用散列(设在 S 关系的 B 属性上建立文件),则用散列寻找匹配元组法的代价

C_{SHJ} 为

$$C_{SHJ}=b_R+|R|\times h$$

式中，$h\geqslant1$ 表示每次散列平均访问的块数。如果溢出很少，h 接近于 1。

(3) 排序归并法

如果 R、S 已对 A、B 属性分别排序，则用排序归并法连接的代价 C_{SMJ} 为

$$C_{SMJ}=b_R+b_S$$

如果 R、S 中有未对 A 或 B 排序的，须加上排序的代价。排序的代价与排序的算法有关。若用两路归并外排序，共需扫描 $\lceil\log_2 b\rceil$ 次，即需 $b\times\lceil\log_2 b\rceil$ 次 I/O。

(4) 散列连接法

设散列文件存于内存中，其中不放整个元组，只放 tid 及其连接属性值，则建立散列文件的代价 C_{SMJ} 为

$$C_H=b_R+b_S$$

在连接时，以内存中的桶为单位，按连接条件 $R.A=S.B$ 进行 tid 配对。R 和 S 中匹配的元组数分别为

$$R\text{ 中的匹配元组数}=|R|\times(N_B/M)=j_S\times|R|\times N_B$$

$$S\text{ 中的匹配元组数}=|S|\times(N_A/M)=j_S\times|S|\times N_A$$

取 R、S 中匹配元组的 I/O 代价可估算为

$$C_J=j_S\times|R|\times N_B+j_S\times|S|\times N_A=j_S(|R|\times N_B+|S|\times N_A)$$

在估算中，假设每个不同的匹配元组处于不同的物理块中，这是偏高的估算，故散列连接的代价 C_{HJ} 可估算为

$$C_{HJ}=C_H+C_J=b_R+b_S+j_S(|R|\times N_B+|S|\times N_A)$$

例 4.4.3 假设有两个关系：

供应商关系 S(S#,SNAME,STATUS,SCITY)

供应商-零件关系 SP(S#,P#,COLOR,PRICE,NUMBER)

查询“给出供应零件 P2 的供应商名称”的 SQL 语句为

```
SELECT SNAME
FROM SP, S
WHERE S.S# = SP.S#
  AND P# = 'P2';
```

该查询语句对应的表达式为

$$\Pi_{SNAME}\sigma_{P\#='P2'}(S\bowtie SP)$$

假设这个数据库有 100 个供应商和 10000 个发货，其中只有 50 个是有关零件 P2 的。为简单起见，假设 S 和 SP 分别存放在磁盘上两个独立的文件中。请分别计算对表达式不进行优化和进行优化两种情况下的代价估算，并进行比较。

解：如果系统不对该表达式进行任何优化，那么对该表达式的代价估算结果如下：

(1) 连接 SP 和 S(连接属性 S#)：这一步包括读 10000 个发货；对这 100 个供应

商，每个供应商要读10000次(即对10000个发货的每一个要读一次供应商)；要构造一个中间结果集保存这10000个已连接的元组；并且将这10000个已连接的元组写回到磁盘上(假设主存中已没有空间存放这个中间结果集)。

(2) 从第1步的结果集中选择零件为P2的元组：这一步包括将这10000个已连接的元组重新读入主存，但产生一个仅有50个元组的结果集，这里我们假设这个结果集可以放在主存中。

(3) 将第2步的结果集在属性SNAME上投影：这一步产生最终的结果集(最多50个元组，可以放在内存中)。

如果系统对该表达式进行优化，那么对该表达式的代价估算结果如下：

(1) 从SP中选择零件为P2的元组：这一步包括读10000个元组，但只产生50个元组的结果集，我们假设可以放入内存中。

(2) 把第1步的结果集和S进行连接(连接属性$S\#$)：这一步包括100个供应商(只读一次，而不是每个P2，发货就读一遍)，再次产生一个只有50个元组的结果集(仍然保存在主存中)。

(3) 将第2步的结果集在属性SNAME上投影(同上个过程的第3步)：这一步产生最终的结果集(最多50个元组，可以放在内存中)。

以上两个过程中的第一个包括总共1030000个元组的I/O，而第二个只有10100个的I/O。很明显，如果将"元组的I/O次数"作为性能计算标准，那么第二个过程比第一个快上100倍。

另外，为了得到更好的性能，在执行代数表达式时，应先做选择后做连接，而不是先做连接后做选择。而且，如果发货表在$P\#$属性上有索引或者散列，那么第一步读入的元组数将从10000降到50，这将使执行性能比原来有近7000倍的提高。同样，如果供应商表在S#属性上建有索引或者散列，那么在第二步中读入的供应商的元组数将从100降到50，这将使执行性能比原来有近10000倍的提高。这说明，如果原来的没有优化的查询需要3个小时运行，那么优化过的版本只需1s的时间，因此，查询优化是必要的。

在查询语句执行之前进行优化，通常称为静态优化，这种优化只能利用数据库中的一些统计数据进行优化，有时不一定准。如果在查询语句执行时进行优化，通常称为动态优化，这种优化是用实际执行结果估算代价，比较符合实际，但每次执行都要优化，不适于编译实现，也增加了执行时间。另外，优化时要等待中间结果，增加了等待时间和数据的相关性，降低了执行速度，同时也不利于提高并行性。因此，目前大多DBMS都采用静态优化方式。

思考题

1. 数据库中的事务是什么？有什么基本性质？与程序有什么区别？

2. 多个事务对同一数据对象进行操作的过程中发生故障，在使用运行记录进行恢复时，对后像，需要按照提交事务表CTL中相关事务的提交次

序，将关系的逻辑块号写入其后像进行 redo 恢复。对前像，是否需要按照活动事务表 ATL 中的次序，用前像块进行 undo 恢复？为什么？

3. 设置检查点的意义是什么？介质失效恢复时，对运行记录中上一检查点以前的已提交的事务是否应该 redo？为什么？

4. 为什么查询优化对关系数据库管理系统（RDBMS）来说特别重要？

重点内容与典型题目

重点内容

1. 数据库恢复技术。
2. 并发控制技术。
3. 查询优化的意义和目的。

典型题目

1. 根据图 4.34 分析：当系统在时间点 t_r 处发生故障时，事务 $T_1 \sim T_5$ 该如何进行恢复？

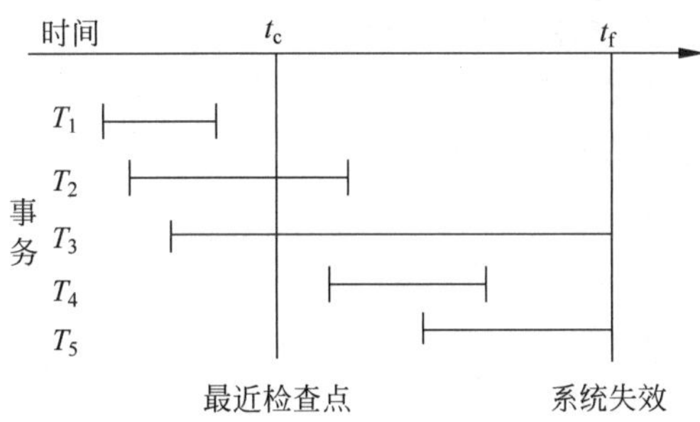

图 4.34　典型题目 1 图

2. DBMS 中为什么要提供并发控制机制？使用什么技术实现并发控制？并发控制技术能保证事务的哪些特性？

3. 数据库的恢复技术能保证事务的哪些特性？数据库恢复的基本原理是什么？

4. 为了提高 SQL 语句的执行效率，DBMS 通常采用哪些优化方法？

5. 连接操作的优化是查询优化的一个重点，如果关系 R 和 S 按照连接属性有序存储，采用什么方法进行连接操作比较合适？如果两个关系在连接属性上有较多的重复等值匹配项，对使用这种方法进行连接操作有什么影响？（假定连接为自然连接）

习题

1. 事务不遵守 ACID 准则，将对数据库产生何种后果？为什么在一般不涉及数据库的程序中不提 ACID 准则？

2. 什么是死锁?

3. 数据库的一致状态是指什么? 数据不一致表现主要有哪些?

4. 什么叫活锁? 如何防止活锁?

5. 请回答以下问题:

(1) 什么叫并发?

(2) 为什么要并发?

(3) 并发会引起什么问题?

(4) 什么样的并发执行才是正确的?

(5) 如何避免并发所引起的问题?

(6) 既然目标可串行化调度比冲突可串行化调度多,为什么要强调冲突可串行化而非目标可串行化?

6. 试区别串行调度与可串行调度。请各举一例。

7. 叙述数据库中死锁产生的原因和解决死锁的方法。

8. 数据库系统中有哪些类型的故障? 哪些故障破坏了数据库? 哪些故障未破坏数据库,但可能使其中某些数据变得不正常?

9. undo 操作和 redo 操作各做什么事情?

10. 什么是数据库的恢复? 恢复的基本原则是什么? 恢复是如何实现的?

11. 查询优化对非关系数据库也适用吗?

12. 查询优化有哪些途径?

13. 与基于网状、层次数据模型的数据库管理系统相比,关系数据库管理系统的查询处理有什么本质的不同?

第5章 数据库的安全和完整性约束

数据库是一种共享资源,可以为多个用户共享。但数据库中每部分数据分别属于不同的人,数据的所属者都非常关心他们数据的安全性是否会遭到破坏。而且随着 Web 数据库的应用越来越广泛,数据库的安全问题日益突出,如何保证和加强数据库的安全性显得尤为重要。

一般来讲,数据库的破坏来自于几个方面:系统故障、并发所引起的数据不一致,人为的破坏、输入或更新数据库的数据有误,更新事务未遵守保持数据一致性原则。对付系统故障、并发所引起的数据不一致的措施第 4 章中已有讨论。人为的破坏问题属于数据库安全问题。最后一种破坏问题属于完整性约束问题。本章主要讨论数据库的安全和完整性约束。

5.1 数据库的安全

数据库的安全是指保护数据库以防止非法用户的越权使用、窃取、更改或破坏数据。数据库的安全涉及很多层面,必须在以下几个层面做好安全措施。

① 物理层:重要的计算机系统必须在物理上受到保护,以防止入侵者强行进入或暗中潜入。

② 人员层:数据库系统的建立、应用和维护等工作,一定要由可靠的合法用户来进行。

③ 操作系统层:要进入数据库系统,首先要经过操作系统,如果操作系统的安全性差,数据库将面临着重大的威胁。

④ 网络层:由于几乎所有网络上的数据库系统都允许通过终端或网络进行远程访问,所以网络的安全和操作系统的安全一样重要,网络安全了,无疑对数据的安全提供了保障。

⑤ 数据库系统层:数据库系统应该有完善的访问控制机制,以防止非法用户的非法操作。

为了保证数据库的安全,必须在以上所有层面上进行安全性保护。如果物理层或人员层存在安全隐患,即使操作系统层、网络层以及数据库系统层访问控制很严格,数据库也可能是不安全的。本节主要讨论数据库系统层上的安全性措施。

5.1.1 用户标识和鉴别

用户标识和鉴别是系统提供的最外层的安全保护措施。该方法主要是由系统提供一定的方式让用户标识自己的名字和身份,每次用户要进入系统时,系统对用户身份进行核实,通过鉴别后才提供机器使用权。

用户标识和鉴别常用的方法如下。

① 用一个用户名或用户标识号标明用户身份。系统内部记录着所有合法用户的标识,当用户提供了用户名或用户标识号后,系统与内部记录的合法用户标识进行核实,若

是合法用户，则要求用户输入口令以进一步核实；否则，则不能使用计算机。

② 输入口令。为进一步核实用户，系统常常要求用户再输入口令，为保密起见，用户输入的口令不显示在终端屏幕上。系统通过核对口令鉴别用户身份。

③ 利用只有用户具有的物品鉴别用户。钥匙就是属于这种性质的鉴别物。在计算机系统中常用磁性卡片作为用户身份凭证，但系统必须有阅读磁卡的装置，而且磁卡也有丢失或被盗的危险。

④ 利用用户的个人特征鉴别用户。签名、指纹、声音等都是用户个人特征。利用这些用户个人特征来鉴别用户非常可靠，但需要昂贵的、特殊的鉴别装置，因而影响了它们的推广和使用。

5.1.2 存取控制

存取控制是指对用户访问数据库各种资源的权力的控制。这里资源是指基表、视图、各种目录以及实用程序等，而权利是指对表进行创建、撤销、查询、增、删、改等。数据库用户按其访问权力的大小，可分为一般数据库用户、具有支配部分数据库资源特权的数据库用户以及具有 DBA 特权的数据库用户。

一般数据库用户是具有 connect 特权的用户，可以查询或更新数据库中的数据；可以创建视图或定义数据的别名。

具有支配部分数据库资源特权的数据库用户是具有 resource 特权的用户，可以创建表、索引和簇集；可以授予或收回其他数据库用户对其所创建的数据对象所拥有的访问权；有权对其创建的数据对象跟踪审查。

具有 DBA 特权的数据库用户权利最大，有权访问数据库中任何数据；不但可以授予或收回数据库用户对数据对象的访问权，还可以批准或收回数据库用户；可以为 public 定义别名，public 是所有数据库用户的总称；可以对数据库进行调整、重组或重构；可以控制整个数据库的跟踪审查。

在 SQL 中，有两种授权方式：①由 DBA 授予某类数据库用户的特权；②由 DBA 或由数据对象的创建者授予对某些数据对象进行某些操作的特权。

授予特权的方式和特权收回的方式及例子，见 3.7 节内容。

在数据目录中，有一张授权表，记录了每个数据库的授权情况。在数据库中，许多用户的权限相同，如分别授权，十分烦琐。可以为每个用户定义一个角色，然后对角色授权，某用户承担某种角色就拥有该角色的权限，这样就简单了。当然，一个用户可以拥有多个角色和其他权限。

为了保证数据库的安全性，系统必须保证用户只能存取他有权存取的数据。定义一个用户的存取权限就是定义一个用户可以在哪些数据对象上进行哪些类型的操作。在数据库系统中，定义存取权限称为授权。

用户在数据对象上的存取权限有以下几种。

① **read** 权限。允许读取数据，但不允许修改数据。

② **insert** 权限。允许插入新数据,但不允许修改已经存在的数据。

③ **update** 权限。允许修改数据,但不允许删除数据。

④ **delete** 权限。允许删除数据。

⑤ **index** 权限。允许创建和删除索引。

⑥ **resource** 权限。允许创建新关系。

⑦ **alteration** 权限。允许添加或删除关系中的属性。

⑧ **drop** 权限。允许删除关系。

注意:delete 权限和 drop 权限的区别在于 delete 权限只允许对关系中的元组进行删除,即使删除了关系中所有的元组,关系仍然存在。drop 权限删除的是整个关系,删除后关系不再存在。

具有 resource 权限的用户在创建新关系后自动获得该关系上的所有权限。

一旦定义了用户的存取权限,DBMS 根据每个用户的存取权限进行合法性检查,若用户的操作请求超出了定义的权限,系统将拒绝执行该操作。常用的存取控制方法有两类。

① 自主存取控制(DAC)。用户对不同的数据对象有不同的存取权限,不同用户对同一对象也有不同的存取权限,用户还可以将其拥有的存取权限授予其他用户。因此,自主存取控制非常灵活。该方法详见 3.7 节中关于如何实现授权和回收权限问题的讨论。

② 强制存取控制(MAC)。每一个数据对象被标以一定的密级,每一个用户也被授予某一个级别的许可证。对任意一个对象,只有合法许可证的用户才可以存取。因此,强制存取控制相对比较严格。

5.1.3 视图定义和查询修改

利用视图定义也可以在一定程度上起到保护数据库的作用。例如,为不同的用户定义不同的视图,以限制各个用户的访问范围,详见 3.6.5 节的讨论。但是,查询修改只能处理一些比较简单的访问限制,不如视图灵活。例如,通过在多表上定义视图,可以利用其他表上的条件限制本表的查询范围,这种功能用查询修改就难以实现。而且,视图的作用除了提高数据库的安全性外,还提高了数据库的逻辑独立性。

5.1.4 数据加密

另一种安全性方法是使用数据加密。把数据用密码形式存储在磁盘上,这样那些企图通过不正常渠道存取数据的人就只能看到一些无法辨认的二进制数。数据在存入时加密了,在查询时就须解密,增加了系统开销,降低了数据库的性能。只有对那些保密要求特别高的数据,才值得采用此方法。关于密码问题,有专门课程论述,本书不再介绍。

5.1.5 审计跟踪

审计跟踪是一种监视措施，对某些保密数据，它跟踪记录有关这些数据的访问活动。一旦发现潜在的窃密企图，例如重复的、相似的查询，有些 DBMS 会自动发出警报；有些 DBMS 虽无自动报警功能，但可根据这些数据进行事后分析和调查。审计跟踪的结果记录在一个审计跟踪日志文件上。审计跟踪日志文件记录一般包括下列内容。

① 操作类型(例如修改、查询等)。

② 操作终端标识与操作者标识。

③ 操作日期和时间。

④ 所涉及的数据(如表、视图、记录、属性等)。

⑤ 数据的前像和后像。

审计跟踪在几个方面加强了安全性。例如，如果发现一个账户的余额不正确，银行也许会跟踪所有在这个账户上的更新来找到错误，同时也会找到执行这个更新的人。然后银行就可利用审计跟踪日志文件跟踪这个人所做的所有更新以找到其他错误。

审计跟踪可通过在关系更新操作上定义适当的触发器来实现，也可利用数据库系统提供的内置机制来实现。

5.2 数据库的完整性约束

数据库的完整性约束可保证授权用户对数据库进行修改时不会破坏数据的一致性。因此，完整性约束防止的是对数据库的意外破坏。

5.2.1 域完整性约束

域的完整性约束是指关系中每个属性的取值范围应该为指定范围内的值，也就是对属性取值的约束。域的完整性约束是最基本的完整性约束。当在关系中插入新的数据时，系统会根据域的约束条件自动进行检查。

例如，如果规定选课表 SC 中成绩属性 GRADE 的取值为 0～100，那么当往 SC 表中插入学生成绩数据时，如果插入的成绩不在 0～100 之内，系统便会报错，错误的数据也就不能插入 SC 表中了。

5.2.2 引用完整性约束

引用完整性约束是指不同关系之间或同一关系的不同元组间的约束。如果一个表中存在外键，则外键的值必须存在，或者为空。

例如，选课表中 SNO 属性和 CNO 属性都是外键，来自于学生表中 SNO 属性的值和课程表中 CNO 属性的值,因此,它们的值必须在学生表和课程表中存在。

5.2.3 实体完整性约束

每一个关系都有一个用来唯一识别一个元组的主键。因此,它的值不能为空,也不能出现重复,否则无法区分和识别元组,这就是实体完整性约束。

例如,学生表中 SNO 是主键,因此往 SC 表中插入数据时 SNO 不允许为空,也不允许插入一个与已存在 SNO 相同的元组。

5.2.4 其他完整性约束

域完整性约束、实体完整性约束和引用完整性约束是对关系模式的约束,除此之外,还有其他一些完整性约束。例如,关系的属性应是原子的,即满足第一范式的约束。这是对数据模型的约束,在 DBMS 实现时已经考虑,不必特别说明;另外,数据库从一个状态变为另一个状态时也应遵守一定的约束,例如,更新职工表时,工资、工龄这些属性值一般只会增加,不会减少。这种约束一般是显式说明。

5.2.5 完整性约束的说明

1. 用 SQL 提供的 DDL 语句说明约束

域完整性约束、实体完整性约束和引用完整性约束可用 SQL 提供的 DDL 语句说明。例如,第 3 章中的例 3.3.3 是创建一个选课表 SC,它由学号 SNO、课程号 CNO、成绩 GRADE 三个属性组成。如果规定选课表 SC 中成绩属性 GRADE 的取值为 0～100。

利用 SQL 中 **CREATE TABLE** 语句定义如下:

```
CREATE TABLE SC
 (SNO CHAR(8)NOT NULL,              -- 域约束
 CNO CHAR(6) NOT NULL,              -- 域约束
 GRADE DEC (4,1) DEFAULT NULL,      -- 域约束
 PRIMARY KEY (SNO,CNO),             -- 定义主键,实体完整性约束
 FOREIGN KEY (SNO)                  -- 定义外键,引用完整性约束
    REFERENCES STUDENT,
    ON DELETE CASCADE,
/* 当主表中删除了某一主键时,基表中引用此主键的行也随之被删除 */
 FOREIGN KEY (CNO)                  -- 定义外键,引用完整性约束
    REFERENCES COURSE,
    ON DELETE RESTRICT,             -- 凡是被基表所引用的主键,不得被删除
 CHECK(BETWEEN 0 AND 100));         -- 定义值域,域约束
```

2. 用断言说明约束

断言(assertions)是指数据库状态必须满足的逻辑条件。实际上,数据库完整性约束可以看成一系列断言的集合,DBA可以用断言的形式写出数据库的完整性约束,由系统编译成约束库。DBMS中还有一个完整性控制子系统,对每个更新事务,用约束库中的断言对它进行检查。如果发现更新违反约束,就卷回该事务。

SQL语言标准中增加了ASSERT语句,可以用来说明断言。例如,一个人的存款不能为负,可以用下面的语句表示:

```
ASSERT 余额约束 ON 储蓄账户: 余额> = 0;
```

ASSERT,**ON**是两个关键字。余额约束是约束的名称,储蓄账户是该约束所作用的关系名。冒号后面是断言,表示储蓄账户中的余额不能为负。

3. 用触发器说明约束

断言表示数据库状态应满足的条件,而触发器中表示的却是违反约束的条件。触发器(trigger)是一个软件机制,其功能相当于下面的语句:

```
WHENEVER <事件>
IF <条件> THEN <动作>;
```

其语义为:当某一个事件发生时,如果满足给定的条件,则执行相应的动作。

这种规则称为主动数据库规则(active database rules),又称为ECA规则(取事件、条件、动作英文名的首字母),也称为触发器。

利用触发器可以表示约束,以违反约束作为条件,以违反约束的处理作为动作。动作不限于卷回事务,也可以给用户一个消息或执行一个过程。在系统中定义一批触发器后,就会监视数据库状态。一旦出现违反约束的更新,就会引发相应的动作。

触发器可定义(按照ECA规则)为

```
触发器:: = CREATE TRIGGER <触发器名>
           {BEFORE|AFTER} <触发事件>
            ON <表名>
           [REFERENCING <引用名>] /旧值和新值的别名/
           FOR EACH {ROW|STATEMENT}
           WHEN (<条件>)
           <动作>
<触发事件>:: = INSERT|DELETE|UPDATE[OF <属性表>]
<引用名>:: = OLD [ROW] [AS] <旧元组名>
             NEW [ROW] [AS] <新元组名>
             OLD TABLE [AS] <旧表名>
             NEW TABLE [AS] <新表名>
```

注意:有些规则要求在事件前触发,有些规则要求在事件后触发,这可以通过定义中

BEFORE 或 AFTER 来指定。

在 SQL 新标准中,增加了定义触发器的语句。

例 5.2.1 引用完整性约束的实现。以 3.3.1 节定义的 STUDENT、COURSE、SC 三个表为例,其中 SC 表中定义了两个外键 SNO 和 CNO 及其完整性约束,试写出实现此引用完整性约束的规则。

首先,我们分析一下有哪些操作会影响到本例的引用完整性约束?

对于 STUDENT 表来说,在其上进行删除操作和更新 UPDATE(SNO)操作时,由于选课表 SC 中引用了 STUDENT 中的 SNO,因此,这两个操作会影响引用完整性约束。

对于 COURSE 表来说,在其上进行删除操作和更新 UPDATE(CNO)操作时,由于选课表 SC 中引用了 COURSE 中的 CNO,因此,这两个操作会影响引用完整性约束。

对于 SC 来说,在其上进行插入和更新 UPDATE(SNO,CNO)操作时,由于 SC 表中引用了 STUDENT 表中的 SNO 和 COURSE 表中的 CNO,因此,这两个操作会影响引用完整性约束。

下面我们以 STUDENT 表上的删除操作以及 SC 表上的更新操作为例,写出实现此引用完整性约束的规则。其他的规则类似,读者可以自己试写。

```
CREATE TRIGGER STUDENT-DELETE
AFTER DELETE ON STUDENT
REFERENCING OLD TABLE AS O
FOR EACH ROW
WHEN(EXISTS(SELECT * FROM SC WHERE SNO = O.SNO))
DELETE FROM SC
WHERE SNO = O.SNO;
```

在 SC 表的定义中,外键 SNO 的定义中采用了 CASCADE 选项,所以,当在 STUDENT 表中删除一个元组时,则在 SC 表中删除引用该元组的主键作为外键的所有元组。

BEFORE 和 AFTER 分别表示事件前触发和事件后触发;REFERENCING 子句是为过渡值定义引用名,由于删除操作只有旧值,没有新值,所以只为旧值定义了引用名 O;ROW 表示监控的粒度为按行监控,STATEMENT 表示监控的粒度为按语句监控。

```
CREATE TRIGGER SC - FK - UPDATE
BEFORE UPDATE OF SNO,CNO ON SC
REFERENCING NEW AS N
FOR EACH ROW
WHEN(NOT(EXISTS(SELECT * FROM  STUDENT
                WHERE SNO = N.SNO)
     AND
        EXISTS(SELECT * FROM COURSE
                WHERE CNO = N.CNO)))
ROLLBACK;
```

如果想更新SC表中的外键,使STUDENT表和COURSE表中无相应的主键供其引用,则卷回更新此元组的操作。

触发器不但可以用来表示约束,也可用来监视数据库状态。例如,当仓库中某项材料的库存量低于一定水平时,触发器会主动通知采购人员订购该项材料。

例5.2.2 库存量控制。设有两张表:

库存(零件号,库存量,库存下限,订购量)
在购订单(零件号,订购量,订购日期)

当库存量低于库存下限,而在购订单表中没有该零件的订单时,则将该零件的订单插入在购订单表中,订单的订购数量按库存表中的规定。

下面是控制库存量的规则:

```
CREATE TRIGGER 库存控制
AFTER UPDATE OF 库存量 ON 库存
REFERENCING NEW TABLE AS N
FOR EACH ROW
WHEN(N.库存量< N.库存下限 AND NOT EXISTS(SELECT * FROM 在购订单
                                        WHERE 零件号 = N.零件号))
INSERT INTO 在购订单 VALUES(N.零件号,N.订购量,SYSDATE);
```

4. 在基表定义中加CHECK子句

利用**CHECK**子句可以表示单表中的约束,尤其是属性值的约束。

例5.2.3 在STUDENT的定义中增加一个检查:女同学的年龄应为15~30岁,男同学年龄应为15~35岁。

用CHECK子句表示的约束如下:

```
CHECK(AGE >= 15 AND ((SEX = 'M' AND AGE <= 35)OR(SEX = 'F' AND AGE <= 30)));
```

思考题

1. 在数据库系统中,数据的安全性和完整性有什么区别?系统如何实现数据的安全性和完整性控制?

2. 数据库的安全性和计算机系统安全性有什么联系?如何判断一个好的安全性措施?

重点内容与典型题目

重点内容

1. 数据库安全性实现的各种方法。
2. 数据库中完整性约束实现的各种方法。

典型题目

1. 假设某单位人事管理系统中有两个表：

职工(职工号,职工名,年龄,性别,职务,工资,部门号)

部门(部门号,部门名,经理名,地址,电话号码)

请用 SQL 的 GRANT、REVOKE 语句以及视图机制,完成以下授权定义或存取控制功能。

(1) 用户王云对两个表具有 SELECT 权限；

(2) 用户刘宁对两个表具有 INSERT 和 DELETE 权限；

(3) 用户张明对职工表具有 SELECT 权限,对工资字段具有更新权限；

(4) 用户周蕾具有对两个表的所有权限,并具有给其他用户授权的权限。

(5) 将用户刘宁对职工表的 INSERT 权限收回。

(6) 用户郑琪具有从每个部门职工中查询最高工资、最低工资、平均工资的权限,但他不能查看每个职工的工资。

2. 以你熟悉的一个数据库管理系统为例,简述该系统的完整性控制方法。在 DBMS 中,当发现违反这些完整性约束时,DBMS 将分别采取何种措施?

3. 写一个触发器,监视 STUDENT 表上的 UPDATE 操作,判断其更新后的元组是否有 1990 年 1 月 1 日后出生的学生,将这样的学生插入 YONGSTUDENT 表中。

习题

1. 什么是数据库的完整性? DBMS 的完整性子系统的功能是什么?
2. 引用完整性约束在 SQL 中可以用哪几种方式实现?
3. 数据库的完整性和一致性有何异同点?
4. 数据库的安全性和完整性有什么区别和联系?
5. 数据库完整性受到破坏的原因主要来自哪几个方面?
6. 鉴别用户的身份通常有哪几种方法?
7. 试述数据库权限的作用。
8. 试对 SQL 中 CHECK 子句和断言两种完整性约束进行比较,各说明什么对象,何时激活,能保证数据库的一致性么?
9. 有一选课关系 SC(SNO,CNO,GRADE),如果规定 0≤GRADE≤100,试用触发器 **TRIGGER** 说明该完整性约束。
10. 在教学数据库的关系 SC、STUDENT、COURSE 中,试用 SQL 的断言机制定义下列两个完整性约束。

(1) 学生必须在选修 MATHS 课后,才能选修其他课程。

(2) 每个男学生最多选修 20 门课程。

第2篇

数据库应用

第6章 关系数据库设计理论

在数据库领域内,通常把使用数据库的各类信息系统都称为数据库应用系统。例如,以数据库为基础的管理信息系统、办公自动化系统、地理信息系统、各级电子政务系统和各类电子商务系统等都可以称为数据库应用系统。一个好的数据库结构是应用系统的基础,数据库应用系统中,数据库设计质量的好坏直接影响应用系统的质量,因此必须高度重视。本书主要讨论关系数据库的设计。

数据库设计的任务是根据给定的应用环境,设计一组优化的关系模式,并据此建立数据库及其应用系统,使之有效地存储和管理数据,满足各类用户的信息需求和处理需求。

关系数据库设计的目标是得到一组满足用户应用需求的关系模式。这组关系模式究竟有多少个?每个关系模式中应该包括哪些描述属性?关系模式中能否既不存储重复信息,又可以方便地获取用户所需要的信息?如何对关系模式进行优化?回答这些问题就需要学习关系数据库的设计理论。本章主要介绍函数依赖、多值依赖、连接依赖以及关系的规范化等内容。

6.1 关系模式设计中的一些语义问题

关系模式中的数据是有语义的,这种语义不但表现为数据的完整性约束、对数据库的状态或状态的转换施加了一定的限制,而且对关系模式的设计也提出了一定的要求。在具体讨论之前,先来看几个概念。

1. 数据完整性约束

一个关系模式 R 的语法可以表示为

$$R=(A_1/D_1, A_2/D_2, \cdots, A_n/D_n)$$

其中,A_i 是关系模式中的属性;D_i 是关系模式中属性的值域;t_i 是关系模式中的任何一个元组,且 $t_i \in D_1 \times D_2 \times \cdots \times D_n$。

由于关系模式中的数据还受到语义上的限制,因此,并不是每个合乎语法的元组都能成为关系模式 R 的元组。

例如,有一个"学生"关系模式,模式中有学号、姓名、性别、年龄等一些描述属性。如果规定每个学生的年龄必须为 5~100 岁,即 5 岁<学生的年龄<100 岁。那么对于那些小于或等于 5 岁或者大于或等于 100 岁的人来说,虽然是符合关系模式的语法,但由于年龄的取值不在 5~100 岁之间,所以这些人不能成为"学生"关系模式的元组。这些限制通常来自于数据的语义。可见,数据的语义会限制属性的值。不仅如此,数据的语义还会制约属性间的关系。

例如,关系模式中主键的值决定了关系模式中其他属性的值,因此,主键的值不能重复出现或为空值。而一个属性或一组属性能否成为一个关系模式的主键,完全取决于数据的语义,而不是语法。在"学生"关系模式中,学号作为主键,用来唯一识别一个学生。因此,学号不允许出现空值,也不允许一个关系模式中出现两个学生具有相同的学号的情况。

2. 数据模式的语义约束

数据的语义不仅对其值有一定的限制，对数据的逻辑结构（即逻辑模式）也提出了要求。这些要求可归纳为以下基本问题：哪些属性可归于一个关系模式？关系模式大一点好，还是小一点好？

这里关系模式的大小通常是指关系模式中元组数的多少和属性个数的多少。因为关系模式的大小不合适会引起关系中的语义信息太杂，重复信息太多，从而引起操作异常现象等，所以这些问题是数据库设计中必须考虑的问题。

3. 函数依赖的概念

关系模式中的不同属性之间通常存在一定的依赖关系，而最基本的依赖关系是函数依赖。所谓函数依赖是指关系模式中不同属性间的一种约束关系，即一个属性或一组属性的值可以决定该关系中其他属性的值。

例如，一个学生的学号可以决定一个学生的姓名，即学号属性决定了姓名属性的值；一个学生的学号和他所选课程的课程号可以决定他这门课程的成绩，即学号属性和课程号属性决定了学生该门课程的成绩属性值。

假设 X、Y 是关系的两个不同的属性组，如果 Y 函数依赖于 X，或 X 函数决定 Y，则这种依赖关系可表示为 $X \rightarrow Y$。若 Y 不函数依赖于 X，记为 $X \nrightarrow Y$。若 $X \rightarrow Y$，$Y \rightarrow X$，记为 $X \leftrightarrow Y$。

关系模式中不同属性间的函数依赖是否存在完全取决于数据的语义。

例 6.1.1 在职工信息表中，如果一个职工只允许有一个电话号码，那么，一旦职工号确定了，该职工的电话号码也就确定了，即职工号与电话号码之间存在函数依赖：职工号→电话号码。但是，如果一个职工允许有多个电话号码，则职工号与电话号码之间就不存在这种依赖关系了，即职工号↛电话号码。因此，确定不同属性间的函数依赖，既不能根据数据的当前值来归纳，也不能凭“想当然”，要根据数据的语义来决定。

函数依赖在优化数据库的设计上扮演了一个非常重要的角色。后面内容的讨论将会看到这一点。为了说明函数依赖的概念，再举一个例子。

例 6.1.2 假设有一个关系 R 具有下列属性：学号（$S\#$），课程号（$C\#$），成绩（G），任课教师姓名（TN），教师所在系名（D）。这些数据具有下列语义：

(1) 学号是一个学生的标识，课程号是一门课程的标识，这些标识与其所代表的学生和课程分别一一对应，即 $S\# \rightarrow$SNAME，$C\# \rightarrow$CNAME。

(2) 一个学生所修的每门课程都有一个成绩，即 $\{S\#, C\#\} \rightarrow G$。

(3) 每门课程（不是每种课程！）只有一位任课教师，但一位教师可以教多门课，即 $C\# \rightarrow$TN，但 TN $\nrightarrow C\#$。

(4) 如果教师中没有重名（现实中，重名情况是存在的），每个教师只属于一个系，即 TN$\rightarrow D$。

根据上述语义,可以确认 R 具有以下函数依赖的集合 F:

$$F=\{\{S\#,C\#\}\rightarrow G, C\#\rightarrow TN, TN\rightarrow D\}$$

$\{S\#,C\#\}$可以决定 R 中所有其他属性的值,而$\{S\#,C\#\}$的任何真子集 $S\#$ 或 $C\#$ 都不能决定 R 中所有其他属性的值,故$\{S\#,C\#\}$是这个关系的主键。此时如果要查询"计算机系所开课程不及格学生的学号、不及格课程号以及任课教师姓名",这种查询只涉及 R 一个关系,无须做连接运算。但是,这样的关系也存在以下一些问题。

(1) 数据冗余

一门课程的教师名必须对选这门课的所有学生重复一次;一个系名必须对选该系所开课程的所有学生重复一次,如表 6.1 所示。

表 6.1　学生成绩表

学号 S#	课程号 C#	成绩 G	教师 TN	系 D
09020101	CS-1	90	张明	计算机
09020102	CS-1	88	张明	计算机
09020103	CS-1	95	张明	计算机
09020104	CS-1	83	张明	计算机
09020101	CS-2	85	李平	计算机
09020102	CS-2	94	李平	计算机
09020103	CS-2	87	李平	计算机
09020104	CS-2	93	李平	计算机
⋮	⋮	⋮	⋮	⋮

数据冗余

(2) 操作异常现象

① 由于数据冗余的存在,对数据进行修改时会因为一部分修改而另一部分没有修改而造成数据的不一致。例如,一门课程的任课教师进行了变动,则需要修改多个元组,如果部分修改,部分不修改,则会导致数据的不一致。这种情况称为**修改异常**。

② 由于关系中主键不能为空值,如某系有位教师不教课,此时主键$\{S\#,C\#\}$中的 $C\#$ 为空,则这位教师的姓名及其所在的系名就不能插入。同样,如果某门课程暂时无人选,此时主键$\{S\#,C\#\}$中的 $S\#$ 为空,则也无法插入有关数据。这种情况称为**插入异常**。

③ 如果所有学生都退选一门课,则有关这门课的其他数据(如任课老师及所属系名)也将被删除,而这可能是我们所不希望的事情。这种情况称为**删除异常**。

出现操作异常的原因是关系中属性 TN(教师名)、D(系名)的存在不应依赖于主键$\{S\#、C\#\}$,即函数依赖$\{S\#,C\#\}\rightarrow TN$,$\{S\#,C\#\}\rightarrow D$ 不应该成立。解决的办法可以采用一事一地的原则,即将一个关系分解为几个关系,使每个关系的语义单纯化。如下,将 R 分解为 SCG、TND 以及 CTN 三个关系:

SCG($S\#,C\#,G$),用于存放学生各门课程的成绩,主键是$\{S\#,C\#\}$,有$\{S\#,C\#\}\rightarrow G$。

TND(TN,D),用于存放各个教师所属的系,主键是 TN,有 TN$\rightarrow D$。

CTN($C\#$,TN),用于存放各门课程的开课教师,主键是 $C\#$,有 $C\# \rightarrow$TN。

注意:将一个关系分解为几个关系属于关系规范化问题,本章将在后面讨论。

关系 R 分解后,原关系中的数据便分别在三个不同的关系中,如表 6.2、表 6.3 以及表 6.4 所示。

表 6.2 SCG

学号 $S\#$	课程号 $C\#$	成绩 G
09020101	CS-1	90
09020102	CS-1	88
09020103	CS-1	95
09020104	CS-1	83
09020101	CS-2	85
09020102	CS-2	94
09020103	CS-2	87
09020104	CS-2	93
⋮	⋮	⋮

表 6.3 TND

教师 TN	系 D
张明	计算机
李平	计算机
⋮	⋮

表 6.4 CTN

课程号 $C\#$	教师 TN
CS-1	张明
CS-2	李平
⋮	⋮

可以看到,关系 R 经过分解消除了数据冗余,且每个关系的语义变得单纯了。但是,如果需实现查询“计算机系所开课程不及格学生的学号、不及格课程号以及任课教师姓名”,要对三个表进行连接操作。所以,虽然消除了操作异常,但却使查询的效率大大降低。因此,一个关系是否需要进行分解要视具体情况而定,一般原则是:如果关系的查询频率高、修改不多,可不用对关系进行分解。

6.2 函数依赖

上一节已经简单地定义了函数依赖,本节对它进一步深入讨论。为了讨论方便起见,对一些符号进行约定:

R 表示一个关系模式;

$U=\{A_1,A_2,\cdots,A_n\}$是 R 中所有属性的集合;

FD 是 R 中的一个函数依赖,而 F 是 R 中所有函数依赖的集合;

r 是 R 所取的一个当前值。

6.2.1 函数依赖的定义

定义 6.1 函数依赖。

假设 R 是一个关系模式,U 是 R 中的所有属性的集合,X、$Y \subseteq U$。对于 R 中的任意两个元组 $t_1,t_2 \in r$,若 $t_1[X]=t_2[X]$,有 $t_1[Y]=t_2[Y]$,则称 X 函数决定 Y 或 Y 函数依赖于 X,记作 $X \rightarrow Y$,X 又称为决定子。

这里 $t_i[X]$表示元组 t_i 在属性集 X 上的值,其余类同。函数依赖是对关系 R 的一

切可能当前值 r 进行定义的。对于当前值 r 的任意两个元组，如果 X 值相同，则一定要求 Y 值也相同，即有一个 X 值就有一个 Y 值与之对应，或者说 Y 的值由 X 决定。这种依赖称为函数依赖 F。

确定关系 R 的一个函数依赖是否成立，需要弄清数据的语义，而语义是现实世界的反映，不是主观的臆断。

利用函数依赖，可以判定关系在给定函数依赖集 F 上是否合法。另外，函数依赖还可用于指明合法关系集上的约束。这样就可以只考虑满足给定函数依赖集 F 的那些关系。如果希望考虑局限于 R 上的满足函数依赖集 F 的关系，则 F 在 R 上成立。

如表 6.5 所示，这是 R 的一个值 r，看看它满足什么函数依赖。

表 6.5　示例关系 r

A	B	C	D
a_1	b_1	c_1	d_1
a_1	b_2	c_1	d_2
a_2	b_2	c_2	d_2
a_2	b_2	c_2	d_3
a_3	b_3	c_2	d_4

从表 6.5 中可以看出函数依赖 $A \rightarrow C$ 是满足的。因为有两个元组在属性 A 上的值为 a_1，它们在属性 C 上的值相等，均为 c_1。类似地，在属性 A 上值为 a_2 的两个元组在属性 C 上有相同值。但是，函数依赖 $C \rightarrow A$ 是不满足的。因为表中最后两个元组在属性 C 上具有相同值，但在属性 A 上的值不同，分别为 a_2 和 a_3。于是，找到了两个元组 t_1 和 t_2，使得 $t_1[C]=t_2[C]$，但 $t_1[A] \neq t_2[A]$。

通过讨论可知，函数依赖主要表现为对属性值的约束。

定义 6.2　平凡函数依赖。

若 $Y \subseteq X$，显然 $X \rightarrow Y$ 成立，这种函数依赖称为平凡函数依赖。

每个关系中都会存在平凡函数依赖，例如 $X \rightarrow X$ 在所有包含属性 X 的关系中都是满足的。平凡函数依赖必然成立，平常所指的函数依赖都指非平凡函数依赖。

定义 6.3　完全函数依赖和部分函数依赖。

假设 R 是一个关系模式，U 是 R 中所有属性的集合，X、$Y \subseteq U$。如果 $X \rightarrow Y$，并且对于 X 的任何一个真子集 X'，都不存在 $X' \rightarrow Y$，则称 Y 对 X **完全函数依赖**，记作 $X \xrightarrow{f} Y$。否则，称 Y 对 X 部分函数依赖，记作 $X \xrightarrow{p} Y$。

在例 6.1.2 中，关系 R(学号($S\#$)，课程号($C\#$)，成绩(G)，任课教师姓名(TN)，教师所在系名(D))中存在以下函数依赖的集合：

$$F=\{\{S\#,C\#\} \rightarrow G, C\# \rightarrow \mathrm{TN}, \mathrm{TN} \rightarrow D\}$$

其中，$\{S\#,C\#\}$是主键，而主键能够函数决定关系中所有属性，故有$\{S\#,C\#\} \rightarrow \mathrm{TN}$。$C\#$是$\{S\#,C\#\}$的一个真子集，从语义上可知，每门课程(不是每种课程!)只有一位任课教师，故有 $C\# \rightarrow \mathrm{TN}$。既然$\{S\#,C\#\} \rightarrow \mathrm{TN}$ 和 $C\# \rightarrow \mathrm{TN}$ 都成立，则$\{S\#,C\#\} \xrightarrow{p}$

TN。另外，$\{S\#, C\#\} \to G$，而$\{S\#, C\#\}$的任何一个真子集都不能函数决定 G，则 $\{S\#, C\#\} \xrightarrow{f} G$。

定义 6.4 传递函数依赖。

假设 R 是一个关系模式，U 是 R 上的属性集合，X、Y、$Z \subseteq U$。如果 $X \to Y$，$Y \nrightarrow X$，$Y \to Z$，则称 Z 对 X 传递函数依赖。记 $X \xrightarrow{t} Z$。

例 6.2.1 有一个含有 A、B、C 属性的关系 R 满足函数依赖：$\{A \to B, B \to C\}$，根据传递律，可得到：$A \to C$。（注意：如果关系中只给出 $A \to B$，而没有给出 $B \nrightarrow A$ 时，一般默认 $B \nrightarrow A$ 成立）。下面验证一下这个结果是否正确。

假设有两个在 A 属性上取值相同的元组：

$$(a, b_1, c_1), (a, b_2, c_2)$$

因为 $A \to B$（给定的条件），且已知两个元组在 A 属性上的值相同，所以它们在 B 属性上的值也相同，即 $b_1 = b_2$。那么两个元组实际上为

$$(a, b, c_1), (a, b, c_2), b \text{ 既是 } b_1 \text{ 又是 } b_2$$

同理，由 $B \to C$（给定的条件），可得

$$(a, b, c), (a, b, c), c \text{ 既是 } c_1 \text{ 又是 } c_2$$

这就证明了，R 中只要两个元组在 A 属性上取值相同，则它们在 C 属性上的取值也相同，即存在函数依赖：$A \to C$。因此，由$\{A \to B, B \to C\}$可得到 $A \to C$。

说明：

① 函数依赖不是指关系模式 R 的某个或某些关系实例满足的约束条件，而是指 R 的所有关系实例均要满足的约束条件。

② 函数依赖是语义范畴的概念，只能根据数据的语义来确定函数依赖。例如“姓名→年龄”这个函数依赖只有在不允许有同名人的条件下成立。

③ 数据库设计者可以对现实世界做强制的规定。例如规定不允许同名人出现，函数依赖“姓名→年龄”成立。所插入的元组必须满足规定的函数依赖，若发现有同名人存在，则拒绝装入该元组。

在设计数据库时，需要找出不同属性间的函数依赖，根据这些依赖关系，对关系模式进行优化，以保证数据库的质量。

6.2.2 函数依赖集的闭包

只考虑给定函数依赖集是不够的。除此之外，需要考虑关系模式上成立的所有函数依赖。下面将会看到，给定函数依赖，可以证明其他一些函数依赖也成立。

定义 6.5 逻辑蕴涵。

设 F 是 R 的函数依赖集合，$X \to Y$ 是 R 的一个函数依赖，如一关系模式满足 F，则必然满足 $X \to Y$。这时称 F 逻辑蕴涵 $X \to Y$，或表示为 $F \models X \to Y$。

例 6.2.1 也可以写为$\{A \to B, B \to C\} \models A \to C$。

例 6.2.2 假设给定关系模式 $R=(ABCGHI)$ 及函数依赖集 $F=\{A\to B, A\to C, CG\to H, CG\to I, B\to H\}$，则函数依赖 $A\to H$ 被逻辑蕴涵。证明如下：

假定有元组 t_1 及 t_2，满足

$$t_1[A]=t_2[A]$$

由于已知 $A\to B$，由函数依赖的定义可以推出

$$t_1[B]=t_2[B]$$

又由于已知 $B\to H$，由函数依赖的定义可以推出

$$t_1[H]=t_2[H]$$

因此，已证明，对任意两个元组 t_1 及 t_2，只要 $t_1[A]=t_2[A]$，均有 $t_1[H]=t_2[H]$。而这正是 $A\to H$ 的定义。

定义 6.6 函数依赖集 F 的闭包。

函数依赖集合 F 所逻辑蕴涵的函数依赖的全体称为 F 的闭包，记为 F^+，即

$$F^+=\{X\to Y \mid F \models X\to Y\}$$

该定义表明，通过一个给定的函数依赖集 F，可把关系中逻辑蕴涵的其他函数依赖推出来。

例 6.2.3 假设有关系 $R(ABC)$，它的任何一个属性都能函数决定其他两个属性。关系的全部函数依赖集(F^+)如下：

左边为单属性的函数依赖有

$$\{A\to B, B\to A, C\to A, A\to C, B\to C, C\to B\}$$

可合并为

$\{A\to BC, B\to AC, C\to AB\}$。为什么能够合并，见后面推理规则中的合并规则。

请注意：我们用 BC 作为 $\{B,C\}$ 的简写，以保持和习惯表示的一致。

左边为双属性的函数依赖有

$$\{AB\to C, AC\to B, BC\to A\}$$

平凡函数依赖：

$\{A\to A, B\to B, C\to C, AB\to A, AB\to B, BC\to B, BC\to C, AC\to A, AC\to C, \cdots\}$

为了从已知函数依赖集推导出其他函数依赖，Armstrong 提出了一套推理规则，人们常称之为 Armstrong 公理。这套推理规则可使函数依赖的推理更为简单。

推理规则可归结为三条：

A1：自反律(reflexivity rule)

如 $Y\subseteq X\subseteq U$，则 $X\to Y$ 成立。这是一个平凡函数依赖。

A2：扩展律(augmentation rule)

如 $X\to Y$ 成立，且 $Z\subseteq U$，则 $XZ\to YZ$。

A3：传递律(transitivity rule)

如 $X\to Y$、$Y\to Z$，则 $X\to Z$。

引理 6.1 Armstrong 公理是正确的，即如果 F 成立，则由 F 根据 Armstrong 公理所推导的函数依赖总是成立的。

证明：设 t_1、t_2 是关系 R 中任意两个元组。

自反律：如 $t_1[X]=t_2[X]$，因 $Y \subseteq X$，则有 $t_1[Y]=t_2[Y]$，故 $X \to Y$ 成立。

扩展律：如 $t_1[XZ]=t_2[XZ]$，则有 $t_1[X]=t_2[X]$，$t_1[Z]=t_2[Z]$。已知 $X \to Y$，因此可得 $t_1[Y]=t_2[Y]$。由上可知 $t_1[YZ]=t_2[YZ]$。故 $XZ \to YZ$。

传递律：已在论述传递函数依赖时用例 6.2.1 进行了证明。

证毕。

引理 6.2 下列三条推理规则是正确的：

(1) 合并规则：$\{X \to Y, X \to Z\} \models X \to YZ$。

(2) 伪传递规则：$\{X \to Y, WY \to Z\} \models XW \to Z$。

(3) 分解规则：如 $X \to Y$ 且 $Z \subseteq Y$，则 $X \to Z$ 成立。

证明：(1) 先证合并规则

已知 $X \to Y$，利用扩展律可得 $X \to XY$。

已知 $X \to Z$，利用扩展律可得 $XY \to YZ$。

由于 $X \to XY$，$XY \to YZ$，再利用传递律可得 $X \to YZ$。

(2) 再证伪传递规则

已知 $X \to Y$，利用扩展律可得 $WX \to WY$。

由于 $WX \to WY$，又已知 $WY \to Z$，再利用传递律可得 $XW \to Z$。

(3) 最后证分解规则

已知 $Z \subseteq Y$，利用自反律可得 $Y \to Z$。

已知 $X \to Y$，且 $Y \to Z$，再利用传递律可得 $X \to Z$。

证毕。

可以对分解规则和合并规则进行进一步推广：

由分解规则可知

如 $X \to \{A_1, A_2, \cdots, A_k\}$，则 $X \to A_i(i=1,2,\cdots,k)$。

由合并规则可知

如 $X \to A_i(i=1,2,\cdots,k)$，则 $X \to \{A_1, A_2, \cdots, A_k\}$。

因此，$X \to \{A_1, A_2, \cdots, A_k\}$ 和 $X \to A_i(i=1,2,\cdots,k)$ 是等价的。这里 X 其实就是关系中的候选键。因为候选键唯一决定一个元组，也可以说，候选键决定每一个属性，这两种说法是等价的。

例 6.2.4 假设有关系模式 $R(ABCGHI)$ 以及 R 上满足的函数依赖集 $F=\{A \to B, A \to C, CG \to H, CG \to I, B \to H\}$，现在利用推理规则给出函数依赖集闭包 F^+。

已知 $A \to B$，$B \to H$，利用传递律可得 $A \to H$。

已知 $CG \to H$，$CG \to I$，利用合并规则可得 $CG \to HI$。

已知 $A \to C$，$CG \to I$，利用伪传递规则可得 $AG \to I$。另一种推理方法：$A \to C$ 也可以利用扩展律得 $AG \to CG$，然后利用已知条件：$CG \to I$，再利用传递律可得 $AG \to I$。

所以，函数依赖集闭包 $F^+=\{A \to B, A \to C, CG \to H, CG \to I, B \to H, A \to H, CG \to HI, AG \to I, \cdots\}$。

虽然利用推理规则可使函数依赖的推出变得简单,但计算的 F^+ 可能很大。事实上,给定一个函数依赖 $X \to Y$,要判断其是否是一个关系模式的函数依赖,可有两种方法:

(1) 可以判断 $X \to Y$ 是否属于 F^+。

(2) 也可以判断 Y 是否是 X^+ 的子集。

后一种方法的计算要简单得多。详见下一节的讨论。

6.2.3 属性集的闭包

定义 6.7 属性集的闭包。

设 $X \subseteq U$,则属性集 X 关于函数依赖集 F 的闭包 X^+ 定义为

$$X^+ = \{A \mid A \subseteq U \text{ 且 } X \to A \text{ 可由 Armstrong 公理导出}\}$$

引理 6.3 $X \to Y$ 能由 Armstrong 公理导出的充分必要条件是 $Y \subseteq X^+$。

证明:设 $Y = \{A_1, A_2, \cdots, A_k\}$。

先证充分性:假定 $Y \subseteq X^+$,则根据属性集闭包 X^+ 的定义,$X \to A_i (i=1,2,\cdots,k)$ 可由 Armstrong 公理导出。根据合并规则,则有 $X \to Y$。

再证必要性:设 $X \to Y$ 可由 Armstrong 公理导出,根据分解规则,$X \to A_i (i=1,2,\cdots,k)$ 成立。根据 X^+ 的定义可得 $Y \subseteq X^+$。

证毕。

计算属性集 X 关于函数依赖集 F 的闭包 X^+ 算法如下:

算法:closure (求属性集闭包 X^+)

输入:属性集 $X \subseteq U$,函数依赖集 F。

输出:X 关于 F 的闭包 X^+。

```
closure (X,F)
① 置初值:X(0) := Φ; X(1) := X
② do while X(0) ≠ X(1)
          X(0) := X(1)
            for every FD Y → Z ∈ F do
              if Y ⊆ X(1)
                then X(1) := X(1) ∪ Z
③ return
```

在算法 closure 中,$X(0) \subseteq X(1) \subseteq U$。设 U 中的属性个数最多为 n,即 $|U| = n$,那么,算法最多执行 n 遍后终止。

为什么属性集的闭包算法能正确判断一个函数依赖 $\{A_1, A_2, \cdots, A_n\} \to B$ 是否能从给定的函数依赖集推断出来?

证明可分两个部分:

(1) 证明闭包算法没有多余的函数依赖。

(2) 证明通过闭包算法可以找到从给定函数依赖集推断出来的所有函数依赖。

证明略。

属性集闭包算法有多种用途：

- 判断 X 是否为关系 R 的超键，只要计算 X^+，看 X^+ 是否包含了 R 中的所有属性。
- 通过检验 $Y \subseteq X^+$ 是否成立，可以验证 $X \to Y$ 是否成立。

现在举例说明如何计算属性集闭包。

例 6.2.5 设有关系 $R(ABCDEF)$，R 上的函数依赖集 $F=\{AB \to C, BC \to AD, D \to E, CF \to B\}$。求：$(AB)^+$。

解：使用属性集闭包算法进行计算。

初始属性集为 $X(1)=AB$。

对于 $AB \to C$，左边 AB 是 AB 的子集，右部属性 C 不在 AB 中，所以将 C 并入 AB，此时 $X(1)=ABC$。

对于 $BC \to AD$，左边 BC 是 ABC 的子集，右部属性 D 不在 ABC 中，所以将 D 并入 ABC，此时 $X(1)=ABCD$。

对于 $D \to E$，左边 D 是 $ABCD$ 的子集，右部属性 E 不在 $ABCD$ 中，所以将 E 并入 $ABCD$，此时 $X(1)=ABCDE$。

对于 $CF \to B$，左边 CF 不是 $ABCDE$ 的子集，不予考虑，所以得到的最后结果为

$$X(1)=(AB)^+=ABCDE$$

求属性集闭包既可以利用属性集闭包算法进行计算，也可以通过闭包定义进行计算。例如，对上面的例子再使用闭包定义进行计算，这时关键是找出所有能被 AB 函数决定的属性。

(1) 已知 $AB \to C$，且平凡函数依赖 $AB \to AB$ 自然成立，所以利用合并规则可得 $AB \to ABC$。

(2) 已知 $AB \to C$，$BC \to AD$，利用伪传递规则可得 $AB \to AD$（注：$ABB=AB$）。由于 $AB \to ABC$，$AB \to AD$，利用合并规则可得 $AB \to ABCD$。

(3) 由于 $AB \to AD$，利用分解规则可得 $AB \to D$。又已知 $D \to E$，利用传递律可得 $AB \to E$。

(4) 由于 $AB \to ABCD$，$AB \to E$，利用合并规则可得 $AB \to ABCDE$。

因为函数依赖的右部已包含 R 中所有属性，因此，属性集(AB)的闭包为 $(AB)^+=ABCDE$。

6.2.4 最小函数依赖

定义 6.8 覆盖。

设 F 和 G 是关系模式 R 上的两个函数依赖集，如果 $F^+=G^+$，则称 F 和 G 是等价的，也可以称 F 覆盖 G，或 G 覆盖 F，也可以说 F、G 互为覆盖。

引理 6.4 $F^+=G^+$的充分必要条件是$F\subseteq G^+$和$G\subseteq F^+$。

证明：显然，如$F \nsubseteq G^+$或$G \nsubseteq F^+$，则$F^+ \neq G^+$，故必要性得证。再证条件是充分的。因$F\subseteq G^+$，则$F^+\subseteq(G^+)^+$，但$(G^+)^+=G^+$，故$F^+\subseteq G^+$。同理可证$G^+\subseteq F^+$，故$F^+=G^+$。

证毕。

引理 6.4 提供了一个测试函数依赖集F和G是否等价的方法，即测试$F\subseteq G^+$及$G\subseteq F^+$是否成立。

定义 6.9 最小函数依赖集$F_{\min}$。

函数依赖集F如满足下列条件，则称为最小函数依赖集$F_{\min}$。

(1) F中每个函数依赖的右部为单属性。

(2) F中不存在这样的函数依赖$X\to A$，使得$F-\{X\to A\}$与F等价。

(3) F中也不存在这样的$X\to A$，使得$(F-\{X\to A\})\cup\{Z\to A\}$与$F$等价，式中$Z\subset X$。

上面第(2)个条件其实就是表明F中不存在多余的函数依赖；第(3)个条件表明F中不存在多余的属性。

例如，假定在F上有函数依赖$AB\to C$和$A\to C$，那么，B在$AB\to C$中是多余属性。所以，F就不是最小函数依赖集。

计算最小函数依赖$F_{\min}$的算法如下：

算法：计算最小依赖集。

输入：一个函数依赖集F。

方法：

① 应用分解规则，使F中每一个函数依赖的右部属性单一化。

② 去掉各函数依赖左部多余的属性。

具体做法是：一个一个地检查F中左边是非单属性的函数依赖，例如$XY\to A$，则以$X\to A$代替$XY\to A$，判断它们是否等价，只要在F中求X^+，若X^+包含A，则Y是多余的属性，否则Y不是多余的属性。依次判断其他属性，即可消除各函数依赖左边的多余属性。

③ 去掉多余的函数依赖。

具体做法是：从第一个函数依赖开始，从F中去掉它(假设该函数依赖为$X\to Y$)，然后在剩下的函数依赖中求X^+，看X^+是否包含Y，若包含，则去掉$X\to Y$；若不包含Y，则不能去掉$X\to Y$。这样依次做下去得最终结果。

下面举例说明如何计算给定F的最小函数依赖集。

例 6.2.6 设有函数依赖集：

$$F=\{AB\to C, C\to A, BC\to D, ACD\to B, D\to EG, BE\to C, CG\to BD, CE\to AG\}$$

计算其等价的最小函数依赖集。

解：

（1）利用分解规则，将函数依赖右边的属性单一化，得结果 F_1 为

$$F_1=\begin{cases} AB \to C, & BE \to C, \\ C \to A, & CG \to B, \\ BC \to D, & CG \to D, \\ ACD \to B & CE \to A, \\ D \to E, & CE \to G, \\ D \to G & \end{cases}$$

（2）从 F_1 中去掉函数依赖左部多余的属性。

对于 $CE \to A$，由于有 $C \to A$，则 E 是多余的；对于 $ACD \to B$，由于 $(CD)^+ = ABCDEG$，则 A 是多余的。删除左部多余的属性后得 F_2：

$$F_2=\begin{cases} AB \to C, & D \to G, \\ C \to A, & BE \to C, \\ BC \to D, & CG \to B, \\ CD \to B, & CG \to D, \\ D \to E, & CE \to G \end{cases}$$

（3）从 F_2 中去掉多余的函数依赖。

对于 $CG \to B$，由于 $(CG)^+ = \{ABCDEG\}$，则 $CG \to B$ 是多余的。删去多余的函数依赖后得 F_3：

$$F_3=\begin{cases} AB \to C, & D \to G, \\ C \to A, & BE \to C, \\ BC \to D, & CG \to D, \\ CD \to B, & CE \to G, \\ D \to E & \end{cases}$$

F_3 即为与 F 等价的最小函数依赖集。最后，将最小函数依赖集中的每一个函数依赖构成一个关系模式。

在数据库设计中，求最小函数依赖集可望得到一组关系模式集最小、关系模式中属性个数最少的设计结果，这个结果正是数据库设计的目标。

必须指出，F 的最小函数依赖集可能有多个，如果选择不同的检查次序，则可能得到不同的最小函数依赖集。

6.3 多值依赖

除了函数依赖以外，关系中还存在其他一些依赖关系，多值依赖是其中之一。这些依赖关系同样是现实世界中事物间关系的反映，其存在与否取决于数据的语义，而不是主观的臆断。

函数依赖表现为对关系 R 中属性值的约束。如果 $A \to B$，R 中就不能有两个元组在

A 属性上的值相同而在 B 属性上的值不同。而多值依赖则表现为对关系 R 中元组值的约束。先来看一个例子。

如果一个教师可教多门课,同时可在多个学校兼课,而且在每个学校都是教同样的几门课,如表 6.6 所示。每个教师对应一组自己所教的课程。如果在多个学校兼课,则在每个学校都教这几门课程。例如,李玉平老师在一中和二中都教物理和化学这两门课程,因此,在有关李玉平老师的元组中,保持教师、课程不变,把一中改为二中,或者把二中改为一中,则所的元组仍为关系中的元组。

表 6.6　教师授课一览表

教　师	学　校	课　程
王键	一中	数学
刘宁	一中	语文
刘宁	二中	语文
李玉平	一中	化学
李玉平	一中	物理
李玉平	二中	化学
李玉平	二中	物理
朱颖	三中	历史
张伟民	三中	地理
⋮	⋮	⋮

从表 6.6 中可以看出,属性之间不但满足教师→→课程,而且也满足教师→→学校。如果限制每位老师只能在一个学校教一种课程,多值依赖的条件仍满足,只不过此时教师→→学校和教师→→课程分别蜕化为教师→学校和教师→课程。因此,函数依赖是多值依赖的一个特例。

如果允许教师在不同的学校可兼不完全一样的课,例如,李玉平老师在一中兼化学、物理,在二中只兼化学。此时,不再满足多值依赖条件。

定义 6.10　多值依赖。

设 R 是属性集 U 上的一个关系模式,X、Y 和 Z 是属性集 U 的子集,并且 $Z=U-X-Y$。对 R 的任何一个值 r,都有如下性质,则称 R 满足 $X\rightarrow\rightarrow Y$:

如果 r 中存在两个元组 s、t,使得

$$s[X]=t[X]$$

则 r 中必然存在两个元组 u、v,使得

$$u[X]=v[X]=s[X]=t[X]$$
$$u[Y]=t[Y] \text{ 且 } u[Z]=s[Z]$$
$$v[Y]=s[Y] \text{ 且 } v[Z]=t[Z]$$

即交换 s、t 的 Y 值所得的两个新元组必在 r 中,见表 6.7。

表 6.7　多值依赖定义(a)

	X	$Z=U-X-Y$	Y
s	X	Z_1	Y_1
t	X	Z_2	Y_2
u	X	Z_1	Y_2
v	X	Z_2	Y_1

在上述定义中，交换 s、t 的 Y 值所得两个元组与交换 s、t 的 $Z=U-X-Y$ 所得两个元组相同。所以，如 $X\rightarrow\rightarrow Y$ 成立，则 $X\rightarrow\rightarrow Z$ 也必然成立，见表 6.8 和表 6.9。

表 6.8　多值依赖定义(b)

	X	$Z=U-X-Y$	Y	
s	X	Z_1	Y_2	交换
t	X	Z_2	Y_1	Y值
u	X	Z_1	Y_2	
v	X	Z_2	Y_1	

表 6.9　多值依赖定义(c)

	X	$Z=U-X-Y$	Y	
s	X	Z_2	Y_1	交换
t	X	Z_1	Y_2	Z值
u	X	Z_1	Y_2	
v	X	Z_2	Y_1	

对于一个关系，如 $U=XY$，则可视 $Z=U-X-Y=\varnothing$。定义 6.10 中关于 $X\rightarrow\rightarrow Y$ 的条件总能满足。因此，对于 $U=XY$ 的任何关系，$X\rightarrow\rightarrow Y$、$X\rightarrow\rightarrow\varnothing$ 总能成立。这种多值依赖没有实际意义，称为平凡多值依赖。

与函数依赖一样，多值依赖也有一组公理：

A4：互补律(complementation)

如果 $X\rightarrow\rightarrow Y$，则 $X\rightarrow\rightarrow(U-X-Y)$。

A5：扩展律(多值依赖)

如果 $X\rightarrow\rightarrow Y$，而 $V\subseteq W$，则 $WX\rightarrow\rightarrow VY$。

A6：传递律(多值依赖)

如果 $X\rightarrow\rightarrow Y$，且 $Y\rightarrow\rightarrow Z$，则 $X\rightarrow\rightarrow(Z-Y)$。

与函数依赖和多值依赖都有关的两个公理：

A7：如果 $X\rightarrow Y$，则 $X\rightarrow\rightarrow Y$，即函数依赖是多值依赖的特例。

A8：如果 $X\rightarrow\rightarrow Y$，$Z\subseteq Y$，而且对某个与 Y 不相交的 W，有 $W\rightarrow Z$，则 $X\rightarrow Z$。

由前述公理，还可推导出以下的多值依赖推理规则：

(1) 多值依赖合并规则

如果 $X\rightarrow\rightarrow Y$,$X\rightarrow\rightarrow Z$,则 $X\rightarrow\rightarrow YZ$。

(2) 多值依赖伪传递规则

如果 $X\rightarrow\rightarrow Y$,$WY\rightarrow\rightarrow Z$,则 $WX\rightarrow\rightarrow(Z-WY)$。

(3) 混合伪传递规则

如果 $X\rightarrow\rightarrow Y$,$XY\rightarrow\rightarrow Z$,则 $X\rightarrow(Z-Y)$。

(4) 多值依赖分解规则

如果 $X\rightarrow\rightarrow Y$,$X\rightarrow\rightarrow Z$,则 $X\rightarrow\rightarrow(Y\cap Z)$,$X\rightarrow\rightarrow(Y-Z)$及 $X\rightarrow\rightarrow(Z-Y)$均成立。

这些规则的证明从略。

由于多值依赖远不如函数依赖用得多,因此本书主要讨论函数依赖。

6.4 连接依赖

无论是函数依赖还是多值依赖,都是数据语义对数据所施加的某种限制,它们统称为数据依赖。连接依赖也是反映属性间的一种数据依赖关系。

例 6.4.1 设有一个关系 SPJ(*S*#,*P*#,*J*#),其中,SPJ 是供应关系,表示某供应商供应某零件给某工程;*S*#表示供应商号;*P*#表示零件号;*J*#表示工程号。

如果,这个关系的语义满足下列条件:

$$\text{SPJ}=\text{SPJ}[S\#,P\#]\infty\text{SPJ}[P\#,J\#]\infty\text{SPJ}[J\#,S\#]$$

那么,SPJ 可以分解为等价的三个二元关系。

这里等价是指分解后的三个二元关系经连接运算可以重构原来的关系。满足这样条件的分解称为无损连接分解或称无损分解。这样表达的语义在现实世界中难以理解,但如果给以适当解释,还是有一定实际意义的。

若令 SP=SPJ[*S*#,*P*#],PJ=SPJ[*P*#,*J*#],JS=SPJ[*J*#,*S*#],则上述条件就是表示这样一类事实:如①南方公司供应轴承,且②长征工程需用轴承,且③南方公司与长征工程有供应关系。那么,南方公司必供应长征工程轴承。

这样的一个分解是否为无损分解,下面进行验证:

假设分解前关系 SPJ 的一个值如表 6.10 所示,现在把它分解为三个关系 SP、PJ 以及 SJ,如表 6.11、表 6.12 以及表 6.13 所示。

表 6.10 SPJ

S#	*P*#	*J*#
*S*1	*P*1	*J*2
*S*1	*P*2	*J*1

表 6.11 SP

S#	*P*#
*S*1	*P*1
*S*1	*P*2

表 6.12 PJ

P#	*J*#
*P*1	*J*2
*P*2	*J*1

表 6.13 SJ

S#	*J*#
*S*1	*J*2
*S*1	*J*1

从表 6.14、表 6.15 可以看到,SPJ 分解为 SP、PJ 以及 SJ,经过连接运算能够重构原来的关系,即原来关系中的值不变,所以这种分解是一种无损分解。

表 6.14 SP∞PJ

$S\#$	$P\#$	$J\#$
$S1$	$P1$	$J2$
$S1$	$P2$	$J1$

表 6.15 SP∞PJ∞SJ

$S\#$	$P\#$	$J\#$
$S1$	$P1$	$J2$
$S1$	$P2$	$J1$

如果在关系 SPJ 中插入一个元组$<S2,P1,J1>$，如表 6.16 所示，分解后如表 6.17、表 6.18 以及表 6.19 所示，再来看看情况如何。

表 6.16 SPJ

$S\#$	$P\#$	$J\#$
$S1$	$P1$	$J2$
$S1$	$P2$	$J1$
$S2$	$P1$	$J1$

表 6.17 SP

$S\#$	$P\#$
$S1$	$P1$
$S1$	$P2$
$S2$	$P1$

表 6.18 PJ

$P\#$	$J\#$
$P1$	$J2$
$P2$	$J1$
$P1$	$J1$

表 6.19 SJ

$S\#$	$J\#$
$S1$	$J2$
$S1$	$J1$
$S2$	$J1$

从表 6.20、表 6.21 可以看到，分解后的三个关系经连接运算后（指新增加一个元组后的情况），所重构的关系比原来多了一个元组$<S1,P1,J1>$。所以，这种分解是有损分解，即 SPJ 分解前后做同样的查询，结果不一致。这就表明，根据语义的约束，在 SPJ 插入$<S2,P1,J1>$的同时，必须同时插入$<S1,P1,J1>$。但是，如果在 SPJ 中删除$<S2,P1,J1>$，并不一定要求删去$<S1,P1,J1>$。以上这些情况说明一个问题，无损分解这样一个语义约束条件，对元组提出了一定的要求，不是任何一组元组都能构成一个 SPJ 关系。这种语义上的约束称为连接依赖。

表 6.20 SP∞PJ

$S\#$	$P\#$	$J\#$
$S1$	$P1$	$J2$
$S1$	$P2$	$J1$
$S2$	$P1$	$J2$
$S2$	$P1$	$J1$
$S1$	$P2$	$J1$

表 6.21 SP∞PJ∞SJ

$S\#$	$P\#$	$J\#$	
$S1$	$P1$	$J2$	
$S1$	$P2$	$J1$	
$S1$	$P1$	$J1$	← 多出的元组
$S2$	$P1$	$J1$	

定义 6.11 连接依赖。

设 $X_1,X_2,\cdots,X_n$ 是关系 R 的属性集 U 的子集，且 $\bigcup_{i=1}^{n} X_i=U$。如对 R 的任一值，$R=\bowtie_{i=1}^{n} R[x_i]$ 均成立，则称 R 具有连接依赖，记为$\bowtie(X_1,X_2,\cdots,X_n)$。

如 $X_i=U(i=1,2,\cdots,n)$，则连接依赖总是成立的。这称为平凡连接依赖，但它没有实际意义。

一般的连接依赖很难从数据的语义中发现。实际上，一般的连接依赖在现实世界中也是很少见的，但把它作为一种普遍化程度比较高的数据依赖进行了解是有好处的，但在数据库设计中，几乎不需要考虑这种依赖。

6.5 关系模式的分解

一个关系模式中如果属性太多,则易引起数据的语义信息太杂,还可能存在数据冗余。现在来看一种不好的数据库设计,如表6.22所示。

表6.22 物料入库台账

入库编号	物料编号	物料名称	规格型号	单位	供应商名称	入库日期	进货单价	进货数量	库存数量	经手人	管理员
00001	010001	菲利普灯泡	40W	只	菲利普有限公司	05.6.1	25	120	152	王宁	朱玉
00002	010002	菲利普灯泡	60W	只	菲利普有限公司	05.6.1	30	100	114	王宁	朱玉
00003	010003	菲利普灯泡	100W	只	菲利普有限公司	05.6.1	52	50	65	王宁	朱玉
00004	020101	电缆	ϕ15	米	南京电缆厂	05.6.6	60	300	360	潘迪	朱玉
00005	020102	电缆	ϕ10	米	南京电缆厂	05.6.6	47	350	340	潘迪	朱玉
00006	010001	菲利普灯泡	40W	只	菲利普有限公司	05.4.6	25	50	202	王宁	朱玉
00007	020102	电缆	ϕ10	米	南京电缆厂	05.8.16	47	100	440	潘迪	朱玉
⋮	⋮	⋮	⋮	⋮	⋮	⋮	⋮	⋮	⋮	⋮	⋮

表6.22是一个存放物料入库情况的流水账,记录物料的每一次入库情况。从表中的数据可知,同一种物料如果多次购买,则每一次入库都要重复录入物料的名称、型号规格、单位、供应商名称等数据,因此表中存在大量的数据冗余。究其原因,主要是关系模式中属性个数多,不同属性间存在各种依赖关系。数据冗余的存在使数据的操作出现异常(见关系规范化的讨论),应当尽量避免。解决这个问题的方法是对关系模式做进一步的分解,使每个关系的属性个数减少、语义信息单纯化。

表6.22可以分解为物料基本信息表、供应商表以及入库台账三张表,如表6.23、表6.24以及表6.25所示。这样的数据库设计性能较好。

表6.23 物料基本信息表

物料编号	物料名称	规格型号	单位
010001	菲利普灯泡	40W	只
010002	菲利普灯泡	60W	只
010003	菲利普灯泡	100W	只
020101	电缆	ϕ15	米
020102	电缆	ϕ10	米
010001	菲利普灯泡	40W	只
020102	电缆	ϕ10	米
⋮	⋮	⋮	⋮

表6.24 供应商信息表

供应商号	供应商名称
GY001	菲利普有限公司
GY002	南京电缆厂
⋮	⋮

表6.22经过分解后,消除了很多数据冗余。但表6.25仍存在数据冗余,例如经手人和管理员的重复。本节主要讨论如何对关系模式进行分解。

先引出几个基本概念:关系分解、函数依赖集 F 在属性集上的投影、无损分解以及保持依赖。

表 6.25 改进后的物料入库台账

入库编号	物料编号	供应商号	入库日期	进货单价	进货数量	库存数量	经手人	管理员
00001	010001	GY001	05.6.1	25.0	120	152	王宁	朱玉
00002	010002	GY001	05.6.1	30.0	100	114	王宁	朱玉
00003	010003	GY001	05.6.1	52.0	50	65	王宁	朱玉
00004	020101	GY002	05.6.6	60.0	300	360	潘迪	朱玉
00005	020102	GY002	05.6.6	47.0	350	340	潘迪	朱玉
00006	010001	GY001	05.4.6	25.0	50	202	王宁	朱玉
00007	020102	GY002	05.8.16	47.0	100	440	潘迪	朱玉
⋮	⋮	⋮	⋮	⋮	⋮	⋮	⋮	⋮

定义 6.12 关系分解。

如果一个关系模式的集合能够代替这个关系，则这些集合称为这个关系的一个分解，以 ρ 表示：

$$\rho=\{R_1(U_1),R_2(U_2),\cdots,R_k(U_k)\}$$

其中，$U=\bigcup_{i=1}^{k}U_i$。

定义 6.13 投影。

函数依赖集 F 在属性集 $U_i(U_i\subseteq U)$上的投影定义为

$$\prod_{U_i}(F)=\{X\rightarrow Y\mid X\rightarrow Y\in F^+\wedge\{X,Y\}\subseteq U_i\}$$

定义 6.14 无损分解。

设 $\rho=\{R_1,R_2,\cdots,R_k\}$是 R 的一个分解，r 是 R 的任意一个值，如满足条件：

$$r=\prod_{U_1}(r)\infty\prod_{U_2}(r)\infty\cdots\infty\prod_{U_k}(r)$$

则称 ρ 是无损连接分解或简称无损分解。

关系模式分解后应该与原关系模式等价。所谓等价是指关系模式分解前后，对使用者来说应是等价的，即分解前后的数据，做同样内容的查询，应产生同样的结果，这是关系模式分解的最基本要求，对关系数据库设计至关重要。

定义 6.15 保持依赖。

设 $\rho=\{R_1,R_2,\cdots,R_k\}$是 R 的一个分解，如满足条件：

$$\bigcup_{i=1}^{k}\prod_{U_i}(F)\models F$$

则称分解 ρ 保持函数依赖，或简称保持依赖。

关系模式分解后不保持依赖条件，并不意味着某些函数依赖真的丢失了，而是某些函数依赖的有关属性分散在不同的关系中，却又不能被 F 的所有投影所蕴涵。

另外，不同关系的属性之间也可能存在函数依赖，只是不易检查罢了。一个关系不保持依赖还会引起一些更新异常。

例 6.5.1 假设取表 6.1 的部分数据组成一个新的关系模式 $R(C\#, \mathrm{TN}, D)$，其函数依赖关系满足：

$$F=\{C\# \rightarrow \mathrm{TN}, \mathrm{TN} \rightarrow D\}$$

由传递律可得 $C\# \rightarrow D$。实际上，$C\# \rightarrow D$ 就是 F 逻辑蕴涵的，属于 F 的闭包，即

$$F^{+}=\{C\# \rightarrow \mathrm{TN}, \mathrm{TN} \rightarrow D, C\# \rightarrow D\}$$

如果将 $R(C\#, \mathrm{TN}, D)$ 分解为两个关系 $R_1(U_1)$ 和 $R_2(U_2)$：

$$R_1(C\#, \mathrm{TN}), R_2(C\#, D)$$

那么，F 在属性集 U_1 和 U_2 上的投影分别为 F_1 和 F_2：

$$F_1=\prod\nolimits_{U_1}(F)=C\# \rightarrow \mathrm{TN}$$

$$F_2=\prod\nolimits_{U_2}(F)=C\# \rightarrow D$$

可以验证，这种分解是一种无损分解，但不保持函数依赖。因为原关系中 $\mathrm{TN} \rightarrow D$ 不能被 $\{C\# \rightarrow \mathrm{TN}, C\# \rightarrow D\}$ 所逻辑隐含，分解 $\rho=\{R_1, R_2\}$ 不保持依赖条件。

关系分解后如不能保持依赖，也会引起某些更新异常问题。如某位教师不教课，则无法表示该位教师所在系的信息。可以对关系重新进行分解，即把 R 分解为 $R_1(C\#, \mathrm{TN})$、$R_3(\mathrm{TN}, D)$。

此时 F 在属性集 U_1 和 U_3 上的投影分别为 F_1 和 F_3：

$$F_1=\prod\nolimits_{U_1}(F)=C\# \rightarrow \mathrm{TN}$$

$$F_3=\prod\nolimits_{U_3}(F)=\mathrm{TN} \rightarrow D$$

这样的分解不仅是无损分解，而且也保持依赖，因为 $\{C\# \rightarrow \mathrm{TN}, \mathrm{TN} \rightarrow D\}$ 逻辑蕴涵了 $C\# \rightarrow D$。

一般，保持依赖决定分解的好坏，而无损分解决定能否分解。

综上所述，关系模式的分解主要有两种准则。

(1) 满足无损连接分解的要求。

(2) 既要满足无损连接分解的要求，又要满足保持函数依赖。

6.6 无损分解的验证

将一个关系分解为若干个较小的关系时，保证分解无损是很重要的。但是一旦一个关系被分解成多个关系，判定无损分解就更复杂了。下面给出验证一个分解是否为无损分解的算法。

算法：LOSSLESSTEST(R, F, ρ)

输入：关系模式 $R(A_1, A_2, \cdots, A_n)$；

R 上的函数依赖集 F；

R 上的分解 $\rho=\{R_1,R_2,\cdots,R_k\}$。

输出：如果 ρ 是连接无损的，输出 true；否则，输出 false。

算法步骤：

① 构造一个具有 K 行、N 列的二维表 M，如下所示，其中每一列对应 R 的一个属性，每一行对应 ρ 中的一个关系模式。

M

	A_1	A_2	…	A_k
R_1				
R_2				
⋮				
R_n				

M 中每个元素的构造原则：

$$M_{ij}=\begin{cases}a_i, & A_i\in R_i\\ b_{ij}, & \text{否则}\end{cases}$$

② cl :=true

  do while cl

    cl :=false

    for every $x \to y \in F$ do //对函数依赖集中的每一个函数依赖进行检查

      for every pair $m_j, m_k \in M$ do

        if $m_j[x]=m_k[x]$ and $m_j[y]\neq m_k[y]$ //若函数依赖的左部属性值

                                //相等且右部属性值不等

        then EQUT(m_j, m_k) //调用函数 EQUT，使函数依赖的右部值相等

        cl :=true

③ for every $m\in M$ do //对最终矩阵 M 进行扫描

  if $m=a_1a_2\cdots a_n$ then return(true) //若 M 矩阵中有一行包含了所有的属性，

                    //则关系的分解是无损分解，返回真值

④ return(false)

算法中 EQUT(m_j, m_k)是一个函数，作用是将表中的两个元组 m_j、m_k 根据函数依赖右部的值做适当变换。

变换的原则：①有 a，有 b，向 a 看齐；②光有 b，但下标不同，则大的向小的看齐。

下面通过例子说明如何利用无损分解验证算法验证一个关系的分解是否无损分解。

例 6.6.1 设有一关系模式 $R(ABCDE)$，$\rho=\{R_1(AD), R_2(AB), R_3(BE), R_4(CDE), R_5(AE)\}$是 R 的一个分解。在 R 上有下列函数依赖集 F：

$$\{A\to C, B\to C, C\to D, DE\to C, CE\to A\}$$

试验证 ρ 是否为无损分解。

解：根据 LOSSLESSTEST 无损分解验证算法，首先构造一个二维表 M，如表 6.26 所示。

表 6.26　初始矩阵 M

	A	B	C	D	E
R_1	a_1	b_{12}	b_{13}	a_4	b_{15}
R_2	a_1	a_2	b_{23}	b_{24}	b_{25}
R_3	b_{31}	a_2	b_{33}	b_{34}	a_5
R_4	b_{41}	b_{42}	a_3	a_4	a_5
R_5	a_1	b_{52}	b_{53}	b_{54}	a_5

对于给定的函数依赖集 $F=\{A\to C, B\to C, C\to D, DE\to C, CE\to A\}$ 中的每一个函数依赖，依次使用算法做适当变换，直到所有函数依赖使用完毕或已在 M 中找到一行具有全 a 的值为止。

先看 $A\to C$，表中对应 A 与 C 这两列。M 中第 1 行、第 2 行在属性 A 上的值相同(都为 a_1)而在属性 C 上的值不同(一个为 b_{13}，另一个为 b_{23})。根据变换原则，第 2 行上的属性 C 的值变换为 b_{13}；另外，M 中第 2 行、第 5 行在属性 A 上的值也相同而在属性 C 上的值不同。根据变换原则，第 5 行上的属性 C 的值也变换为 b_{13}，结果如表 6.27 所示。

表 6.27　检查函数依赖 A→C

	A	B	C	D	E
R_1	a_1	b_{12}	b_{13}	a_4	b_{15}
R_2	a_1	a_2	b_{13}	b_{24}	b_{25}
R_3	b_{31}	a_2	b_{33}	b_{34}	a_5
R_4	b_{41}	b_{42}	a_3	a_4	a_5
R_5	a_1	b_{52}	b_{13}	b_{54}	a_5

在表 6.27 的基础上再看 $B\to C$，表中对应 B 与 C 这两列。M 中第 2 行、第 3 行在属性 A 上的值相同(都为 a_2)而在属性 C 上的值不同(一个为 b_{13}，另一个为 b_{33})。根据变换原则，第 3 行上的属性 C 的值变换为 b_{13}，结果如表 6.28 所示。

在表 6.28 的基础上再看 $C\to D$，表中对应 C 与 D 这两列。M 中第 1 行、第 2 行、第 3 行以及第 5 行在属性 C 上的值相同而在属性 D 上的值不同。根据变换原则，有 a 有 b，向 a 看齐，则第 2 行、第 3 行以及第 5 行上的属性 D 的值变换为 a_4，如表 6.29 所示。

表 6.28 检查函数依赖 **B→C**

	A	B	C	D	E
R_1	a_1	b_{12}	b_{13}	a_4	b_{15}
R_2	a_1	a_2	b_{13}	b_{24}	b_{25}
R_3	b_{31}	a_2	b_{13}	b_{34}	a_5
R_4	b_{41}	b_{42}	a_3	a_4	a_5
R_5	a_1	b_{52}	b_{13}	b_{54}	a_5

表 6.29 检查函数依赖 **C→D**

	A	B	C	D	E
R_1	a_1	b_{12}	b_{13}	a_4	b_{15}
R_2	a_1	a_2	b_{13}	a_4	b_{25}
R_3	b_{31}	a_2	b_{13}	a_4	a_5
R_4	b_{41}	b_{42}	a_3	a_4	a_5
R_5	a_1	b_{52}	b_{13}	a_4	a_5

在表 6.29 的基础上再看 $DE \to C$，表中对应 D、E、C 这三列。M 中第 3 行、第 4 行以及第 5 行属性 D、E 上的值相同而在属性 C 上的值不同。根据变换原则，第 3 行、第 4 行以及第 5 行上属性 C 的值变换为 a_3，结果如表 6.30 所示。

表 6.30 检查函数依赖 **DE→C**

	A	B	C	D	E
R_1	a_1	b_{12}	b_{13}	a_4	b_{15}
R_2	a_1	a_2	b_{13}	a_4	b_{25}
R_3	b_{31}	a_2	a_3	a_4	a_5
R_4	b_{41}	b_{42}	a_3	a_4	a_5
R_5	a_1	b_{52}	a_3	a_4	a_5

在表6.30的基础上最后看 $CE \rightarrow A$，表中对应 C、E、A 这三列。M 中第3行、第4行以及第5行上属性 C、E 上的值相同而在属性 A 上的值不同。根据变换原则，第3行、第4行以及第5行上的属性 A 的值变换为 a_1，结果如表6.31所示。

表6.31　检查函数依赖 $CE \rightarrow A$

	A	B	C	D	E
R_1	a_1	b_{12}	b_{13}	a_4	b_{15}
R_2	a_1	a_2	b_{13}	a_4	b_{25}
R_3	a_1	a_2	a_3	a_4	a_5
R_4	a_1	b_{42}	a_3	a_4	a_5
R_5	a_1	b_{52}	a_3	a_4	a_5

最后检验 M 中是否有一个全 a 的元组。从表6.31中可以看到，第3行所有属性的值为 a，因此，$\rho=\{R_1,R_2,\cdots,R_k\}$ 是一种无损分解。

如果 R 只被分解为两个关系模式(二元分解)，则可用更简单的方法进行验证。

假设 R 为一关系模式，F 为 R 上的函数依赖集。$\rho=\{R_1(U_1),R_2(U_2)\}$ 是 R 的一个分解，则 ρ 为无损分解的条件是，F^+ 中至少存在如下函数依赖中的一个：

- $(U_1 \cap U_2) \rightarrow (U_1 - U_2)$
- $(U_1 \cap U_2) \rightarrow (U_2 - U_1)$

换句话说，如果 $U_1 \cap U_2$ 是 R_1 或 R_2 的超键，则 R 上的分解就是无损分解。

在例6.5.1中，$R(C\#,\mathrm{TN},D)$ 被分解为两个关系 $R_1(U_1)$ 和 $R_2(U_2)$，即 $R_1(C\#,\mathrm{TN})$，$R_2(C\#,D)$，这是一个二元分解，可以利用上述方法验证无损连接性。

此例中，$U_1=\{C\#,\mathrm{TN}\}$，$U_2=\{\mathrm{TN},D\}$，$U_1 \cap U_2=\{\mathrm{TN}\}$，$U_1-U_2=\{C\#\}$，$U_2-U_1=\{D\}$

$$(U_1 \cap U_2) \nrightarrow (U_1 - U_2)\text{，即 } \mathrm{TN} \nrightarrow C\#$$

$$(U_1 \cap U_2) \rightarrow (U_2 - U_1)\text{，即 } \mathrm{TN} \rightarrow D \text{ 成立}$$

故 ρ 是无损分解，这是因为只要满足上述一个条件就是无损分解。

读者可以自己验证，对于一个二元分解，仍然可以使用 LOSSLESSTEST 算法判定是否无损分解。

6.7 保持依赖的验证

关系数据库设计的另一个目标是保持依赖。如果可以验证 F 上的每一个函数依赖都在分解后的某一个关系上成立，这个分解就是保持依赖的。可是，存在另一种情况，尽管这个分解是保持依赖的，但是 F 上的一个函数依赖不在分解后的任何一个关系上成立。所以这个验证只能用作方便检查的充分条件，如果不满足，不能判定该分解就不是保持依赖的，而是必须采用更通用的判定方法。

下面给出检验一个分解是否保持依赖的算法 COVERTEST。

算法：COVERTEST(F,ρ)

输入：分解 $\rho=\{R_1,R_2,\cdots,R_k\}$和函数依赖集 F。

输出：如果 ρ 保持 F，输出 true；否则，输出 false。

```
for every x→y∈F do
    Z1=x; Z0=0;
    do while Z1≠Z0
        Z0=Z1;
        for i=1 to k do
        Z1=Z1∪((Z1∩Ui)+∩Ui)
    if y⊆Z1 then return(true)
    return(false)
```

这个算法主要是通过计算属性集闭包来验证保持依赖性，过程开销是多项式级的。

例 6.7.1 对例 6.5.1 中 R(C#,TN,D)被分解为两个关系 R_1(C#,TN)和 R_2(TN,D)的情况，下面利用 COVERTEST 验证其保持依赖性。

因为 $\prod_{U_1}(F)=C\#\rightarrow \text{TN}$，$\prod_{U_2}(F)=\text{TN}\rightarrow D$，所以只要验证 $C\#\rightarrow D$ 是否为逻辑蕴涵即可。

① $C\#\rightarrow\text{TN}$。

令 $Z_1=C\#$，$Z_0=0$ 为初值。

因为 $Z_1\neq Z_0$，程序进入循环体。

第一遍：$i=1$

$Z_0=Z_1=C\#$；

$Z_1=C\#\cup((C\#\cap\{C\#,\text{TN}\})^+\cap\{C\#,\text{TN}\})$

$=C\#\cup(\{C\#,\text{TN},D\}\cap\{C\#,\text{TN}\})$

$=C\#\cup\{C\#,\text{TN}\}$

$=\{C\#,\text{TN}\}$

$i=2$

$Z_1=\{C\#,\text{TN}\}\cup((\{C\#,\text{TN}\}\cap\{C\#,\text{TN}\})^+\cap\{C\#,\text{TN}\})$

$=\{C\#,\text{TN}\}\cup(\{C\#,\text{TN},D\}\cap\{C\#,\text{TN}\})$

$=\{C\#,\text{TN}\}$

第二遍：$i=1$

$Z_1=\{C\#,\text{TN}\}$，$Z_0=C\#$，

因为 $Z_1\neq Z_0$，程序进入循环体。

$Z_0=Z_1=\{C\#,\text{TN}\}$

$$Z_1=\{C\#,\mathrm{TN}\}\cup((\{C\#,\mathrm{TN}\}\cap\{C\#,\mathrm{TN}\})^+\cap\{C\#,\mathrm{TN}\})$$
$$=\{C\#,\mathrm{TN}\}$$
$$i=2$$
$$Z_1=\{C\#,\mathrm{TN}\}$$

第三遍：$i=1$

$Z_1=\{C\#,\mathrm{TN}\},Z_0=\{C\#,\mathrm{TN}\}$，

因为 $Z_1=Z_0$，程序不进入循环体。

$Z_1=\{C\#,\mathrm{TN}\}$

② $\mathrm{TN}\rightarrow D$。

$Z_1=\mathrm{TN},Z_0=0$。

因为 $Z_1\neq Z_0$，程序进入循环体。

第一遍：$i=1$

$$Z_0=Z_1=\mathrm{TN}$$
$$Z_1=\mathrm{TN}\cup((\mathrm{TN}\cap\{\mathrm{TN},D\})^+\cap\{\mathrm{TN},D\})$$
$$=\mathrm{TN}\cup(\{\mathrm{TN},D\}^+\cap\{\mathrm{TN},D\})$$
$$=\mathrm{TN}\cup\{\mathrm{TN},D\}$$
$$=\{\mathrm{TN},D\}$$
$$i=2$$
$$Z_1=\{\mathrm{TN},D\}\cup((\{\mathrm{TN},D\}\cap\{\mathrm{TN},D\})^+\cap\{\mathrm{TN},D\})$$
$$=(\mathrm{TN},D)$$

第二遍：$i=2$

$Z_1=\{\mathrm{TN},D\},Z_0=Z_1=\{\mathrm{TN},D\}$

因为 $Z_1=Z_0$，程序不进入循环体。

此时，$\{D\}\subseteq Z_1=\{\mathrm{TN},D\}$，所以 $R(C\#,\mathrm{TN},D)$ 被分解为两个关系 $R_1(C\#,\mathrm{TN})$，$R_2(\mathrm{TN},D)$ 不仅是一种无损分解，且为保持依赖的。

例 6.7.2 试分析下列分解是否具有无损分解和保持函数依赖的特点。

$$R(ABC),F=\{A\rightarrow B,B\rightarrow C\},\rho=\{R_1(AC),R_2(BC)\}$$

解：先考查无损分解：

$$R_1=AC,R_2=BC$$
$$R_1\cap R_2=C,R_1-R_2=A,R_2-R_1=B$$
$$R_1\cap R_2\rightarrow A \text{ 或 } R_1\cap R_2\rightarrow B$$

不满足 F 中的 $A\rightarrow B$ 或 $B\rightarrow C$，所以 ρ 不是无损分解。

再考查 ρ 分解的依赖保持性：

F 在 R_1 上的投影为空；F 在 R_2 上的投影为 $B\rightarrow C$；F 中的函数依赖 $A\rightarrow B$ 由于分解而丢失，所以分解 ρ 不具有依赖保持的特点。

可以证明，如果关系分解为 $\rho=\{R_1(AB),R_2(BC)\}$，则这种分解既是一种无损分解，又能保持函数依赖。

6.8 关系模式的规范化

数据依赖是关系数据库设计中数据语义的一部分，它所引起的主要问题是更新异常。解决这个问题的办法是进行关系模式的合理分解。

在关系模式的分解中，函数依赖起着重要的作用，那么分解后模式的好坏，用什么标准衡量呢？这个标准就是模式的范式。

要想设计一个好的关系模式，必须使关系满足一定的约束条件，这些约束条件已形成了规范，分成了几个等级，一级比一级要求严格，每一级都叫作一个范式。下面分别介绍几种常用范式。

6.8.1 第一范式

定义 6.16 1NF。

如果关系模式的所有属性都是不可再分的数据项，则称该关系属于第一范式，记作 $R \in 1NF$。

满足第一范式关系中的属性不能是集合属性。如表 6.32 所示，由于属性“学时数”是由讲课学时数、实验学时数组成的集合属性，所以是非第一范式的关系；而表 6.33 中的每个属性是原子属性，所以是第一范式的关系。

表 6.32 课程计划(非第一范式)

课程名称	学 时 数	
	讲课	实验
数据结构	64	24
数据库原理	48	12
⋮	⋮	⋮

表 6.33 课程计划(第一范式)

课程名称	讲课学时数	实验学时数
数据结构	64	24
数据库原理	48	12
⋮	⋮	⋮

第一范式是所有关系模式都必须满足的约束条件。在本书中，如果不特别声明，所有关系至少属于第一范式。

例 6.8.1 假设某企业设计了一个关系模式 W，用来对各车间职工完成生产定额的情况进行考核，同时也提供职工个人信息、工种定额信息以及各车间主任信息。该模式由以下属性组成：

W(日期，工号，姓名，工种，超额，定额，车间，车间主任)

每个职工在不同的日期有不同的生产定额完成情况，见表 6.34。

表 6.34 各车间职工完成生产定额情况(W)

日期	工号	姓名	工种	定额	超额	车间	车间主任
05.1	101	马逸	车工	80	22%	工具	黎明
05.1	102	腾飞	车工	80	17%	金工	周杰

续表

日期	工号	姓名	工种	定额	超额	车间	车间主任
05.1	103	鲍晓玲	钳工	75	14%	工具	黎明
05.1	104	张民	铣工	70	24%	金工	周杰
05.2	101	马逸	车工	80	15%	工具	黎明
05.2	102	腾飞	车工	80	25%	金工	周杰
05.2	103	鲍晓玲	钳工	75	16%	工具	黎明
05.2	104	张民	铣工	70	26%	金工	周杰
⋮	⋮	⋮	⋮	⋮	⋮	⋮	⋮

该模式有唯一的候选键{日期,工号},主属性是日期和工号,其他为非主属性。根据数据的语义,可以给出关系 W 上满足的函数依赖集 F:

F={{日期,工号}→超额,工号→姓名,工号→车间,工号→工种,工种→定额,车间→车间主任,工号→车间主任}

关系 W 中的每一个属性都是原子项,故 W 属于第一范式。虽然可以对 W 关系进行以下查询:

① 查询职工某个月的生产定额完成情况。

② 查询每个工种的定额情况。

③ 查询某个车间的车间主任。

④ 查询职工个人情况。

但 W 模式存在以下问题:

① 数据冗余大。

② 修改麻烦。

③ 插入异常。

④ 删除异常。

出现上述问题的原因在于模式中存在着各种数据依赖关系。

例如,一个关系的主键可以决定关系中所有其他属性,因此以下函数依赖自然成立:

{日期,工号} → 超额

{日期,工号} → 姓名

{日期,工号} → 车间

{日期,工号} → 工种

{日期,工号} → 定额

{日期,工号} → 车间主任

另外,一个职工的工号确定了,这个职工的姓名、工种、定额、所在车间、所在车间的主任也就定了;一个工种确定了,该工种对应的生产定额也就定了;一个车间确定了,该车间的车间主任也就定了。由此得到以下依赖关系:

工号 → {姓名,工种,定额,车间,车间主任}

工种 → 定额

$$车间 \rightarrow 车间主任$$

当然，可能还存在其他一些数据依赖关系。

由于{日期，工号}→姓名，而且工号→姓名，根据部分函数依赖定义可知

$$\{日期，工号\} \xrightarrow{p} 姓名$$

同样，{日期，工号}$\xrightarrow{p}$工种，{日期，工号}$\xrightarrow{p}$定额，{日期，工号}$\xrightarrow{p}$车间，{日期，工号}$\xrightarrow{p}$车间主任。

由于{日期，工号}→车间，而车间→车间主任，根据传递函数依赖定义可知

$$\{日期，工号\} \xrightarrow{t} 车间$$

另外，{日期，工号}→超额，除此之外，日期或工号都不能函数决定超额，根据完全函数依赖定义可知

$$\{日期，工号\} \xrightarrow{f} 超额$$

从上面讨论可知，关系模式 W 存在完全函数依赖、部分函数依赖以及传递函数依赖。部分函数依赖以及传递函数依赖的存在使得关系 W 中存在大量的数据冗余。例如，每添加一个职工生产定额的完成情况，该职工的姓名、工种、工种定额、车间、车间主任的信息就必须重复存储。数据冗余的存在会引起以下问题：

(1) 更新异常

如对关系中数据更新时，只更新了部分数据而另一部分数据没有更新，则会造成数据的不一致性。

(2) 插入异常

由于 W 中的主键是{日期，工号}，如果有一个职工刚调来，还没有正式上班，也就没有生产完成情况，即“日期”为空值。由实体完整性可知，一个关系中的主键不能为空，所以新调来职工的其他信息不能插入关系中。该插入的不能插入，出现插入异常。

(3) 删除异常

如果有一个职工调离本单位，删除该职工信息时连同其他信息一起被删除，而这可能是不该删除的，从而出现删除异常。

解决这些问题就必须设法消除关系中存在的部分函数依赖和传递函数依赖关系。

6.8.2 第二范式

定义 6.17 2NF。

若关系 $R \in 1NF$，且它的每一非主属性都完全依赖于候选键(不存在部分函数依赖)，则称 R 属于第二范式，记为 $R \in 2NF$。

对上一节所讨论的关系 W 进行分解，分解为 W_1 和 W_2 两个关系，以消除部分依赖于候选键的属性部分，使之满足 2NF，即

$$W \rightarrow W_1 + W_2 \quad 且 \quad W_1 \in 2NF、W_2 \in 2NF$$

分解后关系中的值如表 6.35、表 6.36 所示。W_1 的候选键是工号，主属性为工号，其他为非主属性；W_2 的候选键是{日期，工号}，主属性是日期、工号，非主属性是超额。

表 6.35　$W_1 \in 2NF$

工　号	姓　名	工　种	定　额	车　间	车间主任
101	马逸	车工	80	工具	黎明
102	腾飞	车工	80	金工	周杰
103	鲍晓玲	钳工	70	工具	黎明
104	张民	铣工	75	金工	周杰
⋮	⋮	⋮	⋮	⋮	⋮

表 6.36　$W_2 \in 2NF$

日　期	工　号	超　额
05.1	101	22%
05.1	102	17%
05.1	103	14%
05.1	104	24%
05.2	101	15%
05.2	102	25%
05.2	103	16%
05.2	104	26%
⋮	⋮	⋮

分解后，原函数依赖集 F 在各关系模式上的投影为

F_1={工号→姓名，工号→工种，工号→车间，工号→定额，工号→车间主任，工种→定额，车间→车间主任}

因为工号→工种，而工种→定额，则工号$\xrightarrow{t}$定额；而工号→车间，车间→车间主任，则工号$\xrightarrow{t}$车间主任。

F_2={{日期，工号}→超额}，F_2 是完全函数依赖。

由于 W_1 中仍存在数据冗余，因此仍可能存在插入异常、删除异常现象。需要继续对关系模式 W_1 进行分解，以消除关系模式 W_1 中的传递函数依赖。

6.8.3　第三范式

定义 6.18　3NF。

若 $R \in 2NF$，且它的每一非主属性都不传递依赖于 R 的候选键，则称 R 属于第三范式，记为 $R \in 3NF$。

采用投影分解法将一个 2NF 的关系分解为多个 3NF 的关系，可以在一定程度上解决原 2NF 关系中存在的插入异常、删除异常、数据冗余度大、修改复杂等问题。

对上一节的 W_1 进一步分解，分解为 $W_{11}+W_{12}+W_{13}$。其中，W_{11} 的候选键为工种，非主属性是定额；W_{12} 的候选键为车间，非主属性是车间主任；W_{13} 的候选键为工号，非主属性是姓名、工种、车间，如表 6.37～表 6.39 所示。

表 6.37 $W_{11} \in$ 3NF

工种	定额
车工	80
车工	80
钳工	70
铣工	75
⋮	⋮

表 6.38 $W_{12} \in$ 3NF

车间	车间主任
工具	黎明
金工	周杰
工具	黎明
金工	周杰
⋮	⋮

表 6.39 $W_{13} \in$ 3NF

工号	姓名	工种	车间
101	马逸	车工	工具
102	腾飞	车工	金工
103	鲍晓玲	钳工	工具
104	张民	铣工	金工
⋮	⋮	⋮	⋮

原函数依赖集 F_1 在 W_{11}、W_{12} 以及 W_{13} 上的投影分别为

$$F_{11}=\{工种 \rightarrow 定额\}$$

$$F_{12}=\{车间 \rightarrow 车间主任\}$$

$$F_{13}=\{工号 \rightarrow 姓名,工号 \rightarrow 工种,工号 \rightarrow 车间\}$$

此时 W_{11}、W_{12} 以及 W_{13} 已不存在部分函数依赖和传递函数依赖，所以都属于第三范式。

通过以上分解，W 被分解为 W_{11}、W_{12}、W_{13}、W_2 四个关系模式。每个模式的语义信息都很简单，也很清楚，基本消除了数据冗余以及数据冗余带来的一些操作异常问题。

关系分解后是否仍然支持用户的事务？下面进行检查：

① 查询职工某个月的生产定额完成情况

表 W_2 提供了每个职工每个月的生产定额完成情况，关系分解后仍然支持该查询。

② 查询每个工种的定额情况

表 6.37 提供了每个工种的定额情况，关系分解后仍然支持该查询。

③ 查询某个车间的车间主任

表 6.38 提供了每个车间的车间主任信息，关系分解后仍然支持该查询。

④ 查询职工个人情况

表 6.39 提供了每个职工的个人情况，关系分解后仍然支持该查询。

检查结果表示这种分解没有丢失原来的语义信息。

凡是满足 3NF 的关系，一般都能获得较满意的效果。但是在某些情况下，3NF 仍会出现问题。原因是没有对主属性与候选键之间的关系给出任何限制，于是出现主属性部分依赖或传递依赖于候选键的情况，则也会使关系性能变坏。解决主属性对候选键的部分函数依赖的办法仍采用关系分解，故出现了 BC 范式。

6.8.4 BC 范式

定义 6.19 BCNF。

如果 $R \in$ 3NF，而且不存在主属性与候选关键字之间的传递或部分依赖关系，则称 R

属于 BC 范式,记 $R \in$ BCNF。

定义 6.19′ 在一个关系模式的所有非平凡函数依赖中,如果 R 的每一个决定子都是候选关键字,则称 R 属于 BC 范式,记 $R \in$ BCNF。

例 6.8.2 假定一个学生学习多门课程,一个教师只教一门课程,但同一门课程可有几个教师担任。那么,表 6.40 给出的元组值是符合语义的。

表 6.40 SCT

学生	课程	教师
王芳	英语	马莉
李小艺	英语	马莉
费英	英语	刘军
费英	数据结构	金铭
郑丽丽	操作系统	方敏
赵琴	编译原理	秦平

从表中可以看出,候选键为

{学生,教师} 或 {学生,课程}

因此,该关系的所有属性都是主属性,即 SCT 中不存在非主属性,SCT 属于 3NF。

根据数据的语义,如果选{学生,教师}作为候选键,SCT 上的函数依赖集 F={{学生、教师}→课程,教师→课程},由部分函数依赖定义可知,SCT 上存在主属性课程对候选键的部分函数依赖,因此 SCT 不属于 BCNF。

如果将 SCT 分解为{学生,教师}与{教师,课程},则没有任何属性对候选键的部分函数依赖和传递函数依赖,故{学生,教师}∈BCNF,{教师,课程}∈BCNF。

3NF 与 BCNF 的关系:

① 如果关系模式 $R \in$ BCNF,必定有 $R \in$ 3NF。

② 如果 $R \in$ 3NF,且 R 只有一个候选键,则 R 必属于 BCNF。

通常情况下,关系分解到 3NF 就较满意了,因为 3NF 的一个优点是总可以在满足无损分解并保持函数依赖的前提下得到 3NF 设计。然而,3NF 也有缺点:如果没有消除所有的传递函数依赖,就会存在数据冗余的问题。如果将关系分解到 BCNF,虽然能够满足无损分解,但不能保证能保持函数依赖。

6.8.5 无损连接和保持函数依赖分解成 3NF 模式集的算法

一个关系的分解如果要求满足 3NF,则判断这种分解是否为无损分解和保持依赖的算法如下:

输入:关系模式 R,R 上的函数依赖集 F。

输出:R 的一个分解 $\rho=\{R_1,R_2,\cdots,R_k\}$,$R_i$ 为 3NF,ρ 具有无损连接性和依赖保持性。

① 对关系模式 R 中的函数依赖集 F 进行"最小化"处理,处理后的函数依赖集仍记

为 F。

② 找出不在 F 中出现的属性，把这样的属性构成一个关系模式，并把这些属性从 R 中分出去。对于 F 中的每一个函数依赖 $X \to Y$，构成一个关系模式 $R_i\{X,Y\}$，R_i 为 3NF；$\rho=\{R_1,R_2,\cdots,R_k\}$。

③ 判定 ρ 是否具有无损连接性，若是，则转④。

④ 令 $\rho=\rho \cup \{X\}$，其中 X 是 R 的候选键。

⑤ 输出 ρ。

例 6.8.3 设有关系 $R(FGHIJ)$。

R 上的函数依赖集 $F=\{F \to I, J \to I, I \to G, GH \to I, IH \to F\}$，试将 R 分解为 3NF，并具有无损连接性和保持依赖性。

解：从函数依赖集 F 中可以看出，属性 H、J 不依赖于任何属性(只出现在函数依赖的左部)，所以候选键至少包含属性 H、J。另外，$(HJ)^+=FGIJH$。所以，HJ 是 R 的唯一候选键。

注意：$(HJ)^+=FGIJH$ 意味着 $HJ \to F, HJ \to G, HJ \to I, HJ \to J, HJ \to H$ 成立。

(1) 求出最小函数依赖集 $F_{\min}$：

$$F_{\min}=F=\{F \to I, J \to I, I \to G, GH \to I, IH \to F\}$$

(2) 将关系分解为

$$\rho=\{R_1(FI),R_2(JI),R_3(IG),R_4(GHI),R_5(IHF)\}$$

这种分解显然满足 3NF 且保持依赖。下面利用 LOSSLESSTEST 算法判断其分解是否满足无损连接性。

构造初始矩阵 $\boldsymbol{M}$ 如表 6.41 所示。

表 6.41 矩阵 $\boldsymbol{M}$

	F	G	H	I	J
R_1	a_1	b_{12}	b_{13}	a_4	b_{15}
R_2	b_{21}	b_{22}	b_{22}	a_4	a_5
R_3	b_{31}	a_2	b_{33}	a_4	b_{35}
R_4	b_{41}	a_2	a_3	a_4	b_{45}
R_5	a_1	b_{52}	a_3	a_4	b_{55}

检查 F 中的每一个函数依赖。首先检查 $F \to I$，如表 6.42 所示。

$\boldsymbol{M}$ 中有两个元组在属性 F 上的值相同，且在属性 I 上的值也相同，所以，$\boldsymbol{M}$ 中的值不改变。再检查函数依赖 $J \to I$，由于 $\boldsymbol{M}$ 中没有在属性 J 上的值相同的元组，所以 $\boldsymbol{M}$ 中的值不改变。再检查函数依赖 $I \to G$，如表 6.43 所示。

$\boldsymbol{M}$ 中所有元组在属性 I 上的值相同，所以在属性 G 对应的列上的值全部改为 a_2，如表 6.44 所示。

再检查 $GH \to I$，如表 6.45 所示。

表 6.42　检查函数依赖 $F \to I$

	F	G	H	I	J
R_1	a_1	b_{12}	b_{13}	a_4	b_{15}
R_2	b_{21}	b_{22}	b_{22}	a_4	a_5
R_3	b_{31}	a_2	b_{33}	a_4	b_{35}
R_4	b_{41}	a_2	a_3	a_4	b_{45}
R_5	a_1	b_{52}	a_3	a_4	b_{55}

表 6.43　检查函数依赖 $I \to G$

	F	G	H	I	J
R_1	a_1	b_{12}	b_{13}	a_4	b_{15}
R_2	b_{21}	b_{22}	b_{22}	a_4	a_5
R_3	b_{31}	a_2	b_{33}	a_4	b_{35}
R_4	b_{41}	a_2	a_3	a_4	b_{45}
R_5	a_1	b_{52}	a_3	a_4	b_{55}

表 6.44　根据 I 的值修改 G 的值为 a_2

	F	G	H	I	J
R_1	a_1	a_2	b_{13}	a_4	b_{15}
R_2	b_{21}	a_2	b_{22}	a_4	a_5
R_3	b_{31}	a_2	b_{33}	a_4	b_{35}
R_4	b_{41}	a_2	a_3	a_4	b_{45}
R_5	a_1	a_2	a_3	a_4	b_{55}

表 6.45　检查函数依赖 $GH \to I$

	F	G	H	I	J
R_1	a_1	a_2	b_{13}	a_4	b_{15}
R_2	b_{21}	a_2	b_{22}	a_4	a_5
R_3	b_{31}	a_2	b_{33}	a_4	b_{35}
R_4	b_{41}	a_2	a_3	a_4	b_{45}
R_5	a_1	a_2	a_3	a_4	b_{55}

虽然 **M** 中有两个元组在属性 GH 上的值相同,但是它们在属性 I 上的值也相同,因此,**M** 的值不发生改变。再看 $IH \to F$,如表 6.46 所示。

M 中有两个元组在属性 IH 上的值相同,但在属性 F 上的值不同,故将相应元组在属性 F 上的值改为 a_1,如表 6.47 所示。

表 6.46　检查函数依赖 $IH \to F$

	F	G	H	I	J
R_1	a_1	a_2	b_{13}	a_4	b_{15}
R_2	b_{21}	a_2	b_{22}	a_4	a_5
R_3	b_{31}	a_2	b_{33}	a_4	b_{35}
R_4	b_{41}	a_2	a_3	a_4	b_{45}
R_5	a_1	a_2	a_3	a_4	b_{55}

表 6.47　根据 IH 的值修改 F 的值为 a_1

	F	G	H	I	J
R_1	a_1	a_2	b_{13}	a_4	b_{15}
R_2	b_{21}	a_2	b_{22}	a_4	a_5
R_3	b_{31}	a_2	b_{33}	a_4	b_{35}
R_4	a_1	a_2	a_3	a_4	b_{45}
R_5	a_1	a_2	a_3	a_4	b_{55}

检查 **M** 中是否有全 a 的行。没有全 a 的行，所以 $\rho=\{R_1(FI),R_2(JI),R_3(IG),R_4(GHI),R_5(IHF)\}$ 分解是有损分解。现在重新对 R 进行分解。此时令 $\rho=\rho\cup\{HJ\}$，即 $\rho=\{R_1(FI),R_2(JI),R_3(IG),R_4(GHI),R_5(IHF),R_6(HJ)\}$，其中 HJ 是 R 的候选键。

下面验证在原分解模式中，增加一个含有候选键的关系后是否为无损分解。重新构造矩阵 **M**，如表 6.48 所示。

表 6.48 矩阵 M

	F	G	H	I	J
R_1	a_1	b_{12}	b_{13}	a_4	b_{15}
R_2	b_{21}	b_{22}	b_{22}	a_4	a_5
R_3	b_{31}	a_2	b_{33}	a_4	b_{35}
R_4	b_{41}	a_2	a_3	a_4	b_{45}
R_5	a_1	b_{52}	a_3	a_4	b_{55}
新增关系 ⇒ R_6	b_{61}	b_{62}	a_3	b_{64}	a_5

重新检查 F 中的每一个函数依赖。首先检查 F→I，如表 6.49 所示。

M 中有两个元组在属性 F 上的值相同，且在属性 I 上的值也相同，所以，**M** 中的值不改变。再检查函数依赖 $J\rightarrow I$，此时 **M** 中在属性 J 上有相同的元组，所以 **M** 中的值发生改变，如表 6.50 所示。

表 6.49 检查函数依赖 F→I

	F	G	H	I	J
R_1	a_1	b_{12}	b_{13}	a_4	b_{15}
R_2	b_{21}	b_{22}	b_{22}	a_4	a_5
R_3	b_{31}	a_2	b_{33}	a_4	b_{35}
R_4	b_{41}	a_2	a_3	a_4	b_{45}
R_5	a_1	b_{52}	a_3	a_4	b_{55}
R_6	b_{61}	b_{62}	a_3	b_{64}	a_5

表 6.50 检查函数依赖 J→I

	F	G	H	I	J
R_1	a_1	b_{12}	b_{13}	a_4	b_{15}
R_2	b_{21}	b_{22}	b_{22}	a_4	a_5
R_3	b_{31}	a_2	b_{33}	a_4	b_{35}
R_4	b_{41}	a_2	a_3	a_4	b_{45}
R_5	a_1	b_{52}	a_3	a_4	b_{55}
R_6	b_{61}	b_{62}	a_3	a_4	a_5

再检查函数依赖 $I\rightarrow G$，**M** 中所有元组在属性 I 上的值相同，所以在属性 G 对应列上的值全部改为 a_2，如表 6.51 所示。

再检查 $GH\rightarrow I$，虽然 **M** 中有三个元组在属性 G、H 上的值相同，但它们在属性 I 上的值也相同，故 **M** 的值不发生改变。再看 $IH\rightarrow F$，**M** 中有三个元组在属性 I、H 上的值相同，

且它们在属性 I 上的值不同，故 $\boldsymbol{M}$ 的值发生改变，将对应列属性 F 的值改为 a_1，如表 6.52 所示。

表 6.51　检查函数依赖 $I \to G$

	F	G	H	I	J
R_1	a_1	a_2	b_{13}	a_4	b_{15}
R_2	b_{21}	a_2	b_{22}	a_4	a_5
R_3	b_{31}	a_2	b_{33}	a_4	b_{35}
R_4	b_{41}	a_2	a_3	a_4	b_{45}
R_5	a_1	a_2	a_3	a_4	b_{55}
R_6	b_{61}	a_2	a_3	a_4	a_5

表 6.52　检查函数依赖 $IH \to F$

	F	G	H	I	J
R_1	a_1	a_2	b_{13}	a_4	b_{15}
R_2	b_{21}	a_2	b_{22}	a_4	a_5
R_3	b_{31}	a_2	b_{33}	a_4	b_{35}
R_4	a_1	a_2	a_3	a_4	b_{45}
R_5	a_1	a_2	a_3	a_4	b_{55}
R_6	a_1	a_2	a_3	a_4	a_5

检查矩阵 $\boldsymbol{M}$，发现有全 a 的行，故 $\rho=\{R_1(FI),R_2(JI),R_3(IG),R_4(GHI),R_5(IHF),R_6(HJ)\}$是一种无损分解。

6.8.6　无损分解成 BCNF 模式的算法

一个关系的分解如果要求满足 BCNF，则判断这种分解是否为无损分解的算法如下：

输入：关系模式 R 及其函数依赖集 F。

输出：分解 R 为 BCNF 的一个无损分解。

算法步骤：① 初始化 $\rho := \{R\}$。

② 如果 S 为 ρ 中的一个非 BCNF 关系模式，则 S 中必有非平凡函数依赖 $X \to A$，其中 X 不是 S 的超键。将 S 分解为 $S_1(XA)$和 $S_2(U-A)$，式中 U 为 S 的属性集。

由于$(XA)\cap(U-A)=X$，$(XA)-(U-A)=A$，而 $X \to A$ 成立，则有$(XA)\cap(U-A)\to(XA)-(U-A)$，故 S 可以无损分解为 S_1 和 S_2，可用 S_1 和 S_2 取代 ρ 中的 S。

③ 如此反复进行下去，直至 ρ 中所有关系模式都是 BCNF 为止。

因为 ρ 开始是无损分解(仅有 R)，且以后每次分解都是无损分解，所以保证了 ρ 最终是无损分解。

如果一个关系模式被分解到只有两个属性，则必为 BCNF。

例 6.8.4　设有关系模式 $R(ABCDE)$，R 上的函数依赖集 F 为

$$F=\{A \to C, C \to D, B \to C, DE \to C, CE \to A\}$$

试将 R 无损分解为 BCNF。

解：先确定 R 的候选键。从 F 中看出，B、E 不依赖于 R 中的任何属性，所以候选键至少包含 B、E。另外$(BE)^+=ABCDE$。所以，BE 是 R 的唯一候选键。

考虑 $A \to C$，因为 $A \to C$ 的左部不是候选键，所以 $R(ABCDE)$不是 BCNF。

将 $R(ABCDE)$ 分解为 $R_1(AC)$，$R_2(ABDE)$，R_1 属于 BCNF。

进一步分解 $R_2(ABDE)$：考虑 $B \to D$，(因为 $F=\{A \to C, C \to D, B \to C, DE \to C, CE \to A\} \models B \to D$)，而 $B \to D$ 的左部不是候选键，则 $R_2(ABDE)$ 分解为 $R_3(BD)$，$R_4(BAE)$，R_3 和 R_4 均属于 BCNF，分解完毕。$\rho=\{R_1(AC), R_3(BD), R_4(BAE)\}$。

可以验证，这种分解是满足无损连接性的。

原函数依赖在不同关系模式上的投影为

$$F_1=\{A \to C\}, F_3=\{B \to D\}, F_4=\{BE \to A\}$$

由于 $\{A \to C, B \to D, BE \to A\}$ 不能逻辑蕴涵 $\{A \to C, C \to D, B \to C, DE \to C, CE \to A\}$，故这种分解不保持依赖。

无损连接是分解的一个必要条件，它是为了避免信息的丢失。因而有时不得不放弃 BCNF 而采用 3NF。采用 3NF 是因为总有一个既能保证无损分解又能保持依赖的分解。

有时 BCNF 的分解不是唯一的。它与分解的次序有关。另外，算法中的函数依赖不局限于给定的函数依赖，涉及 F^+ 的计算，这种计算是指数型的。BCNF 的分解，有些可能保持依赖，而另一些不保持。例如，假设有关系模式 $R(ABC)$，R 上满足的 $F=\{A \to B, B \to C\}$。如果将 R 分解为 $R_1(AB)$ 和 $R_2(AC)$，则 $B \to C$ 不会被保持。但是，如果将 R 分解为 $R_1(AB)$ 和 $R_2(BC)$，则它们不仅都是 BCNF，而且都是保持依赖的。显然，后一种分解方法较好。

以上对关系模式的函数依赖规范化问题进行了讨论，其目的是为了得到一个设计良好的数据库。关系规范化的步骤可归结如下：

① 确定所有的候选关键字。

② 选定主关键字。

③ 确定关系的各个属性中，哪些是主属性，哪些是非主属性。

④ 找出属性间的依赖关系(函数依赖)。

⑤ 根据应用特点，确定规范化到第几范式。

⑥ 分解关系，分解必须是无损的，不得丢失信息。

⑦ 分解后的关系，力求相互独立，即对一个关系内容的修改不要影响分解出来的其他关系。

关系规范化的过程如图 6.1 所示。

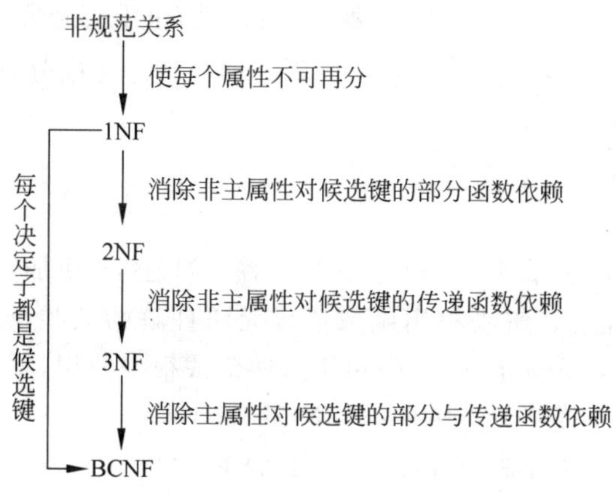

图 6.1 关系的规范化过程

各范式之间的关系如下：

$$BCNF \subseteq 3NF \subseteq 2NF \subseteq 1NF$$

6.8.7 第四范式

有些关系模式虽然属于 BCNF,但从某种意义上说仍存在数据冗余,所以看起来没有被充分规范化。例如,在表 6.6 教师授课一栏表中,关系模式 R 由教师、学校、课程组成,且候选键也由教师、学校、课程组成。关系中全是主属性,不存在非平凡函数依赖,故 R 已属于 BCNF。但由于存在多值依赖教师$\rightarrow\rightarrow$学校和教师$\rightarrow\rightarrow$课程,可以发现,这样的关系模式仍存在数据冗余问题。如李玉平老师在两个学校教物理、化学,则关系中物理、化学的课程名称要重复出现两次,学校名称也要重复出现两次。如果在更多学校教相同的课程,这种重复就更多。由于数据冗余,必然会引起修改的麻烦。如李玉平老师改教数学、物理,则需要修改两个元组。同样,李玉平老师不在一中兼课,而改在五中兼课,也需要修改两个元组。

为了解决这个问题,可把 R(教师,学校,课程)分解为 R_1(教师,学校)以及 R_2(教师,课程)两个关系。这样的分解消除了数据冗余问题。

下面讨论多值依赖的规范化问题。给出第四范式的定义。

定义 6.20 4NF。

在关系模式 R 中,若 $X\rightarrow\rightarrow Y$ 是 R 的非平凡多值依赖,则 X 必为 R 的超键,那么 R 属于第四范式,记为 $R\in$4NF。

请注意,4NF 定义与 BCNF 定义的唯一不同是用多值依赖替代了函数依赖。4NF 模式一定是 BCNF,这是因为如果模式 R 不属于 BCNF,则 R 上存在非平凡函数依赖 $X\rightarrow Y$ 且 X 不是超键。由于 $X\rightarrow Y$ 蕴涵 $X\rightarrow\rightarrow Y$,故 R 不属于 4NF。

一个关系模式如果要求满足 4NF,需要对关系进行分解,分解后是否满足无损分解呢？回答是肯定的。设有关系模式 $R(K,A_1,A_2,\cdots,A_n)$,K 为 R 的候选键,$A_1,A_2,\cdots,A_n$ 为 R 的非主属性。设 R 的数据依赖集为 $D=\{K\rightarrow A_i \mid i=1,2,\cdots,n\}$,则 R 属于 4NF。R 可以无损地分解为 $KA_1,KA_2,\cdots,KA_n$,也就是满足连接依赖$\infty(KA_1,KA_2,\cdots,KA_n)$。这样的分解对数据库设计没有好处,也没有必要。

如果 R 分解为两个关系模式 R_1 和 R_2,则这种分解是无损分解的条件是 D^+ 中至少存在如下多值依赖中的一个：

- $R_1\cap R_2\rightarrow\rightarrow R_1$
- $R_1\cap R_2\rightarrow\rightarrow R_2$

当对存在多值依赖的关系进行分解时,保持依赖的问题变得更加复杂。本书不再讨论。

多值依赖有助于理解并解决利用函数依赖无法理解的某些形式的数据冗余。虽然还有一些其他的范式,如第五范式等,但由于这些范式很少使用,本书也不再做介绍。

通过讨论,给出关系模式设计方法的一般原则：

① 每个关系模式应具有某种范式性质,如 3NF 或 BCNF。

② 关系模式应具有无损连接性。

③ 保持函数依赖性。

规范化仅仅从一个侧面提供了优化关系模式的理论和方法。一个关系模式的好坏，可以用规范化程度作为衡量的标准，但不是唯一的标准。数据库设计人员的任务是在一定的制约条件下，寻求较好地满足用户需求的关系模式。所以，数据库设计人员应根据应用的需求选择规范化到第几范式。如果关系模式的内容仅供查询，很少更改，则更新异常就不是严重的问题，而即使发生这样的问题，也可由用户去解决，故规范化程度不一定要求高。

思考题

1. 为什么要对关系进行规范化处理？关系规范化的实质是什么？关系分解有什么优缺点？关系分解的依据是什么？如何进行规范化处理？规范化处理的原则是什么？

2. 关系规范化可以消除关系中的数据冗余和操作异常，是否一个关系的范式越高越好呢？

重点内容与典型题目

重点内容

1. 函数依赖、无损分解、保持依赖以及关系的规范化等基本概念。

2. 如何分解关系使其满足范式要求，并且关系的分解是无损分解并保持依赖。

典型题目

1. 设有关系模式 $R(U,F)$，其中 $U=\{BSPQID\}$，$F=\{S\rightarrow D, I\rightarrow B, IS\rightarrow Q, B\rightarrow P)$

(1) IS 是关系模式 R 的一个候选键么？为什么？

(2) IDQ 是关系模式 R 的一个候选键么？为什么？

(3) 关系模式 R 属于第几范式？为什么？

(4) 分解关系模式 R 至 3NF 模式集。

2. 设有关系模式 R(职工号，日期，日营业额，部门名，部门经理)。现利用该模式统计商店中每位职工的日营业额、职工所在的部门和部门经理。

如果规定：每位职工每天只有一个营业额；
每位职工只在一个部门工作；
每个部门只有一位经理。

试回答下列问题：

(1) 根据上述规定，写出模式 R 的基本函数依赖和候选键；

(2) 说明 R 不是 2NF 的理由，并把 R 分解成 2NF 模式集；

(3) 将关系 R 分解成 3NF 模式集。

习题

1. 如果对函数依赖 $X \rightarrow Y$ 的定义加以扩充,X 和 Y 可以为空属性集,用 $\varnothing$ 表示空集,那么 $X \rightarrow \varnothing$,$\varnothing \rightarrow Y$,$\varnothing \rightarrow \varnothing$ 的含义是什么?

2. 关系模式规范化的目的是什么?

3. 下面的说法正确吗,为什么?

(1) 任何一个二目关系都是 3NF 的。

(2) 任何一个二目关系都是 BCNF 的。

(3) 当且仅当函数依赖 $A \rightarrow B$ 在 R 上成立时,$R(ABC)$ 等于其投影 $R_1(AB)$ 和 $R_2(AC)$ 的连接。

(4) 若 $A \rightarrow B$,$B \rightarrow C$,则 $A \rightarrow C$ 成立。

(5) 若 $A \rightarrow B$,$A \rightarrow C$,则 $A \rightarrow BC$ 成立。

(6) 若 $BC \rightarrow A$,则 $B \rightarrow A$,$C \rightarrow A$ 成立。

4. 试分析下列分解是否具有无损分解和保持函数依赖的特点:

(1) 设 $R(ABC)$,$F_1 = \{A \rightarrow B, B \rightarrow C\}$ 在 R 上成立,$\rho_1 = \{AC, BC\}$。

(2) 设 $R(ABC)$,$F_2 = \{A \rightarrow C, A \rightarrow B\}$ 在 R 上成立,$\rho_2 = \{AC, AB\}$。

(3) 设 $R(ABC)$,$F_3 = \{A \rightarrow C, B \rightarrow C\}$ 在 R 上成立,$\rho_3 = \{AC, BC\}$。

5. 设有函数依赖集:

$F = \{AB \rightarrow C, C \rightarrow A, BC \rightarrow D, ACD \rightarrow B, D \rightarrow EG, BE \rightarrow C, CG \rightarrow BD, CE \rightarrow AG\}$

计算其等价的最小依赖集。

第7章 数据库设计的需求分析

数据库设计的最终目标是要设计出一组能够满足用户所有需求的数据表,以便存放用户所需要的各种数据。但是,究竟要为数据库应用系统设计哪些表?每张表中又该存放哪些数据呢?解决这些问题的途径就是在数据库设计之前先对用户的业务需求、数据需求以及处理需求等进行分析,以便搞清数据库设计的内容和范围;然后分析和收集需求数据;最后编写需求说明书。

需求分析是数据库设计的第一个阶段,也是设计一个成功的数据库所必需的过程。该阶段的主要目标是确定用户的需求,收集用来设计数据库的数据集,为数据库设计阶段的下一步工作打下基础。

7.1 业务需求的确定

对于一个软件开发人员来说,要想开发出一个好的、能够满足用户需求的数据库应用系统,就必须了解将要开发的系统的有关业务知识,这是开发一个好的应用系统的前提。

业务需求可用来确定一个数据库应用系统的需求,因此,不了解业务需求也就无法确定系统的需求。如果开发一个新的应用系统,系统的需求可以根据最终用户提出的业务需求来确定。如果是对一个现有系统进行修改或重新设计,系统需求就必须根据业务需求、现有系统需求、最终用户提出的新的业务需求等共同确定。

业务需求包括业务的流程、组成业务的数据、对数据的处理以及一些业务规则。

7.1.1 业务的流程

业务的流程是指某项具体业务的处理流程。

假如现在要开发一个学生选课系统。这时,软件开发人员就应该去了解和熟悉教务部门关于学生选课业务的处理过程,以便确定需求。通常,学生选课系统的业务流程为:确定本学期所开设的所有课程→确定每门课程的任课教师→确定每门课程的上课时间→学生进行选课→统计每门课程的选课人数→选课人数提交给任课教师→课程考试→教务员输入课程成绩→查询课程成绩。

同样,如果要开发一个物料库存管理系统,那么软件开发人员就应该了解物料库存管理的整个业务处理过程。物料库存管理系统的大致流程为:物料的进库过程→物料的出库过程→物料各类统计数据的获得过程。然后,再分别详细了解各个具体过程。

例如,物料的进库过程:采购员采购来的物料通过验收后填写入库单→根据入库单将物料进库并登记入账。

物料的出库过程:部门填写领料单→经领导审核并批准→根据领料单进行物料的出库并登记入账。

物料各类统计数据的获得过程:分别统计各类物料的入库、出库以及在库的汇总数据→产生入库、出库以及库存数据的日报表、月报表及其他报表。

由于数据常常伴随着业务的流程而产生,因此,对业务流程进行分析是为了使开发人员了解具体业务是如何处理的,这将有助于对业务数据流程的分析。

7.1.2 组成业务的数据

组成业务的数据是指业务处理过程中涉及的全部必要数据。在学生选课系统中，业务数据是学生数据、课程数据以及学生的选课数据；而在物料库存管理系统中，业务数据是物料数据、入库数据、出库数据以及物料库存数据。

在对业务数据进行分析时，还应仔细分析每种数据的组成，以便在设计数据库时确定表中具体的数据项。例如，选课系统中的学生数据由学生的学号、姓名、性别、出生年月、系、班级组成；课程数据由课程号、课程名、学时数、学分数、开设学期以及任课教师组成；选课数据由学号、课程号以及成绩组成。物料库存系统中的物料数据由物料编号、物料名称、型号、规格、产地、单价以及单位组成；入库数据由入库单编号、入库日期、物料编号、入库数量、进货单价、进货途径以及经手人组成；出库数据由领料单编号、领料日期、物料编号、领料数量、领料用途、领料部门、批准人、领料人以及发料人组成；物料的库存数据由物料编号、最低库存、最高库存以及库存数量组成。

组成业务的数据是设计数据库时必须收集的数据，也是数据处理的对象。收集来的数据经过分析后可以存放在数据词典中，以便今后使用。本书对数据词典不做讨论，感兴趣的读者可参阅有关书籍。

7.1.3 数据的处理

数据的处理是指对业务数据所做的各种处理。

一个单位内部的数据和处理通常都有密切的关系。处理决定数据，而数据又反过来决定处理。

例如，学生选课系统是对学生的选课情况进行处理，因此，学生选课系统有学生数据、课程数据、学生选课数据以及考试成绩等数据。学生数据决定了选课系统需要有学生数据的录入、查询、修改等处理功能；课程数据决定了学生选课系统需要有课程数据的录入、查询、修改等处理功能；选课功能决定了学生选课系统需要有学生选课数据的录入、查询、修改以及学生成绩的录入和查询等处理功能。

物料库存管理系统对物料的入库、出库、库存情况进行管理，因此，物料库存管理系统有入库数据、出库数据以及库存数据。入库数据和出库数据决定了物料库存管理系统需要有入库、出库数据的录入、查询、修改等处理功能；库存数据决定了物料库存管理系统需要有库存数据的查询功能以及在库资金的分析等处理功能。

在确定用户的业务需求时，务必仔细分析业务流程中的数据和对数据所做的处理，确保需求信息收集齐全。如果发现有遗漏，要及时补全，以免给今后的开发工作带来隐患。

7.1.4 业务规则

确定了基本的数据和处理后，必须再确定业务处理的一些规则，这对于数据库设计同样是很重要的。业务规则是指业务处理过程中必须遵循的一些规定。

例如,学生选课系统中,如果规定:学生必须选课,但是,每学期每个学生选择的课程数最多不超过 6 门课。那么,学生选课时就必须遵循这个规定。当学生选择的课程数超过 6 门时,系统就会拒绝接受。

物料库存管理系统中,如果规定一次领取物料的数量不能超过上限,那么,当领取的物料数量超过规定的上限时,系统就会拒绝发料。

另外,还有一些其他规定:

- 所有物料的入库、出库都必须凭单据进行。
- 每种物料可以放在不同的仓库里。
- 每个仓库可以存放多种物料。
- 每张入库单只能入库一种物料。
- 每张领料单只能领出一种物料。

……

业务规则将影响到对数据的访问方式(例如,查询、插入、删除以及更新的方法),同样,业务规则也可以用来确定实体与实体之间的联系(这方面的内容将在数据库的概念设计中讨论)。另外,业务规则还是数据库中确定如何使用引用完整性的最主要的因素。

7.2 数据需求的确定

开发一个数据库应用系统,必须了解和确定用户的各种需求,而用户的需求中,最重要的需求是数据的需求以及处理的需求。本节讨论如何确定用户的数据需求。

本书中,用户的数据需求是指用户需要一个数据库应用系统最终能够提供的所有数据。如何确定用户的数据需求呢?软件开发人员在调查分析中,应该向用户收集业务处理过程中涉及的所有表单,这些表单中的数据往往与将要开发的应用系统密切相关。然后,分析这些表单中哪些是向应用系统提供的原始数据表单?哪些是应用系统最终需要输出的数据表单?每张表单由哪些数据组成?每个数据的含义、来源、类型、长度以及去向等是什么?为了得到用户需要的所有数据,再分析系统应该对数据做哪些处理?

例如,在选课业务的处理过程中,假设开发人员收集到以下表单:

- 学生基本信息表。
- 课程信息表。
- 选课单。
- 选课情况一览表。
- 成绩单等。

通过分析,确认学生基本信息表、课程信息表、选课单、课程成绩是输入学生选课系统的原始数据表单,而选课情况一览表以及成绩单等是学生选课系统最终需要输出的数据表单,可以用数据流分析法给出系统的输入数据和输出数据,如图 7.1 所示。

学生选课系统如何对系统的原始数据进行处理,最后得到系统的输出数据呢?图 7.2 给出了学生选课系统的整个数据流程图,它是图 7.1 的进一步分解和细化。数据流图从数

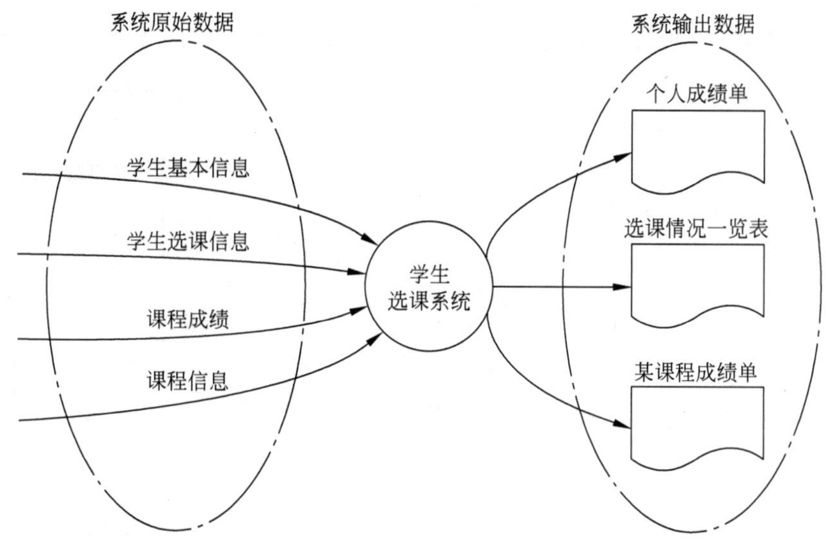

图 7.1　学生选课系统顶层数据流图

据的角度描述数据作为输入进入系统，经各个加工处理，或者合并，或者分解，或者存储，最后成为输出离开系统的整个过程。

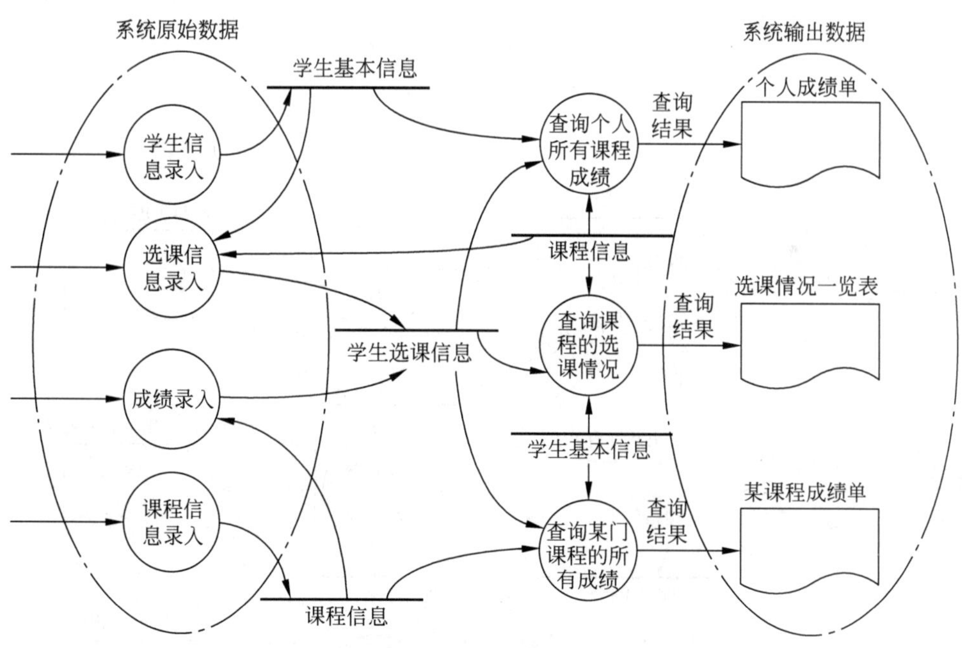

图 7.2　学生选课系统的 0 层数据流图

图 7.2 中，带箭头的线段表示数据及其流向；粗体直线表示存放数据的文件，如学生基本信息、课程信息、选课信息都是用来存放数据的文件，文件中的内容就是以后数据库设计的具体内容；图中出现重复的数据文件名是为了避免图中出现过多交叉线，阅读不便。每个圆圈表示对数据所做的一种处理。关于数据流分析法的详细说明请参考软件工程方面的书籍。

同样,物料库存管理系统(经过简化的系统)中的原始数据和输出数据如图 7.3 所示。

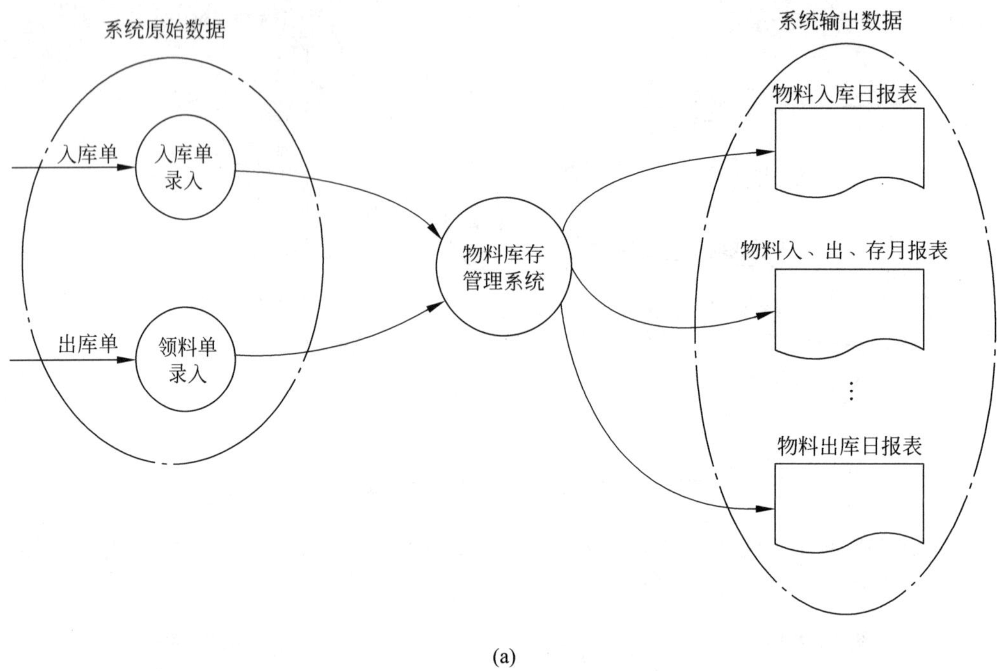

(a)

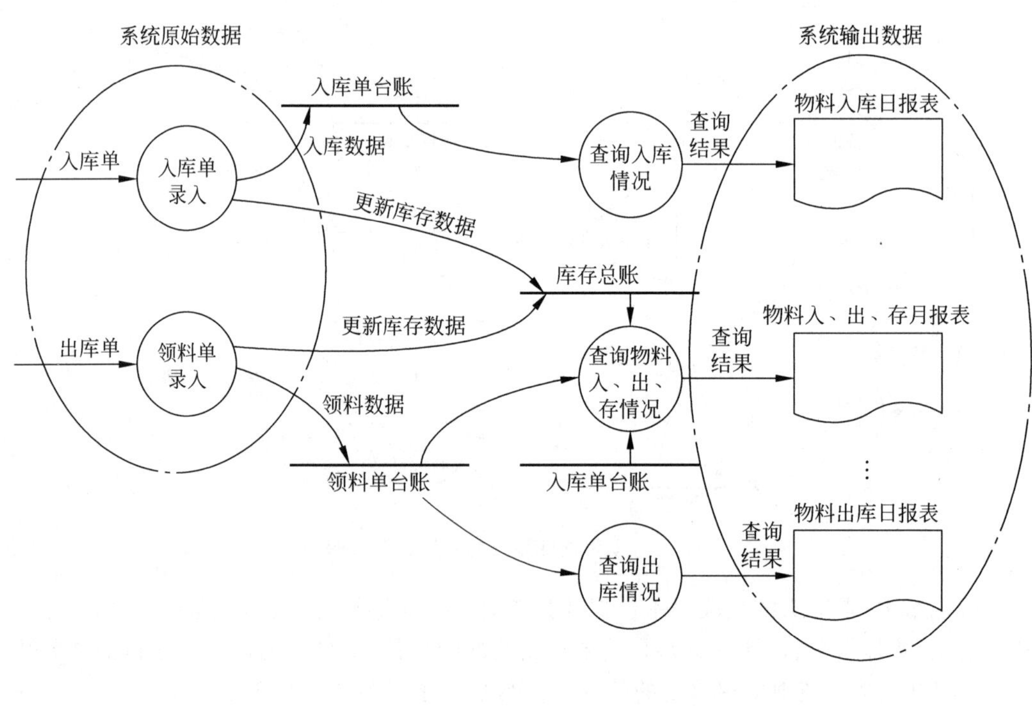

(b)

图 7.3　物料库存管理系统的数据流图

(a) 物料库存管理系统的顶层数据流图;(b) 物料库存管理系统的 0 层数据流图

无论是系统的原始数据还是最终要输出的数据，在数据库设计中都必须考虑。原始数据一般通过系统的数据录入功能保存在数据库中，而最终要输出的数据往往是对原始数据做各种处理后得到的。因此，分析中一定要搞清输入数据和输出数据之间的关系。

7.3 处理需求的确定

处理需求通常是指用户要求应用软件系统能够提供的所有功能。

根据业务需求以及数据需求，可以进一步确定处理需求。例如，根据业务需求中对数据处理的分析以及图 7.2 选课系统的数据流图，学生选课系统的处理需求有数据录入功能、数据查询功能以及输出报表功能等。处理需求可以用系统功能模块图表示，如图 7.4 所示。

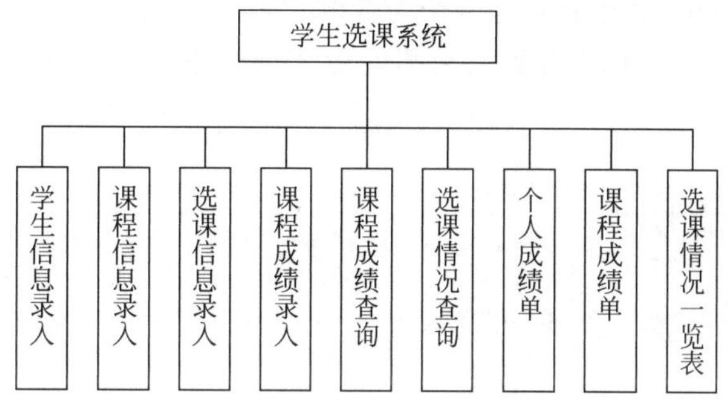

图 7.4 学生选课系统功能模块图

同样，物料库存管理系统的功能模块如图 7.5 所示。

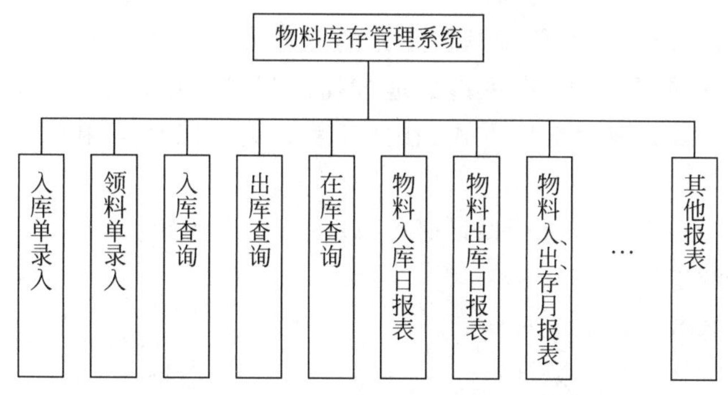

图 7.5 物料库存管理系统的功能模块图

对于查询功能，还应该进一步了解用户的查询需求。例如，对于物料库存管理系统来说，用户可能提出如下的查询需求：

- 按日期/按物料查询物料的入库信息。
- 按日期/按物料/按部门等查询物料的出库信息。
- 查询所有在库物料的库存信息。

……

处理与数据密切相关。弄清处理的目的也是为了更好地进行数据库设计。

7.4 数据的收集和分析

一旦确定了用户的业务需求、数据需求以及处理需求，就可以开始为设计数据库收集数据。收集数据的目的是为了进一步确定并分析用户的数据需求。数据收集的方法可以有多种方式，例如面谈、发放调查表、查阅文档等。如果发现业务流程中有不合理之处，可以与用户商量，看是否可以改进。对收集上来的数据进行分析，确定哪些是共享数据，哪些是独立的数据。分析过程中如发现有遗漏的数据，要再进行收集，及时补全，对有问题的数据要与用户进一步确认。数据的分析还包括分析每个数据的类型、长度、取值范围、约束条件等。收集数据的同时可以分析数据，分析数据的同时也可以进一步收集数据。因此，数据的收集和分析是一个迭代的过程。

数据库设计的需求分析结果要以文档的形式记录下来。这些文档为设计数据库提供了依据。

7.4.1 数据收集的方法

数据收集常用的方法有面谈、发放调查表、查阅文档、实地观察等。

1. 面谈

面谈是数据收集的一种最常用的方法，通过与用户面对面谈话的方式获取信息。因此，选择面谈的对象是非常重要的。通常应当选择那些对业务工作非常熟悉的人员，例如，经理、部门领导或者负责具体工作的业务人员。使用面谈方法的人需要有良好的交流能力，能够把握时机，在关键的地方提出问题与用户交谈，以获得非常明确的答案。由于是一种面对面的交谈方式，软件开发人员可以从与用户的交谈中获取各种信息。

例如，在与库存管理人员进行谈话时，可以提出以下问题：

- 请描述你的工作。
- 你会和什么数据打交道?
- 你需要经常知道哪些数据?
- 你需要哪些类型的报告?
- 你需要哪些历史数据?

……

采用面谈方式时需要注意以下问题：

① 要与面谈对象事先约好面谈的时间、地点，以免影响他人的工作。

② 交谈过程中不要随便打断对方的谈话、不要东张西望，以免不尊重他人。

③ 事先考虑好需要了解的问题，围绕主题进行交谈，以免交谈时间过长。

面谈方式的优点：

① 允许面谈对象自由、开放地回答问题。

② 可以让面谈对象了解部分工程。

③ 谈话人可以仔细研究面谈对象的谈话内容。

④ 谈话人可通过观察面谈对象的肢体语言了解其他一些有用信息。

⑤ 可以通过反复交谈获取信息。

面谈方式的缺点：

① 占用时间较多，成本高。

② 获取的信息量的多少取决于谈话者的交流技巧。

③ 有些问题面谈者不愿当面交谈。

2. 发放调查表

发放调查表是数据收集的另一种方法，通过让用户填写调查表的方式获取信息。开发人员可以设计一种表格，表格内容是开发人员需要了解或确定的事情。通过对填写好的表格进行分析，可以收集到一些有用的信息。

调查表的内容可以根据需要设计成自由式或固定式两种。

自由式表格是指将表格的内容设计成一些需要了解的问题，让用户自由回答。例如，设计的内容可以是："你需要计算机为你提供什么报表，这些报表有什么用?""你的工作中有哪些不合理之处？是否有需要进一步改进的地方?"等。

固定式表格是指将表格的内容设计成一些固定格式，限制回答者必须从提供的答案中选择一个。例如，设计的内容可以是："你认为目前的业务流程是否需要改进?"可供选择的答案："是"或"否"。根据表格的内容，还可以设计其他答案选项，如"同意"或"不同意"、"赞同"或"反对"等。

发放调查表方式的优点：

① 被调查者可以很方便地回答调查表中的问题。

② 可以限制填表人在某些问题上只采取一种立场。

③ 当调查的对象较多、回答的可信度高时，收集的数据比较真实。

④ 可以根据调查表内容迅速分析。

发放调查表方式的缺点：

① 调查表的回收率较低，影响数据的真实性。

② 填表前有时需要进行培训，占用时间。

③ 填写错误的调查表无法进行修改。

④ 设计调查表的内容很费时间。

3. 查阅文档

查阅与目前系统相关的文档、表格、报告和文件是一种非常好的快速理解系统的方法，尤其原系统是一个手工处理系统时，很多数据都是以文本形式记录在册并保存的。

如果一个单位的管理很规范,文档齐全,这种方法就非常有用。

查阅文档方式的优点:

① 如果文档齐全,数据的收集就比较齐全。

② 文档可以提供许多较真实的数据。

查阅文档方式的缺点:

① 查阅文档需要花费很多时间。

② 数据收集的结果依赖于单位管理的规范和文档的齐全。

4. 实地观察

实地观察是理解系统最有效的方法之一,通过参与或观察某项业务工作而获取第一手资料。当用其他方法收集的数据真实性值得怀疑而又不能得到清晰的解释时,这种方法尤其有用。

实地观察方式的优点:

① 可以对收集的数据检查其真实性。

② 观察者可以准确地看到实际的业务过程。

③ 更好地理解新系统实现的功能。

实地观察方式的缺点:

① 由于工作难度或工作量原因,可能会遗漏一些观察任务。

② 有时可能不切实际。

7.4.2 数据的分析

数据收集上来后,开发人员还要对收集的数据进行分析。分析的内容包括:

- 检查数据是否收集齐全。
- 是否有需要进一步筛选的数据。
- 每个数据的类型、长度、值域以及约束条件。

数据分析还可利用图形方式对数据进行描述。例如,用数据流图描述数据在组织中的流动情况;用E-R图描述数据和数据间的关系;用功能层次图描述业务之间的相互关系等。

数据库的优点之一是数据可以共享。因此,数据分析时还应该考虑哪些数据会被不同的子系统共享。这样,在设计数据库时就可以避免出现数据冗余。例如,在企业管理信息系统中,客户数据、库存数据以及财务数据是常被不同子系统共享的数据,如图7.6所示。

图7.6是企业中的销售管理系统、财务管理系统以及库存管理系统三个子系统。其中,销售管理系统中包含制定销售计划、客户订单处理、产品包装发运以及客户基本信息等功能;财务管理系统中包括资金管理、成本管理以及收入管理等功能;库存管理系统中包括收/发货管理、清仓盘点以及统计等功能。因此,销售管理系统、财务管理系统以

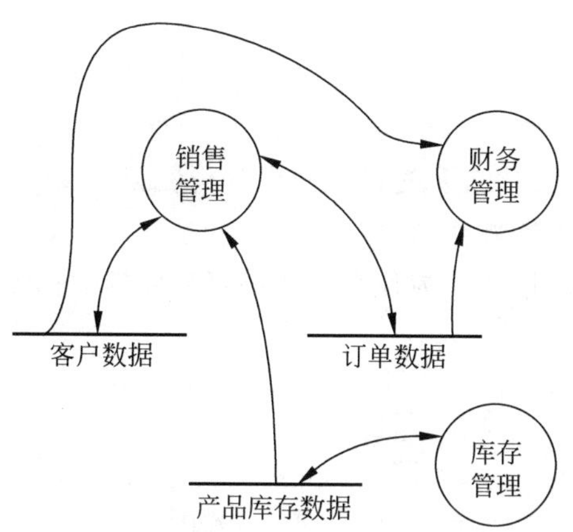

图 7.6　企业管理信息系统中的部分子系统

及库存管理系统必然会共享一些数据文件。如图 7.6 中所示，财务管理系统和销售管理系统共享订单数据和客户数据；销售管理系统和库存管理系统共享产品库存数据。

通过分析，在进行数据库设计时，就应该考虑订单数据文件、客户数据文件以及产品库存数据文件的设计应能同时满足这三个子系统的要求。

思考题

为什么在数据库设计之前要进行需求分析，都有哪些工作要做？需求分析的方法是什么？

重点内容与典型题目

重点内容

用户需求分析的方法，尤其是数据需求和处理需求的分析，为下一步数据库设计提供依据。

典型题目

现有一个公司希望为客户的商品订购建立一个数据库。

如果一个客户可以有一份或多份订单，每份订单可以订购一种或多种商品。每份订单有一张发票，发票可以通过多种方式来支付购买款，例如信用卡或者现金等。处理这个客户订购单登记的职工名字需要有记录。

工作人员负责整理订单并根据商品库存情况处理订单。如果订单上的商品有库存，就可以凭发票直接发货，发货方式也有多种；如果订单上的商品没有库存，就采购原材料组织生产，等有库存时发货。

请根据上述要求，给出该应用的数据需求和处理需求。

习题

1. 设计数据库之前，为什么要先进行需求分析？
2. 用户的业务需求包括哪些内容？
3. 数据流图的作用是什么？为什么需要一套分层的数据流图？

第8章 数据库的概念设计

数据库需求分析阶段的任务是确定用户的业务需求、数据需求、处理需求等。而数据库概念设计是将需求分析阶段得到的用户需求抽象为信息结构。

数据库的概念设计是整个数据库设计的关键阶段,其主要任务是通过对用户需求进行综合、归纳与抽象,形成一个独立于具体 DBMS 的概念模型。

数据库设计所面临的一个困难是设计人员、编程人员以及最终用户看待数据的方式不同,这就给共同理解数据带来不便。为了保证能够准确地理解数据的本质,理解最终用户使用数据的方法,需要一个能够在设计人员、编程人员以及最终用户之间进行交流的模型。该模型应能够描述现实世界,表达一定的语义信息且与技术实现无关。E-R 模型就是这样一种模型。它具有以下特点：

(1) 能真实、充分地反映现实世界,包括事物和事物之间的联系,能满足用户对数据的处理要求。

(2) 易于理解,从而可以利用它在设计人员、编程人员以及最终用户之间进行交流,使得用户能够积极参与,保证数据库设计的成功。

(3) 易于更改,当应用环境和应用要求发生改变时,容易对模型进行修改和扩充。

(4) 易于向关系、网状、层次等各种数据模型转换。

本章主要介绍如何利用 E-R 模型进行概念建模。

8.1 概念设计的基本方法

自从数据库技术广泛应用以来,出现了不少数据库概念设计的方法。尽管具体做法各异,但就其基本思想而言可归结为以下两种：①自底向上的设计方法；②自顶向下的设计方法。

自底向上的设计方法有时也称为属性综合法。这种方法的基本点是将前面需求分析中收集到的数据元素作为基本输入,通过对这些元素的分析,把它们综合成相应的实体或联系。

自底向上的设计方法适合于较为简单的设计对象,而对于中等规模以上的单位,数据元素常常多到几百甚至几千。此时要对这么多的数据元素进行分析,再综合成相应的实体或联系,是一件非常困难的事情。

自顶向下的设计方法从分析组织的事务活动开始。首先识别用户所关心的实体及实体间的联系,建立一个初步的数据模式框架,然后再以逐步求精的方式加上必需的描述属性,形成一个完整的局部数据模式(又称局部视图),最后再将这些局部视图集成为一个统一的全局数据模式(又称全局视图)。这种方法通常是利用实体-联系图(E-R 图)作为表示形式。

自顶向下的设计方法是一种实体分析方法,它从总体概念入手,以实体作为基本研究对象。与自底向上的设计方法相比,实体的个数远远少于属性的个数,因此以实体作为分析对象可以大大减少分析中所涉及的对象数,从而简化了分析过程。另外,自顶向下的设计方法通常使用图形表示法,因此更加直观、易理解,有利于设计人员与用户的交流。

本书中采用自顶向下的设计方法。

8.2 概念设计的数据模型

在适合数据库概念设计的数据模型中，使用最广泛、最成熟的是简单、易学、具有丰富语义信息的E-R数据模型。

近年来，UML(统一建模语言)作为一种新的开发工具已开始被广泛使用。UML是一种使用面向对象概念、从多个视角进行系统建模的可视化建模语言。它能让系统构造者用标准的、易于理解的方式建立起能够表达出他们想象力的系统蓝图，并且提供了便于不同人之间有效地共享和交流设计结果的机制。由于UML的类图部分是基于E-R图的，所以，本书数据库概念设计采用它来进行建模，详见第2章中有关介绍。

8.3 局部视图的设计

不同的设计方法都有相应的设计步骤，但总的来看，无论使用何种设计方法，数据库概念设计的过程都是由以下两个阶段组成：第一阶段，划分用户组，建立面向特定用户(组)的局部数据模式，即局部视图；第二阶段，将所有局部视图集成为一个全局的数据模式，即全局视图。本节主要讨论局部视图的设计。

局部视图的设计从划分用户组开始，然后对每一个用户组建立一个局部视图。该视图由实体、实体间联系、实体的属性以及实体的主键组成。局部视图的设计步骤如下：

① 确定局部视图的设计范围。

② 确定实体及实体的主键。

③ 定义实体间的联系。

④ 给实体及联系加上描述属性。

8.3.1 确定局部视图的设计范围

在用户需求分析阶段，已用多层数据流图描述了整个系统。设计局部视图时，首先需要根据系统的具体情况，在多层的数据流图中选择一个适当层次的数据流图，让这组图中每一部分对应一个局部应用，然后以这一层次的数据流图为出发点，设计局部视图。

通常是选择中层数据流图作为设计局部视图的依据。因为顶层数据流图只能反映系统的概貌，底层数据流图过细，而中层数据流图则能较好地反映系统中各局部应用的子系统组成。例如，学校的教务信息管理系统的顶层数据流图如图8.1所示。

教务信息管理系统的顶层数据流图只能反映系统的概貌，不能反映出教务信息管理系统是由学生学籍管理子系统、课程管理子系统、选课管理子系统以及成绩管理子系统组成的。为讨论简单起见，假设学籍管理子系统只对学生的进校、离校以及学籍变动情

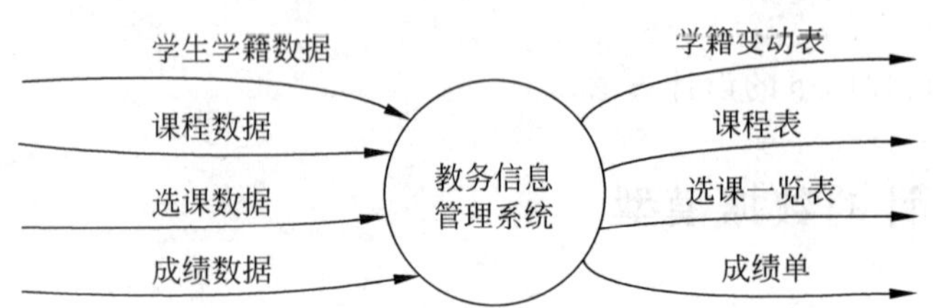

图 8.1 教务信息管理系统的顶层数据流图

况进行管理，课程管理子系统对所有开设的课程进行管理，选课管理子系统对学生的选课情况进行管理，成绩管理子系统对学生的成绩进行管理。

图 8.2 给出了教务信息管理系统的 0 层数据流图，该图描述了教务信息管理系统的组成部分以及各部分的输入和输出数据。

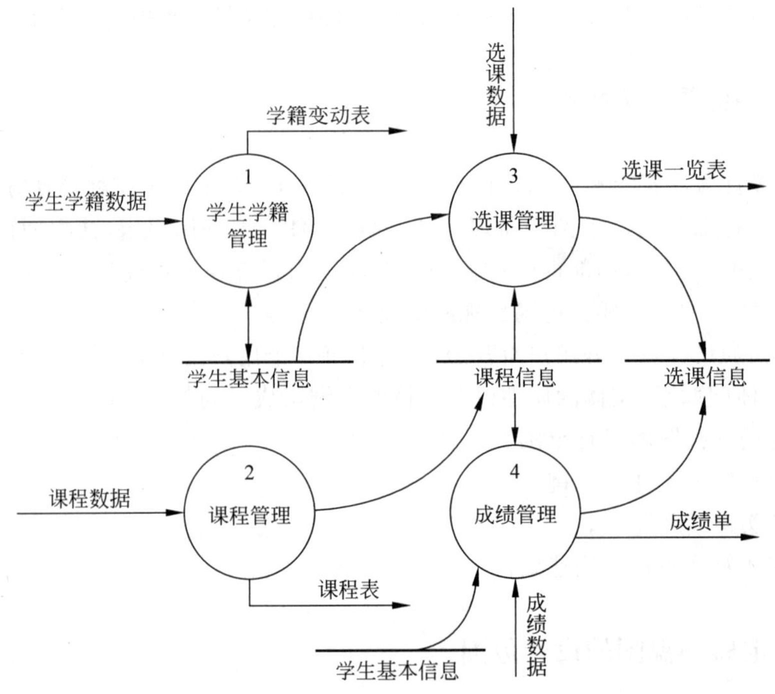

图 8.2 教务信息管理系统的 0 层数据流图

还可以进一步分解 0 层数据流图，即分别对其中的每一个组成部分再细化，则可得到 1 层数据流图。例如，选课管理的数据流图是一个 1 层数据流图，它可以作为一个局部视图的设计范围。因此，在前面讨论的教务信息管理系统的例子中，将 0 层数据流图视为中层数据流图。概念设计时，就可以根据 0 层数据流图分别为学生学籍管理、课程管理、选课管理以及成绩管理系统设计局部视图。

在确定局部视图的设计范围时，有两条原则可供参考：

① 把那些关系最密切的若干功能域所涉及的数据尽可能地包含在一个局部视图内。

② 一个局部视图中所包含的实体数不能太多，以免过于复杂，不便理解和管理。

8.3.2 确定实体及实体的主键

确定了局部视图的设计范围，接着应进一步确定局部应用范围内的所有实体以及实体的主键。实体是指现实世界中抽象出来的一组具有某些共同特性和行为的对象，实体的属性是用来描述实体特征的。在信息系统中，实体和实体的属性通常都是指数据对象。

1. 确定实体

教务信息管理系统的学生选课子系统局部应用中，学生是一个实体，学生张平、李玲是学生实体的两个实例。课程是一个实体，“操作系统”“数据库设计”是课程实体的两个实例。

学籍管理子系统的局部应用中，学生是一个实体，学生的学籍变动情况也是一个实体，一个学生的每一次学籍变动信息都是学籍变动实体的一个实例。

课程管理子系统的局部应用中，课程是一个实体，上课的教师是一个实体，每位上课的教师都是教师实体的实例。

成绩管理子系统的局部应用中，学生是一个实体，一个学生，选修一门课程并参加了考试，就会有这门课程的成绩。因此，可以把成绩视为选课联系的一个属性，详见8.3.4节的讨论。

物料库存管理系统中，入库单是一个实体，每张入库单是入库单实体中的一个实例；领料单是一个实体，每张领料单是领料单实体中的一个实例；物料也是一个实体，每个物料都是物料实体的一个实例。

2. 确定实体的主键

每个实体都有一个或一组用来标识实体中每个实例的属性，这个或这组属性称为实体的主键。

教务信息管理系统中，学生实体的主键是学生的学号，课程实体的主键是课程号，学籍变动实体的主键是学号＋变动日期，教师实体的主键是教师号，选课实体的主键是学号＋课程号。

物料库存管理系统中，入库单实体的主键是入库单编号，领料单实体的主键是领料单编号，物料实体的主键是物料编号。

在需求分析阶段，已收集了许多数据对象。概念设计时，如何区分这些数据对象究竟是实体还是属性呢？下面给出区分实体与属性的一般原则。

(1) 实体一般需要描述信息，而属性不需要

例如，学生需要描述其特征的信息(学号、姓名、性别、出生年月等)，所以学生是一个实体；而性别不需要描述信息，所以性别是个属性。

(2) 多值的属性可考虑作为实体

例如,教师的职务是一个多值的属性,即一个教师可能担任多个职务。此时职务可考虑作为一个独立的实体,否则数据库表中就会出现大量空值。

为了说明这个问题,假设有一个教师基本信息表,其格式如表 8.1 所示。

表 8.1 教师基本信息表

教师号	教师姓名	性别	出生年月	工作部门	职务 1	……	职务 5	职称	工资	……

从表 8.1 中可以看出,教师担任的职务最多可以有 5 个。因为多数教师的职务只有一个,那么,其他职务项就是空值。这样不仅浪费空间,而且由于空值是一个特殊的值,它表明该值为空缺或未知,对数据库用户来说可能会引起混淆,应该尽量避免。因此,表 8.1 中的职务属性应该分离出来作为一个独立的实体。

实体与属性是相对而言的。同一事物,在一种应用环境中作为属性,在另一种应用环境中就必须作为实体。例如,学校中的系,在某种应用环境中,它只是作为学生实体的一个属性,表明一个学生属于哪个系;而在另一种环境中,由于需要考虑一个系的系主任、教师人数、学生人数、办公地点等,这时系就需要作为实体了。

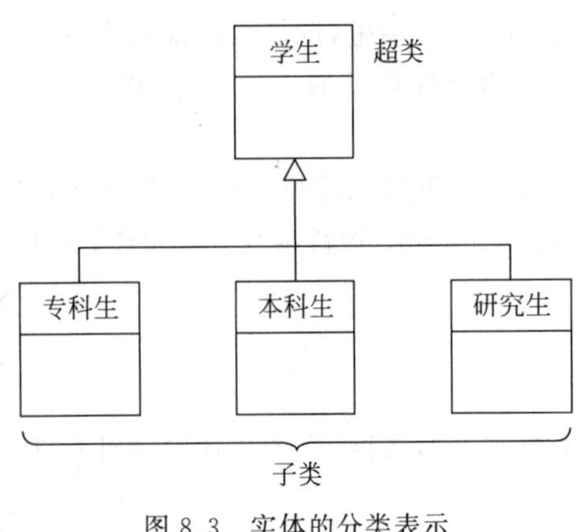

图 8.3 实体的分类表示

识别完所有的实体和实体的主键,再对实体进行归类,把具有共性的实体归为一类。例如,学校中的专科生、本科生以及研究生都是学生实体,他们之间具有共性,可以把他们归为学生一类,然后用普遍化机制表示出来,如图 8.3 所示。

8.3.3 定义实体间的联系

在第 2 章中,已经介绍了实体间联系的概念、实体间联系的四种类型以及实体参与度表示等方面的内容。在局部视图设计时,需要对已识别出的实体确定不同实体间有什么联系。联系属于什么类型,是二元联系还是多元联系。这些问题的解决通常是根据问题的语义或者一些事务的规则确定的。

下面主要讨论常见的实体间的二元联系。

(1) 一对一(1∶1)联系

1∶1联系可根据实体参与联系是强制参与还是非强制参与分别讨论。

① 两个实体都是强制参与的情况。

假定：

每一位教师讲一门课；每一门课程由一位教师讲；

每一位教师必须讲课；每一门课程必须有教师讲。

根据上述事务规则,教师实体与课程实体间通过讲课发生联系,联系的类型是1∶1,且两个实体参与联系都是强制参与。由于参与联系的实体个数为2,所以这是一个二元联系,如图8.4所示。

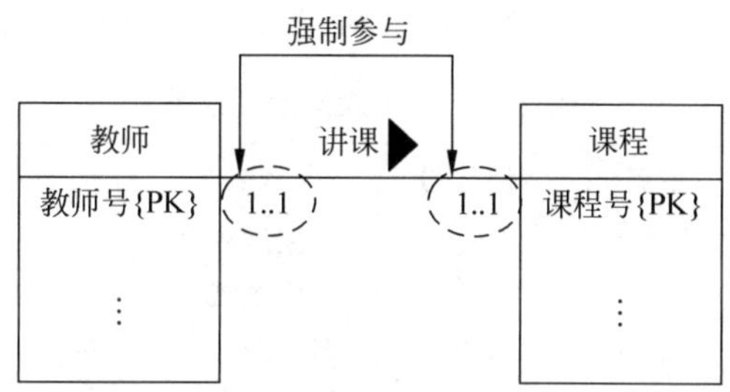

图8.4 两个实体都是强制性参与的1∶1联系

注意：{PK}表示该属性为实体的主键

表8.2给出了1∶1联系的关系表。可以看出,每位教师只对应一门课程；每门课程也只对应一位教师。

表8.2 1∶1联系的关系表

教师号	教师名	系名	课程号	课程名	学时数	学分	开设学期
09001	张明	计算机	CS001	数据结构	80	5	春
09002	李平	计算机	CS002	操作系统	64	4	秋
09003	王峰	计算机	CS003	编译原理	64	4	秋
16001	刘宁	电气	E001	电子线路	80	5	春
16002	李惠莲	电气	E002	自控原理	100	6	秋

表8.2提供了每位教师讲授的课程信息,每位教师在哪个系工作的信息,本学期开设的所有课程信息,每门课程的学分、学时数以及开设学期的信息。

② 其中只有一个实体是强制参与的情况。

假定：

每一位教师讲一门课；每一门课程由一位教师讲；

每一位教师必须讲课；但是,每一门课程并不都必须有教师讲。

根据上述事务规则,教师实体与课程实体间联系的类型仍然是1∶1,但课程实体参与联系是非强制参与,如图8.5所示。

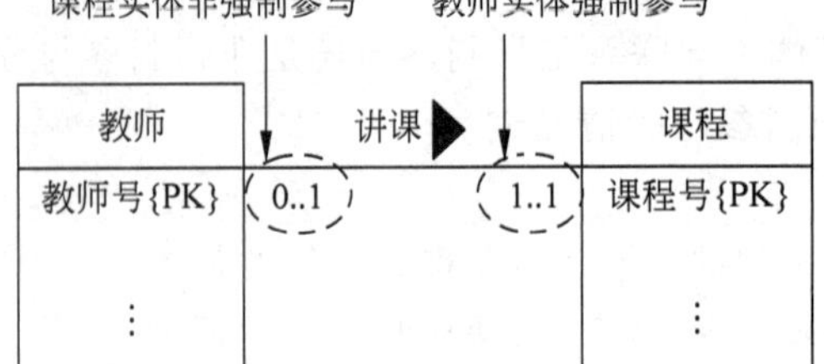

图 8.5　一个实体是强制性参与的 1∶1 联系

表 8.3 给出了一个实体是强制性参与的 1∶1 联系的关系表。可以看出,每位教师只对应一门课程;每门课程也只对应一位教师,但是有些课程可以暂时没有教师讲。

表 8.3　1∶1 联系的关系表

教师号	教师名	系名	课程号	课程名	学时数	学分	开设学期
09001	张明	计算机	CS001	数据结构	80	5	春
			CS002	操作系统	64	4	秋
09003	王峰	计算机	CS003	编译原理	64	4	秋
			E001	电子线路	80	5	春
16005	李惠莲	电气	E002	自控原理	100	6	秋

从表 8.3 中可以看到,如果一个实体参与联系是非强制性的,关系表中就会出现空值。为了解决空值问题,可以将表 8.3 分为两张表,一张表用来存放哪位教师讲哪门课程的信息,如表 8.4 所示,另一张表用来存放没有教师讲的课程信息,表 8.5 所示。

表 8.4　有人讲的课程信息

教师号	教师名	系名	课程号	课程名	学时数	学分	开设学期
09001	张明	计算机	CS001	数据结构	80	5	春
09003	王峰	计算机	CS003	编译原理	64	4	秋
16005	李惠莲	电气	E002	自控原理	100	6	秋

表 8.5　无人讲的课程信息

课程号	课程名	学时数	学分	开设学期
CS002	操作系统	64	4	秋
E001	电子线路	80	5	春

将表 8.3 分为两张表后,表 8.4 仍然是属于 1∶1 联系。此时,如果要查询本学期开设的所有课程,则需要对表 8.4 和表 8.5 做连接操作才能查找到结果,而连接操作需要花费较多机器时间。另外一种方案是表 8.4 不变,而将表 8.5 改为存放本学期开设的所有课程,如表 8.6 所示。

表 8.6 本学期开设的所有课程信息

课程号	课程名	学时数	学分	开设学期
CS001	数据结构	80	5	春
CS002	操作系统	64	4	秋
CS003	编译原理	64	4	秋
E001	电子线路	80	5	春
E002	自控原理	100	6	秋

如果要查询哪位教师讲了哪门课程，只要对表 8.4 进行查找。而要查询本学期开设的所有课程，则只要对表 8.6 进行查找即可。这种方案不需要进行表的连接操作，所以比较好。

(2) 一对多(1∶*)联系

假定：

每一位教师可讲多门课程；

而每门课程只能由一位教师讲。

根据上述事务规则，教师实体与课程实体间的联系便是一对多联系(1∶*)，如图 8.6 所示。

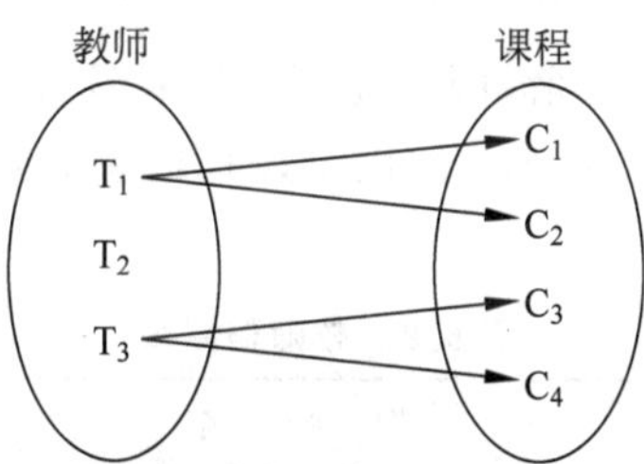

图 8.6 教师实体与课程实体间的 1∶* 联系的值图

注意：该图是一种值图，是实体及其联系的一种图示方法

对于 1∶* 联系，通常只关心多端情况。下面根据多端实体的强制参与和非强制参与分别进行讨论。

① 多端的实体是强制参与的情况。

假定：

每一位教师可讲多门课程，任何教师都必须讲课；

每门课程只能由一位教师讲，且每门课程必须有教师讲。

此时，教师实体和课程实体都是强制参与，如图 8.7 所示。

图 8.7 中的 1..* 表示教师必须讲课且可以讲 1 到多门课，1..1 表示每门课程必须有一位讲课教师。

表 8.7 给出了教师实体与课程实体间的 1∶* 联系。可以看到，表 8.7 存在数据冗余。数据冗余会带来操作异常问题。

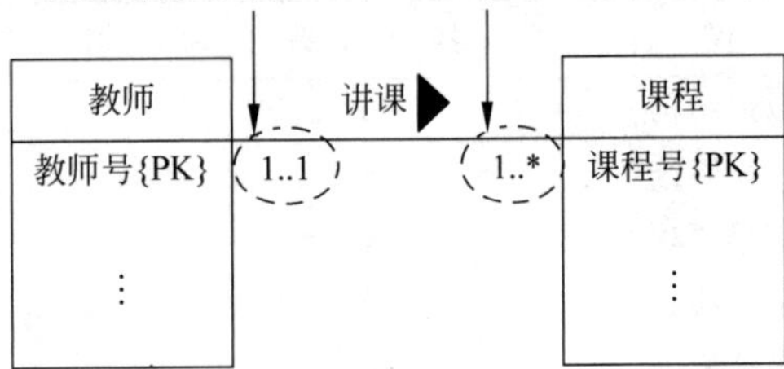

图 8.7　多端实体是强制参与的 1∶* 联系

表 8.7　教师实体与课程实体间的 1∶* 联系

教师号	教师名	系名	课程号	课程名	学时数	学分	开设学期
09001	张明	计算机	CS001	数据结构	80	5	春
09002	李平	计算机	CS002	操作系统	64	4	秋
09002	李平	计算机	CS003	编译原理	64	4	秋
09001	张明	计算机	CS004	离散数学	80	5	秋
09002	李平	计算机	CS005	软件工程	48	3	春
09001	张明	计算机	CS006	数字电路	64	4	春
16001	刘宁	电气	E001	电子线路	80	5	春
16002	李惠莲	电气	E002	自控原理	100	6	秋

另一种方案可以解决数据冗余,即建立三张表:教师信息表、课程信息表以及授课表。表 8.8 给出了教师信息表,表 8.9 给出了课程信息表,表 8.10 给出了教师实体与课程实体间 1∶* 联系的授课表。

表 8.8　教师信息表

教　师　号	教　师　名	系　　名
09001	张明	计算机
09002	李平	计算机
09003	王峰	计算机
16001	刘宁	电气
16002	李惠莲	电气

表 8.9　课程信息表

课　程　号	课　程　名	学　时　数	学　　分	开设学期
CS001	数据结构	80	5	春
CS002	操作系统	64	4	秋
CS003	编译原理	64	4	秋
CS004	离散数学	80	5	秋
CS005	软件工程	48	3	春
CS006	数字电路	64	4	春
E001	电子线路	80	5	春
E002	自控原理	100	6	秋

表 8.10 授课表

教师号	课程号	教师号	课程号
09001	CS001	16002	E002
09002	CS002	09001	CS004
09002	CS003	09002	CS005
16001	E001	09001	CS006

② 多端的实体是非强制参与的情况。

假定：

每一位教师可讲多门课程，但不是任何教师都必须讲课；

每门课程只能由一位教师讲，不是每门课程都必须有教师讲。

此时，N 端实体便是非强制参与，如图 8.8 所示。

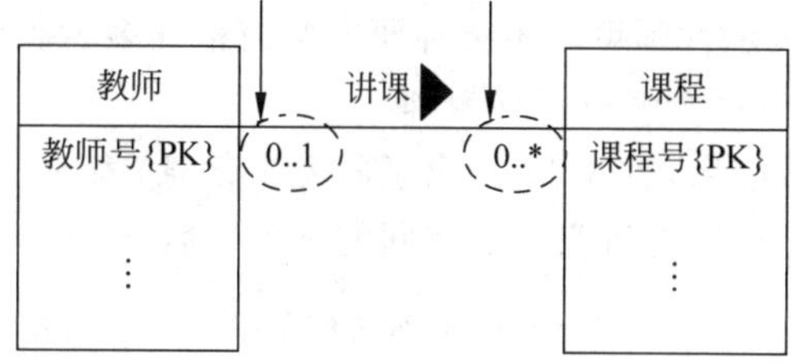

图 8.8 多端实体是非强制参与的 0：* 联系

图 8.8 中 0..* 表示教师可以讲 0 到多门课。0..1 表示每门课程可以没有讲课教师或只有一位讲课教师。表 8.11 给出了教师实体与课程实体间的 1：* 联系。

表 8.11 教师实体与课程实体间的 1：* 联系

教师号	教师名	系名	课程号	课程名	学时数	学分	开设学期
09001	张明	计算机	CS001	数据结构	80	5	春
09002	李平	计算机	CS002	操作系统	64	4	秋
			CS003	编译原理	64	4	秋
09001	张明	计算机	CS004	离散数学	80	5	秋
09002	李平	计算机	CS005	软件工程	48	3	春
09001	张明	计算机	CS006	数字电路	64	4	春
			E001	电子线路	80	5	春
16002	李惠莲	电气	E002	自控原理	100	6	秋

表 8.11 中有的课程没有安排讲课教师，所以出现空值。

另一种方案可以避免出现空值，也是建立三张表，同表 8.8、表 8.9、表 8.10 一样，其中，一张表是教师信息表，一张表是课程信息表，另一张表存放已安排教师讲课的授课信息表。

(3) 多对多(* : *)联系

假定:

一位教师可指导多名研究生,且一名研究生可由多位教师指导;

不是所有教师都指导研究生,而研究生必须有教师指导。

根据上述事务规则,教师实体和研究生实体间的联系便是多对多联系(* : *),如图 8.9 所示。

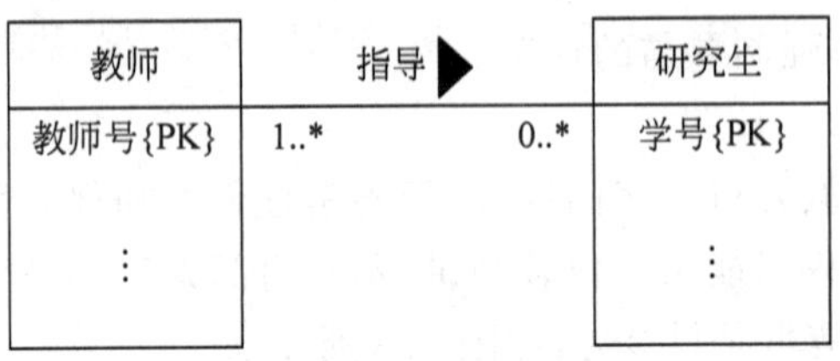

图 8.9 教师实体和研究生实体间的 * : * 联系

图 8.9 中的 1.. * 表示教师可以不指导研究生或指导多名研究生,0.. * 表示每名研究生可以没有指导教师或可有多位指导教师。

表 8.12 给出了教师信息,表 8.13 给出了研究生信息,表 8.14 给出了教师指导研究生的信息,也反映了教师实体与研究生实体间的 * : * 联系。

表 8.12 教师信息

教师号	教师名	系名
09001	张明	计算机
09002	李平	计算机
09003	王峰	计算机
16001	刘宁	电气
16002	李惠莲	电气

表 8.13 研究生信息

学号	姓名	系名
GST001	李宁	计算机
GST002	许平	计算机
GST003	洪伟	计算机
GST004	刘玲玲	计算机

表 8.14 教师指导研究生的信息

教师号	学号
09001	GST001
09001	GST002
09002	GST003
09003	GST004

(4) 自联系

自联系又称为一元联系或递归联系,它也是一种二元联系。不过,这种联系是发生在同一实体中的不同实例之间。

例如,普通教师和系主任都是单位的职工,都是同一个教师实体的实例,但他们之间存在着领导与被领导的关系。假定:一位系主任可以领导多位普通教师,而每位普通教师只可被一位系主任领导。那么,教师实体内部的不同实例间便存在 1 : * 联系,如图 8.10 所示。

图 8.10 中的 1..1 表示普通教师一定被系主任领导,而且只被一位系主任领导。1.. * 表示每位系主任必须领导一位到多位普通教师。表 8.15 给出了系主任与普通教师间的信息。

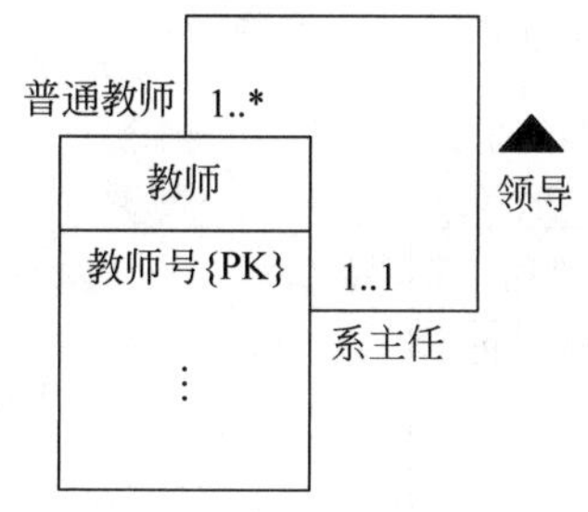

图 8.10 教师实体内部系主任与普通教师间的自联系

表 8.15 系主任与普通教师间的自联系

教师号	系主任号
09002	09001
09003	09001
09004	09001
09005	09001
16002	16001
16003	16001
16004	16001

在学生选课管理子系统中，如果规定：

学生必须选课，每学期最多选修 6 门课程；

每门课程可以没有人选，最多不超过 100 人选。

根据事务规则，学生和课程实体之间通过学生选课发生联系，联系的类型是 * ： * 的，如图 8.11 所示。

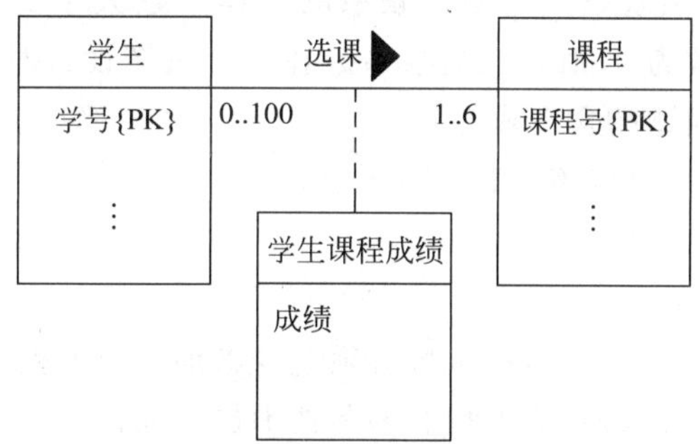

图 8.11 学生选课子系统的局部视图

在学籍管理子系统中，如果规定：

每个学生的学籍变动情况可以为 0～3 次，每次学籍变动对应一名学生。根据事务规则，学生和学生学籍变动实体之间存在 1 ： * 联系，如图 8.12 所示。

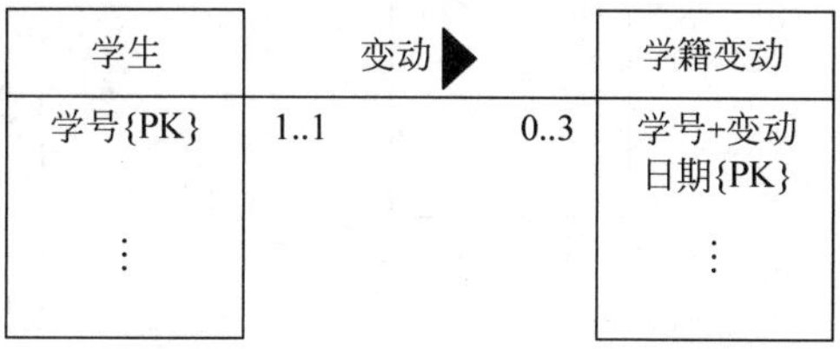

学生 | 学号{PK} | ⋮ — 变动 1..1 0..3 — 学籍变动 | 学号+变动日期{PK} | ⋮

图 8.12 学籍管理子系统的局部视图

在课程管理子系统中，如果规定：

每一位教师可讲多门课程，但不是任何教师都必须讲课；

每门课程只能由一位教师讲，且每门课程必须有教师讲。

根据事务规则,课程和教师实体之间存在 1 ∶ * 联系,如图 8.13 所示。

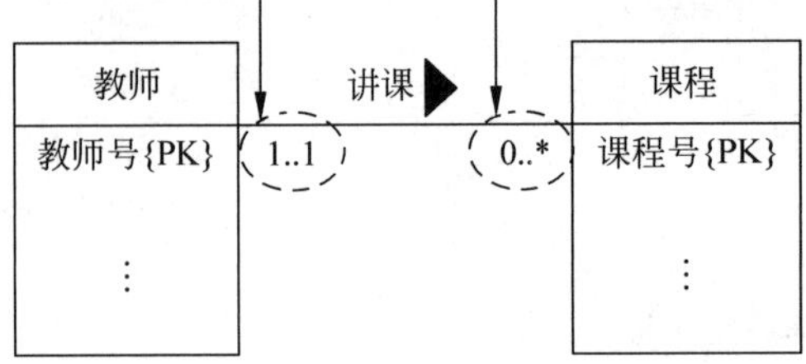

图 8.13 课程管理子系统的局部视图

在成绩管理子系统中,如果规定:

每名学生选课后必须参加考试;

一名学生选修一门课程就有一个成绩;

每名学生最多可有 6 门课程(见选课子系统)的成绩。

根据事务规则,成绩管理子系统的局部视图参见图 8.11 学生选课子系统的局部视图。

前面主要讨论了二元联系。当参与联系的实体个数大于 2 时,称为多元联系。例如,参与联系的实体个数为 3,则为三元联系。在局部视图设计时,究竟是建立二元联系还是三元联系,要根据问题的含义确定。

下面是定义实体联系时应该注意的若干点:

(1) 消除冗余联系

假定:

每一名技术员必须至少参加一个工程;

每一个工程有多名技术员参加;

每一个工程必须使用多种技术。

由于联系具有传递性,因此,隐含了每一名技术员必须掌握多种技术。该问题涉及三个实体:技术员、工程以及技术,它们之间的联系如图 8.14 所示。

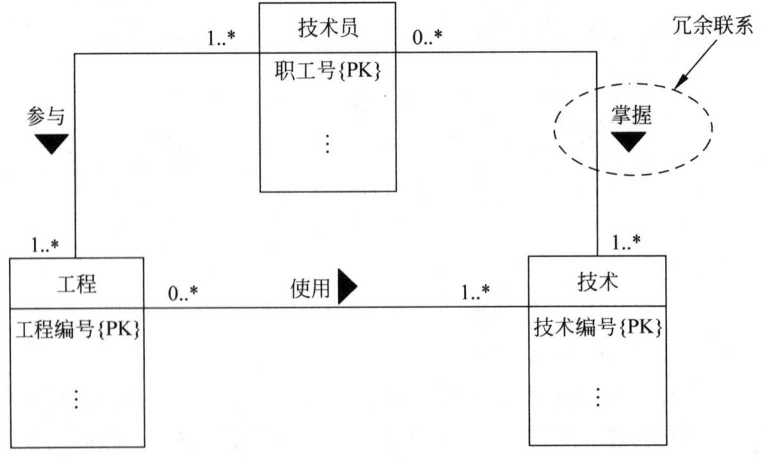

图 8.14 冗余联系

注意：由于联系具有传递性，因此，技术员实体和技术实体间的联系是冗余的，应将它去掉。

(2) 正确鉴别二元及多元联系

在局部视图设计中，不同实体间应该建立二元还是多元联系，应该根据问题说明来确定。下面举例说明。

问题说明 1：任何一个供应商可向任何一个顾客供应任何一种零件。

在这个问题中，给定一个供应商，不能够确定该供应商向哪一个顾客供应了哪一种零件；给定一个顾客，也不能够确定该顾客向哪一个供应商购买了什么零件；同样，给定一个零件，也不能确定哪一个顾客在哪一个供应商处购买的。

如果想知道哪一个供应商向哪一个顾客提供了哪一种零件，则必须构建一个三元联系，且供应商、顾客以及零件三个实体之间的联系是多对多的，如图 8.15 所示。

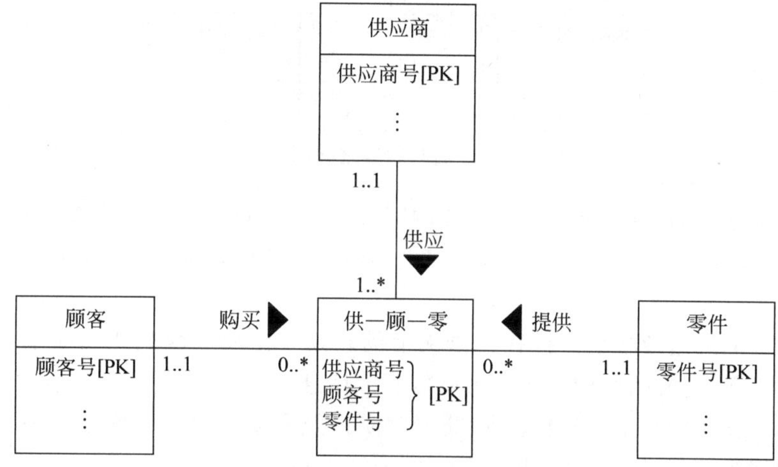

图 8.15 供应商、顾客以及零件之间的三元联系

图 8.15 表示，只有供应商、零件、顾客确定了，才能唯一确定一个联系值。

注意：三元联系不能直接用 UML 表示，必须转换成二元联系。一般做法是可以引入一个新的实体代替原联系，并将原联系分解为三个一对多联系(购买、提供和供应)。这样就可以删除复杂的联系。

问题说明 2：任何一个供应商可向任何一个顾客供应零件，但每一个顾客订购的零件是一定的。

在这个问题中，同样，给定一个供应商，不能确定向哪一个顾客供应零件；给定一个顾客，也不能确定向哪一个供应商购买零件。但是，顾客确定了，该顾客所购买的零件就可以确定。

因此，供应商和顾客之间是二元的多对多联系；而零件和顾客之间是二元的一对多联系，如图 8.16 所示。

图 8.16 表示，只有供应商、顾客确定了，才能确定一个供应联系值；而顾客确定了，可以确定一个唯一的零件值。

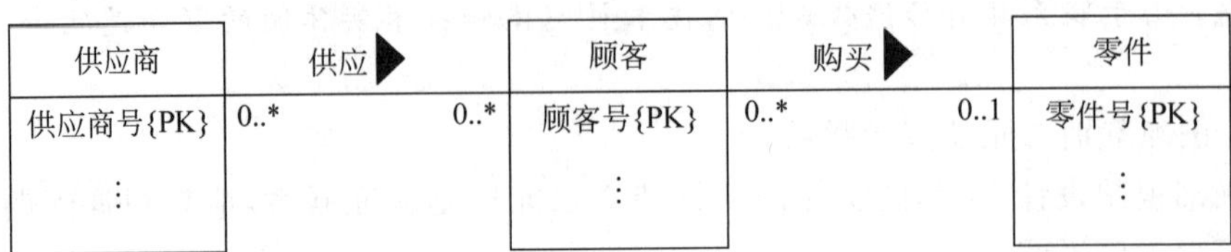

图 8.16　供应商、顾客以及零件之间的二元联系

问题说明 3：任何一个供应商可向任何一个顾客提供零件，但某个供应商对某个顾客供应的零件是确定的。

这个问题表示，当供应商和顾客确定了，供应商供应给顾客的零件也就确定了。对此，只需定义一个二元联系，而零件则可作为供应联系的一个属性，如图 8.17 所示。

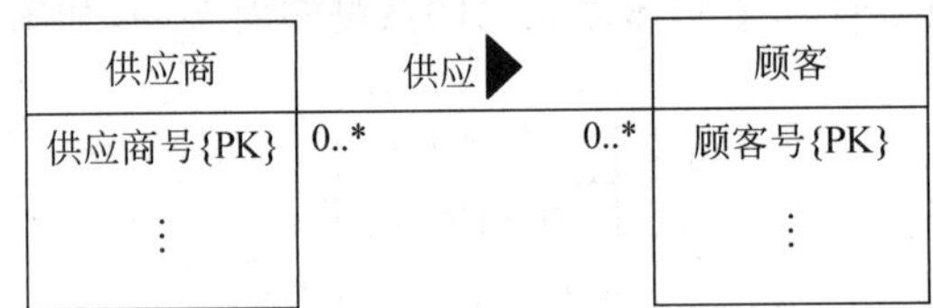

图 8.17　供应商与顾客之间的二元联系

由以上讨论可知，对于涉及多个实体的问题，是否应该定义成一个多元联系，不可一概而论，而应该具体问题做具体分析，使定义的模式能够确切地表达问题的含义。

(3) 防止连接陷阱

所谓连接陷阱是指联系结构存在语义上的缺陷。主要原因是定义联系时没有仔细弄清问题的语义，定义的结构无法提供所需要的信息。

连接陷阱有几种类型：扇形陷阱、断层陷阱以及深层陷阱。下面举例说明怎样识别和解决这类问题。

① 扇形陷阱。

扇形陷阱存在于从同一个实体扇出的两个或多个一对多联系中。图 8.18(a)说明了一个学院拥有多名教职工以及一个学院包含多个系。该图有一个潜在的扇形陷阱，它显示了两个一对多联系，它们从同一个实体扇出。下面检查"拥有"和"包含"联系的一些例子。这些例子使用的实例用学院、系和教职工的主键属性值表示，如图 8.18(b)的值图所示。

图 8.18 中，教职工通过学院与系发生联系。现在，如果给定一个职工号，要查询该职工是属于哪一个系的。根据目前图中提供的结构，可以确定该职工是哪一个学院的，但不能确定是该学院中的哪一个系。不能确定的主要原因是学院实体扇出的两个一对多联系，即双扇结构，无法确定需要查询的信息，于是出现了连接陷阱。

解决上述问题的方法是对 E-R 图做适当变换，如图 8.19 所示。

图 8.19 中，系与教职工之间直接发生联系，而且是一对多联系。现在，给定一个职工号，可以确定该职工是属于哪一个系的。但是，如果某些教职工不属于任何系而是直属于学院的，那么，图 8.19 结构不能提供这方面的信息。因此，这种结构仍然缺乏语义信息，即存在断层陷阱。

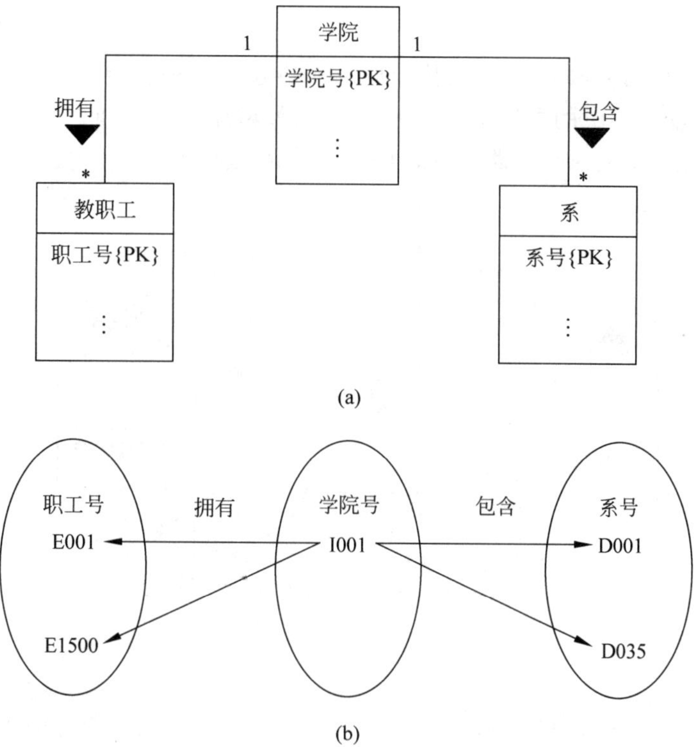

图 8.18　存在潜在扇形陷阱的 E-R 图

(a) 同一个学院实体扇出的两个或多个一对多联系；(b) 值图

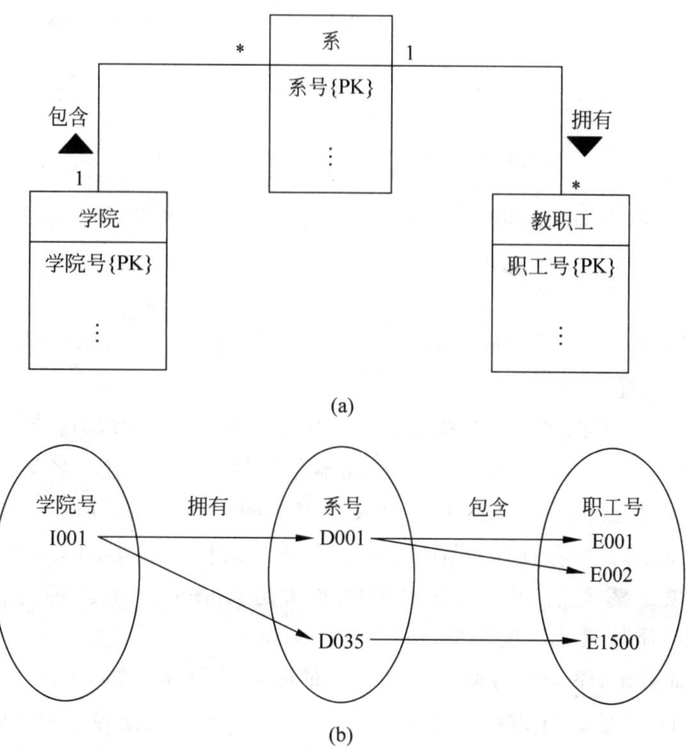

图 8.19　变换后的 E-R 图和值图

② 断层陷阱。

断层陷阱是指因 E-R 图所含的传递联系而掩盖了某些特定值的直接联系的现象。解决图 8.19 中断层陷阱的办法是增加一个联系(如增加学院、教职工间的“直属”联系),为直属学院的教职工提供一个路径,如图 8.20 所示。

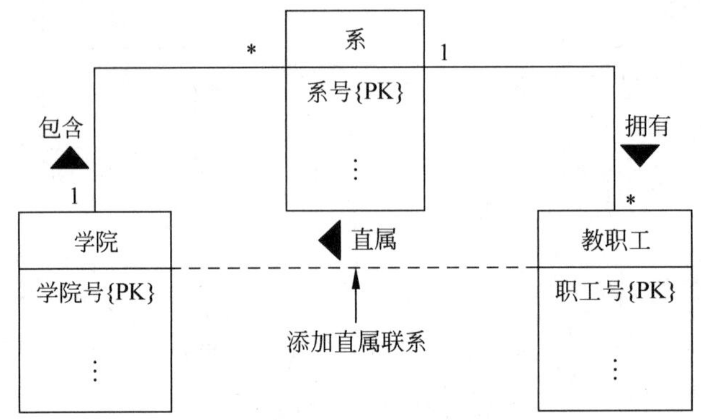

(a) 为直属学院的教职工提供一个路径

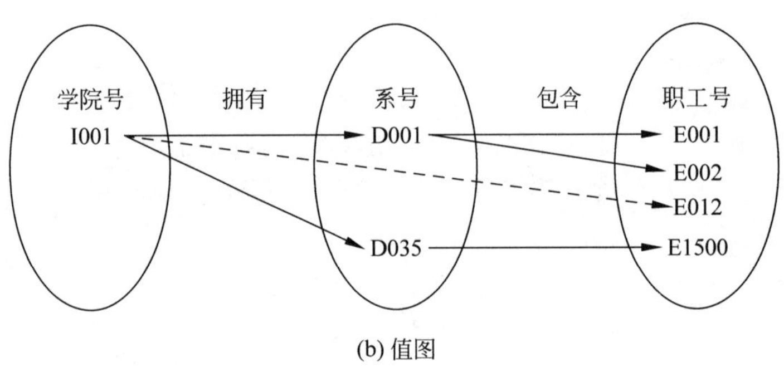

(b) 值图

图 8.20　添加“直属”联系解决断层陷阱

图 8.20 中通过添加新的联系解决了断层陷阱问题。但对有些情况,增加新的联系会带来新的陷阱。见下面讨论。

③ 深层陷阱。

深层陷阱是指两个实体之间存在联系,但不存在路径。下面以教师指导学生参加工程为例讨论这个问题。

假定:每名学生可在多位教师指导下参加多项工程。每位教师可指导多名学生,但只允许一位教师指导一名学生参加一项工程,而不允许多位教师指导一名学生参加某项工程。

根据事务规则,给出符合语义的 E-R 图及其值图,如图 8.21 所示。

图 8.21 的值图表明存在扇形陷阱,从这个联系结构无法得到关于哪位教师指导哪名学生参加哪项工程的信息。改进的一种办法是再增加一个教师与工程的联系,如图 8.22(a)所示,添加联系后的值图如图 8.22(b)所示。

从值图不难看出,添加服务联系后的结构能够确切地提供如下信息:

职工号为 T001 的教师指导学号为 ST001 的学生参加工程号为 P001 的工程;

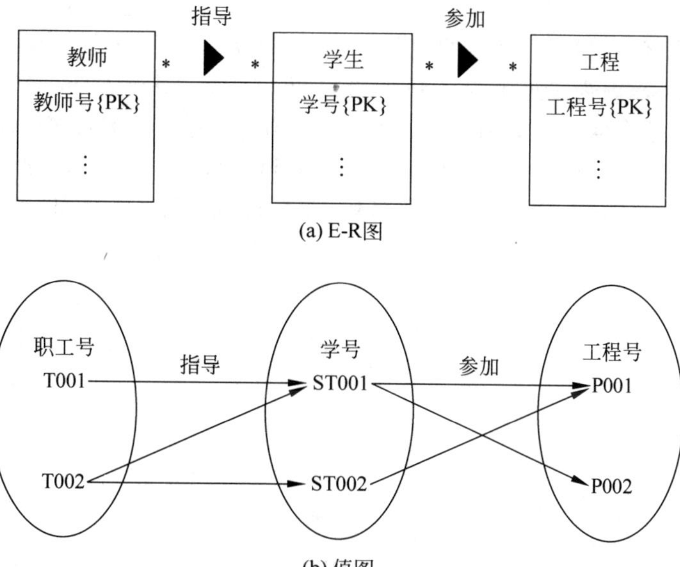

(a) E-R图

(b) 值图

图 8.21　教师指导学生参加工程

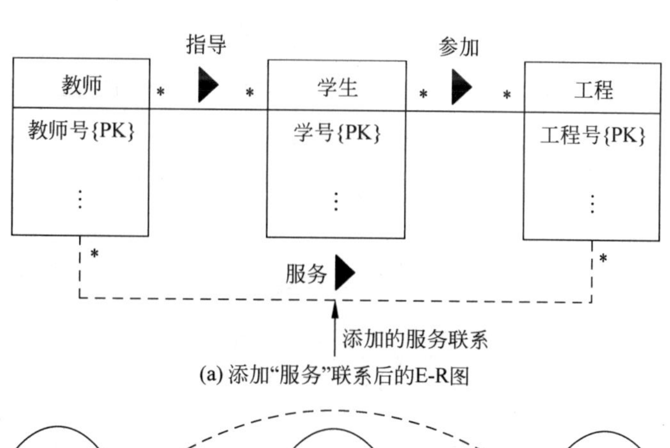

(a) 添加“服务”联系后的E-R图

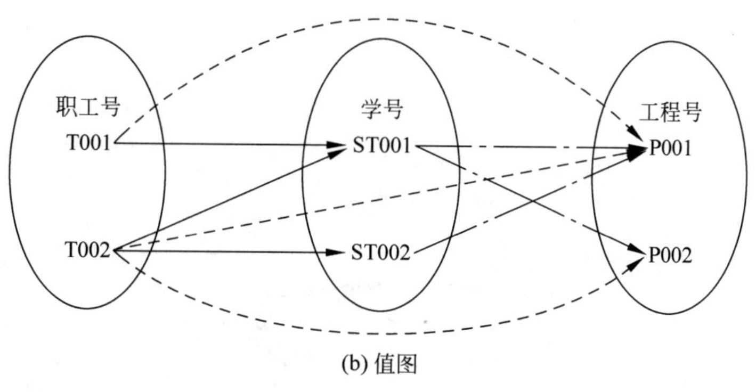

(b) 值图

——— 指导　—·— 参加　- - - - 服务

图 8.22　在教师和工程之间添加“服务”联系

职工号为 T002 的教师指导学号为 ST002 的学生参加工程号为 P001 的工程。

但是,从这个值图却无法确定职工号为 T002 的教师指导学号为 ST001 的学生究竟参加了哪一项工程,因为参加工程号 P001 的工程或工程号 P002 的工程都是这个值图正确的语义。出现这个问题的原因在于新增加的教师、工程间的多对多联系带来了两个新的双扇结构。可见,有时增加一个新的联系虽然可消除原来的陷阱,却产生了新的陷阱。

解决这个例子的最有效的办法是将教师、学生以及工程三个实体间的联系定义成一个三元联系,如图 8.23 所示。

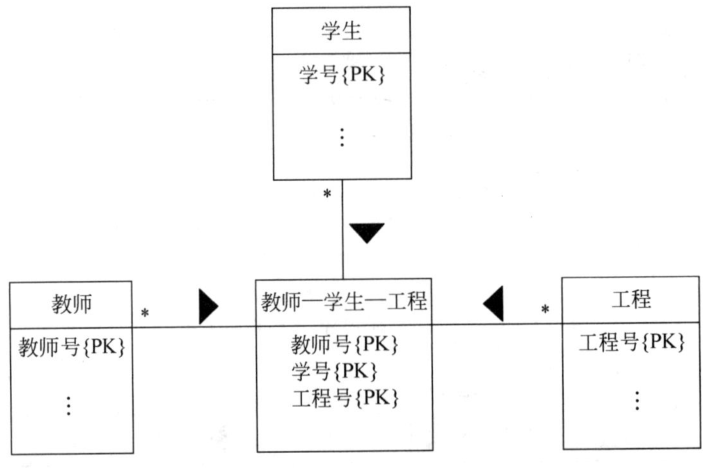

(a) 建立三元联系消除陷阱

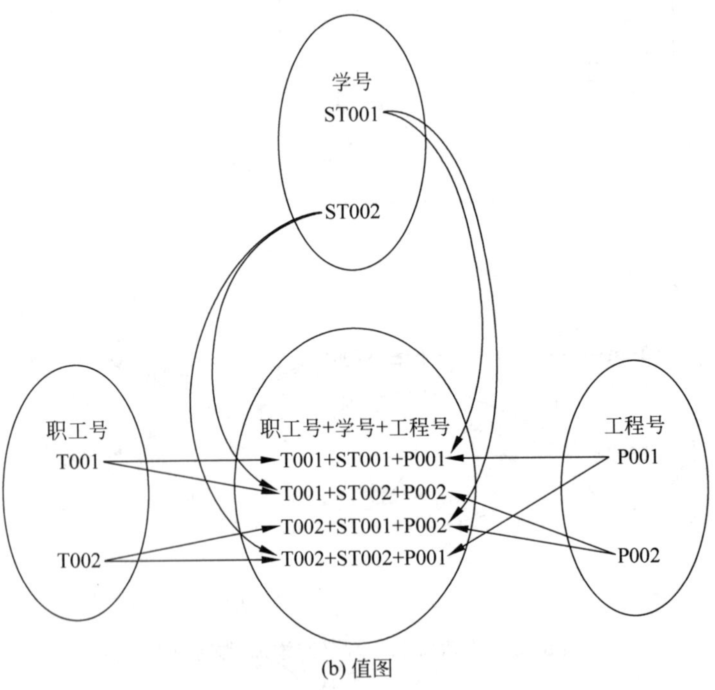

(b) 值图

图 8.23 教师、学生以及工程间的三元联系

从图 8.23 可知，只有给定了教师、学生以及工程，才能确定一个联系值。

通过讨论可知，应该定义成三元联系的问题不能用二元联系代替。

8.3.4 给实体及联系加上描述属性

当已经在一个局部应用视图中识别了实体、实体的主键以及实体间的联系时，便形成了一个局部视图的 E-R 图。然后，再为局部视图中的每个实体和联系加上所有必需的其他描述属性。

在需求分析阶段，已收集了所有的数据对象。除了主键属性外，还需将其他属性分配给有关的实体或联系。为使这种分配更合理，必须研究属性之间的函数依赖关系并考虑其他一些准则，而这些对一般用户是不易理解的。因此在概念设计阶段，应该避免涉及这类问题，而主要是从用户需求的概念上去识别实体或联系应该有哪些描述属性。

例如，学生实体的描述属性除了学号以外，还需要姓名、性别、出生年月、家庭地址、入学时间、系别、专业等属性；而课程实体的描述属性除了课程号属性以外，还需要课程名、学时数、学分、开设学期、课程类型(必修或选修)等属性。

联系本身也可以有描述属性。在学生选课联系中，学生每学一门课并参加考试，便可获得该门课程的成绩。如果把成绩属性放在学生实体中，由于一个学生的成绩属性有多个值(每门课一个成绩)，所以不合适；如果把成绩属性放在课程实体中，也会因为一门课有多个学生选修而不易确定那个学生的成绩。因此，成绩作为选课联系的属性较为合适。如图 8.24 所示，在 UML 的 E-R 模型中，为了表示联系的属性，引出了联系实体的概念，通过联系实体将联系的属性用一条从联系到联系实体的虚线表示。

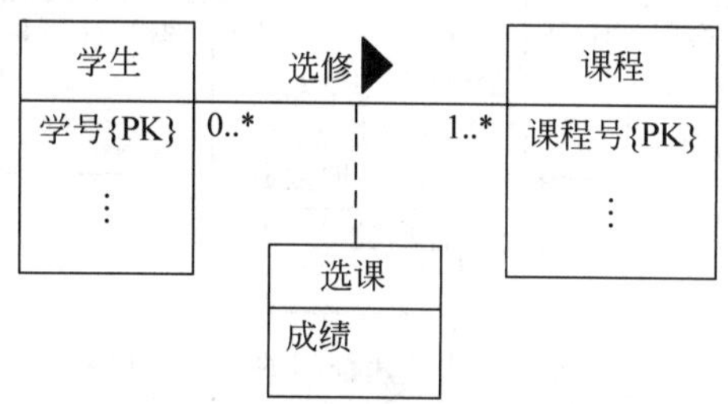

图 8.24 成绩作为选课联系的属性

在按以上原则识别描述属性的过程中，如遇到一个属性的分配在几个实体或联系中存在选择的话，应尽可能地避免使属性出现空值的分配方案。例如，在教师和课程实体的 E-R 图中，如果教师和课程实体间的联系是一对一的，且它们参与联系都是非强制性的。

现在有一个属性“学时数”，如果从依赖关系考虑，它可以分配给教师、课程或讲课联系三者中的任何一个，因为教师和课程间的联系是一对一的，教师定了课程也定了，学时数也定了。但加给教师的话，如有的教师没有分配到讲课任务，学时数一栏就会出现空值。如表 8.16 所示，教师号为 09002 的教师没有分配到讲课任务，所以属性“学时数”一栏为空；而加给课程的话，如有些课程还没有纳入教学计划，也会出现空值。如表 8.17 所示，课程号为 CS004 和 E002 的课程还没有纳入教学计划，所以属性“开设学期”一栏为空。

表 8.16 教师信息

教师号	教师名	系名	学时数
09001	张明	计算机	80
09002	李平	计算机	
09001	张明	计算机	80
09002	李平	计算机	
09001	张明	计算机	64
16002	李惠莲	电气	100

表 8.17 课程信息

课程号	课程名	学时数	学分	开设学期
CS001	数据结构	80	5	春
CS002	操作系统	64	4	秋
CS003	编译原理	64	4	秋
CS004	离散数学	80	5	
CS005	软件工程	48	3	春
CS006	数字电路	64	4	春
E001	电子线路	80	5	春
E002	自控原理	100	6	

为了避免出现空值,属性“学时数”最好加给讲课联系,如图 8.25 所示。

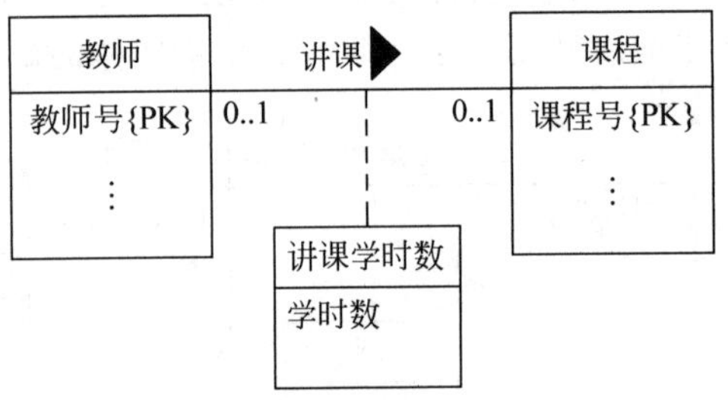

图 8.25 教师和课程间的一对一联系

因此,分配属性的原则为:应使实体尽量少出现空值。

如果分配属性时,似乎找不到可以依附的实体或联系,此时可以在原模式中增加一个新的实体或联系来解决此问题。例如,图 8.26 所示的病人/病房模式中,一个病房可包含 0 到多个病人,每个病人只能住在一个病房。病人一端出现强制性的联系。

病房
病房号{PK}
类型
床位数
包含
1..1
0..*
病人
住院号{PK}
姓名
出生日期
住院日期
病房号{FK}

图 8.26 病人/病房模式

如果现在尚有属性“手术号”和“手术名”待分配。这里，手术名依赖于手术号，一个病人可能接受多种手术，一个病房可接纳不同种手术的病人。对于这种情况，属性“手术号”和“手术名”分配给病房实体或病人实体都不合适。解决的办法是在原来的模式中增加一个病人与手术的联系，扩充后的E-R模式如图8.27所示。

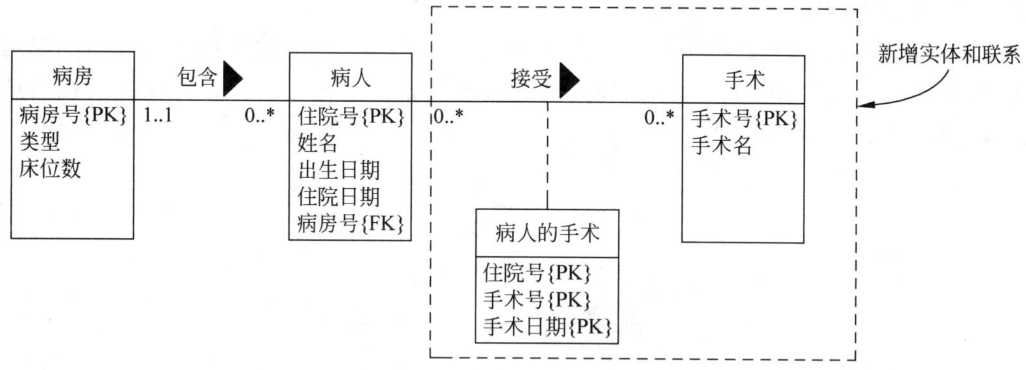

图8.27 扩充后的病人/病房模式

病人实体中属性“病房号”是一个外键，来自于病房实体中的主键。

由于病人可能会接受多次相同的手术，但通常不会在同一天进行相同的手术，所以，“接受”联系的主键应为住院号＋手术号＋手术日期。

8.4 高级建模技术

8.4.1 特殊化和普遍化

前面讨论的E-R图都属于基本E-R图。虽然基本E-R图已表达了现实世界的许多语义信息，但对于更复杂的数据库应用，仍需要对基本E-R图进行扩充以表达更多的语义信息。在基本E-R模型基础上，增加其他“语义”信息便构成了EER模型。

EER模型中引入了特殊化和普遍化概念。这两个概念与称为超类和子类的特定类型的实体以及属性继承的过程有关。超类是一个实体，包含所有在实体中出现的公共属性和关系。子类也是一个实体，有一个区分的角色，并且包含在(超类)实体中出现的部分具体属性和联系。

例如，企业中通常有各种类型的职工：干部、技术员以及普通职工等，但不管是哪种类型的职工，他们都是职工。因此，职工可视为超类，而干部、技术员以及普通职工视为职工的子类。

如果超类和任何一个子类之间的联系都是1∶1关系，则称为超类/子类关系。子类的每一个成员也是超类的成员，但是有一个唯一的角色。

可以使用超类和子类以避免在一个实体中用不同的属性来描述实体。例如，干部有特殊属性：职务级别；技术员有特殊属性：技术级别；普通职工有特殊属性：工人级别。如果所有职工的公共属性和那些不同类型职工的特殊属性都由职工实体表示，那么，这些特殊属性上就会产生许多空值，这是不希望的。因此，定义超类/子类能让描述只与职工具体子类相关，但并不与职工全部相关的关系。

特殊化过程是一个自顶向下的方法，它定义超类集合以及有关的子类。当标识一个实体的子类时，把特殊的属性与子类相关联(必要时)，并且标识出子类和其他实体或子类(必要时)之间的关系。

普遍化过程是一个自底向上的方法，从初始的子类中产生普遍化的超类。当标识超类时，要找出子类间的相似之处，如公共的属性和关系。普遍化过程是特殊化过程的逆过程，如图 8.28 所示。

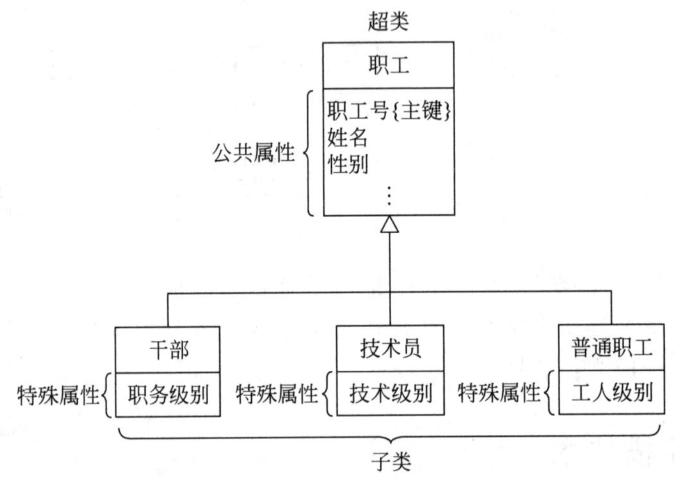

图 8.28　职工的超类/子类关系

通过以上讨论，下面给出特殊化过程和普遍化过程的区别：

特殊化过程是通过标识实体成员间的不同特征来最大化它们的差别；

普遍化是通过标识实体的共有特征来最小化它们的差别。

将超类和子类引入 E-R 模型的好处是可以避免多次描述相近的概念，节省时间，使 E-R 模型的可读性更强，具有更丰富的语义信息。另一个好处是属性继承，即子类继承超类的所有属性。例如，子类干部、技术员以及普通职工继承了超类职工的属性。因此，干部用属性职工号、姓名、性别……，以及附加属性职务级别来描述；技术员用属性职工号、姓名、性别……，以及附加属性技术级别来描述；普通职工用属性职工号、姓名、性别……，以及附加属性工人级别来描述。

如果一个子类有多个超类，这种子类称为共享子类。例如，在职研究生，既是教师的子类，又是研究生的子类，如图 8.29 所示。

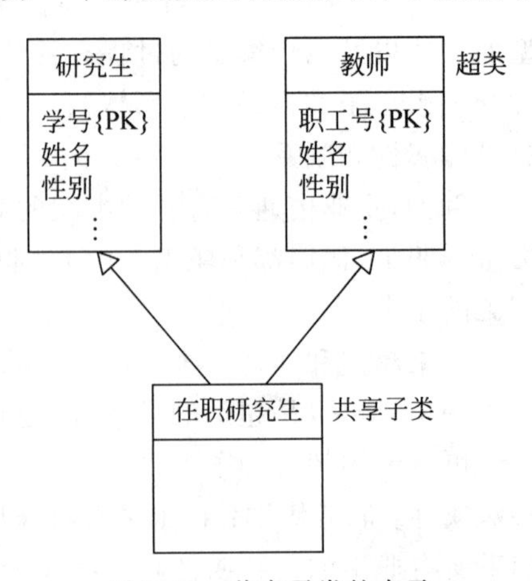

图 8.29　共享子类的表示

在职研究生的成员必须是研究生和教师的成员。共享子类继承所有超类的属性，这种继承属于多重继承,共享子类也可以有自己的属性。

8.4.2 超类/子类关系的约束

在 EER 图中,超类和子类关系可以使用两类约束,分别为参与约束以及无连接约束。详见 2.8.2 节的讨论。

如图 8.30 所示,职工与干部、技术员以及普通职工之间有强制参与(mandatory),这意味着超类中出现的每个实体必须也是子类的成员。无连接约束为 or,表示超类中出现的每个实体只能是一个子类的成员。例如,每个职工都必须是干部、技术员或普通职工。

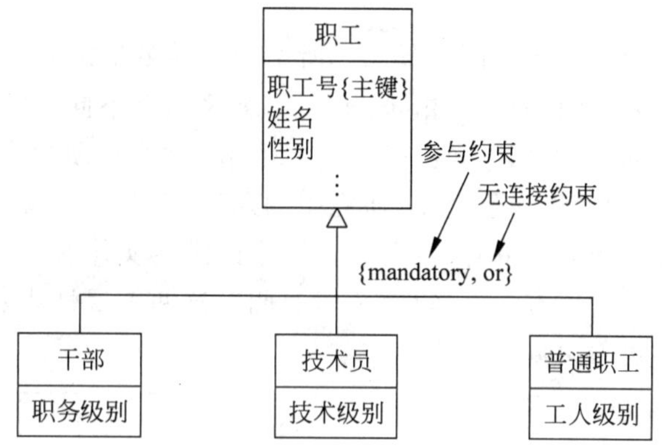

图 8.30 参与约束和无连接约束

如图 8.31 所示,学生与学生会干部、团委干部以及科协干部之间有可选参与(optional),这意味着超类的某些成员不需要属于任何子类,即某些学生成员不需有附加的工作角色,如学生会干部、团委干部或科协干部。非无连接约束为 and,表示子类是非无连接的,此时某些实体的出现可以是多个子类的成员,即某些成员可以是学生干部、团委干部或科协干部。

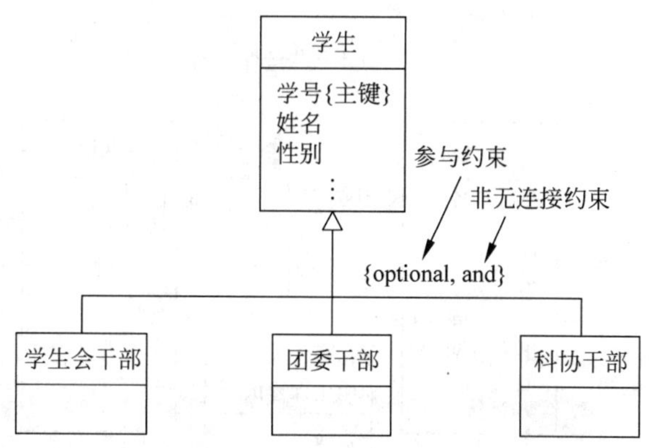

图 8.31 可选参与约束和非无连接约束

8.5 视图集成概述

上一节讨论了局部视图的设计,由于局部视图只反映了个别用户组的数据观点,而且不同的局部视图可能是由不同的设计人员设计的,所以局部视图间的不一致、冲突及信息冗余是不可避免的,在对视图进行集成时,必须对这些问题进行处理。

视图集成可分为局部视图集成和新老视图集成。局部视图集成是指对新设计的各局部视图进行集成;而新老视图集成是指对原来已存在的集成视图与新增加的局部视图进行集成。不管是哪一种集成,都会存在各种冲突,例如,命名冲突、结构冲突、度量冲突以及值域冲突等。

命名冲突又分为同义异名和同名异义。所谓同义异名是指同一个实体或同一个属性在不同的视图中命名不同,但意思相同;而同名异义是指不同的实体或不同的属性在不同的视图中命名相同,但意思不同。如图 8.32 所示,两个视图中的学生和课程实体分别表示本科生、本科生的课程和研究生、研究生的课程,因此两个视图中学生、课程两个实体名是属于同名异义问题。另外,本科生视图中的学生实体有一个属性"何时入学",而研究生视图中的学生实体有一个属性"入学时间",这两个属性表示的是相同意思,属于同义异名问题。解决方法见 8.6 节。

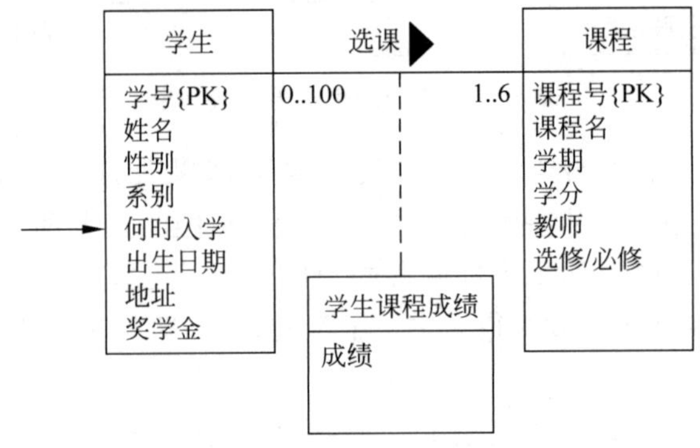

(a) 本科生选课视图

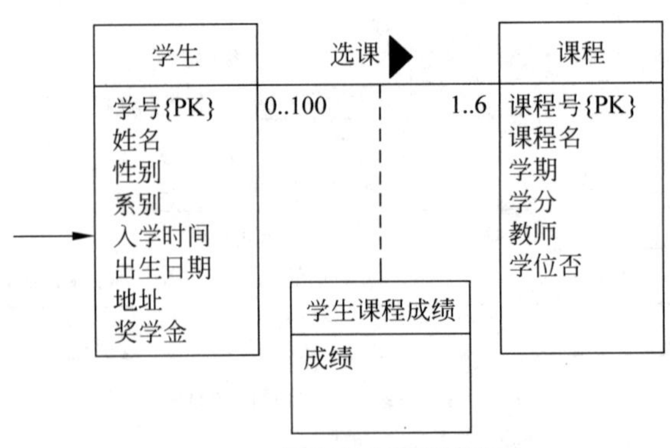

(b) 研究生选课视图

图 8.32 不同视图间的命名冲突

结构冲突是指同一个问题，在一个视图中定义为二元联系，而在另一个视图中定义为三元联系。

度量冲突是指表示长度单位或重量的单位在不同视图中采用了不同的度量表示，例如，长度单位，在一个视图中用“米”表示，而在另一个视图中用“厘米”表示；又例如，重量单位在一个视图中用“吨”表示，而在另一个视图中用“公斤”表示。

值域冲突是指相同的属性在不同视图中的值域不同。例如，属性“学号”，在一个视图中定义为字符型，而在另一个视图中定义为数字型。

因此，视图集成的任务就是揭示矛盾、识别共性、消除冗余、解决冲突。

视图集成在整个数据库设计中是一个十分重要的步骤，同时也是一项颇为复杂和困难的任务。视图集成的结果是得到一个满足用户需求的全局视图，即全局的 E-R 模式。

8.5.1 视图集成的策略

对于一个较为复杂的系统，可能存在许多局部视图。如何将这些局部视图集成为一个统一的全局视图，这里有一个策略问题：一次集成多少个局部视图为宜？

集成策略一般可分为两类：二元集成和 n 元集成。二元集成又可分为平衡式集成和阶梯式集成；n 元集成又可分为一次多元集成和多次 n 元集成。

1. 二元集成

二元集成是一种两两集成方式，即每次集成的视图数为 2，如图 8.33 所示。二元集成方式的优点是每个集成步骤上分析比较过程简单化、一致化，且有最少的分析比较次数，因而成为广泛使用的一种策略。缺点是集成操作的总的次数较多，并且在最后须分析检查总体性能是否都满足，必要时做调整。

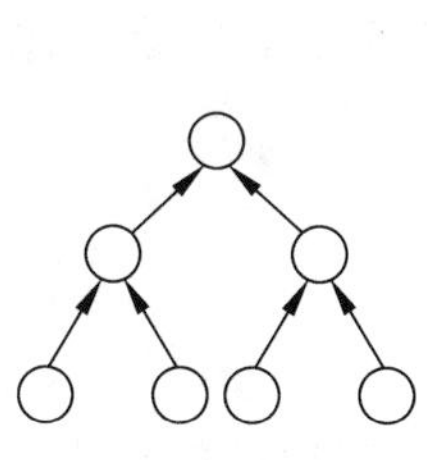

(a) 平衡式集成方式

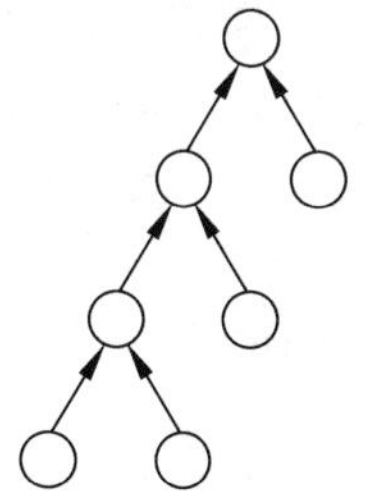

(b) 阶梯式集成方式

图 8.33 二元集成方式

注：○表示局部视图

平衡式集成方式通常先选一个初始集成序列，即选两个关系最密切的视图作为初始集成序列，合并后，希望对象数越少越好。假设有两个分别具有 N 和 M 个对象的视图，其集成结果可能有 $N+M-X$ 个对象，其中 X 为两个视图间对象定义的重叠度。

为了使合并后的对象数尽可能的少,初始集成序列的选择应使每两两集成时其 X 值尽可能地大。如果每个集成层次上的集成都按这个原则进行,那么可望总的集成效率达到最高。

阶梯式集成方式与平衡式集成方式相比,阶梯式集成不考虑初始集成序列,所以不能保证 X 值最大,但却省去了预处理的麻烦。这种集成方式适合新老视图集成的场合。

2. 多元集成

多元集成是一种集成视图数大于 2 的集成方式。一次 n 元集成是指一次集成 n 个视图,如图 8.34 所示。

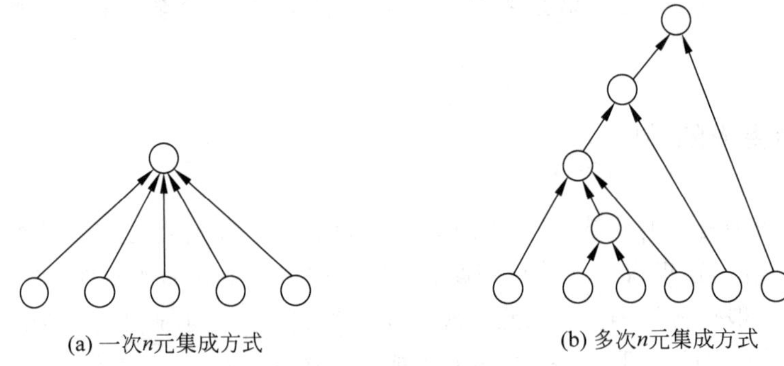

图 8.34 n 元集成方式○视图

一次 n 元集成的优点是能充分地考虑全局要求,不必到最后再来分析调整,且集成步数最少。缺点是随着视图数及视图中的对象数的增加,集成效率明显降低。因此,这种集成方式适合于 n 较小的场合。

多次 n 元集成方式首先对待集成的视图运用与平衡式二元集成相同的机理把这些视图按相关程度分成若干组,每一组的视图数可为两个或多个。然后按组集成,集成若干中间视图,对这些中间视图再进行分组、集成,最后得到全局视图。多次 n 元集成优点是既具有平衡式二元集成效率高的优点,又具有较少的总的集成次数;缺点是集成的复杂度最大。

8.5.2 视图集成的步骤

视图集成的方法有很多种,每一种方法都有一套独特的执行过程,但总的来说都可分为两个阶段:预集成阶段和集成阶段。

预集成阶段的主要任务是:

(1) 确定总的集成策略。集成策略包括在总的设计目标范围内视图集成的优先次序、一次集成的视图数以及初始集成序列等。

(2) 对视图进行分析比较、识别数据对象间的语义,揭示和解决冲突,为下一阶段视图的集成奠定基础。

与识别语义、解决冲突有关的问题有以下几点。

① 揭示同名异义和同义异名问题。

虽然数据对象命名时遵循了命名规范，但同名异义和同义异名问题仍不可避免。揭示同名异义问题并不难，只要列出所有的同名对象，然后判别其语义即可。而识别同义异名问题则比较困难，通常须由设计者对所有的对象逐一地进行鉴别。识别语义的主要方法是进行值域分析。

② 定义数据对象的值域。

一个数据对象的值域(有时简称为域)是指该对象所有可能的实例的集合，记对象 A 的值域为 $\mathrm{Dom}(A)$。仔细地定义每个对象的值域是识别来自不同视图的数据对象在所讨论的概念上是否同名异义或同义异名、是否有共性或不相干的主要手段。对象间值域相关性有四种情况：

- 域等同：$\mathrm{Dom}(A)=\mathrm{Dom}(B)$；
- 域包含：$\mathrm{Dom}(A)\subseteq\mathrm{Dom}(B)$ 或 $\mathrm{Dom}(B)\subseteq\mathrm{Dom}(A)$；
- 域重叠：$\mathrm{Dom}(A)\cap\mathrm{Dom}(B)\neq\varnothing$；
- 域分离：$\mathrm{Dom}(A)\cap\mathrm{Dom}(B)=\varnothing$。

一旦所有数据对象按以上四种情况进行归类，便可用不同的方法进行集成。

③ 说明等价对象之间的映射。

来自不同用户观点的两个或多个数据对象可能出现以下两种等价的情况：

- 描述同一事物，但名称不同，值域也不同。

例如，出生日期(日期型)与年龄(整型)尽管名称不同、值域也不同，但描述的都是人的年龄问题，属于等价对象；职工号(字符串型)与工作证号(整型)尽管名称不同值域也不同，但描述的都是职工的标识问题，也属于等价对象。

- 对同一事物的度量采用了不同的度量单位。

例如，“重量”单位有的视图用吨，有的视图中却用公斤，吨和公斤可以进行转换。

视图集成过程中，等价对象之间可按一定的法则映射，如出生日期和年龄之间；也可按公式进行转换，如吨和公斤之间；也可按对照表方式进行映射，如职工号和工作证号之间。

集成阶段的主要任务是：归并和重构视图，最后得到一个统一的全局实体。这样一个全局视图应该满足以下要求：

- 完整性和正确性。集成的视图应包含各局部视图所表达的所有语义，正确地表示与所有局部视图相关的应用域的统一的数据观点。
- 最小化。现实世界的同一概念原则上只在全局视图中出现一次。
- 可理解性。集成后的视图对于设计者和用户都是易于理解的。

一个视图的基本框架是由实体和实体间的联系组成的，所以视图集成主要包括实体的集成和联系的集成，整个集成过程就是反复交替地执行这两类基本的集成过程。下面对这两种集成活动所涉及的机理与方法分别进行讨论。

8.6 实体的集成

实体的集成是对来自不同视图中的实体,按照上节定义的值域相关性的四种情况分别进行集成。本书中讨论的视图集成采用二元集成策略,实体用大写字母 A、B 等表示,实体 A 的属性用 Attrs(A)表示。

1. 域等同

如果来自两个视图的实体 A 和 B,它们的值域相同,则集成策略为:简单地建立一个新的单一的实体,如 C,作为全局模式中的实体,其属性为实体 A 和 B 的属性之并,而值域为实体 A 的值域或实体 B 的值域,如图 8.35 所示,其形式表示为

$$\text{Attrs}(C) := \text{Attrs}(A) \cup \text{Attrs}(B)$$

$$\text{Dom}(C) := \text{Dom}(A)(\text{或 Dom}(B))$$

现在,举例说明域等同的情况。有一个“产品销售”实体,其属性有“产品号”“销售量”,另一个“产品生产”实体,其属性有“产品号”“产量”。对它们进行集成时,“产品销售”实体和“产品生产”实体的域是等同的,都取自于所有的产品信息。按照上面集成策略,可得到如图 8.36 所示的集成后的视图。

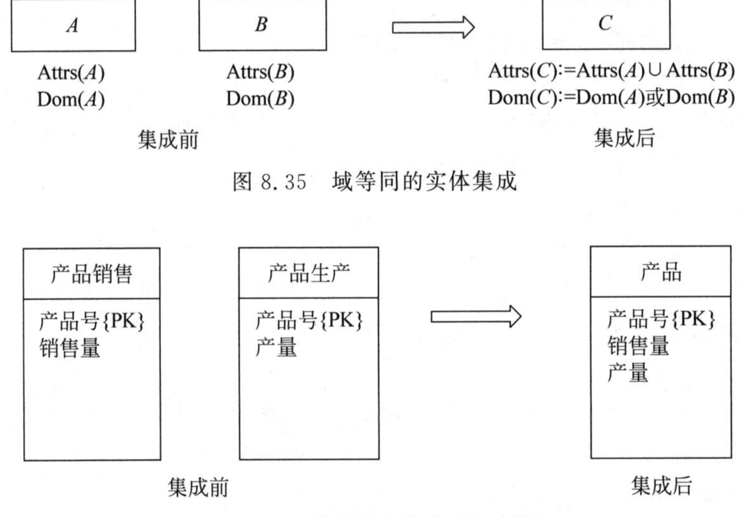

图 8.35 域等同的实体集成

图 8.36 域等同实体集成的例子

2. 域包含

如果来自两个不同视图的实体 A 和 B,它们的值域有包含关系,即 Dom(A)$\subset$Dom(B),则集成策略为:集成时可引入一个子集,在集成模式中建立两个新的实体:A_1 和 B_1,这里,A_1 为 B_1 的一个子集。实体 A_1 的属性为 Attrs(A_1) := Attrs(A) − Attrs(B),值域为 Dom(A_1) := Dom(A);实体 B_1 的属性为 Attrs(B_1) = Attrs(B),值域为 Dom(B_1) =

Dom(B)，如图 8.37 所示。

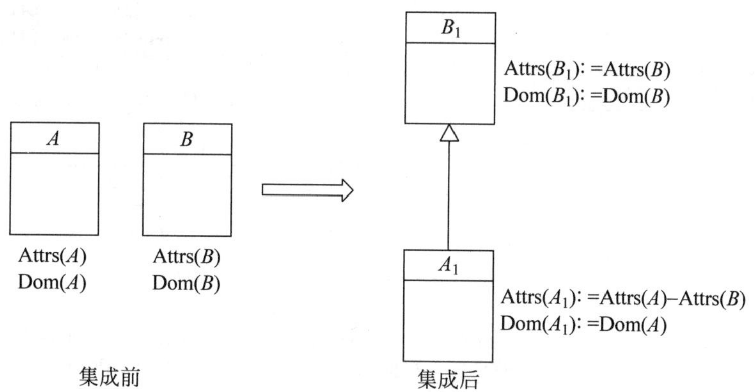

图 8.37 域包含的实体集成

从图 8.37 可以看出，集成后，B_1 就是局部视图中的 B，其属性和值域均不变。而 A_1 和局部视图中的 A 不同，其属性是与 B 不同的部分，值域不变。

下面介绍域包含集成的一个例子。有一个“职工”实体，其属性有“职工号”“姓名”“年龄”“民族”“工资”；另一个“技术员”实体，其属性除了包含有“职工”实体的所有属性外，还有属性“专业”“职称”。由于技术员也是职工，所以，“技术员”实体是包含于“职工”实体内部的，即它们是域包含关系。按照集成策略，集成后的视图如图 8.38 所示。

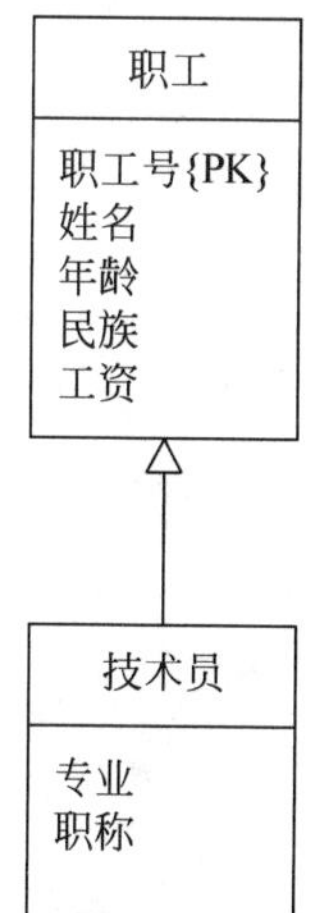

图 8.38 域包含实体集成的例子

3. 域重叠

如果来自两个不同视图中的实体 A 和 B，不仅存在着部分公共属性，而且两个实体中的部分实例是重叠的，则集成策略为：在全局模式中建立三个实体，即 AB、A_1 以及 B_1。AB 实体为 A、B 两实体的联合，其域为 A、B 两实体的所有实例，即 Dom(AB) := Dom(A) ∪ Dom(B)，属性则为两实体的属性的公共部分，即 Attrs(AB) := Attrs(A) ∩ Attrs(B)；A_1 和 B_1 是 AB 实体的子集，其域分别等同于 A 和 B 的域，即 Dom(A_1) := Dom(A)，Dom(B_1) := Dom(B)，而属性分别为 Attrs(AB) := Attrs(A) − Attrs(AB)，Attrs(B_1) := Attrs(B) − Attrs(AB)，如图 8.39 所示。

域重叠集成的例子在日常工作中也是可见到的，例如，研究生和教师是来自于不同的视图的两个实体，其中在职研究生既有研究生的身份又有教师的身份，是两个实体的域的重叠部分。根据集成策略，集成后的视图如图 8.40 所示。

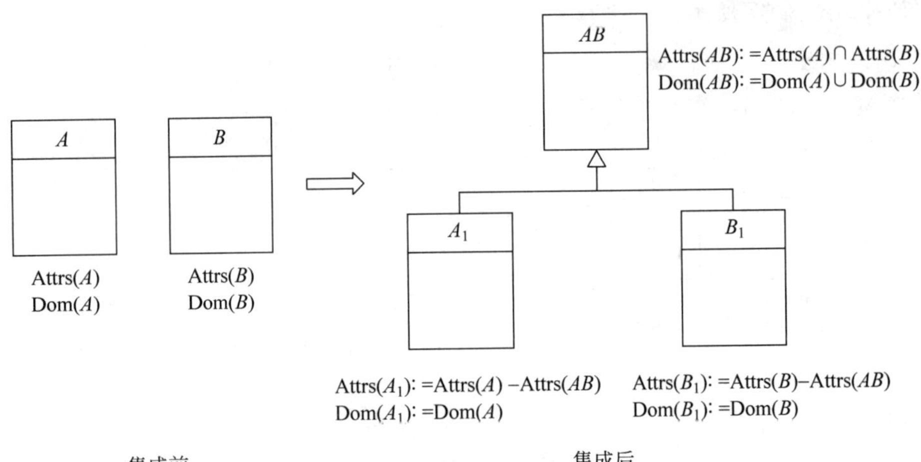

图 8.39　域重叠的实体集成

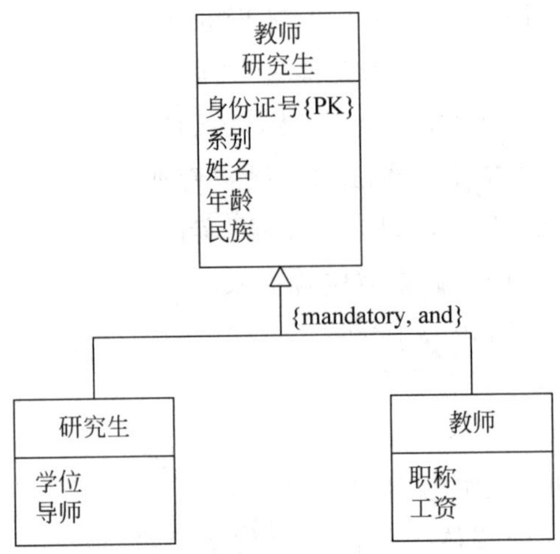

图 8.40　域重叠实体集成的例子

4. 域分离

如果来自两个不同视图中的实体 A 和 B 存在某些共性,但它们的实例在所关心的概念上是互不相关的,那么,尽管它们可能有许多相同的属性,但两者在通常意义上,它们的值域不可能等同,不可能包含,也不会重叠,则集成策略为:不必对它们进行归并,只要按原样转入全局模式即可。但也有另一种情况,如有两个实体 A 和 B,它们虽然不存在公共实例,但可统一于某一个有意义的概念,因而可以引入普遍化机制进行概念集成。集成策略为:在集成模式中建三个实体,如 A_1、B_1、C,其中 A_1、B_1 对应于局部视图中的实体 A 和 B,而实体 C 对应于 A 和 B 的普遍化概念,如图 8.41 所示。

关于域分离的例子,假设有一个"软盘驱动器"实体和"打印机"实体,虽然它们是域分离的,但它们都是计算机设备,因此可以引入普遍化机制进行集成,如图 8.42 所示。

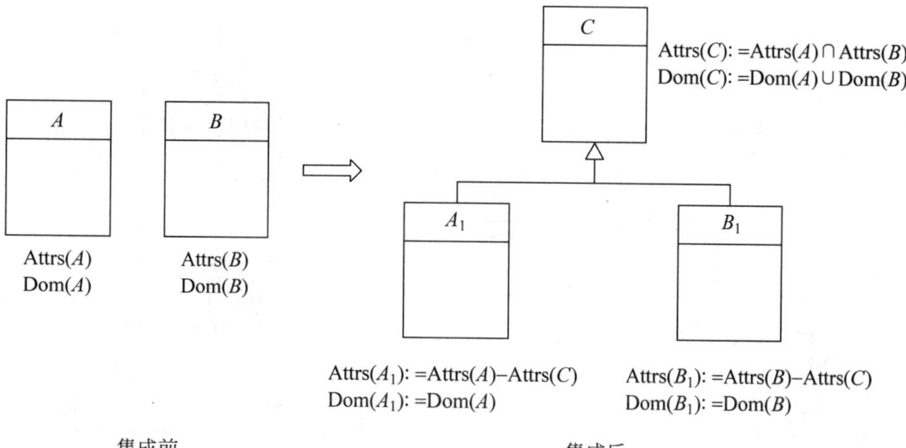

图 8.41　域分离的实体集成

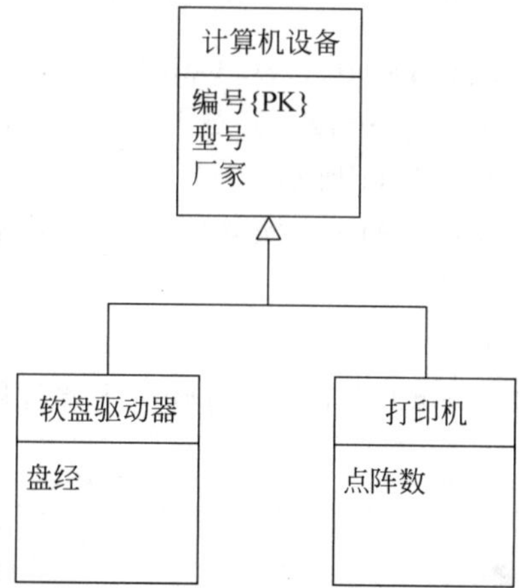

图 8.42　域分离实体集成的例子 1

另一个例子是图 8.32 中的本科生选课视图和研究生选课视图，两个视图中的学生实体和课程实体分别表示本科生、研究生以及本科生课程、研究生课程，虽然它们存在共性，但它们的实例互不相关，如一个学生不可能既是本科生又是研究生，所以它们是域分离的。但他们都是学生，集成时可以引入普遍化机制进行集成。对于存在的命名冲突，可以在预集成时重新命名实体和有关属性，如分别命名实体"本科生""本科生课程""研究生""研究生课程"，而属性"何时入学"和"入学时间"统一命名为"入学时间"，这样便解决了两个视图中实体和属性的命名冲突问题，如图 8.43 所示。

上面仅以两个实体的集成为例讨论了实体的集成，但可用类似的方法实现 n 个实体的集成。对于来自 n 个视图的 n 个实体($A_1,A_2,\cdots,A_n$)，集成过程可以采用重复使用二元集成的策略，但对某些域关系可进行 n 元集成，以下以简单的域包含的情况为例进行说明。

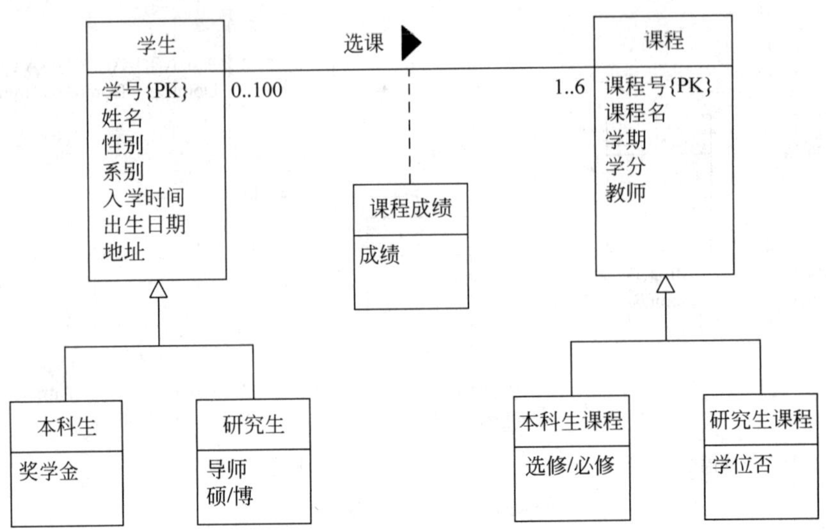

图 8.43　域分离实体集成的例子 2

假如有 n 个实体,它们之间有 $\mathrm{Dom}(A_1)\subset\mathrm{Dom}(A_2)\subset\cdots\subset\mathrm{Dom}(A_n)$,集成策略为:集成模式中引入新的实体($A'_1,A'_2,\cdots,A'_n$),这里 A'_1 是 A'_2 的子集,A'_2 是 A'_3 的子集,…,A'_{n-1} 是 A'_n 的子集,如图 8.44 所示。

比如,如果有来自三个不同视图的三个实体:"职工""技术员""工程管理员",它们分别拥有属性"工作证号、姓名、年龄、工资""工作证号、姓名、年龄、工资、专业、职称""工作证号、姓名、年龄、工资、工程、职务"。根据集成策略,集成后的结果如图 8.45 所示,三个实体域的关系为 Dom(职工)⊃Dom(技术员)⊃Dom(工程管理员)。

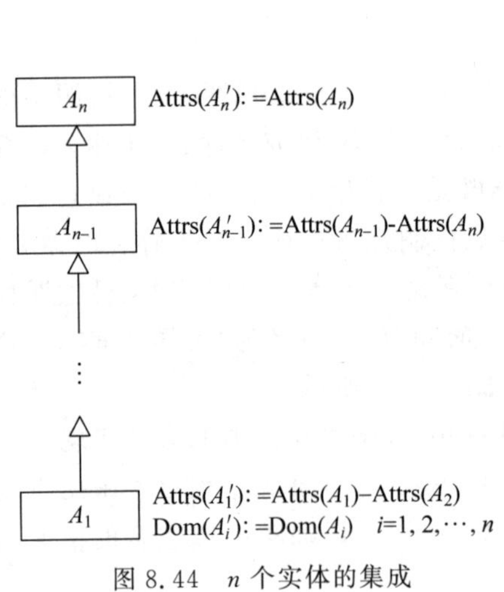

图 8.44　n 个实体的集成

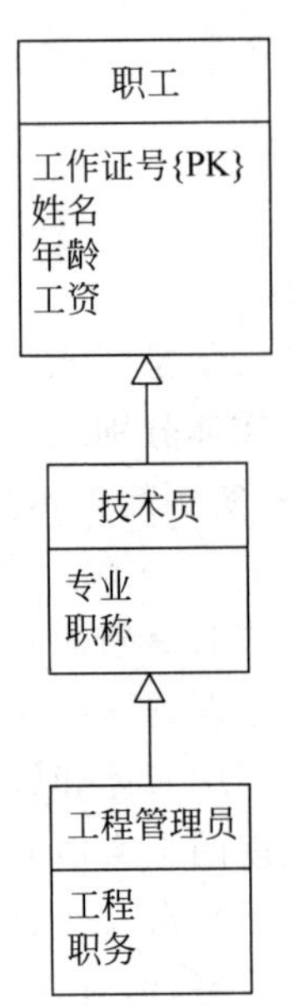

图 8.45　n 个实体集成的例子

8.7 联系的集成

与实体集成不同，联系的集成是通过语义分析来归并和调整来自不同视图的联系结构。对于来自两个不同视图的实体 A_1 和 A_2，根据它们域的相关性，凡有 A_1 参与的所有联系和凡有 A_2 参与的所有联系都有可能成为集成的对象，主要取决于它们的语义。

联系的语义如何表示呢？联系的语义主要是由联系的元数、实体在联系中的角色、实体在联系中的参与度以及联系的值域等决定。根据待集成的联系的元数、实体在联系中的角色，可将联系的集成分成三种类型：

(1) 相同元数、相同角色的联系的集成。

(2) 不同角色的联系的集成。

(3) 不同元数的联系的集成。

而每一种类型又可按实体的参与度或值域等语义分为若干种情况。下面分别对这些情况进行讨论。

8.7.1 相同元数、相同角色的联系的集成

相同元数、相同角色是指待集成的两个视图中的实体数相同，实体间的联系相同。这种类型的集成将根据实体的参与度相同与否作不同的处理。

1. 实体的参与度相同

设有不同的两个视图 V_1 和 V_2。视图 V_1 表示教授给学生上课，视图 V_2 表示讲师给学生上课。这两个视图中参与联系的实体数相同，实体参与度也相同，这是一种最简单的联系的集成。集成策略为：将待集成的联系中任意一个联系原样转入全局模式即可。但有时须根据实体间的关系做简单的归并处理。例如，教授、讲师这两个实体的域是不相交的，集成时可引入普遍化机制（这种识别如已在实体集成时识别，这里就不需要了），如图 8.46 所示。

2. 实体的参与度不同

设有不同的两个视图 V_1 和 V_2，视图中参与联系的实体数相同，但实体参与度不同。这表示一个视图中的联系比另一个视图中的联系受到更强的结构制约，如学生与课程的联系可能存在两种观点，一种是按选课的观点，学生可以不选任何一门课；另一种是按成绩登记的观点，凡是登记成绩的学生，至少选修了一门课程。所以，学生在这两种不同视图的选课联系中参与度是不同的。集成策略为：引入子集结构来协调两者在参与度上的差异。如图 8.47 所示，将“选课的学生”作为学生实体的子集便可统一参与度，于是可将两个联系归并成一个。

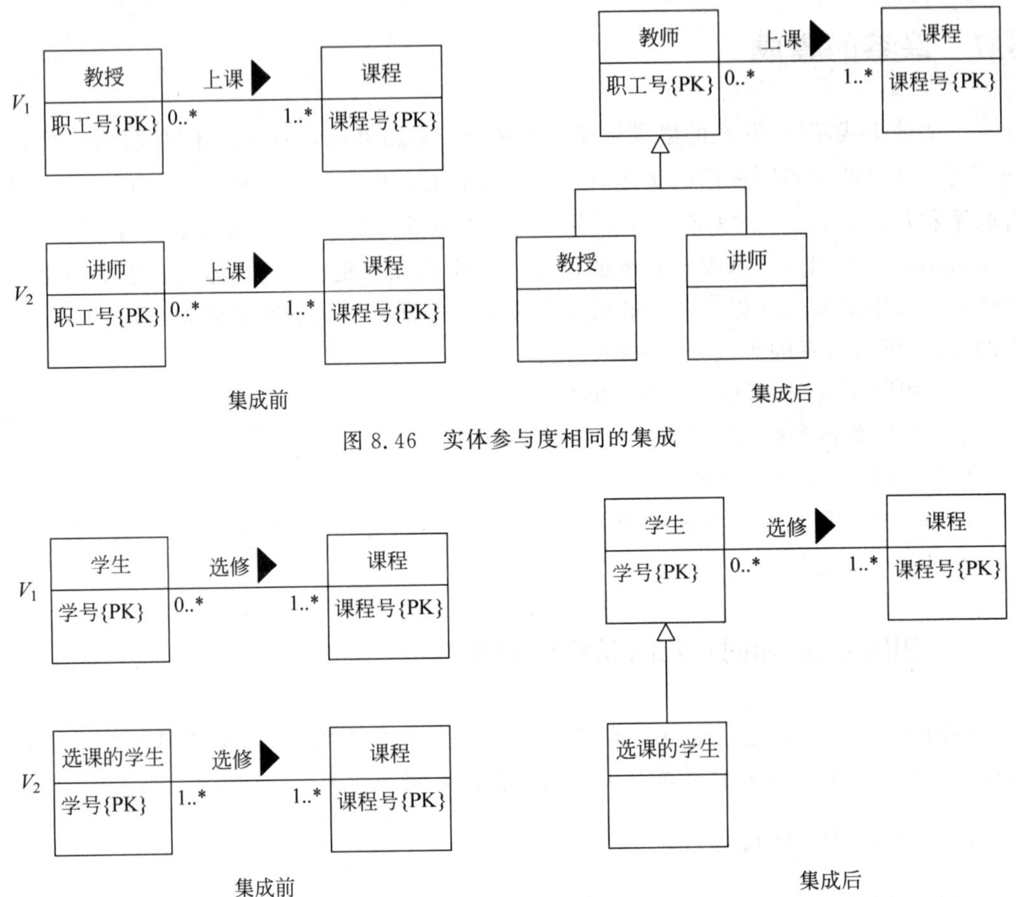

图 8.46　实体参与度相同的集成

图 8.47　实体参与度不同的集成

8.7.2　相同元数、不同角色的联系的集成

相同元数、不同角色是指待集成的两个视图中的实体数相同，但实体在联系中的角色不同。这种情形通常意味着联系的语义不同。在特定的情况下，这两个联系还是有可能归并的。例如，两个视图中参与联系的实体相同，但联系的语义不同(即，实体在联系中的角色不一样)。通过分析这两种联系的值域之间的关系，针对域相关性的不同情况分别进行不同的集成处理。

1. 域包含

如果一个视图中的实体联系是另一个视图中实体联系的子集，即联系的值域有包含关系，则集成策略为：集成时可引入一个子集结构，其中一个联系是另一个联系的子集。如图 8.48 所示，视图 V_1 表示工程师“参与”工程，视图 V_2 表示工程师“领导”工程。也就是说，两个视图中相同的实体充当了不同的角色。如果规定工程的领导者一定是工程的参与者，那么“领导”联系表示“参与”联系的子集。

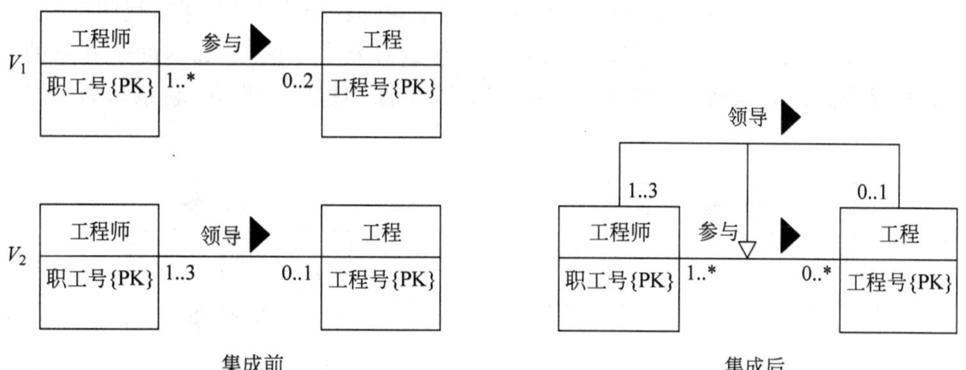

图 8.48 域包含的联系集成

这种联系的子集关系有如下的语义制约：当加入一个新的“领导”联系实例时，也必须同时在“参与”联系中增加一个实例，而从“参与”联系中删除一个包含担任领导职务的工程师的实例时，也一定要从“领导”联系中删除相应的实例。

2. 域分离

如果来自不同视图的两个联系虽然参与的实体相同，但在通常意义上却是互不相干的两件事情，则集成策略为：两种联系原样转入集成模式。如图 8.49 所示，某计算机公司对计算机有出售和租赁两种经营方式。视图 V_1 表示顾客“购买”计算机，视图 V_2 表示顾客“租赁”计算机。假定，购买计算机的顾客不再会去租赁计算机；同样，租赁计算机的顾客也不再会去购买计算机。那么，公司的顾客和计算机之间存在两种互不相干的联系。

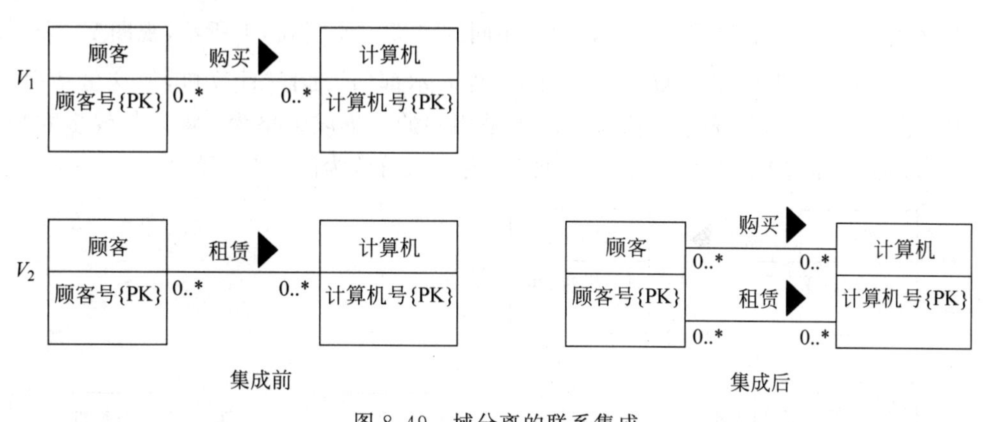

图 8.49 域分离的联系集成

3. 域重叠

如果来自不同视图的两个联系的域之间有重叠部分，即一个联系的某些实例同时也是另一个联系的实例，则集成策略为：在集成模式中建立一个新的联系，原来的两个联系作为新联系的子集。如图 8.50 所示，视图 V_1 表示教师给研究生“上课”，视图 V_2 表示教师“指导”研究生。如果指导研究生的教师同时也给研究生上课，那么这两个联系的实例就有重叠部分。此时新增加一个联系“教学”，原“上课”联系和“指导”联系作为“教学”联系的子集。

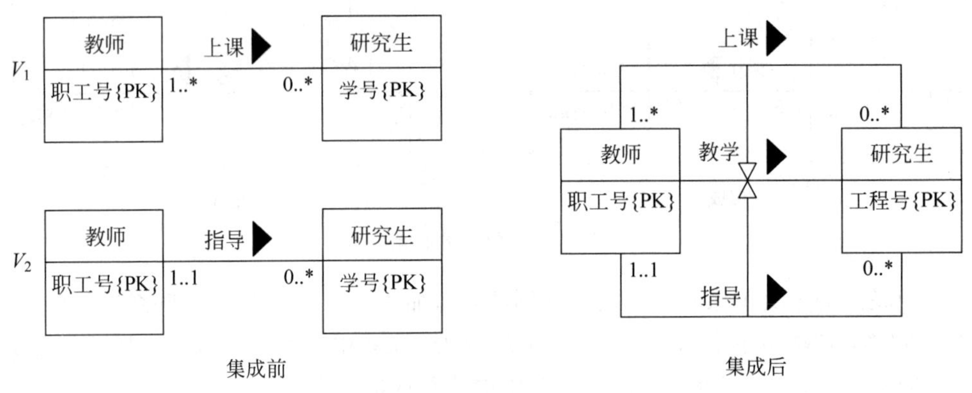

图 8.50 域重叠的联系集成

8.7.3 不同元的联系集成

不同元的联系集成是指待集成的两个视图中的实体数不同。下面分别讨论不同元联系集成的几种情况。

1. 可归并的不同元数的联系集成

这种情况下的两个联系实质上表示了相同的语义。如图 8.51 所示，视图 V_1 表示部门“拥有”计算机，“拥有”视为联系；视图 V_2 也表示部门“拥有”计算机，但这里却把“拥有”视为实体。两个视图表示的语义实质上是相同的。集成策略为：将元数较多的联系转入集成模式，即将 V_1 转入集成模式，而 V_2 的联系可认为能从 V_1 导出。

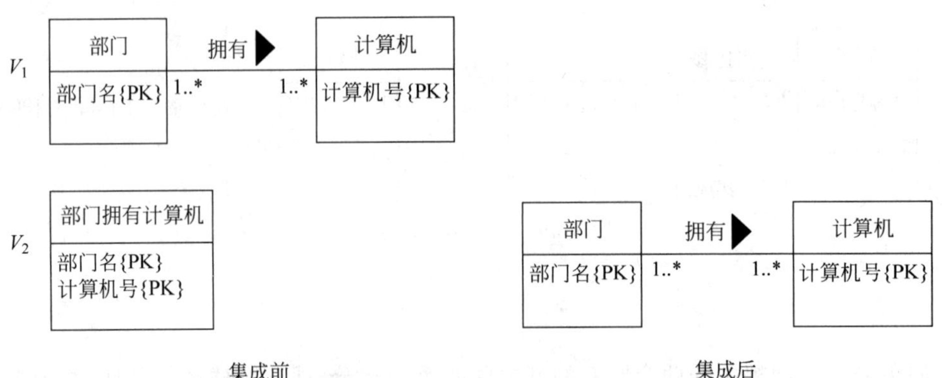

图 8.51 可归并的不同元数的联系集成

2. 有条件可归并的联系

这种情况是指在某些条件成立的前提下，元数较少的联系可以从元数较多的联系中导出。关键是什么条件？如何识别条件？如图 8.52 所示的例子，视图 V_1 表示公司向厂家购买部件的联系，是一个三元联系；视图 V_2 也表示类似的联系，但却是一个二元联系。那么这两个联系在什么条件下才能够归并？

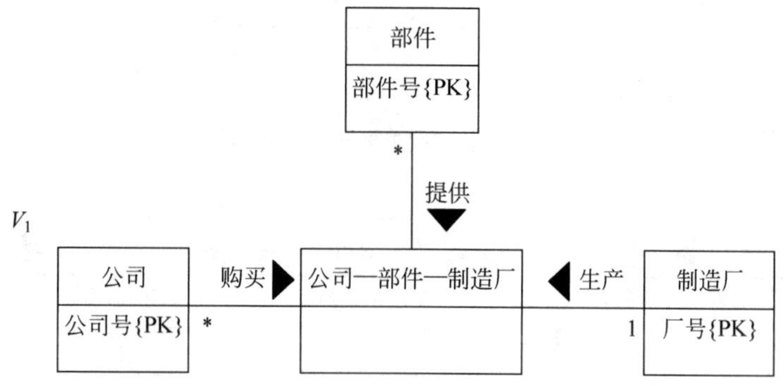

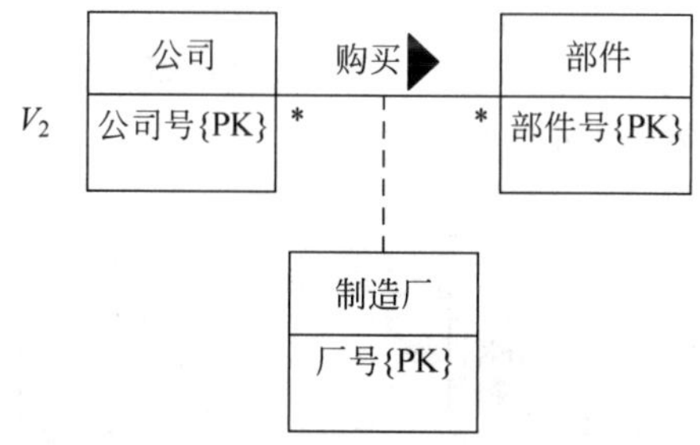

图 8.52　有条件可归并的联系集成

假如 V_2 的联系是多对多的，而 V_1 中<公司，部件>对与<制造厂>的联系是一对多的，且三元联系中制造厂的所有属性都包含在二元联系中，那么这两个联系是等价的，如图 8.53 所示，因为 *.. * 联系可用两个 1.. * 所代替，所以从图 8.53 可以看出，替代后 V_2 的联系与 V_1 的联系是等价的，可以归并。集成策略为：将元数较多的 V_1 中的联系转入全局模式。

再来看一个无条件可归并的例子。如图 8.54 所示，V_1 表示学生与课程间的“选课”联系以及课程与系之间的“被开出”联系；V_2 表示学生与系之间的“主修”联系。

这里 V_2 中的“主修”联系既不是 V_1 中“选修”联系与“被开除”联系的组合，也不能从“选修”联系与“被开除”联系中导出，除非规定凡是选修哪个系所开课程的学生便认为主修于该系，这显然不符合通常的事务规则，因而 V_1 与 V_2 中的联系是无条件可归并的，只能分别照原样转入集成模式中。

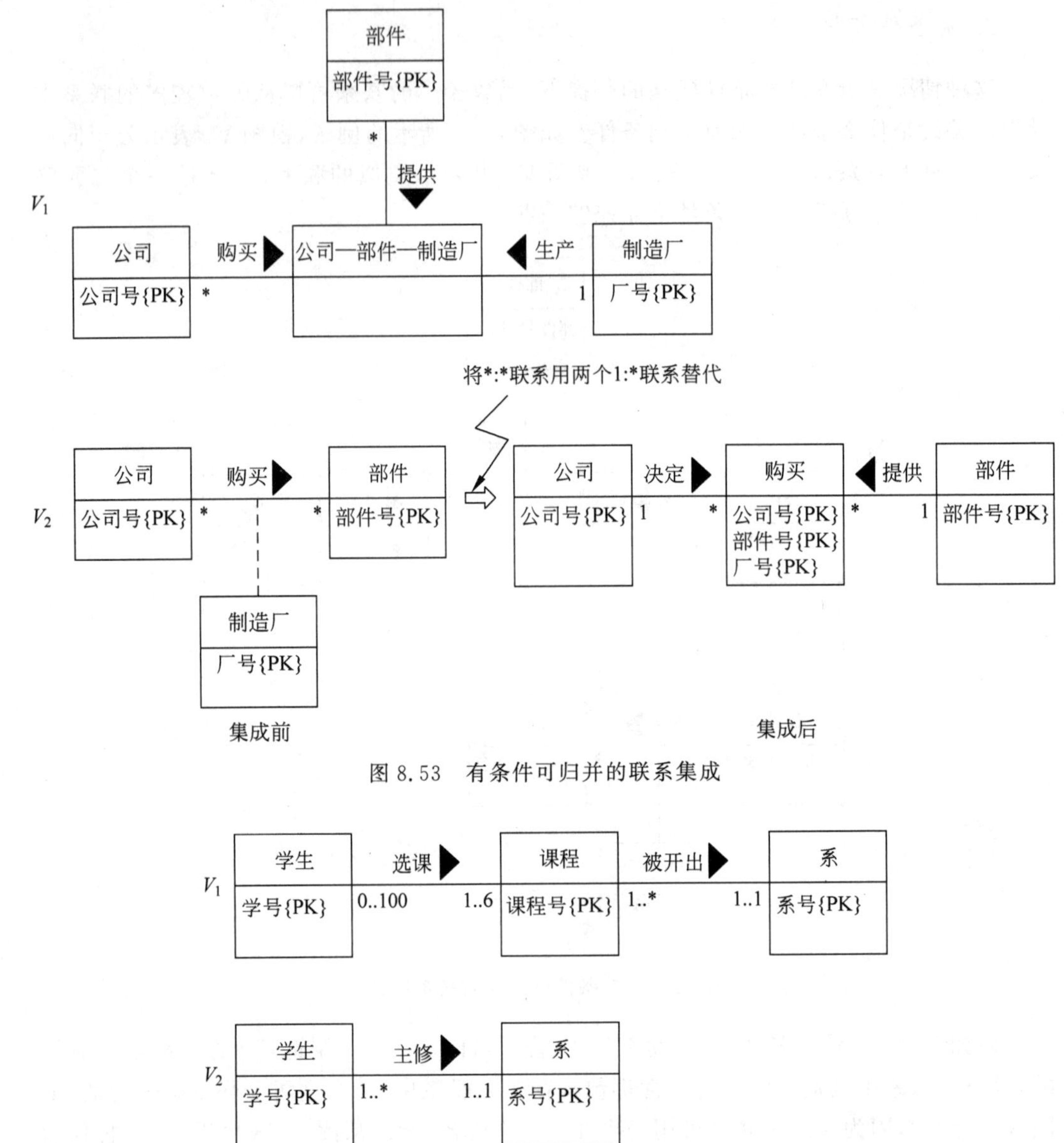

图 8.53　有条件可归并的联系集成

图 8.54　无条件可归并的联系集成

3. 不可归并的联系

这种情况属于来自不同视图的两个联系具有完全不同的语义,不可归并。集成策略为:原样转入集成模式。除了图 8.54 表示了一种不可归并的例子外,再看一个例子。如图 8.55 所示,V_1 表示工程师“参加”工程;V_2 表示工程师“管理”工程。如果工程师所参与的工程和工程师所管理的工程不一致,那么“参加”联系与“管理”联系的语义是互不相干的,因而不能进行归并。

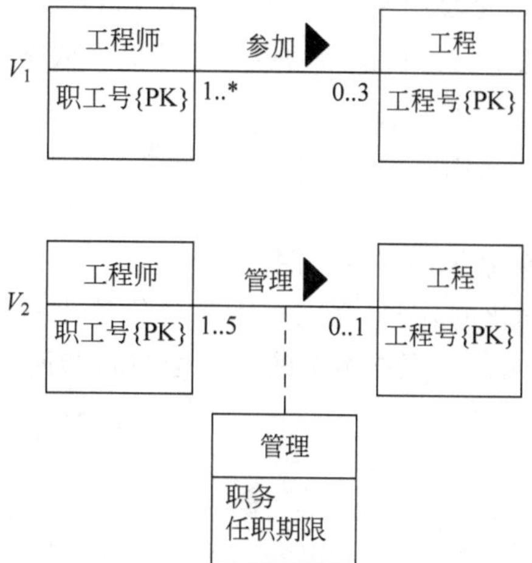

图 8.55 不可归并的联系集成

8.8 新旧数据模式的集成

如果有些单位原来已经建立了数据库应用系统，但随着企业的不断发展，系统的应用范围要扩大，因此需要对原来的数据库应用系统进行扩充和修改，这里就存在一个新旧数据模式的集成问题。

新旧数据模式的集成可有两种情况：

(1) 一个单位已建立了若干面向单项应用的独立数据库。

(2) 已建立了在一定范围内支持多项应用的综合数据库。

第一种情况的集成工作包括单个数据库的集成和扩充的数据模式的集成。原来面向单项应用的独立数据库只反映了单个用户组的需求，而且数据库很可能是不同的时期由不同的设计人员设计的，因而原数据库之间以及和扩充的数据模式之间一定存在许多冲突和冗余，对它们集成需要事先作出周密的计划。集成的原则是既要满足新的需求，又要尽可能地保持原来的数据模式，以便原有应用程序稍作改动仍可运行。

第二种情况的集成要好一些，因为数据模式已是一个经过集成的数据模式，这时再和扩充模式进行集成时，应尽量地向原有模式靠拢，以使原应用程序基本不变。

对所有局部视图集成后便形成了一个整体的数据库概念结构，对该整体概念结构还必须进行进一步验证，以确保它能够满足下列条件：

(1) 整体概念结构内部必须具有一致性，不存在各种冲突。

(2) 整体概念结构能准确地反映原各局部视图结构，包括属性、实体及实体间的联系。

(3) 整体概念结构能满足需要分析阶段所确定的所有需求。

整体概念结构最终还应该提交给用户，征求用户和有关人员的意见，进行评审、修改和调整，确定后的整体概念结构为数据库的逻辑设计提供依据。

8.9 实例

实例 1 教务信息管理系统的集成视图

教务信息管理系统(简化的)全局视图由学生学籍管理视图、学生选课视图、课程管理视图以及成绩管理视图组成。根据本章前面讨论的局部视图，教务信息管理系统的集成模式如图 8.56 所示。

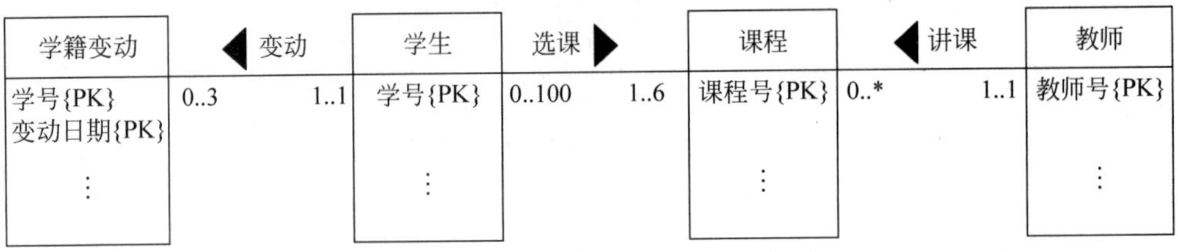

学籍变动
学号{PK}
变动日期{PK}
⋮
◀变动
0..3
1..1
学生
学号{PK}
⋮
选课▶
0..100
1..6
课程
课程号{PK}
⋮
◀讲课
0..*
1..1
教师
教师号{PK}
⋮

图 8.56 教务信息管理系统的集成模式

实例 2 物料库存管理系统的概念设计

根据概念设计的步骤，先进行局部视图的设计，然后对各局部视图进行集成。

1. 局部视图设计

(1) 确定局部实体设计的范围

为讨论简单起见，对物料库存管理系统进行了简化，只关心物料的入库、领料、存放物料的仓库以及管理物料的仓库管理员。

(2) 识别实体与实体的主键

物料库存管理系统识别出的实体应有：

入库单(主键：入库单编号)；

领料单(主键：领料单编号)；

物料(主键：物料编号)；

仓库(主键：仓库编号)；

仓库管理员(主键：职工编号)。

(3) 定义实体间的联系

入库单实体和物料实体通过入库发生联系。如果一个入库单只能入库一种物料，而一种物料可以多次入库，那么入库单和物料之间的联系是多对一联系，如图 8.57 所示。

领料单实体和物料实体通过领料发生联系。如果一个领料单只能领出一种物料，而一种物料可以多次领出，那么领料单和物料之间的联系也是多对一联系，如图 8.58 所示。

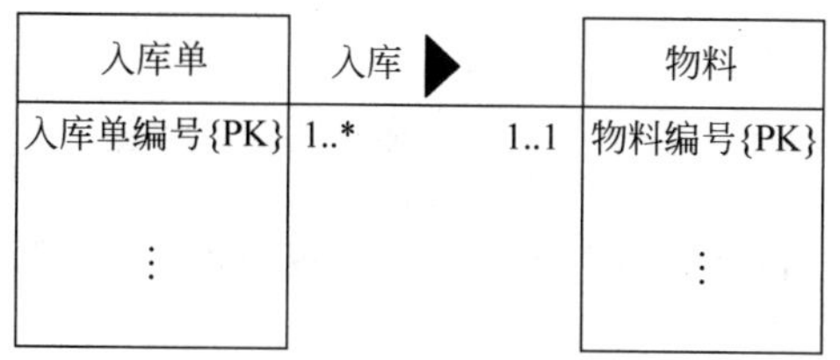

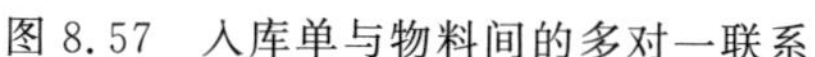
图 8.57 入库单与物料间的多对一联系

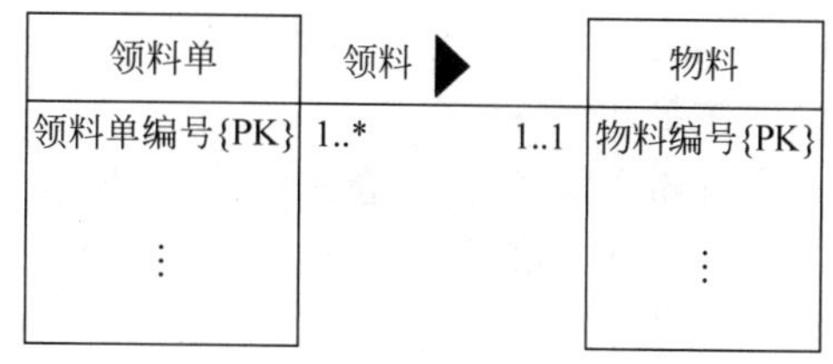

图 8.58 领料单与物料间的多对一联系

物料实体和仓库实体通过存放物料发生联系。如果一种物料可以放在多个仓库,而一个仓库可以存放多种物料,那么物料与仓库之间的联系是多对多联系,如图 8.59 所示。

管理员实体与物料实体通过管理物料发生联系。如果一个管理员可以管理多种物料,但只能在一个仓库进行管理;一种物料最多有两个管理员进行管理。那么管理员与物料之间的联系就是多对多联系,而管理员与物料之间的联系也是多对多联系,如图 8.60 所示。

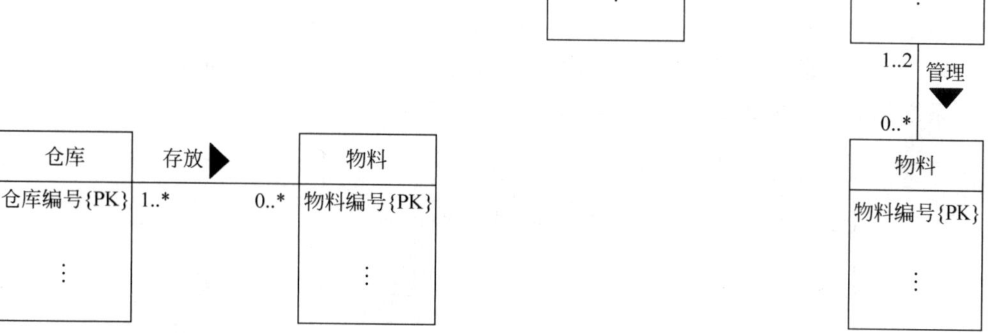

图 8.59 仓库与物料间的多对多联系

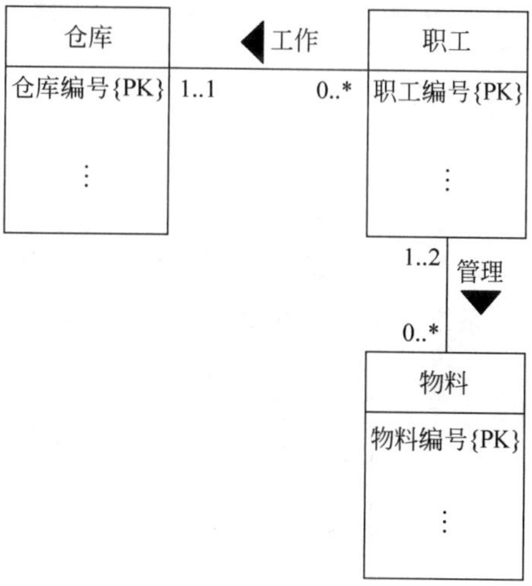

图 8.60 管理员、物料以及仓库间的多对多联系

(4) 给实体及联系加上描述属性

给实体和联系加上描述属性应根据具体的应用需求而定,本书讨论的实例内容是经过简化的,因此仅供参考。下面是各实体的描述属性:

- 入库单(入库单编号,物料编号,入库日期,入库单价,入库数量,进货途径,合同编号,经手人,仓库管理员编号)

主键:入库单编号

外键:物料编号、仓库编号、仓库管理员编号、合同编号

- 领料单(领料单号,物料编号,领料日期,领料数量,领料用途,领料部门,领料人,仓库编号,仓库管理员编号)

主键：领料单编号

外键：物料编号,仓库编号,仓库管理员编号

- 物料(物料编号,物料名称,型号规格,单位,最低库存,最高库存,现有库存,仓库编号)

主键：物料编号

外键：仓库编号

- 仓库(仓库编号,仓库名称,地点)

主键：仓库编号

- 职工(职工编号,职工名称,性别,出生年月,部门编号,职务,职称,工资,工作时间)

主键：职工编号

外键：部门编号

注意：① 实体与实体之间的联系通过外键体现。

② 属性"合同编号""部门编号"是其他实体的主键。本实例不讨论这些实体。

2. 视图集成

以上视图中存在命名冲突。因为每一个仓库管理员都是单位的职工,但不是每一个职工都是仓库管理员。仓库管理员编号与职工编号是属于同义异名问题,集成时统一命名为职工编号。假设各视图中相同属性的值域相同,也不存在其他冲突。那么物料库存管理系统集成后的模式如图 8.61 所示。

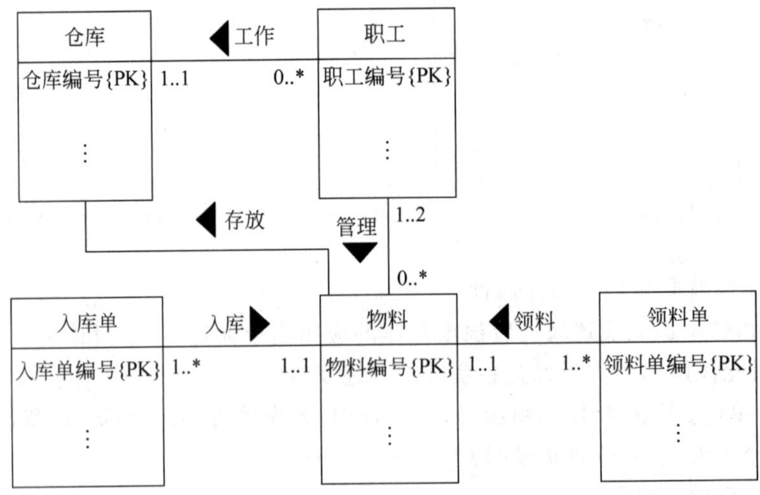

图 8.61 物料库存管理系统的集成模式

思考题

1. 数据库概念设计的基本任务是什么？如何进行数据库概念设计？怎样确定不同实体之间的联系类型？如何在E-R模型中表达语义信息？

2. 数据库概念设计中，在对局部视图集成时会遇到哪些问题？如何解决？

重点内容与典型题目

重点内容

局部视图设计方法

视图集成方法

典型题目

现有一个公司希望为客户的商品订购建立一个数据库(仅涉及订单处理部分)。

如果一个客户可以有一份或多份订单，每份订单可以订购一种或多种商品。每份订单有一张发票，发票可以通过多种方式来支付购买款，例如支票、信用卡或者现金等。处理这个客户订购单登记的职工名字要被记录下来。

部门工作人员负责整理订单并根据库存情况处理订单。如果订单上的商品有库存，就可以凭发票直接发货，发货方式也有多种；如果订单上的商品没有库存，就不需要登记或者订购其他商品。

请根据上述要求进行数据库的概念设计。

习题

1. 在给实体加描述属性时，为什么要尽量避免实体出现空值的情况？

2. 当实体的某个属性具有多值时、为什么要把多值属性另作为一个实体考虑？

3. 如何确定一个属性是简单属性还是组合属性？

4. 如果有些实体包含有很多相同的属性，但其中的每个实体又有自己各自不同的属性，概念建模时如何表达这些情况？

5. 概念建模时是否可以表达导出属性？

6. 实体之间联系的语义如何表达？

7. 一般的E-R模型与UML的E-R模型在表示实体参与联系的最小次数和最大次数方面有什么不同？

8. 如果每一种部件由一个厂家生产，但一个厂家生产多种部件，一种部件供应多个顾客，一个顾客可购买多种部件，试分析应建立什么样的联系。

9. 假设在一个公司中，它的每个部门都有一辆小汽车，但只能由具有一定资格的人使用,如图 8.62 的 E-R 模型所示。

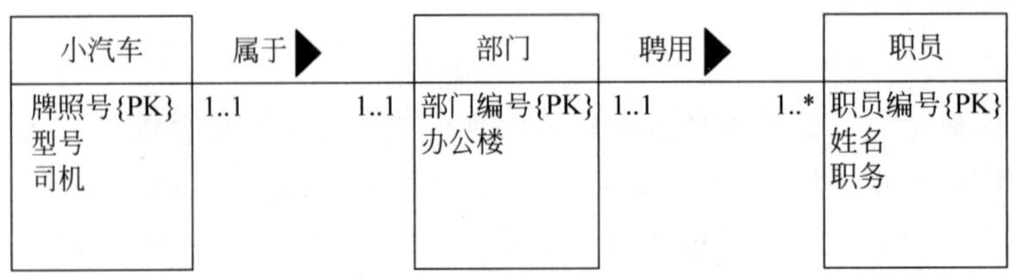

图 8.62　小汽车、部门、职员间的联系

回答下面问题:

(1) 如果知道了职员号,可否获得被使用的汽车的信息?

(2) 如果知道了汽车牌照号,能否确定哪个职员可以使用汽车?

(3) 要确定有资格使用汽车的职员还应增加什么信息?

(4) 这个 E-R 结构存在什么类型的连接陷阱? 如不改变型图,有没有消除连接陷阱的办法?

(5) 如果以汽车被职员使用替代汽车被部门使用,有何意义?

10. 局部视图集成时存在哪些冲突问题?

11. 某个工厂有若干个仓库,每个仓库有若干职工在其中工作,每个仓库有一名职工作为管理员,每个仓库存放若干种零件,每种零件可以存放在不同的仓库中,每位职工都有一名职工作为他的领导。仓库有仓库号、仓库地址、仓库容量;职工有职工号、职工名、工种;零件有零件号、零件名、零件重量。请画出符合上述语义的 E-R 图。

12. 设有如下运动队和运动会两个方面的实体集:

a. 运动队方面

运动队:队名、教练姓名、队员姓名

队员:队名、队员姓名、性别、项名

其中,一个运动队有多个队员,一个队员仅属于一个运动队,一个队一般都有一个教练。

b. 运动会方面

运动队:队编号、队名、教练姓名

项目:项目名、参加运动队编号、队员姓名、性别、比赛场地

其中,一个项目可由多个队参加,一个运动员可参加多个项目,一个项目一个比赛场地。

请完成如下设计:

(1) 分别设计运动队和运动会两个局部 E-R 图。

(2) 将它们合并为一个全局 E-R 图。

(3) 合并时存在什么冲突? 如何解决?

第9章 数据库的逻辑设计

数据库的逻辑设计与应用软件系统最终选用的 DBMS 有关。目前,一般 DBMS 都是关系型的,因此,数据库逻辑设计阶段的主要任务是在概念设计的基础上,首先利用一些映射关系得到一组关系模式集;接着用关系规范化理论对关系模式进行优化,以获得质量良好的数据库设计;然后验证数据库的结构是否满足用户的信息需求;最后根据应用的需要和系统的要求对关系模式作适当调整。

本章主要讨论 E-R 图到关系模式的映射、关系模式的优化、关系模式的调整以及外模式的设计。

9.1 E-R 图到关系模式的映射

E-R 图主要包括了实体和联系两种抽象的概念。实体和联系本身都可以有一些描述属性。在数据库的逻辑设计中,通常,实体映射成关系,实体的描述属性映射成关系的属性;而联系可以单独映射成关系,也可以和一个实体合并成一个关系。因此,E-R 图到关系模式的映射是直接的。

E-R 图到关系模式的映射中可能会出现以下问题:

(1) 命名问题

映射后关系的命名可以与原实体名相同,也可以不同,由设计者决定。但要注意命名应有助于记忆和对数据内容的理解,同时避免出现重名。

(2) 所用 DBMS 数据类型的局限性

DBMS 一般只能提供有限的几种数据类型,而 E-R 图是不受这个限制的。映射过程中要注意所选 DBMS 是否支持 E-R 图中某些属性的域,不支持时应做相应修改,否则可能导致数据库中的数据类型和应用程序中的数据类型不一致,这只能由应用程序去转换。

(3) E-R 图中数据项的非原子性

映射为关系后,关系中的数据项必须是原子项,因为关系规范化要求关系必须满足 1NF,而 E-R 图不受这个限制。如果 E-R 图中某些属性不是原子项,映射时必须做相应处理,使其转化为原子项。

9.1.1 实体到关系的映射

实体到关系的映射又可分为独立实体到关系的映射和弱实体到关系的映射。

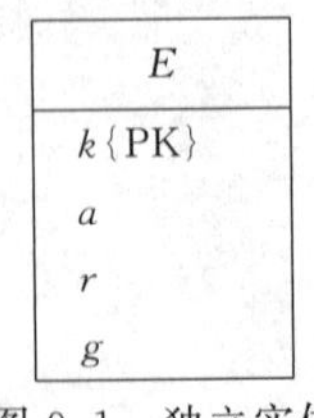

图 9.1 独立实体

1. 独立实体到关系的映射

E-R 图中的每一个实体映射为一个关系,如图 9.1 所示。图中,属性 k 是实体 E 的主键;a 是普通原子属性;r 是一个集合属性,$r=\{r_1,r_2,\cdots,r_n\}$;g 是聚合属性,由原子属性 g_1,g_2 聚合而成。因此,独立实体 E 可映射为 E 和 E' 两个关系:

$$E(\underline{k},a,g_1,g_2),\quad E'(\underline{k},r_i),i=1,2,\cdots,n$$

式中，k 表示 k 是关系的主键。

例 9.1.1 有一个商品订单，如图 9.2 所示。图中，订单可视为一个独立的实体。其中，订单编号为实体的主键；客户名称、日期为普通原子属性；地址是一个聚合属性，由省、市组成；表体中的每一行是一个集合属性，由商品名称、单位、单价、数量等组成。每一行都是订单上签订的一个商品数据。

订单编号:________ 客户名称:__________

日期:________ … 地址:_____省_____市

商品名称	单位	单价	数量	…

图 9.2 商品订单格式

根据映射规则，商品订单可以映射为两个关系：商品订单文件 1 与商品订单文件 2。它们分别由以下属性构成：

商品订单文件 1(订单号，日期，客户名称，…，省，市)

商品订单文件 2(订单号，商品名称，单位，单价，数量，…)

这种设计在实际应用中是合理的。因为每份订单中的订单号、日期、省、市等信息是固定不变的，只需存储一次。而每份订单中的商品信息可以是多个，应该另外存放。每订购一种商品，在商品订单文件 2 中就形成一个元组。这样的设计可以避免数据冗余。如果需要查询每份订单的签订日期、客户名称、地址等信息，只需查询商品订单文件 1；如果需要查询每份订单上订购了哪些商品，只需对商品订单文件 2 进行查询；当然，如果查询内容涉及商品订单文件 1 和商品订单文件 2 的内容，就要对这两张表做连接操作。

例 9.1.2 有一个具有简单属性的独立实体，如图 9.3 所示。

映射时将实体中的每一个属性直接映射为关系中的属性：

教职工(职工号，姓名，性别，职务，部门号，工资，…)

其中，职工号是主键，部门号是外键。

2. 弱实体到关系的映射

所谓弱实体是指其存在依赖于其他实体的实体。因此弱实体集不能单独映射成一个关系，而应由其他实体标识其存在。

例 9.1.3 有一个职工实体 employee，每个职工都是该实体中的一个实例。每个职工都有若干个社会关系。如果将每个职工的社会关系放在另一个实体 dependent 中，由于 dependent 依赖于 employee,所以 dependent 是一个弱实体。弱实体在其映射后的关系中应由它所依赖的实体标识其存在,如图 9.4 所示。

图 9.3　具有简单属性的独立实体

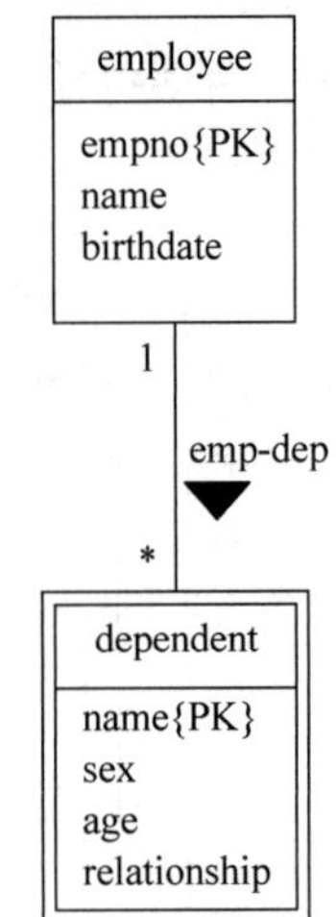

图 9.4　职工及其社会关系

此时,职工及其社会关系映射后的关系为

employee(<u>empno</u>,name,brithdate),empno 是主键。

dependent(<u>empno</u>,<u>dependentname</u>,sex,age,relationship),empno,dependentname 是主键。

9.1.2　基本 E-R 图映射为关系的方法

首先讨论二元联系的映射。

1. 一对一联系(1∶1)的映射

假设有两个实体 E_1 和 E_2,它们之间具有 1∶1 联系 r,如图 9.5 所示。

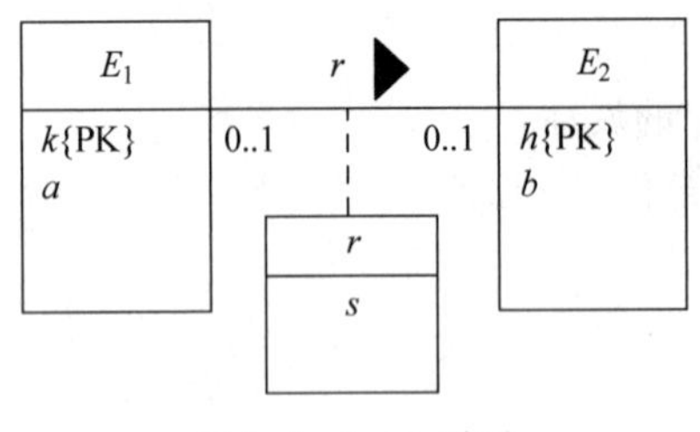

图 9.5　1∶1 联系

此时的映射规则为:每一个实体都映射为一个关系;联系可单独映射为一个关系,也可与任何一方关系进行合并,若联系本身有属性,也一并进入关系。

因此,图 9.5 映射为关系的情况有三种:

方案一:每一个实体都映射为一个关系,联系也单独映射为一个关系,即

$E_1(\underline{k},a)$,k 是主键;

$E_2(\underline{h},b)$,h 是主键;

$r(\underline{k},h,s)$,可选任何一方实体的主键作为联系的主键,这里选 k 做主键,则 h 就是候补键。

方案二：E_1 映射为一个关系，联系及其属性 s 合并到另一个关系 E_2' 中，即

$E_1(\underline{k},a)$；

$E_2'(\underline{h},b,k,s)$，$k$ 是候补键。

方案三：E_2 映射为一个关系，联系及其属性合并到另一个关系 E_1' 中，即

$E_2(\underline{h},b)$；

$E_1'(\underline{k},a,h,s)$，$h$ 是候补键。

下面，以职员使用小汽车的联系为例，说明 1∶1 联系的映射情况。

(1) 参与联系的双方实体都是非强制性的

例 9.1.4 如果规定每个职员可以使用一辆小汽车，但并非每个职员都可以使用小汽车；每辆小汽车可以由一个职员使用，但并非每辆小汽车都有职员使用。此时，职员和小汽车之间的联系是一对一联系，且参与联系的双方实体都是非强制性的，如图 9.6 所示。

此时，可用上述任何一种映射方案。

(2) 参与联系的双方实体都是强制性的

例 9.1.5 如果规定每个职员使用一辆小汽车；每辆小汽车必须由一个职员使用。此时，职员和小汽车之间的联系是一对一联系，且参与联系的双方实体都是强制性的，如图 9.7 所示。

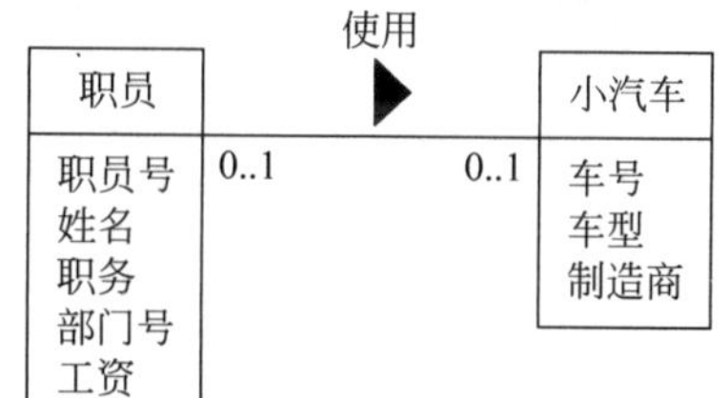

图 9.6　1∶1 关系的两边都是非强制性的

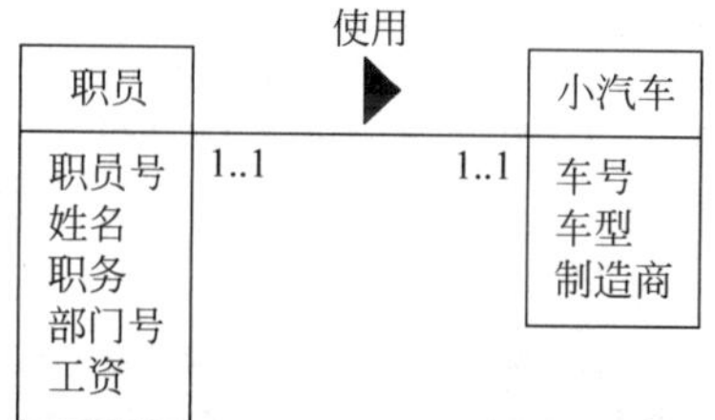

图 9.7　1∶1 关系的两边都是强制性的

此时，因为每一个职员对应一辆小汽车，故可将两个实体映射成一张表，主键可选任何一方的主键：

职员使用汽车(<u>职员号</u>，姓名，职务，部门号，工资，车号，车型，制造商)

其中，车号是候补键，部门号是外键。

(3) 参与联系的一方实体是强制性的

例 9.1.6 如果规定小汽车必须由一个职员使用，而并非每个职员都使用小汽车，此时，一方是强制性参与，而另一方是非强制性参与，如图 9.8 所示。

这种情况的映射方式可选方案二：

职员(<u>职员号</u>，姓名，职务，部门号，工资)，部门号是外键。

小汽车(<u>车号</u>，车型，制造商，职员号)，职员号是外键，也是候补键。

这种映射可以避免空值出现。

2. 一对多联系(1∶*)的映射

假设有两个实体 E_1 和 E_2，它们之间具有 1∶* 联系，如图 9.9 所示。

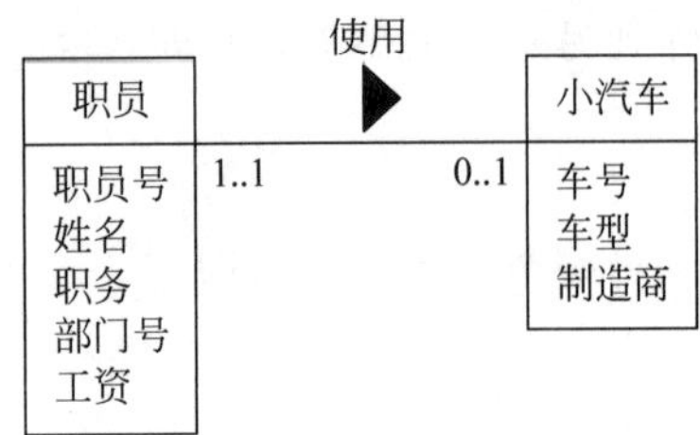

图 9.8　1∶1关系的一边是强制性的

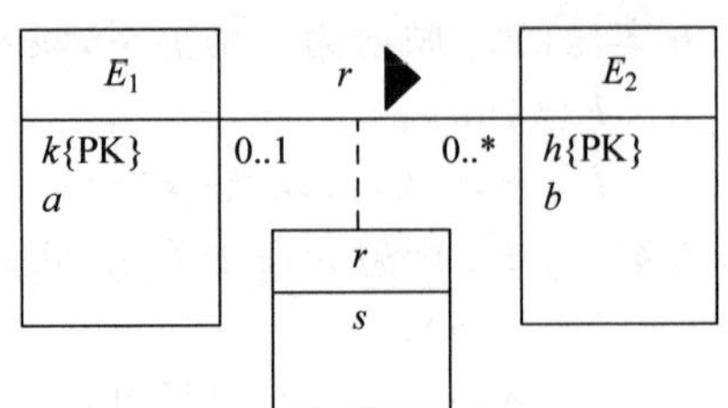

图 9.9　1∶*联系

此时的映射规则为：每一个实体都映射为一个关系；联系可单独映射为一个关系，也可与多方("*"的一方)关系进行合并。若联系本身有属性，也一并进入多方关系。

因此，图 9.9 映射为关系的情况有两种：

方案一：每一个实体都映射为一个关系，联系也单独映射为一个关系，即

$E_1(\underline{k},a)$，k 是主键；

$E_2(\underline{h},b)$，h 是主键；

$r(\underline{h},k,s)$，可选任何一方实体的主键作为联系的主键，这里选 k 做主键，则 h 就是候选键。

方案二：E_1 映射为一个关系，联系及其属性 s 合并到另一个关系 E_2' 中，即

$E_1(\underline{k},a)$；

$E_2'(\underline{h},b,k,s)$，$k$ 是候补键。

方案三：E_2 映射为一个关系，联系及其属性 s 合并到另一个关系 E_1' 中，即

$E_2(\underline{h},b)$；

$E_1'(\underline{k},a,h,s)$，$h$ 是候补键。

下面，以部门拥有职员的联系为例，说明 1∶*联系的映射情况。

例 9.1.7　假设一个部门拥有多个职员，而每一个职员只属于一个部门，则部门与职员之间的联系是一对多联系，如图 9.10 所示。

根据 1∶*联系的映射规则，可得以下关系：

部门(<u>部门号</u>，负责人，地点)；

职员(<u>职员号</u>，姓名，职务，部门号，工资)，部门号是外键。

3. 多对多联系(*∶*)的映射

假设有两个实体 E_1 和 E_2，它们之间具有 *∶*联系，如图 9.11 所示。

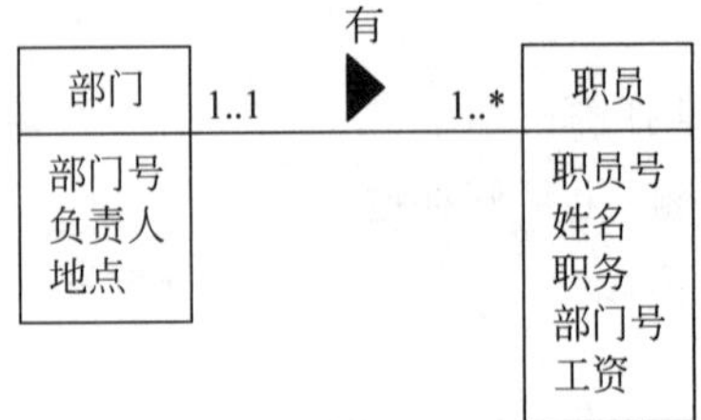

图 9.10　部门拥有职员的联系

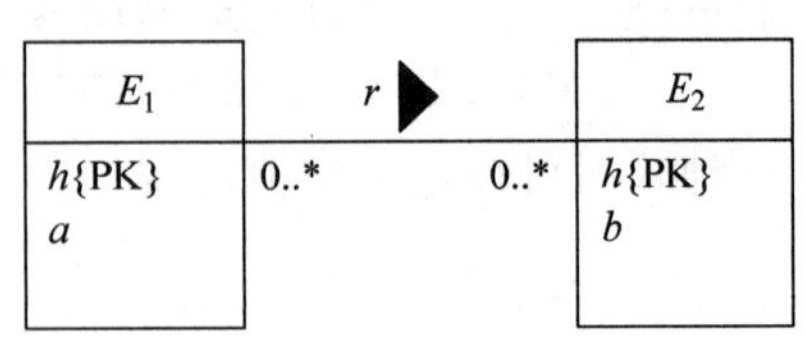

图 9.11　*∶*联系

此时的映射规则为：每一个实体都映射为一个关系；联系本身也必须单独转换为一个关系，这个关系的属性必须包含被它联系的双方实体的关键字，作为该关系的组合关键字。如果联系本身有属性，也应纳入关系中。

因此，图9.11映射为关系的方案只有一种：每一个实体都映射为一个关系；联系单独映射为一个关系，这个关系的属性必须包含被它联系的双方实体的关键字，作为该关系的组合关键字。如果联系本身有属性，也应纳入关系中，即

$E_1(\underline{k},a)$；

$E_2(\underline{h},b)$；

$r_3(\underline{h},\underline{k},s)$，$\underline{h}$，$\underline{k}$ 为组合主键。

下面，以部门销售产品为例，说明多对多联系的映射情况。

例9.1.8 假设一个部门可以销售多种产品，每种产品可以被不同的部门销售，则部门与产品之间的联系为多对多联系，如图9.12所示。

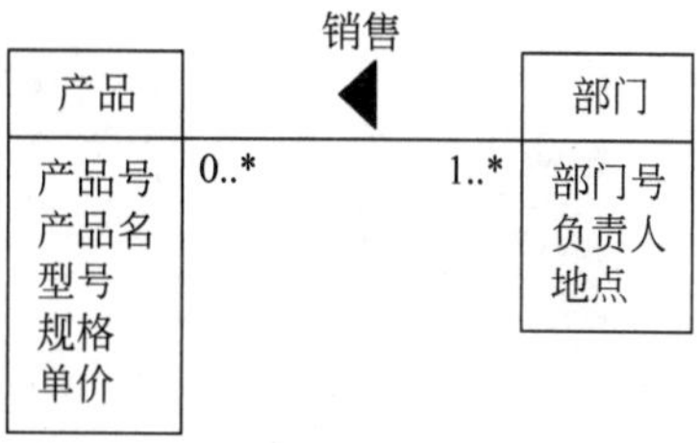

销售
产品 | 产品号 产品名 型号 规格 单价 | 0..* | 1..* | 部门 | 部门号 负责人 地点

图9.12 部门销售产品的联系

根据＊：＊联系的映射规则，可得以下关系：

产品(<u>产品号</u>，产品名，型号，规格，单价)；

部门(<u>部门号</u>，负责人，地点)；

销售(<u>产品号</u>，<u>部门号</u>，数量)，产品号，部门号也是外键。

以上讨论了二元联系，下面讨论多元联系和单元联系的映射。

4. 多元联系的映射

假设有三个实体 E_1、E_2 和 E_3，它们之间具有＊：＊联系，如图9.13所示。此时的映射规则为：每一个实体都映射为一个关系；联系本身也必须单独映射为一个关系，这个关系的属性必须包含被它联系的多方实体的关键字，作为该关系的组合关键字。如果联系本身有属性，也应纳入关系中。

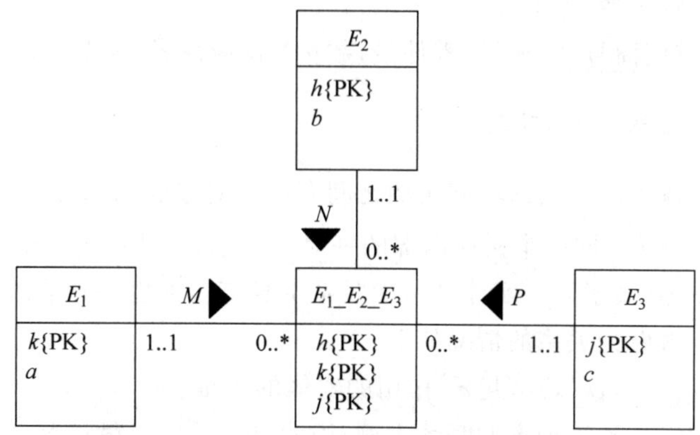

图9.13 多元联系

因此,图 9.13 映射为关系的情况也只有一种:

$E_1(\underline{k},a)$;

$E_2(\underline{h},b)$;

$E_3(\underline{j},c)$;

$r(\underline{k},\underline{h},\underline{j},s)$,$\underline{k}$,$\underline{h}$,$\underline{j}$组成组合键。

下面,以供应商向顾客供应零件为例,说明多元联系的映射情况。

例 9.1.9 假设任何一个供应商可向任何一个顾客供应任何一种零件,则供应商、顾客以及零件之间的联系就是一种多元联系,且是多对多的,如图 9.14 所示。

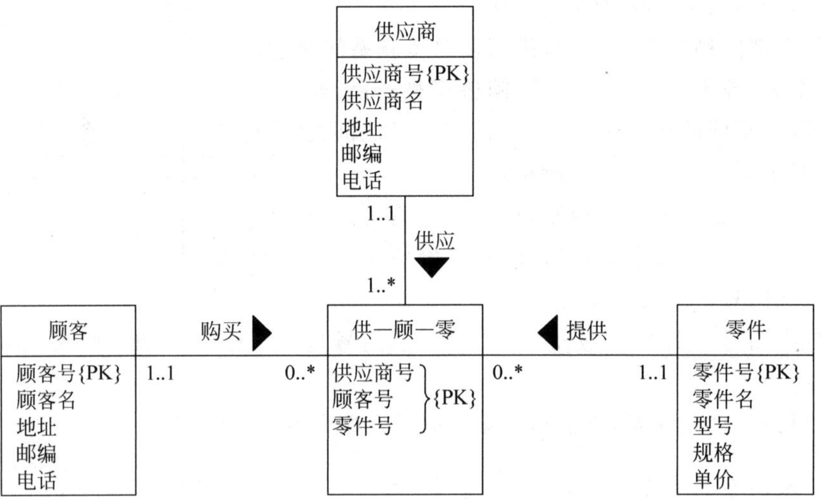

图 9.14　供应商向顾客供应零件的联系

根据多元联系的映射规则,可得以下关系:

供应商(<u>供应商号</u>,供应商名,地址,邮编,电话);

零件(<u>零件号</u>,零件名,型号,规格,单价);

顾客(<u>顾客号</u>,顾客名,地址,邮编,电话);

供—顾—零(<u>供应商号</u>,<u>顾客号</u>,<u>零件号</u>,数量) 供应商号,顾客号,零件号也是外键。

5. 单元联系(自联系)的映射

假设有一个实体 E_1,其内部不同实例之间存在一对多联系,如图 9.15 所示。

此时的映射规则为:同一个实体内部的一对多联系,可映射为一个关系,关系中包含被它联系的双方个体(属于同一实体型),如联系本身有属性也一并纳入关系中。

因此,图 9.15 映射为关系的情况如下:

$E'(\underline{k},a,\underline{k'},s)$,$\underline{k'}$表示起 r_2 作用的实体的主键。

以职工中管理者与被管理者的联系为例,说明自联系的映射情况。

例 9.1.10 假设一个管理者可以管理多名职工,而每一名职工只能被一个管理者管理,则来自于职工实体内部的管理者与被管理者之间存在自联系,如图 9.16 所示。

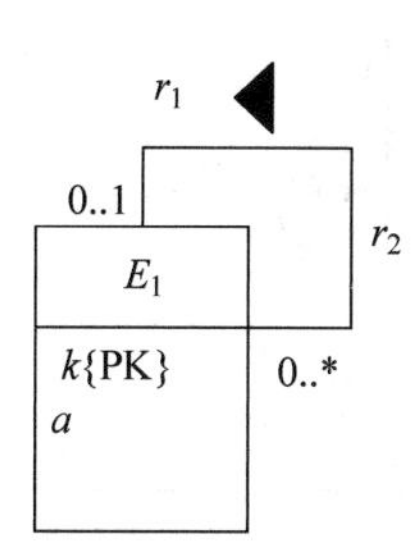

图 9.15　自联系的映射

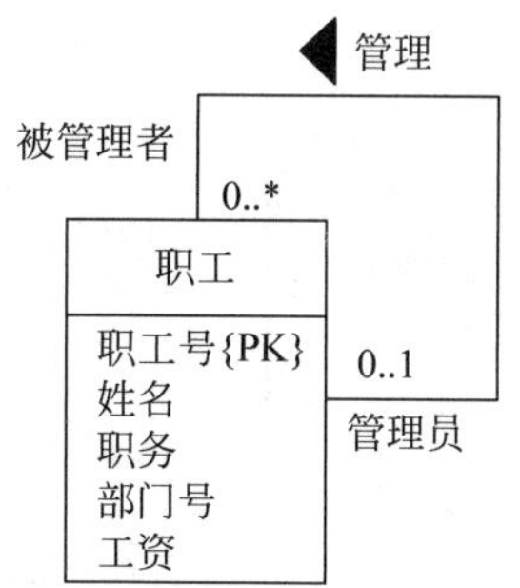

图 9.16　管理与被管理的联系

根据单元联系的映射规则，可得以下关系：

职工(职工号，姓名，职务，部门号，工资，管理员号)

其中，部门号，管理员号是外键；部门号来自于部门实体；管理员号来自于职工自身关系。

9.1.3　扩充 E-R 数据模式的映射

在上一节中，讨论了基本 E-R 数据模式的映射规则和映射方法。这一节，将讨论扩充 E-R 数据模式的映射规则和映射方法。

假设有三个实体：E_0、E_1 和 E_2，它们之间存在特殊化/普遍化结构，如图 9.17 所示。

此时特殊化/普遍化结构的映射方案为

$E_0(\underline{k}, a)$；

$E_1(\underline{k}, b)$；

$E_2(\underline{k}, c)$。

下面举例说明特殊化/普遍化结构的映射情况。

例 9.1.11　学生是一个实体，教师也是一个实体，如图 9.18 所示。学生、教师实体可普遍化为人员。人员实体具有学生和教师的公共属性，如职工号、姓名、性别、出生日期、民族、系别等；而学生和教师有自己的特殊属性，如学生实体有课程、成绩等特殊属性，教师实体有职称、工资等特殊属性。

根据特殊化/普遍化结构映射规则，可得以下关系：

人员(职工号，姓名，出生日期，民族，系别，…)；

学生(职工号，课程，…，成绩)；

教师(职工号，职称，…，工资)。

例 9.1.12　一个系有多名教职工，每个教职工只属于一个系。教职工又可分为教师、教辅人员以及行政人员。因此，系与教职工、教师、教辅人员以及行政人员与教职工之间的关系如图 9.19 所示。

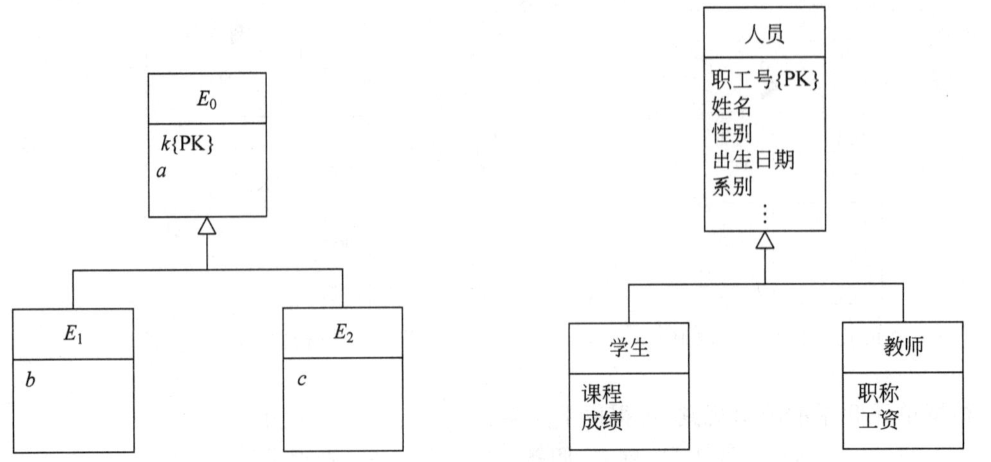

图 9.17 特殊化/普遍化结构

图 9.18 学生、教师与人员间的特殊化/普遍化结构

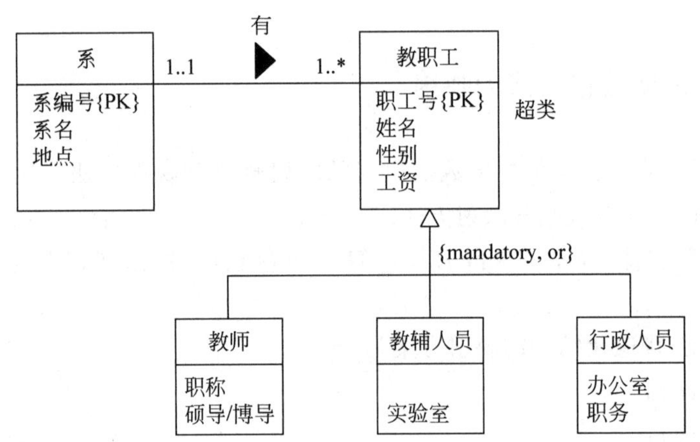

图 9.19 系与教职工、教师、教辅人员以及行政人员间的特殊化/普遍化结构

根据特殊化/普遍化结构的映射规则,可得以下关系:

系(<u>系编号</u>,系名,地点);

教职工(<u>职工号</u>,姓名,性别,工资,系编号),系编号是外键;

教师(<u>职工号</u>,职称,硕导/博导);

教辅人员(<u>职工号</u>,实验室);

行政人员(<u>职工号</u>,办公室,职务)。

子集层次结构的映射如下:

假设有三个实体:E_0、E_1 和 E_2,它们之间存在子集结构,如图 9.20 所示。

其中,E_1、E_2 是 E_0 的子集,它们可以相交(有重叠);

每一个子集,可以有附加的一些属性。

此时子集结构的映射方案有两种:

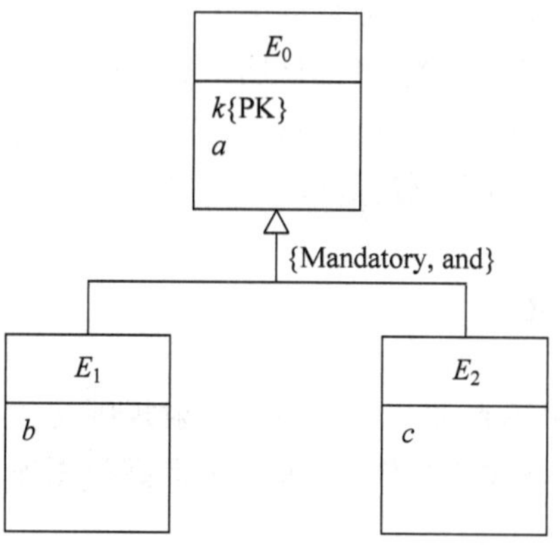

图 9.20 扩充 E-R 图中的子集结构

方案一：

$E_1(\underline{k},a,b)$；

$E_2(\underline{k},a,c)$；

$E_0'(\underline{k},a)$。

其中，$E_0'=E_0-(E_1\cup E_2)$。

方案二：

$E_0(\underline{k},a)$；

$E_1(\underline{k},b)$；

$E_2(\underline{k},c)$。

例 9.1.13 教师实体和研究生实体都是人员实体的子集。如果允许教师在职读研究生，那么，在职读研究生的教师既是研究生实体的成员，又是教师实体的成员。因此，人员、研究生以及教师实体间的关系如图 9.21 所示。

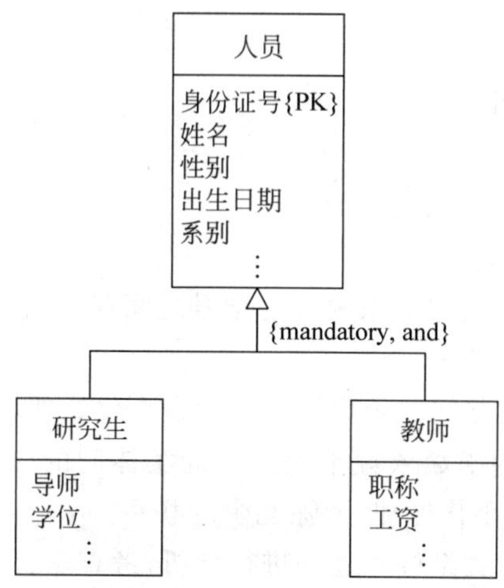

图 9.21 人员、研究生与教师间的特殊化/普遍化结构

根据特殊化/普遍化的映射规则,可得以下关系:

人员(身份证号,姓名,性别,出生日期,系别,…);

研究生(身份证号,导师,学位,…);

教师(身份证号,职称,工资, …)。

9.2 关系模式的优化

数据库逻辑设计的结果不是唯一的。利用映射规则初步得到一组关系模式集后,还应该适当地修改、调整关系模式的结构,以进一步提高数据库应用系统的性能,这个过程称为关系模式的优化。

关系模式的优化通常以规范化理论为指导,优化关系模式的方法如下。

(1) 确定函数依赖。

根据需求分析阶段所得到的数据的语义,分别写出每个关系模式内部各属性之间的函数依赖以及不同关系模式属性之间函数依赖。

例如,学生关系模式内部存在下列函数依赖:

学号→姓名

学号→性别

学号→出生年月

学号→所在系

学号→班级

⋮

课程关系模式内部存在下列函数依赖:

课程号→课程名

课程号→学时数

课程号→学分

课程号→开设学期

⋮

选修关系模式中存在下列函数依赖:

(学号,课程号)→成绩

学生关系模式的学号与选修关系模式的学号之间存在函数依赖:

学生.学号→选修.学号

(2) 对于各个关系模式之间的函数依赖进行最小化处理,消除冗余的联系。

可用实体候选键之间的函数依赖来表示不同实体间的一对一、一对多、多对多的联系,然后对函数依赖进行最小化处理,消除冗余的联系。

(3) 根据规范化理论对关系模式逐一进行分析,考查是否存在部分函数依赖、传递函数依赖、多值依赖等,确定各关系模式分别属于第几范式。

(4) 根据需求分析阶段得到的各种应用对数据处理的要求，分析所在的应用环境中这些关系模式是否合适，确定是否要对它们进行合并或分解。

必须注意的是，并不是规范化程度越高的关系就越好。当一个应用的查询中经常涉及两个或多个关系模式的属性时，系统必须经常地进行连接运算，而连接运算的代价是相当高的，可以说关系模式操作低效的主要原因就是连接运算引起的。在这种情况下，第二范式甚至第一范式也许是最好的。

如果一个关系模式在实际应用中只是提供查询，并不提供更新操作，或者很少提供更新操作，此时不会存在更新异常问题或更新异常不是主要问题，可以不对关系模式进行分解。

例如，在关系模式学生成绩单(学号，英语，数学，语文，平均成绩)中存在下列函数依赖：

学号→英语

学号→数学

学号→语文

学号→平均成绩

{英语，数学，语文}→平均成绩

根据合并规则可得

学号→{英语，数学，语文}

因此，“学号→平均成绩”是传递函数依赖。由于关系模式中存在传递函数依赖，所以是2NF关系。

虽然平均成绩可以由其他属性推算出来，但如果应用中需要经常查询学生的平均成绩，为了提高查询效率，关系模式中仍然可保留该冗余数据，对关系模式不再做进一步分解。

对于一个具体应用来说，到底规范化进行到什么程度，需要根据具体情况确定。一般说来，关系模式达到第三范式就能获得比较满意的效果。

(5) 对关系模式进行必要的分解，以提高数据操作的效率和存储空间的利用率。

常用的分解方法有两种：水平分解和垂直分解。

① 水平分解

所谓水平分解是指把一个关系模式 R 中的元组分为若干子集合，定义每个子集合为一个子关系，以提高系统的效率。如图9.22所示，关系 R 被水平分解为 R_1、R_2、R_3 以及 $R-(R_1+R_2+R_3)$。

例如，一个关系很大(这里指元组数多)，而实际应用中，经常使用的数据只是一部分(通常只占元组总数的20%)，此时可以将经常用的这部分数据分解出来，形成一个子关系，这样可以减少查询的数据量。

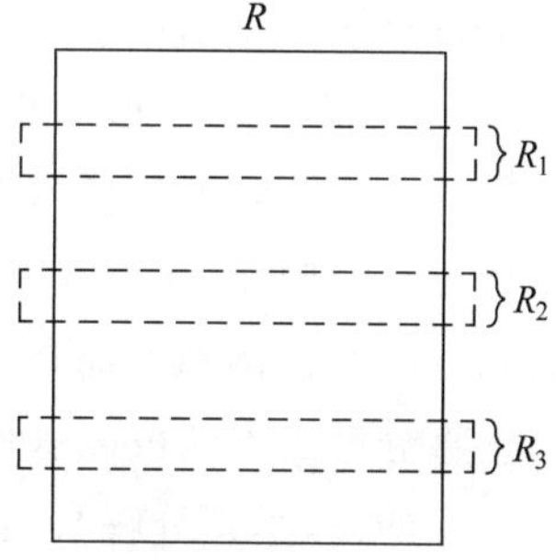

图9.22 关系模式的水平分解

另外,如果关系 R 上具有 n 个并发事务,而且多数事务存取的数据不相交,则 R 可分解为少于或等于 n 个子关系,使每个事务存取的数据对应一个关系。

例 9.2.1 假设有一个产品关系模式,其中包含有出口产品和内销产品两类数据。由于不同的应用关心不同的产品,如一个应用只关心进口产品,而另一个应用只关心内销产品。因此,可将产品关系模式进行水平分解,分解为两个关系模式,一个存放出口产品数据,另一个存放内销产品数据,如图 9.23 所示。这样可以减少应用存取的元组数。

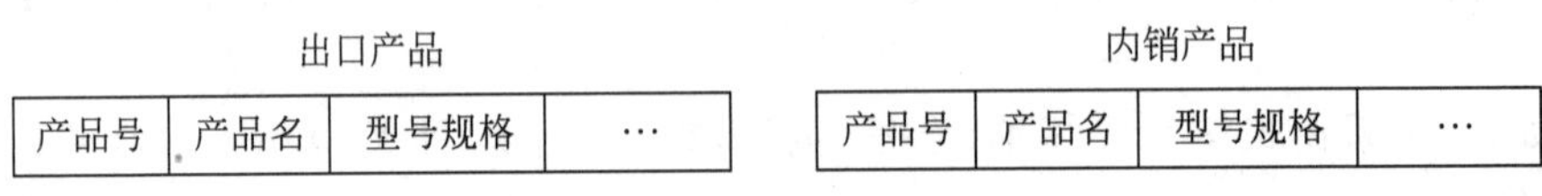

图 9.23 水平分解举例

② 垂直分解。

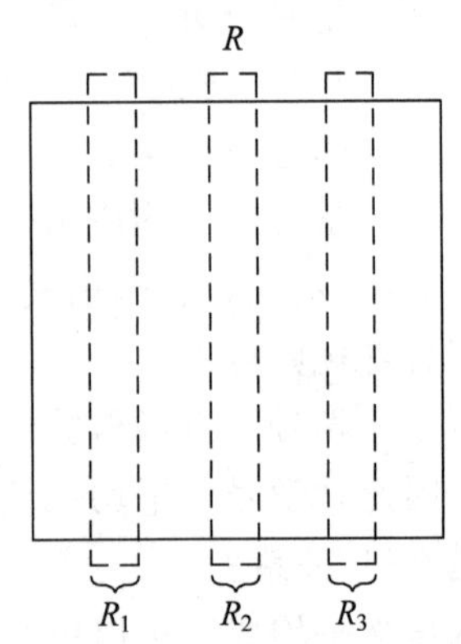

图 9.24 关系模式的垂直分解

所谓垂直分解是把一个关系模式 R 的属性分解为若干子集合,形成若干子关系模式。如图 9.24 所示,关系 R 被垂直分解为 R_1、R_2、R_3 以及 $R-(R_1+R_2+R_3)$。

例 9.2.2 假设有一个职工关系模式,其中含有职工号、职工名、性别、职务、职称、年龄、地址、邮编、电话、所在部门等描述属性。如果应用中经常存取的是职工号、职工名、性别、职务、职称数据,而其他数据很少使用,则可以对职工关系模式进行垂直分解,分解为两个关系模式,一个存放经常用的数据,另一个存放不常用的数据,如图 9.25 所示。这样也可以减少应用存取的数据量。

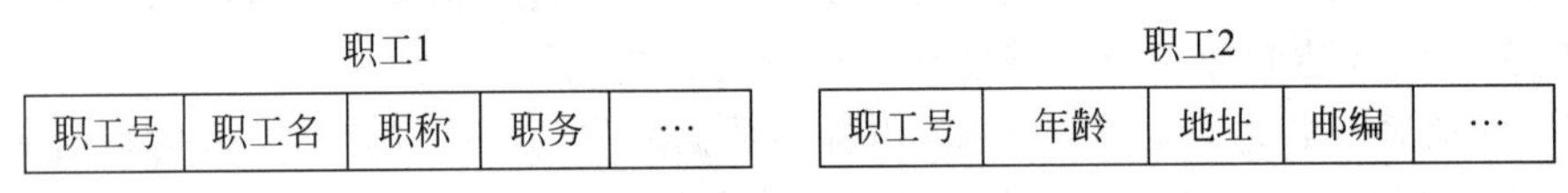

图 9.25 垂直分解举例

垂直分解的原则:凡是经常在一起使用的属性从 R 中分解出来形成一个子关系模式,这样也可以提高数据操作的效率。

垂直分解的好处是可以提高某些事务的效率;不足之处是可能会使得另一些事务不得不执行连接操作,从而降低了效率。是否需要垂直分解,取决于分解后 R 上的所有事务的总效率是否得到了提高。

垂直分解的方法可以采用简单的直观分解,也可以用关系模式分解算法进行分解。需要注意的是,垂直分解必须以不损失关系模式的语义(保持无损连接性和保持函数依赖性)为前提。

例 9.2.3 假定有一个选课关系表:SelectCourse(学号,姓名,年龄,课程名称,成绩,学分)。请分析此关系属于第几范式?如果应用中需要常常对 SelectCourse 关系进行增、删、改操作,该关系存在什么问题,并对其设计进行优化。

解:由于每个学生可能选学多门课程,而每门课程对应一个成绩。因此,该关系的候选关键字为(学号,课程名称)。

根据数据的语义,该关系上存在的函数依赖集为

{学号,课程名称}→{姓名,年龄,成绩,学分}

课程名称→学分

学号→{姓名,年龄}

由于{学号,课程名称}→{姓名,年龄},而{学号,课程名称}的子集"学号"也能函数依赖地决定一个学生的姓名和年龄,即学号→{姓名,年龄}。该关系存在非主属性对候选键的部分函数依赖,因此,SelectCourse 关系属于第一范式且存在以下问题:

• 数据冗余:

如果同一门课程由多个学生选修,"学分"就会重复多次。

如果同一个学生选修了多门课程,该学生的姓名和年龄就会重复多次。

• 更新异常:

若调整了某门课程的学分,数据表中所有行的"学分"值都要更新,否则会出现同一门课程学分不同的情况。

• 插入异常:

假设要开设一门新的课程,暂时还没有人选修。此时,由于候选关键字中"学号"没有值,所以,课程名称和学分也无法插入数据库。

• 删除异常:

假设一批学生已经完成课程的选修,这些选修记录就应该从数据库表中删除。但是,与此同时,课程名称和学分信息也被删除了。

由于选课关系中的数据是需要经常更新的,所以必须解决上述可能出现的操作异常。

现在,对关系进行分解,将 SelectCourse 分解为三个表:

学生:Student(学号,姓名,年龄)

课程:Course(课程名称,学分)

选课:SC(学号,课程名称,成绩)

Student 关系上的候选键为学号,函数依赖集为

{学号→姓名,学号→年龄}

由于不存在非主属性对候选键的部分函数依赖和传递函数依赖,Student 关系属于第三范式。

Course 关系上的候选键为课程名称，函数依赖为

课程名称→学分

由于不存在非主属性对候选键的部分函数依赖和传递函数依赖，Course 关系也属于第三范式。

SC 关系上的候选键为{学号，课程名称}，函数依赖为

{学号，课程名称}→成绩

由于不存在非主属性对候选键的部分函数依赖和传递函数依赖，SC 关系也属于第三范式。

如果需要增加、删除以及修改学生信息时，只需对 Student 关系进行操作。

如果需要增加、删除以及修改课程信息时，只需对 Course 关系进行操作。

如果需要增加、删除以及修改选课信息时，只需对 SC 关系进行操作。

另外，如果应用中的查询常常是统计学生的选课情况，则分解后带来的自然连接操作很少。因此，这样的设计是合理的。

通过对关系 SelectCourse 的分解，各关系上的函数依赖集以及不同关系模式之间的函数依赖已是最小函数依赖集，并且消除了数据冗余和操作异常。因此，关系模式得到了优化。

例 9.2.4 分解如图 9.26 所示关系，使其满足 1NF。

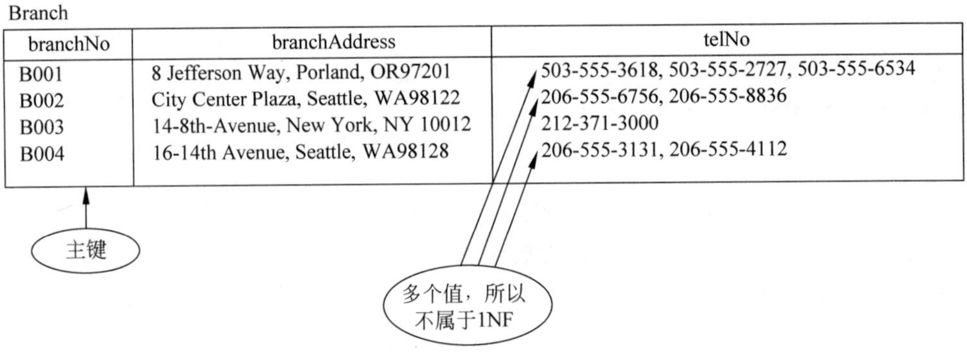

Branch

branchNo	branchAddress	telNo
B001	8 Jefferson Way, Porland, OR97201	503-555-3618, 503-555-2727, 503-555-6534
B002	City Center Plaza, Seattle, WA98122	206-555-6756, 206-555-8836
B003	14-8th-Avenue, New York, NY 10012	212-371-3000
B004	16-14th Avenue, Seattle, WA98128	206-555-3131, 206-555-4112

主键

多个值，所以不属于1NF

图 9.26 部门表

解：图 9.26 提供了 branchNo(分公司编号)、branchAddress(分公司地址)以及 telNo(分公司电话号码)信息。这里把一个地址的详细内容作为一个单独的值。由于每个分公司的电话号码由多个值组成，如果应用中要查询某个电话号码是哪个分公司的，则会感到不方便。

另外，从规范化角度来说，telNo 不满足每个数据项必须为原子项的原则，所以必须对其进行分解，使其满足 1NF。分解后的关系如图 9.27(b)所示，Branch 被分解为两个关系，Branch 存放分公司地址，BranchTelephoneNo 存放分公司电话号码，它们都是满足 1NF 的关系。如果要查询分公司地址，只需对 Branch 表进行查询；如果要查询分公司电话，只需对 BranchTelephoneNo 表进行查询。

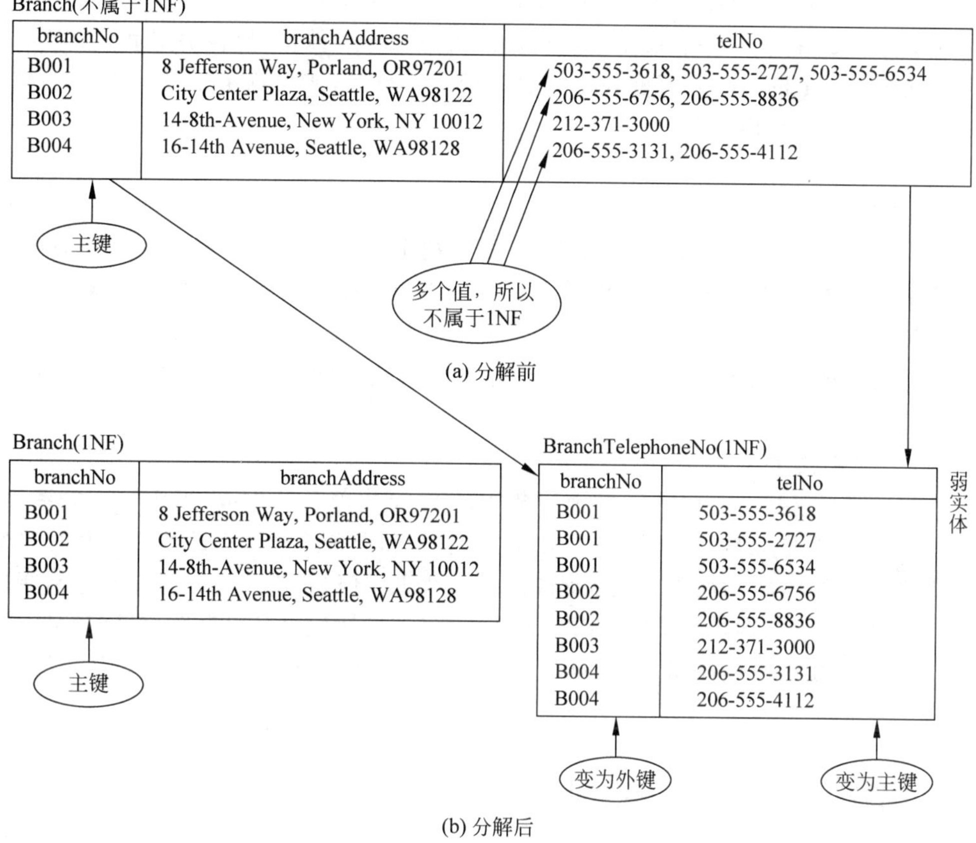

图 9.27 各分公司信息表

9.3 关系模式的调整

由 E-R 图映射来的关系模式经过优化以后，基本上可以反映一个单位数据的内在联系，但不一定适合应用的需要和系统的要求。根据需求分析对关系模式进一步做些调整是必要的。

9.3.1 改善数据库性能

数据库(尤其是关系数据库)的性能问题是数据库应用中的关键问题，数据库设计时必须认真考虑。特别是那些对系统响应时间有苛刻要求的应用，应予特别注意。

对数据库的逻辑设计来说，可从下列几个方面提高数据查询的速度：

(1) 减少连接运算

连接运算是关系数据库中开销很大的运算。连接的关系越多，参与连接的关系越大,系统的开销就越大。对于一些常用的、性能要求比较高的数据库查询,最好是一元查询,这与规范化的要求是矛盾的。有时为了保证性能,往往不得不牺牲规范化的要求,把规范化了的关系再合并起来,这就是所谓的逆规范化。当然,这样做会引起数据的更新异常。这些语义上的问题只有麻烦用户去处理了。总之,逆规范化有得有失,设计者可根据实际情况进行权衡。

(2) 减小关系大小及数据量

被查询的关系大小对查询的速度影响颇大。有时为了提高查询速度,不得不把关系分得小一点。例如,对于一个学校来说,如果把全校学生的数据放在一个关系中,对全校范围内的查询要方便一点。但是,如果应用中经常要查询的是各个院系的数据,这种设计模式肯定不利于对指定院系的查询,因为全校学生数据放在一个关系中,关系太大造成查询速度降低。因此,可以按各个院系建立学生数据,以提高对院系的查询速度。

(3) 尽可能使用快照

所谓快照是指某个用户所关心的一部分数据,事先由系统生成,当作一个关系存在数据库中。因此,快照是一个命名的导出关系,它不随原关系中数据的改变而及时改变,只反映某一时刻的状态,而不反映数据库的当前状态。但是,快照可以周期性地刷新,或由用户用命令刷新。目前,不少 DBMS 支持快照,利用快照也可以提高数据库性能。例如,财务统计或报表总是注明“到某年某月某日截止”,这样的统计或报表就是快照。由于快照是事先存在数据库中的,因此可以大大缩短系统的响应时间。

9.3.2 节省存储空间的一些考虑

数据库一般占用较大的存储空间,因此,节省存储空间也是数据库设计时应该考虑的问题。虽然数据库的物理设计需要考虑这个问题,在数据库的逻辑设计中也应该考虑这个问题。一般可以考虑以下问题:

1. 尽可能缩小每个属性所占空间

在定义每个属性的值域时,既要表示得自然和易于理解,又要考虑节省存储空间。通常,字符型数据占用的存储空间比汉字少,数字型数据比字符型数据占用存储空间少。例如,学生的“姓名”一般比学生的“学号”占用存储空间大,在学生关系中存储了学生基本信息后,其他关系中若用到学生信息,可以只存储学生学号。另外,有些中文名字可用缩写符表示,例如,用“CS”表示计算机科学与工程系。当然,也可以采用各种数据压缩技术,详见数据库物理设计的讨论。

2. 采用假属性减少重复数据所占存储空间

在有的关系中,数据会多次重复出现,如表 9.1 所示。

表 9.1 学生基本信息

学 号	…	经 济 状 况	…

表 9.1 用来存放学生的基本信息。如果每个学生的“经济状况”用家庭收入、助学金等级、有无其他经济来源等进行描述，当学生很多时，不仅填写每个学生的记录非常麻烦，而且经济状况相同的描述数据还会多次重复，占用较多的存储空间。因此，可以将“经济状况”采用假属性，即将表 9.1 中的“经济状况”改用“经济状况类型”表示。用另一张表表示各种不同的经济状况类型，如表 9.1′和表 9.2 所示。

表 9.1′ 学生基本信息

学 号	…	经济状况类型	…
09000201		A	
09000202		A	
09000203		C	
09000204		B	
…	…	…	…

表 9.2 经济状况信息

经济状况类型	经 济 状 况
A	…
B	…
C	…
D	…
…	…

采用假属性后，表 9.1′中每个学生只需存储经济状况类型，所占空间不多，学号→经济状况类型。而表 9.2 用来描述经济状况的类型，表本身很小，经济状况类型→经济状况。适当采用假属性可以减少重复数据所占的存储空间。

9.4 外模式的设计

在第 1 章中介绍的外模式是用逻辑模型对用户所用到的那部分数据的描述。外模式也称为子模式或用户模式，是与应用程序对应的数据库视图，是数据库的一个子集，也是局部逻辑数据模式。不同的用户可有自己的外模式。外模式的主要作用如下：

(1) 提供一定的逻辑数据独立性。

数据库的概念模式会随着应用而不断地扩充、修改和重构。概念模式变了,使用这些概念模式的应用程序也须做相应的修改,这是一件很麻烦的维护工作。有了外模式这一级后,尽管概念模式(全局逻辑数据模式)变了,但仍然可以通过外模式使用户看到的数据模式不变。因此,外模式可以提供一定的逻辑数据独立性,即用户在一定程度上不受概念模式变化的影响。

(2) 更好地适应不同用户对数据的需求。

一个综合数据库通常是非常大而复杂的。但是,对某一个用户来说,不需要了解所有数据,也不希望了解这么多的数据,只希望数据库提供他所关心的数据。外模式可较好地解决数据的集中化和个别需要的兼顾问题。

(3) 有利于数据保密。

外模式实际上为用户划定了访问数据的范围,因而有利于数据的保密。

外模式的实现单靠控制数据的访问权限是不够的,必须提供一些手段来对概念模式进行修改和变换。在关系数据库管理系统中,一般都提供视图功能。视图与快照一样,都是命名的导出关系。但它与快照又有所不同:

- 视图随数据当前值的变化而变化,而不是像快照那样,把数据冻结在某一时刻。
- 视图是个虚关系,在数据库中并不存储这样的导出关系,仅仅保留它的定义,因此称为虚关系。而数据库中实际存储的关系(或表)叫基表。虚表对用户来说可以像基表一样进行访问。

不同的用户可以根据需要定义自己的视图,视图也可以由多个基表或视图来定义。其他用户通常只能对视图进行查询。因此,通过定义不同的视图可控制不同用户访问数据的范围,有利于数据的保密。

例 9.4.1 设有一产品关系模式:

产品(产品号,产品名,规格,单价,生产车间,生产负责人,产品成本,产品合格率,质量等级)

可以在产品关系模式上为不同的用户建立两个视图。

为一般客户建立视图:

产品 1(<u>产品号</u>,产品名,规格,单价)

为产品销售部门建立视图:

产品 2(<u>产品号</u>,产品名,规格,单价,车间,生产负责人)

顾客视图中只包含允许顾客查询的属性;销售部门视图中只包含允许销售部门查询的属性。生产领导部门则可以查询全部产品数据。这样就可以防止用户非法访问本来不允许他们查询的数据,保证了系统的安全性。

如果有些局部应用中经常要使用某些很复杂的查询,为了方便用户,可以将这些复杂查询定义为视图，用户每次只对定义好的视图进行查询，这样可以大大简化用户的使用。

数据库设计是一项综合性的工作，有各种要求和制约因素。应用中须根据实际情况综合应用，在基本合理的总体设计的基础上，做一些仔细的调整，力求最大限度地满足用户的各种需求。

思考题

1. 数据库逻辑设计阶段的主要任务是什么？
2. 数据库逻辑设计阶段如何得到一组关系模式？
3. 利用映射规则转换为关系模式可能会出现什么问题？
4. 数据库逻辑设计的结果唯一吗？
5. 数据库逻辑设计需要注意哪些问题，如何解决？

题 1

题 2

题 3

题 4

题 5

重点内容与典型题目

重点内容

E-R 图到关系模式的映射方法

关系模式的优化

典型题目

仍以第 8 章的商品订购管理为例。在数据库概念设计的基础上进行数据库的逻辑设计。

习题

1. 规范化理论对数据库设计有什么指导意义？
2. 关系模式是否一定需要进行优化处理？
3. 将图 9.28 中的 E-R 图转换为一组关系模式集。
4. 将所给图 9.29 转换为关系模式。图中所有属性都函数依赖于其主键，只有 rank→salary 例外。对某些数据可以重新命名，但需做说明。

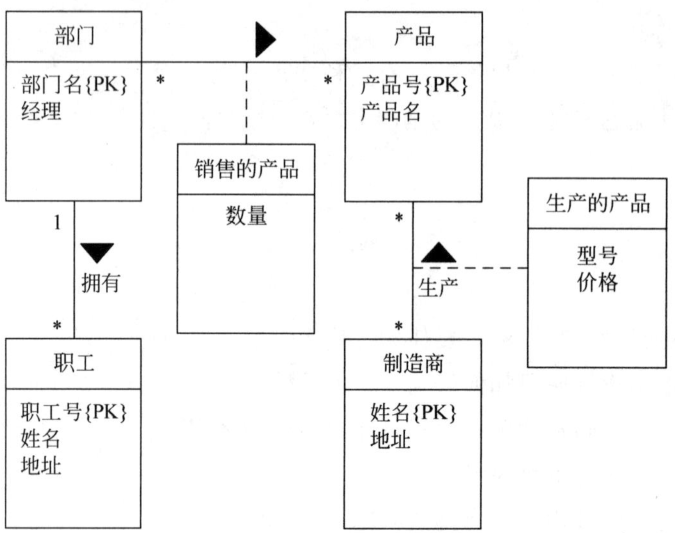

图 9.28　习题 3 图

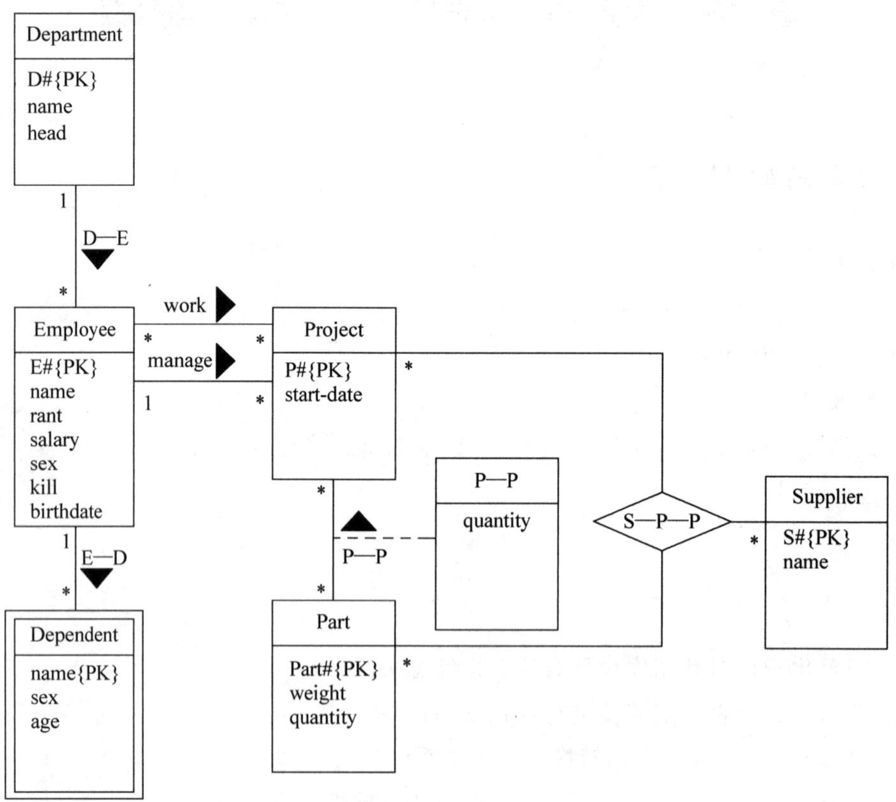

图 9.29　习题 4 图

5. 某公司有多名销售人员负责公司的商品销售业务，每名客户可以一次性订购多种商品，每件商品都由唯一的商品号标识，下面就是销售商品的详细订单。

商品订购单

订单号：13254687　日期：16/09/03　付款方式：现金支付　总金额：3400.00 元

客户号：11023562　客户姓名：王帅　联系电话：4106179

地址：大连市沙河口区黄河路 12 号　邮政编码：116001

商品号	商品列表	规格	单价/元	总计/元
110001	海尔 29 英寸纯平彩电	T518	2500.00	2500.00
110018	华雅丽沙发	S821	700.00	700.00
120032	喜力牌电饭锅	D324	200.00	200.00

****

销售人员号：1125　销售人员姓名：王长江　电话号码：13024523525

---

(1) 试为该公司的商品销售业务数据库设计一个优化的 E-R 图。

(2) 将 E-R 图转换为关系模式集，并写出每个关系模式的主键和外键(如果有)。

6. 分解如图 9.30 所示关系，使其满足 2NF。

tempStaffAllocation

staffNo	branchNo	branchAddress	name	position	hoursPerWeek
S4555	B002	City Center Plaza, Seattle, WA98122	Ellen Layman	Assistant	16
S4555	B004	16-14th Avenue, Seattle, WA98128	Ellen Layman	Assistant	9
S4612	B002	City Center Plaza, Seattle, WA98122	Dave Sinclair	Assistant	14
S4612	B004	16-14th Avenue, Seattle, WA98128	Dave Sinclair	Assistant	10

图 9.30　每个分公司临时工每周工作分配表

第10章 数据库的物理设计

数据库的物理结构主要是指数据库在物理设备上的存储结构和存取方法。数据库物理设计的任务就是利用所选 DBMS 提供的手段，为设计好的逻辑数据模型选择一个符合应用要求的物理结构。由于不同的数据库产品所提供的物理环境、存取方法和存储结构有很大差别，能提供给设计人员使用的设计变量、参数范围也很不相同，因此没有通用的物理设计方法可遵循，只能给出一般的设计内容和原则。由于数据库物理设计的方案可能会不止一种，为了正确地完成设计工作，需要对所选 DBMS 功能有一个全面的认识，并且需要对每个方案特定实现细节的优点和缺点有所了解，以便选择一种比较满意的实现方案。

本章讨论的数据库物理设计的内容有：存储结构的确定、簇集设计、索引的选择。

10.1 确定记录的存储结构

数据库逻辑设计阶段所讨论的关系和记录仅仅是逻辑形式，而不是其存储形式。数据库的物理设计阶段要考虑如何表示逻辑记录的内容，即记录的存储形式，同时需要进一步考虑一些其他问题。例如，数据项编码是否要压缩，不定长数据项如何表示，记录间互相连接的指针如何设置等。另外，传统数据模型通常是以记录为基础，因此，了解记录的一些存储技术和数据压缩方法对物理设计是很有利的。

10.1.1 数据项的存储技术

在存储记录中，数据项的表示方法一般有四种：定位法、相对法、索引法以及标号法。

1. 定位法

定位法是一种只能表示定长记录的方法。使用定位法存储记录时，系统为每个数据项按其最大可能长度分配定长的字段。数据项从左向右填入，空白部分填以空白字符，如图 10.1 所示。

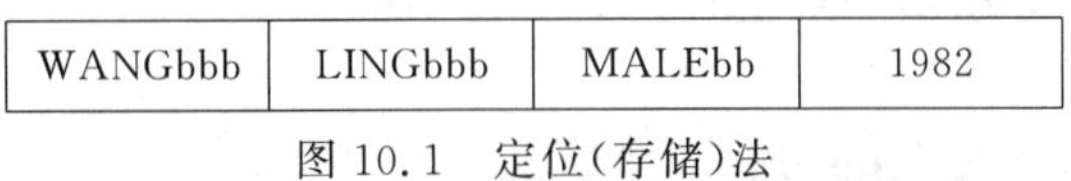

WANGbbb	LINGbbb	MALEbb	1982

图 10.1 定位(存储)法

图 10.1 表示一个记录由四个字段组成，第一个字段表示姓，即“WANG”；第二个字段表示名，即“LING”；第三个字段表示性别，即“MALE”；第四个字段表示出生年份，即“1982”。不足部分以空白字符“b”填入。

定位法的优点：简单，使用最广。

定位法的缺点：存储空间的利用率不高，尤其是当数据项长度参差不齐时，空间浪费更加突出。

2. 相对法

相对法是一种可表示可变长记录的存储方法。使用相对法存储记录时，每个数据项不是定长，而是由实际情况确定。不同数据项之间用特殊的字符隔开，如图 10.2 所示。

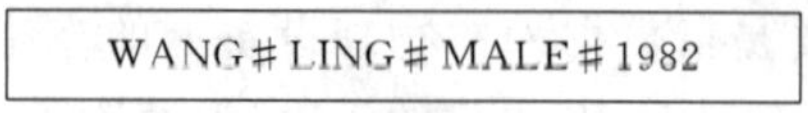

WANG#LING#MALE#1982

图 10.2 相对(存储)法

图 10.2 和图 10.1 表示同一个记录,只是记录中不同数据项之间用分隔符“#”隔开。

相对法与定位法相比,其优点是存储空间的利用率高。

3. 索引法

索引法也是一种可表示可变长记录的存储方法。使用索引法表示存储记录时,每个数据项用一个指针指向其首地址,如图 10.3 所示。

索引法的优点也是空间利用率高。

4. 标号法

标号法也是一种可表示可变长记录的存储方法。使用标号法表示存储记录时,每个数据项用一标号开头,如图 10.4 所示。

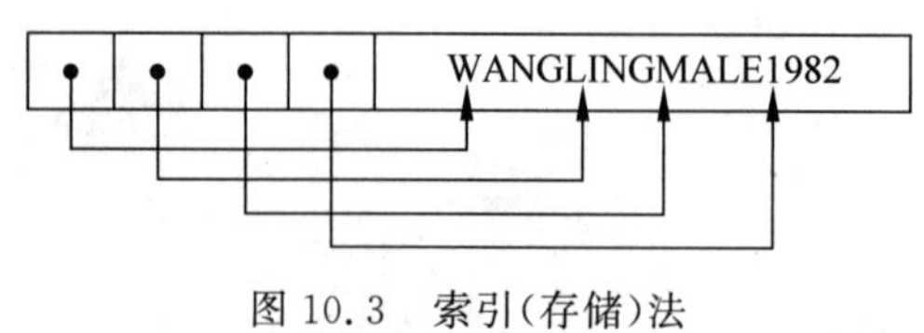

WANGLINGMALE1982

图 10.3 索引(存储)法

SNWANGFNLINGSXMALEYR1982
标号

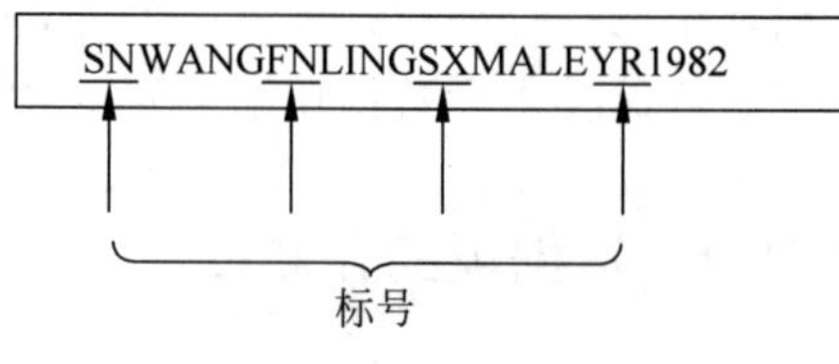

图 10.4 标号(存储)法

图 10.4 中: SN=surname,FN=firstname,SX=sex,YR=year of birth。

标号法的优点:空间利用率高。

标号法的缺点:当记录的数据项个数较多时,标号本身也将占用较多的空间。

一般,所有 DBMS 都支持定长记录,但只有部分 DBMS 支持可变长记录。应用中可根据实际情况选择定长存储法或某种可变长存储法。

10.1.2 记录在物理块上的分配

磁盘与内存交换数据是以物理块为单位进行的,即每次访问磁盘,至少存取一个物理块。在磁盘上,记录必须分配到物理块中。当记录比物理块小时,一个物理块可容纳多个记录,记录不跨块,这种结构称为不跨块组织,如图 10.5 所示。当记录很大,一个物理块容纳不下时,记录必须跨块存放,这种结构称为跨块组织,如图 10.6 所示。一个物理块总有些附加信息,如识别标志、块的类型、指针等,实际用于存储数据的空间要小于块的大小。变长记录的大小不定,很难确定每块应含有多少个记录,一般也采用跨块组织,如图 10.7 所示。

记录1
记录2
记录3
记录4
无用部分

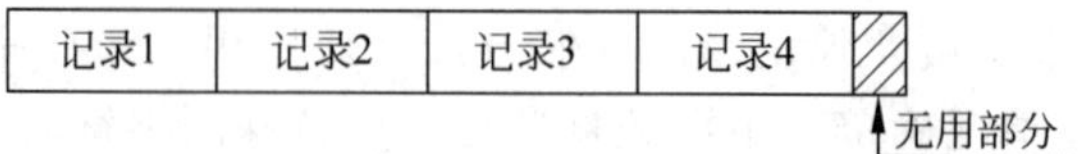

图 10.5 定长记录的不跨块组织

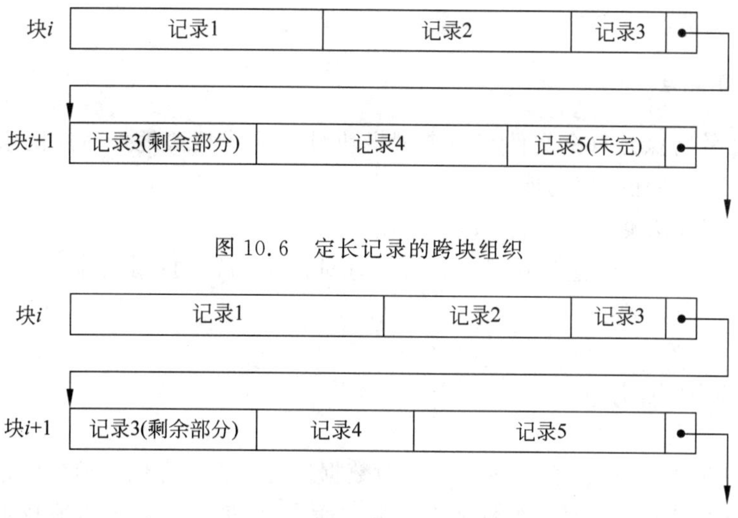

图 10.6 定长记录的跨块组织

图 10.7 变长记录的跨块组织

10.1.3 物理块在磁盘上的分配

在早期的 DBMS 中，通常是由操作系统分配数据库所需要的物理块，逻辑上相邻的数据往往被分配到磁盘的不同区域。在连续访问数据库中的数据时，系统性能会严重下降。而在现代的 DBMS 中，改由系统初始化时向操作系统一次性地申请所需要的磁盘空间。物理块在磁盘上的分配方法一般有四种：

1. 连续分配法

这种方法的特点是将一个文件的块分配在磁盘的连续空间上，块的次序也就是它们存储的次序。

优点：对顺序存取多个块或全部文件很有效。

缺点：不利于文件的扩充和修改。

2. 连接分配法

这种方法的特点是物理块不一定分配在磁盘上的连续区域，各物理块在磁盘上用指针链接。

优点：有利于文件的扩充和修改。

缺点：存取效率低。

3. 簇集分配法

这种方法是上面两种方法的结合，特点是把文件分为若干簇集，即文件中相关记录存放在一个物理块内或相邻的几个物理块内，各簇集以指针链接。

优点：有利于检索速度的提高。

缺点：重新分配簇集时会引起大量数据的搬移。

4. 索引分配法

这种方法的特点是每个文件有一个逻辑块号与其物理块地址对照的索引。通过索引,可查询到文件中任一块的地址。

优点：分配方法灵活,扩充、修改较方便。

缺点：访问时增加了逻辑块号到物理块地址映射的开销；由于物理上不一定相邻,故连续访问时性能不高。

10.1.4 数据压缩方法

为了节省存储空间,有些 DBMS 允许对数据进行压缩后存储。但访问这些数据时须进行转换或复原,因此,对系统的性能有影响。通常,数据库中数据压缩技术应用得并不普遍,而且即使应用,也只采用一些简单的数据压缩方法。下面介绍几种可能的方法。

1. 消零或空白符法

如果数据项中常常出现一连串的零或空白符,可以用一种特殊符号及表示零或空白符个数的数字表示。例如,空白符“bbbbb”可用“＃5”表示,一连串零“000000”可用“@6”表示。

2. 模式代替法

如果数据项中常常出现一些重复的字符串,此时可以用一省略符代替,如图 10.8 所示。

原始数据	压缩数据
方正天瀑 T200-3268	@＃3268
方正天瀑 T200-8265	@＃8265
方正天瀑 T200-8268	@＃8268
方正天瀑 T200-8288	@＃8288

模式表

方正 天瀑	@
T200－	＃

图 10.8 模式代替法

3. 索引法

索引法是模式代替法的变种。对于那些经常出现的模式,为了避免重复存储,可以将不同数据单独存储,其他表中如果需要这些数据,只要利用指针引用即可,如图 10.9 所示。

原始数据

branch	city
0001	nanjing
0002	shanghai
0003	shanghai
0004	nanjing
0005	shanghai
⋮	⋮

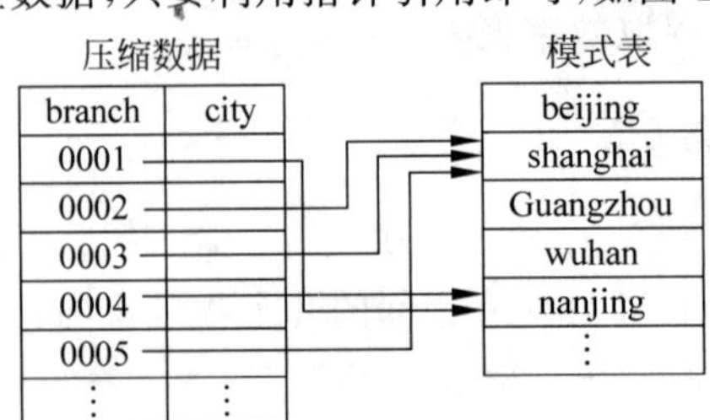

图 10.9 索引法

注意：使用索引法时，模式应该比指针长得多才有利。

10.2 确定数据库的存储结构

在 DBMS 中，要求能对数据库中的数据进行即时访问、动态修改，故文件结构应能适应数据的动态变化，提供快速访问路径。

数据库中的文件是共享的，这就要求文件结构应兼顾多方面要求，提供多种访问路径，在并发控制、恢复和保密等方面提供必要的方便。另外，还应提供各种文件结构和存取路径，以适应数据的变化。

确定数据库存储结构的内容包括：确定数据的存放位置、选择文件的组织方式、确定系统配置等。

10.2.1 确定数据的存放位置

如何确定关系表、索引、簇集、日志、备份的方式对系统的性能有直接影响。通常，影响数据存放位置和存储结构的因素与所选用的硬件环境和应用需求有关，如存取时间、存储空间利用率、维护代价等，而这三个方面常常是相互矛盾的。虽然消除一切冗余数据能够节约存储空间和减少维护代价，但往往会导致检索代价的增加。实际应用时必须进行权衡，选择一种折中方案。另外，任何大型的数据库，在存储和检索数据时都有相当大的磁盘 I/O。数据在磁盘上的组织方式对整个磁盘的性能有很大的影响。因此，为了提高系统性能，数据库物理设计必须考虑数据如何存放的问题。下面给出一般原则：

• 根据实际应用情况，可将经常变动的数据和不经常变动的数据分开存放。

例如，在企业销售管理系统中，产品数据不经常变动，而产品的订单数据经常变动，所以订单数据和产品数据可以分开存放。

• 将访问频率高的数据与访问频率不高的数据分开存放。

例如，数据库的数据备份、日志文件备份等由于只在故障恢复时才使用，而且数据量很大，可以考虑存放在磁带或大容量磁盘上。

• 如果计算机提供多个磁盘，可以考虑将关系表和索引分别存放在不同的磁盘上，查询时，由于两个磁盘驱动器分别工作，因而可以保证较快的物理读写速度。
• 另外，可将较大的关系表分别存放在两个磁盘上，以加快存取速度，这在多用户环境下特别有效；也可将日志文件与数据库对象(关系表、索引等)放在不同的磁盘以改进系统的性能。

10.2.2 选择文件的组织方式

数据库物理设计的主要目标之一就是以有效方式存储数据。例如，如果想按姓名以字母顺序检索职工记录，则按职工姓名对文件排序就是一种很好的文件组织方式。但是,如果想要检索所有工资在某个范围内的职工,则按职工姓名排序就不是一种好的文件组织方式。

因此,如何使用有效的文件组织方式建立数据库是数据库应用中必须考虑的问题。如果所选 DBMS 提供选择各种文件组织方式的功能,就可以为每个表选择最佳的文件组织方式。

常见的文件组织方式有堆文件、有序文件、Hash 文件、索引顺序存取方式以及 B^+ 树等。

1. 堆文件

堆是一种无序的文件,又称为堆文件,是最简单的一种文件组织方式。

特点:记录按照它们插入的顺序放置在文件中。一条新记录插入文件的最后一块,如果最后一块没有多余的空间,就在文件中添加一个新块。

由于堆文件中没有根据某一字段的值排出特定顺序,存取一条记录必须要使用线性查找。

删除一条记录,首先需要检索出所需要的块,然后在这条记录上标记已删除标记,并把块写回磁盘。被删除的记录的空间是不可再用的。因此,随着删除动作的发生,系统的性能也会不断下降。这就意味着,需要 DBA 定期对文件重组,收回那些被删除记录的未使用空间。

缺点:在包含许多页的堆文件中进行检索的速度相对较慢。除非检索中包含了文件的大部分记录。

对于向表中插入大量数据的操作,堆文件是最好的文件组织方式。因为记录被顺序地插入文件的末尾。因此,不会在计算记录要插入哪一块时产生额外消耗。

但是,如果仅访问表中的选定记录,堆文件是不合适的。

2. 有序文件

有序文件中的记录可以根据一个或多个字段的值来排序,组成一个按键值排序的数据集,被用来对文件进行排序的字段称为排序字段。如果排序字段正好是文件的主键,那么也就保证了在每条记录中都有唯一的值,这个值也称为文件的排序字段。例如,图 10.10 是一个学生表 STUDENT,对学生表使用以下查询语句:

```
SELECT *
FROM STUDENT
ORDER BY SNO;
```

其结果如图 10.11 所示,学生表中的记录已根据学生学号进行排序。

SNO	SNAME	SEX	BDATE	HEIGHT
9309203	欧阳美林	女	1975-6-3	1.62
9208123	王义平	男	1974-8-20	1.71
9104421	周远行	男	1973-7-16	1.83
9309119	李维	女	1976-8-10	1.68
9209120	王大力	男	1973-10-20	1.75

图 10.10 STUDENT 表

SNO	SNAME	SEX	BDATE	HEIGHT
9104421	周远行	男	1973-7-16	1.83
9208123	王义平	男	1974-8-20	1.71
9209120	王大力	男	1973-10-20	1.75
9309119	李维	女	1976-8-10	1.68
9309203	欧阳美林	女	1975-6-3	1.62

图 10.11　排序后的 STUDENT 表

如果 STUDENT 表已经根据学号 SNO 的值进行过排序,就没有必要再排序了,这样可减少查询的执行时间。

如果记录已经按照 SNO 的值来排序,可使用二分查找法来执行基于 SNO 查询条件的查询。例如,现在对排序后的 STUDENT 表进行以下查询:

```
SELECT *
FROM   STUDENT
WHERE  SNO = '9309203';
```

由于 STUDENT 已经根据学号进行了排序,因此,利用二分查找可以减少查询某个学生的时间。

优点:在有序文件上使用二分查找比线性查找更有效率。但是,二分法多用于主存中数据的检索,而对辅存中数据使用的比较少,除非加主索引。

缺点:因为要保持记录有序,所以有序文件的插入、删除很麻烦。

3. Hash 文件

Hash 文件中的记录不必按照顺序写到文件中,而是根据一个字段或多个字段的值计算出记录的磁盘块地址。由于 Hash 文件中的记录是随机分布在文件的有效空间中的,又称为随机文件或直接文件。

缺点:不能保证一个唯一的地址,因为 Hash 字段可能取到的值的数量基本上比记录的有效地址的数量大得多。

Hash 函数产生的每个地址对应一个块或一个桶,桶用于存放多条记录。在一个桶中,记录按照到达的顺序存放。当两条或多条记录的地址相同时,就发生了冲突,此时必须把新的记录插入其他的位置。

解决冲突使得文件的管理被复杂化,降低了整体的功能。

只有当检索是基于 Hash 字段值的准确匹配,尤其是如果访问顺序是随机的时,使用 Hash 文件才是一种好的存储结构。例如,如果学生表 STUDENT 是基于学号进行 Hash 映射的,则检索学号为 9309203 的记录就很有效。

注意:Hash 在以下情况时并不是一种好的结构:

- 当记录是基于 Hash 字段值的模式匹配进行检索时,例如,检索学号(SNO)以“93”开头的所有学生。
- 当记录是基于 Hash 字段值的范围进行检索时,例如,检索学号在 9209101～

9209130之间的所有学生。

- 当记录是基于一个非 Hash 列进行检索时,例如,如果学生表 STUDENT 基于 SNO 进行 Hash 映射,那么 Hash 映射不能用来查询基于 SNAME 列的记录。这时,就需要执行线性查询来查找记录,或者增加 SNAME 列作为二级索引(见10.4节索引的选择)。
- 当记录是基于 Hash 字段的一部分进行检索时,例如,如果选课表 SC 基于 SNO、CNO 进行 Hash 映射,那么就不能只基于 SNO 列来查询记录。此时必须执行线性查询来查找该记录。
- 当 Hash 列被经常更新时,由于 DBMS 必须删除整条记录,并且有可能将它重新定位于新地址。因此,经常更新 Hash 列会影响系统性能。

4. 索引顺序存取方式

这是一种比 Hash 文件更通用的组织方式。索引顺序存取方式支持基于准确键匹配、模式匹配、值的范围和指定的部分键。但是,由于这种方式的索引是静态的,在创建文件时就要生成。因此,更新表会使索引文件的性能变坏、丢失存取索引键的顺序,使得以索引键的顺序进行检索时变得很慢。不过这个问题可以利用 B^+ 树文件组织方式来解决。

5. B^+ 树

B^+ 树也是一种比 Hash 文件更通用的组织方式。也支持基于准确键匹配、模式匹配、值的范围以及指定的部分键。

B^+ 树的索引是动态的,随着表内容的增加而增加,因此,当表更新时,文件的性能不会变坏。即使当文件更新时,B^+ 树也会维护存取索引键的顺序,所以以索引键的顺序检索记录比索引顺序存取方法更有效。但是,如果表并不经常更新,索引顺序存取方法可能比 B^+ 树更加有效,因为它少了一级索引,B^+ 树的叶结点包含指向表中实际记录的指针而不是实际记录本身。

根据以上不同文件组织方式的特点,在应用中选择相应的文件组织方式,然后将选择的文件组织方式以及选择的原因记录到文档中,以便今后查阅。

10.2.3 确定系统配置

通常,DBMS 产品都提供了一些存储分配参数,例如,同时使用数据库的用户数、同时打开的数据库对象数、使用的缓冲区长度和个数、时间片大小、数据库的大小、装填因子、锁的数目等。

一般情况下,系统都为这些变量赋予了合理的默认值。但是这些值不一定适合每一种应用环境,在进行物理设计时,需要根据应用环境来确定这些参数值,以使系统性能最优。

另外,物理设计时对系统配置变量的调整只是初步的,在系统运行时还要根据系统实际运行情况做进一步的调整,以便改进系统性能。

10.3 簇集设计

有些 DBMS 提供了控制数据存放的功能,如 ORACLE 就提供了簇集功能,使得用户可根据需要对数据存放位置进行控制。

所谓簇集是指把有关的元组集中在一个物理块内或物理上相邻的若干个物理块内,其目的是提高对某些数据的访问速度。

为了说明簇集的必要性,下面来看一个简单的例子。

如果有一个存放职工基本信息的职工文件,应用中经常会根据职工文件查询某年出生的职工情况。例如,查询 1973 年出生的职工情况。如果 1973 年出生的职工有 50 人,最坏情况下,这些职工被存储在 50 个不同的物理块上。这时如果要查询 1973 年出生的职工,就需要做 50 次的 I/O 操作,显然,这将影响系统查询的性能。但是,如果在职工文件上按"出生年月"簇集键集中存放元组,也就是把出生年份相同的职工在物理上存放在一个物理块或相邻的几个物理块上,这样每做一次 I/O 操作,就可以获得多个满足查询条件的记录,从而显著地减少了访问磁盘的次数。簇集键可以是单属性的,也可以是多属性的。具有同一簇集键值的元组,尽可能放在同一个物理块中。如果放不下,可以链接多个物理块,如图 10.12 所示。

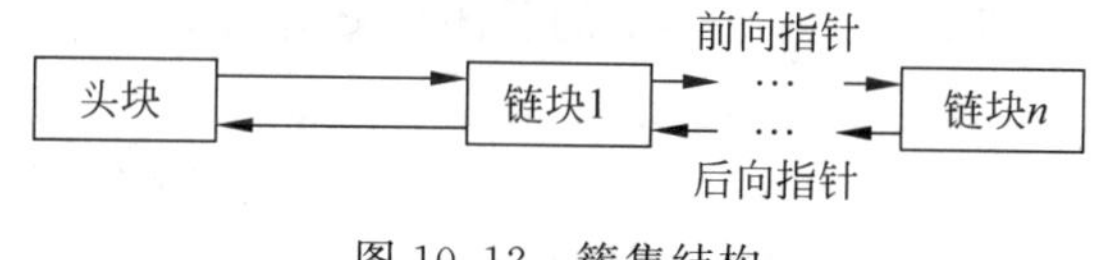

图 10.12 簇集结构

使用簇集的好处如下:

(1) 使用簇集以后,簇集键相同的元组集中存放,因而簇集值不必在每个元组中重复存储,只要在一组中存储一次即可,因此可以节省存储空间。

(2) 簇集功能可以大大提高按簇集键进行查询的效率。

簇集的局限性如下:

(1) 簇集只能提高某些特定应用的性能。

(2) 建立与维护簇集的开销相当大:

- 对已有关系建立簇集,将导致关系中元组的移动,并使此关系上原有的索引无效,必须重建。
- 当一个元组的簇集键改变时,该元组的存储位置也要做相应移动。

簇集的适用范围如下:

(1) 既适用于单个关系独立簇集,也适用于多个关系组合簇集。

例如,假设用户经常要按系别查询学生成绩单,而这一查询涉及学生关系和选修关系的连接操作,即需要按学号连接这两个关系,为提高连接操作的效率,可以把具有相同学号值的学生元组和选修元组在物理上簇集在一起。这就相当于把多个关系按"预连接"的形式存放,从而大大提高连接操作的效率。

(2) 簇键值经常要被查询。若要按多个键值进行查询,建簇集就无意义,且浪费时间。

一般,在满足下列条件时,才考虑建立簇集:

(1) 应用中主要是通过簇集键进行访问或连接的。尤其当主要应用的语句中包含有与簇集键有关的 ORDER BY、GUOUP BY、UNION、DISTINCT 等内容时,簇集格外有利,可以省去对结果的排序。

(2) 对应每个簇集键值平均元组数要适当;元组数太少,簇集的效益不明显,甚至浪费空间;元组数太多,需采用多个连接块,同样不利于提高性能。

(3) 簇集键值应相对稳定,以减少修改簇集键所引起的维护开销。

注意:如果应用中发现所设的簇集收效不大,甚至有害,或者因为应用改变了,这种簇集没有必要了,就应该撤销簇集。

10.4 索引的选择

索引是一种数据结构,它可使 DBMS 快速地在文件中查找记录,并能快速地响应用户的查询。因此,给文件选择索引结构是物理设计的一个基本任务。

应用中的许多查询只涉及文件中的少量记录。例如,"找出计算机系数据库课程不及格的所有学生"或者"找出学号为 09001 的学生的数据库课程成绩",这些查询只涉及选课表中的少量记录。查询时系统读取选课文件中的所有记录并检查"系名"字段,找出系名为"计算机系"的记录,或者检查"学号"字段和"课程名"字段,找出学号为"09001"且课程为"数据库"的记录,这样的查询方式是低效的。理想情况下,系统应能直接定位这些记录,而给文件选择索引结构可以允许这种访问数据的方式。

为了实现对文件记录的快速随机存取,可以使用索引结构。每个索引结构与一个特定的索引键相关联。正如书的索引一样,有序索引按顺序存储索引键的值,并将索引键与包含该索引键的记录关联起来。

数据库系统中文件索引的工作方式类似于书的索引。如果想了解书中某个特定主题(用一个词或者一个词组指定)的内容,可以在书后的索引中查找主题,找到其出现的页,然后读这些页,寻找需要的信息。索引中的词是按顺序排列的,因此,要找到所需要的词就很容易。另外,索引比书小得多,这样可以减少查找所需内容的工作量。

数据库系统中的索引与书中的索引所起的作用一样。例如,在根据所给学号检索一个学生记录时,数据库系统首先会查找索引,找到相关记录所在的磁盘块,然后取该磁盘块,得到所需的学生记录。

如果数据库中的数据量很大,有时使用一级索引还不够,因为索引本身可能很大,即使通过排序的索引减少了搜索时间,但查找一个特定的记录仍然是一个非常复杂的工作。因此,可能还需要建立多级索引,以加快检索速度。

用于在文件中查找记录的属性或属性组称为索引键。如果一个文件上有多个索引,那么也就有多个索引键。

索引的类型可分为以下几种：主索引、辅助索引、多级索引、B^+树索引、Hash索引。

1. 主索引

如果包含记录的文件根据某个索引键属性顺序排序，那么该索引键对应的索引称为主索引。索引键属性保证每条记录都有唯一的值。通常情况下主索引的索引键是主键，但并非总是如此。那些其索引键指定的顺序与文件中记录的物理顺序不同的索引称为辅助索引。

例如，对选课表SC(SNO,CNO,GREAD)在学号属性SNO上建立索引，即SNO为索引键，则有记录按索引键SNO顺序排列的表，如图10.13所示。

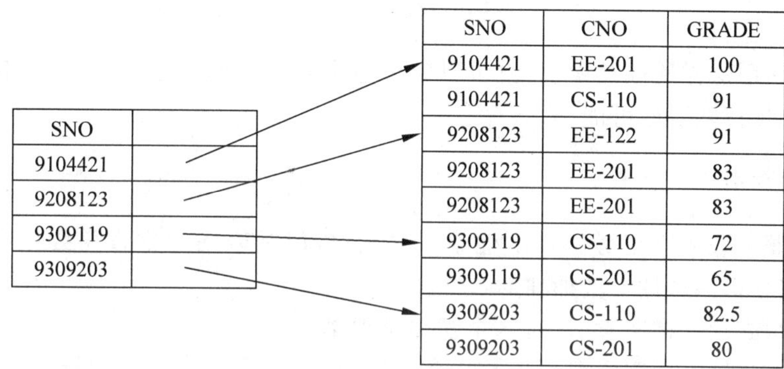

SNO	
9104421	
9208123	
9309119	
9309203	

SNO	CNO	GRADE
9104421	EE-201	100
9104421	CS-110	91
9208123	EE-122	91
9208123	EE-201	83
9208123	EE-201	83
9309119	CS-110	72
9309119	CS-201	65
9309203	CS-110	82.5
9309203	CS-201	80

图10.13　选课记录的顺序文件

主索引是一种有序索引。有序索引可分为以下两类。

(1) 稠密索引

文件中的每个索引键值都有一个索引记录。在稠密主索引中，索引记录包括索引键值以及指向具有该索引键值的第一个数据记录的指针(指向记录的指针包括磁盘块的标识符和识别磁盘块内记录的块内偏移量)。具有相同索引键值的其余记录顺序地存储在第一个数据记录之后，由于该索引是主索引，所以该记录根据相同的索引键排序。图10.13是一种稠密索引。

(2) 稀疏索引

不是文件中的每个索引键值都有一个索引记录。而是只为某些索引键值建立索引记录。与稠密索引一样，每个索引记录也包括索引键值以及指向具有该索引键值的第一个数据记录的指针。为了定位一条记录，可以找到其最大索引键值小于或等于所找记录的搜索键值的索引项，然后从该索引项指向的记录开始，沿着文件中的指针查找，直到找到所需记录为止。如图10.14所示为一个稀疏索引。

从图10.14中可以看到，利用稠密索引可以比稀疏索引更快地定位一条记录。但是，稀疏索引占用空间较小，并且所需插入和删除时的维护开销也较小。

究竟使用稠密索引还是稀疏索引取决于具体的应用。要权衡时间和空间的开销。通常，处理数据库查询的开销主要由把块从磁盘上取到主存中的时间决定。一旦将块放入主存，扫描整个块的时间是可以忽略的。因此，可以考虑为每个块建立一个索引项的

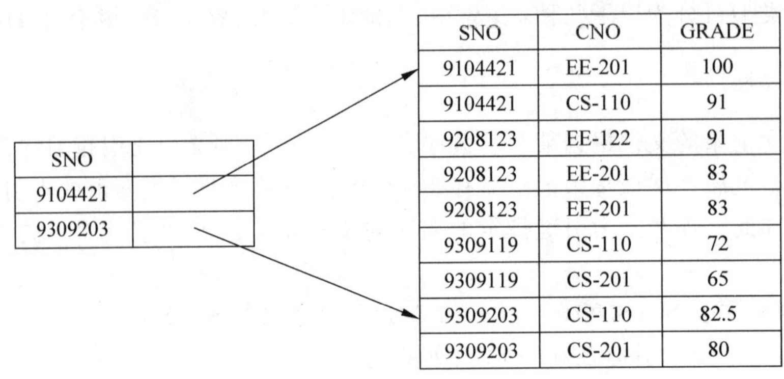

图 10.14 稀疏索引

稀疏索引。使用这样的稀疏索引,就可以定位包含要查找的记录的块、最小化块的访问次数,同时能保持索引尽可能小。

2. 辅助索引

如果在职工表的职工号属性上建立了主索引,但是应用中常常需要按照部门来查询,那么可以在部门属性上增加辅助索引。

辅助索引必须是稠密索引,对每个索引键值都有一个索引项,而且对文件中的每个记录都有一个指针。而主索引可以是稀疏索引,可以只存储部分索引键值,因为正如前面所描述的那样,通过顺序访问文件的一部分,总可以找到两个有索引项的索引键值之间的索引键值所对应的记录。如果辅助索引只存储部分索引键值,两个有索引项的索引键值之间的索引键值所对应的记录可能存在于文件中的任何地方,并且通常只能通过搜索整个文件才能找到它们。

候选键上的辅助索引看起来和稠密主索引没有太大的区别,只不过索引中一系列的后续值指向的记录不是连续存放的。然而一般来说,辅助索引的结构可以与主索引不同。如果主索引的索引键不是候选键,索引只要指向具有该特定索引键值的第一个记录就足够了,因为其他记录可以通过对文件进行顺序扫描得到。

比较而言,如果辅助索引的索引键不是一个候选键,仅仅指向具有每个索引键值的第一条记录是不够的。具有同一个索引键值的其他记录可能分布在文件的任何地方,因为记录是按主索引的索引键而不是辅助索引的索引键排序的。因此,辅助索引必须包含指向所有记录的指针。

可以用一个特别的间接附加层来实现非候选键的索引键上的辅助索引。在这样的索引中,指针并不直接指向文件,而是指向一个包含指向文件的指针的桶。图 10.15 给出了这样的一个辅助索引结构,它在职工文件的索引键"部门"上使用了一个附加间接指针层。

按主索引顺序对文件进行顺序扫描是非常有效的,因为文件中记录的物理存储顺序与索引顺序一致。而对辅助索引,存储文件的物理顺序和辅助索引的索引键顺序不同。如果想要按辅助键的顺序对文件进行顺序扫描,那么读每一条记录都很可能需要从磁盘读入一个新的块,这是很慢的。

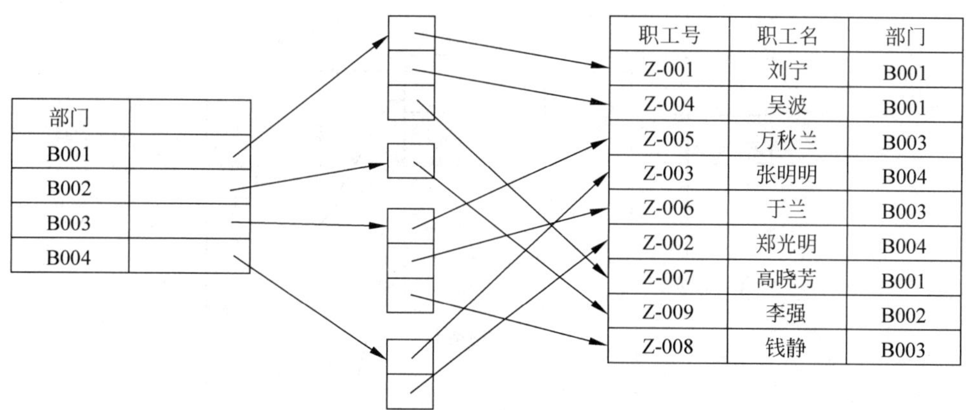

图 10.15 职工文件的辅助索引

辅助索引能够提高使用非主索引属性进行查询的性能。但是,辅助索引显著增加了数据库更新的开销。数据库设计者应根据对查询和更新相对频率的预估来决定需要哪些辅助索引。

3. 多级索引

两层或两层以上的索引称为多级索引。在什么情况下使用多级索引?前面介绍了有序索引分稠密索引和稀疏索引,但即使是稀疏索引,索引本身也会变得非常大而难以有效处理。假如,一个文件有 100000 条记录,而每一个磁盘块存储 10 条记录。如果每一块有一条索引记录,那么索引就有 10000 条记录。索引记录比数据记录小,因而不妨假设一个磁盘块能容纳 100 条索引记录。这样,索引将占据 100 个磁盘块。这样大的索引以顺序文件的方式存储在磁盘上。

如果索引足够小可以放在主存中,搜索一个索引项的时间就会很少。但是,如果索引过大而必须放在磁盘上,那么搜索一个索引项就必须几次读取磁盘块。用户可以在索引文件上使用二分搜索来定位索引项,但是搜索的开销依然很大。如果索引占据 b 个磁盘块,二分搜索需要读取$\lceil \log_2(b) \rceil$个磁盘块。如有 100 块的索引,二分搜索需要 7 次读块操作。在读一个块需要 30ms 的磁盘系统中,该搜索将耗时 210ms,这是相当长的一段时间。这种情况下通常采用顺序搜索,需要读块 b 次,这将耗费更长的时间。因此,搜索一个大的索引可能是一个相当耗时的过程。

为了解决这个问题,可以在主索引上构造一个稀疏索引,如图 10.16 所示。为了定位一条记录,首先在第一层索引上使用二分搜索找到其最大索引键值小于或等于所需搜索键值的记录。指针指向第二层索引块。再对这一块做扫描,直到找到其最大索引键值小于或等于所需索引键值的记录。这一记录的指针指向包含所查找记录的文件块。

4. B$^+$树索引

索引顺序文件组织的最大缺点是文件增大时性能下降。虽然这种性能下降可通过对文件重组来弥补,但重组是很费时间的,用户并不希望频繁地进行重组。为了解决上

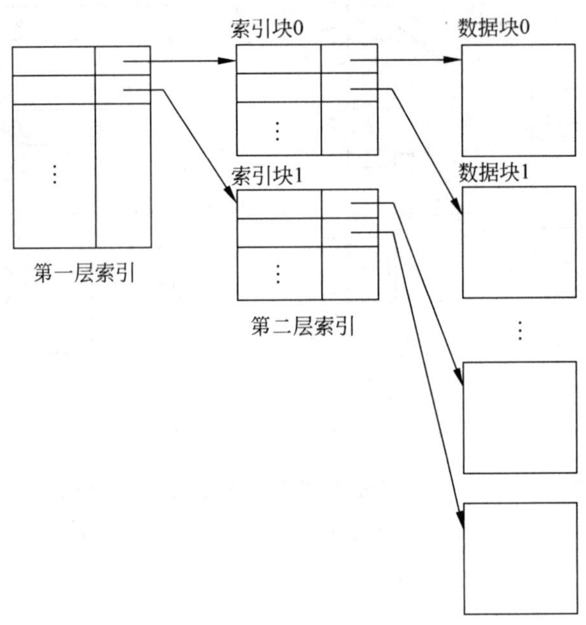

图 10.16　二级稀疏索引

述问题,可以通过在文件上使用 B^+ 树索引来解决索引查找时性能下降问题。

B^+ 树索引结构是在数据库中使用最广泛的索引结构之一,这种索引结构在数据插入和删除的情况下仍能保持较高的执行效率。B^+ 树索引采用平衡树结构,以保证 B^+ 树索引有良好的查找、插入和修改的性能。B^+ 树索引中树根结点到树叶结点的每条路径的长度相同。树中每个非叶结点有$\lceil n/2 \rceil$～n 个子女,n 对特定的树是固定的。

B^+ 树是一个多级索引,但其结构不同于多级索引顺序文件。典型的 B^+ 树结点结构如图 10.17 所示。一个结点最多包含 $n-1$ 个索引键值 $K_1,K_2,\cdots,K_{n-1}$,以及 n 个指针 $P_1,P_2,\cdots,P_n$。每个结点的索引键值排序存放,因此,如果 $i<j$,那么 $K_i<K_j$。

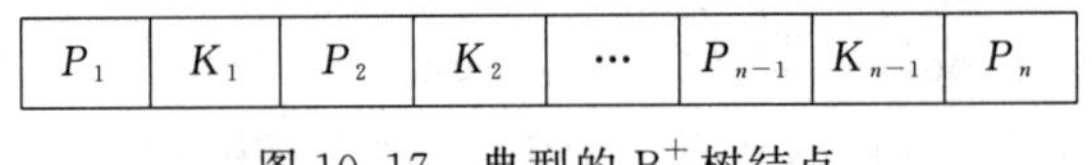

图 10.17　典型的 B^+ 树结点

对于 B^+ 树的叶结点的结构,若 $i=1,2,\cdots,n-1$,指针指向具有索引键值 K_i 的一个文件记录或指向一个指针桶,而桶中的每个指针指向具有索引键值 K_i 的一个记录。只有在索引键不是主键且文件未按索引键顺序排序的条件下才使用桶结构。指针 P_n 的作用是将叶结点按索引键顺序串在一起。这种排序允许对文件进行高效地顺序处理。

B^+ 树的非叶结点形成叶结点上的一个多级(稀疏)索引。非叶结点的结构与叶结点的结构相同,只不过非叶结点中所有的指针都是指向树中结点的指针。一个非叶结点可以容纳最多 n 个指针,同时必须至少容纳$\lceil n/2 \rceil$个指针的结点。结点的指针数称为该结点的扇出。

对于一个包含 m 个指针的结点,若 $i=2,\cdots,m-1$,指针 P_i 指向一棵子树,该子树包含的索引键值小于 K_i 且大于或等于 K_{i-1}。指针 P_m 指向子树中所含索引键值大于或等于 K_{m-1} 的那一部分，而指针 P_1 指向子树中所含索引键值小于 K_1 的那一部分。

根结点与其他非叶结点不同，它所包含的指针数可以小于$\lceil n/2 \rceil$；但是，除非整棵数只有一个结点，根结点必须至少包含两个指针。

下面给出图 10.18 所示职工文件($n=3$)的一棵 B^+ 树。

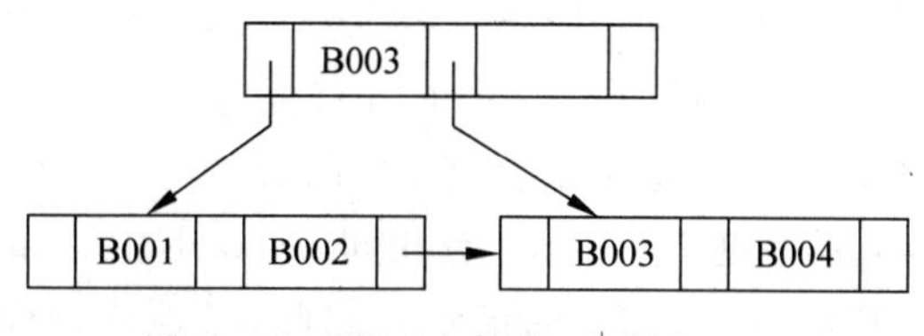

图 10.18　职工文件的 B^+ 树($n=3$)

如何对 B^+ 树进行查找呢？假设要找出索引键值为 V 的所有记录，那么算法 find 给出了在 B^+ 树上的查找过程：

算法：find

输入：查找值 V

输出：索引键值为 V 的所有记录

步骤：

① 令 C=根结点

② while $C \neq$ 叶结点 do

　　K_i=大于 V 的最小索引键值(若有的话)

　　If 没有这样的值 then

　　　　m=结点中的指针数，$C=P_m$ 指向的结点

　　else

　　　　$C=P_i$ 指向的结点

　　end

③ if C 中有一个键值 K_i，满足 $K_i=V$ then

　　指针 P_i 指向需要的记录或指针桶

else

　　不存在具有键值 K 的记录

end

④ 算法结束

该算法在处理一个查询的过程中，需要遍历树中从根到叶结点的一条路径。如果文件中有 K 个索引键值，那么这条路径的长度不超过$|\log_{\lceil n/2 \rceil}(K)|$。

B^+ 树结构与内存中树结构(如二叉树)的一个重要区别在于结点的大小及其造成的树的高度不同。二叉树的结点很小，每个结点最多只有两个指针，因此，造成的树高而瘦。而 B^+ 树的结点非常大(一般是一个磁盘块的大小)，每个结点中可以有大量指针，造成的树一般胖而矮。由于 B^+ 树的插入和删除代价正比于树的高度，因此所需代价很低。

利用 B^+ 树索引可以减少 I/O 操作,是数据库实现中常用的索引结构。

5. Hash 索引

Hash 不仅可以用于文件的组织,也可以用于索引结构的创建。Hash 索引是将索引键及其相应的指针组织成 Hash 文件结构。具体方法如下:将 Hash 函数作用于索引键以确定对应的桶,然后将此索引键及相应指针存入桶(或溢出桶)中。

假设 K 表示所有索引键值的集合,B 表示所有桶地址的集合,Hash 函数 h 是一个从 K 到 B 的函数。为了进行一次基于索引键 K_i 的查找,只需计算 $h(K_i)$,然后搜索具有该地址的桶。假定两个索引键 K_i 和 K_j 有相同的 Hash 值。如果执行对 K_i 的查找,则桶 $h(K_i)$包含的索引键是 K_i 或 K_j 的记录。因此,必须检查桶中每条记录的索引键值,以确定该记录是否为要查找的记录。图 10.19 给出了职工文件上以部门号为索引键的 Hash 索引(假设该 Hash 索引有 4 个桶,每个桶的大小为 2)。

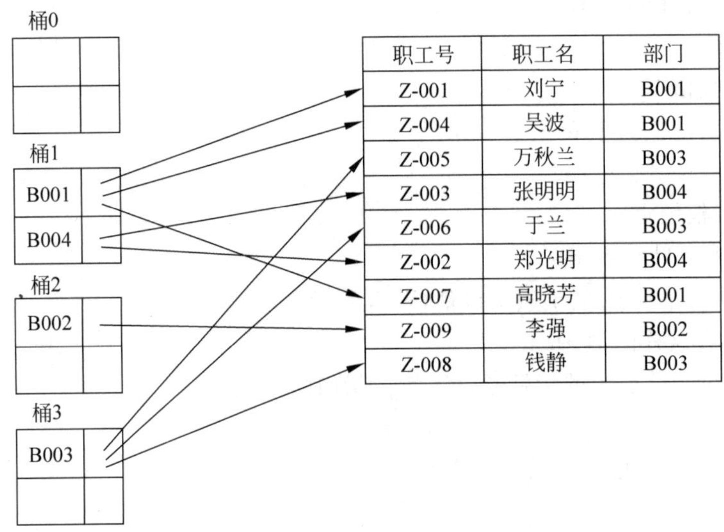

图 10.19 职工文件上以部门号为索引键的散列索引

严格地说,Hash 索引应该只表示辅助索引结构,而不作为主索引结构来使用。因为如果一个文件自身是按 Hash 组织的,就不必在其上另外建立一个独立的索引结构。不过,既然 Hash 文件组织能像索引那样提供对记录的直接访问,不妨认为以 Hash 形式组织的文件上也有一个主 Hash 索引。

以上每种索引方案在一定条件下各有优点。数据库设计者应根据具体应用,最后决定使用某种索引方案。

在数据库物理设计中,除了要熟悉各种索引结构以便进行选择外,还要考虑以下内容:

- 在哪些属性上建立索引?
- 在哪些属性上建立组合索引?
- 哪些索引要设计为唯一索引?
- 哪些属性上不建立索引?

这些问题的确定应该根据具体的应用要求而定，下面给出索引选择的一般规则：

① 主键的属性一般都要建立索引，因为一方面常常需要通过主键来查询；另一方面在插入、修改时要进行主键唯一性检查。有了主键索引就可以提高这些操作的性能。

② 如果一个(或一组)属性经常在查询条件中出现，则考虑在这个(或这一组)属性上建立索引(或组合索引)。

③ 如果一个属性经常作为最大值和最小值等聚集函数的参数，则考虑在这个属性上建立索引。

④ 如果一个(或一组)属性经常在连接操作的连接条件中出现，则考虑在这个(或这组)属性上建立索引。

⑤ 属性值很少的属性上不用在其上建立索引。

⑥ 应用中很少用到的属性不用在其上建立索引。

⑦ 查询频率很低的属性不用在其上建立索引。

⑧ 文件中的记录数很少不用建立索引。

⑨ 小表不需建立索引(6 个物理块以下)。

虽然给文件加索引结构可使 DBMS 快速地在文件中查找记录，并能快速地响应用户的查询。但关系上定义的索引数过多会给系统带来较多的额外开销，如维护索引的开销、查找索引的开销等，所以要视具体应用而定。

10.5 评价物理结构

通常，数据库设计者可以根据所选 DBMS 提供的物理环境、存取方法和存储结构等，选择不同的物理设计方案。然后，再对数据库物理设计过程中产生的多种方案进行细致的评价，从中选择一个较优的方案作为数据库的物理结构。评价时可对各种方案的存储空间、存取时间、维护代价进行定量估算，并对估算结果进行权衡、比较，选择出一个较优的合理的物理结构。如果所选物理结构不符合用户需求，则需要修改设计，直到满足应用要求。

思考题

1. 数据库物理设计的任务、步骤和目标？
2. 数据库物理设计方案唯一吗？为什么？
3. 如何确定数据库的存储结构和存取方法？
4. 数据库应用中，哪些情况下需要在关系模式上建立索引？建立索引的基本原则是什么？

题 1

题 2

题 3

题 4

重点内容与典型题目

重点内容

数据库物理设计、存储结构的确定、簇集设计、索引有选择。

典型题目

1. 假设一个公司有以下 2 个关系模式：

工厂(厂号,厂名,地址,联系电话,银行账号,负责人,…)

产品(产品号, 厂号,产品名,型号规格,销售单价,数量,…)

在产品关系上经常要执行以下操作：

(1) 查询各生产厂家及其产品信息；

(2) 按各生产厂家统计产品。

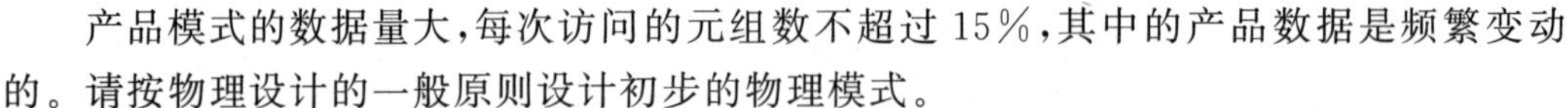

产品模式的数据量大,每次访问的元组数不超过 15%,其中的产品数据是频繁变动的。请按物理设计的一般原则设计初步的物理模式。

2. 根据第 9 章的商品订购管理数据库逻辑设计结果,假设在这组关系模式集上数据量大且经常有以下数据库操作：

(1) 查询某客户于某日所订购的商品清单。

(2) 某客户送来一份新订单。

(3) 查询某客户的某份订单上的商品是否已发货。

(4) 查询商品的单价和订货量。

试根据一般物理设计原则提出初步的物理设计方案。读者可根据需要做一些合理的假定。

习题

1. 影响数据库物理设计的因素有哪些?

2. 什么叫簇集? 什么情况下建簇集?

3. 在关系上建立索引的好处是什么?

4. 在数据库中快速访问数据,应采用什么方法?

5. 稠密主索引与辅助索引有何区别?

6. 把图 10.20 转换成关系数据模式。假设数据量大,有如下一些常用的数据库操作：

(1) 查询某顾客于某日所订货物的清单。

(2) 某顾客送来一新订单。

(3) 某顾客的订单已执行或终止。

(4) 查询某顾客的某订单的某项订货由哪个厂家供货。

(5) 查询产品的库存量及单价。

试根据一般物理设计原则提出初步的物理设计方案。读者可根据需要做一些合理的假定。

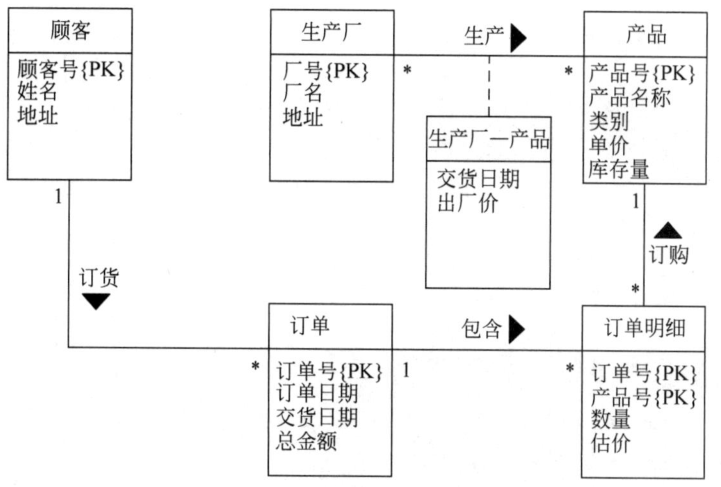

图 10.20　习题 6 图

7. 如果大多数查询如以下形式：

```
SELECT A1, A2, …, An
FROM R
WHERE Ai = C
```

那么，为了处理这个查询，应该在关系 R 上建立什么索引比较合适？

第11章 数据库的实现、运行与维护

根据用户的处理需求、数据需求以及应用环境完成数据库的设计之后，就可以在系统中建立数据库、装载数据、运行数据库以及维护数据库。本章主要讨论数据库的实现、数据库的运行以及数据库的维护。

11.1 数据库的实现

数据库的实现是指建立数据库并在数据库中装载数据。数据库的实现一般涉及以下几方面的工作。

1. 充分熟悉数据库的环境及所用的命令和实用程序

建立数据库之前，应该仔细阅读所选 DBMS 的有关文件；熟悉数据库赖以建立的硬软件环境，了解其性能、限制及有关命令；熟悉各种命令和实用程序的使用方法。

2. 确定数据库的各种参数

DBMS 为了适应各种不同的运行环境和应用要求，一般都提供多种参数，由用户设置。如果用户不设置，系统采用默认值。系统提供的参数一般有以下几种类型。

(1) 内、外存分配的参数

内、外存分配的参数包括最大的数据空间、最大的目录空间、缓冲块的数量等。参数大小的设置要留有余地，否则一旦所需的磁盘空间超出设定的最大值，数据库须重新生成，这会中断数据库的运行，对用户影响很大。而且，磁盘空间的最大值即使设置得过大了一些，系统也只是根据实际需要由操作系统分配，而最大值仅仅起限制作用。

(2) DBMS 运行状态的参数

DBMS 运行状态的参数包括数据库的使用方式，例如，是单用户方式还是多用户方式，最多允许多少事务并发操作，同时允许打开多少个数据库文件，最多允许建立多少临时关系等。通常可取默认值，只有感到默认值不合适时才重新设置。

(3) 数据库恢复、保密、统计和跟踪的参数

数据库恢复、保密、统计和跟踪的参数包括哪些数据要求有恢复功能，哪些数据不要求有恢复功能，需要哪些运行的统计数据，要进行哪些跟踪等。

3. 定义数据库

根据数据库设计的结果，利用所选 DBMS 提供的数据定义语言(DDL)，在系统中定义数据库。例如，对于学生表 STUDENT、课程表 COURSE 以及在这些基本表上定义的视图，可以用如下 SQL 语句定义表结构：

```
CREATE TABLE STUDENT
    (SNO CHAR(8),
       ⋮
    );
CREATE TABLE COURSE
```

```
    (CNO CHAR(6),
      ⋮
    );
CREATE VIEW ...
    (
      ⋮
    );
    ⋮
```

4. 加载数据和建立索引

前三步完成后,系统中已建立了数据库的框架,此时可向数据库中加载数据。在数据加载过程中,要有相应的制度和措施,以保证录入数据的正确性。加载数据可采用人工方法,也可采用计算机辅助数据入库方法。

人工录入的步骤如下。

(1) 筛选数据。需要装入数据库中的数据通常都分散在各个部门的数据文件或原始凭证中,所以首先必须把需要入库的数据筛选出来。

(2) 转换数据格式。筛选出来的需要入库的数据,其格式往往不符合数据库要求,还需要进行转换,这种转换有时可能很复杂。

(3) 输入数据。将转换好的数据输入计算机中。

(4) 校验数据。检查输入的数据是否有误。

由于人工输入的速度较慢且易错,所以适用于小型系统。

计算机辅助数据入库的步骤如下。

(1) 筛选数据。

(2) 输入数据。由录入员将原始数据直接输入计算机中。数据输入子系统应提供输入界面。

(3) 校验数据。数据输入子系统采用多种检验技术检查输入数据的正确性。

(4) 转换数据。数据输入子系统根据数据库系统的要求,从录入的数据中抽取有用成分,对其进行分类,然后转换数据格式。抽取、分类和转换数据是数据输入子系统的主要工作,也是数据输入子系统的复杂性所在。

(5) 综合数据。数据输入子系统对转换好的数据根据系统的要求进一步综合成最终数据。

如果数据库是在旧的文件系统或数据库系统的基础上设计的,则数据输入子系统只需要完成转换数据、综合数据两项工作,直接将旧系统中的数据转换成新系统中需要的数据格式。

另外,为了保证数据能够及时入库,应在数据库物理设计的同时编制数据输入子系统。

计算机辅助数据入库的方法适用于中大型系统。

一旦数据加载完便可在表上建立索引。一般首先建立簇集索引,以确定各个元组的存储位置,然后再建立其他索引。

11.2 数据库的运行

在数据库实现阶段，当数据库结构建立好后，就可以开始编制与调试数据库的应用程序。调试应用程序时由于数据入库尚未完成，可先使用模拟数据。

当应用程序调试完成，并且已有一小部分数据入库后，就可以开始数据库的试运行。数据库试运行也称为联合调试，其主要工作包括：

(1) 功能测试：实际运行应用程序，执行对数据库的各种操作，测试应用程序的各种功能是否符合应用要求。

(2) 性能测试：测量系统的性能指标，分析是否符合设计目标。

数据库物理设计阶段，对设计方案的时间、空间指标进行估算时作了许多简化和假设，忽略了许多次要因素，因此结果必然很粗糙。在数据库试运行阶段，则要实际测量系统的各种性能指标(不仅是时间、空间指标)，如果结果不符合设计目标，则需要返回物理设计阶段，调整物理结构，修改参数；有时甚至需要返回逻辑设计阶段，调整逻辑结构。而重新设计物理结构甚至逻辑结构，会导致数据重新入库。由于数据入库工作量很大，可以采用分期输入数据的方法：先输入小批量数据供先期联合调试使用，待试运行基本合格后再输入大批量数据。通过逐步增加数据量，逐步完成系统的运行评价。

由于在数据库试运行阶段，系统还不稳定，硬、软件故障随时都可能发生，系统的操作人员对新系统还不熟悉，误操作也不可避免。因此，必须做好数据库的转储和恢复工作，尽量减少对数据库的破坏。

如果数据库试运行结果符合设计目标，数据库就可以真正投入运行了。数据库投入运行标志着开发任务的基本完成和系统维护工作的开始。对数据库设计进行评价、调整、修改等维护工作是一个长期的任务，也是设计工作的继续和提高。

11.3 数据库的维护

数据库实现和运行后，还需要经常做一些维护工作，这是由于数据库设计时只考虑了用户的主要需求，还有些问题可能没有考虑到。此外，用户的需求也经常变化。为了满足用户的各种需求，就需要针对数据库的应用情况，对数据库做一些维护工作。这些工作通常由 DBA 来完成。

数据库的维护工作一般包括如下内容。

1. 数据库的转储和恢复

转储和恢复是系统正式运行后最重要的维护工作之一。DBA 要针对不同的应用要求制定不同的转储计划，定期对数据库和日志文件进行备份。一旦发生介质故障，即利用数据库备份及日志文件备份，尽快将数据库恢复到某种一致性状态。所谓数据库的一致性状态是指数据库的设计满足所有完整性约束条件。

2. 数据库的安全性、完整性控制

DBA 必须根据用户的实际需要授予不同的操作权限。在数据库运行过程中,由于应用环境的变化,对安全性的要求也会发生变化,DBA 需要根据实际情况修改原有的安全性控制。由于应用环境的变化,数据库的完整性约束条件也会变化,也需要 DBA 不断修正,以满足用户要求。

3. 数据库性能的监督、分析和改进

在数据库运行过程中,DBA 必须监督系统运行,对监测数据进行分析,找出改进系统性能的方法。利用监测工具获取系统运行过程中一系列性能参数的值,通过仔细分析这些数据,判断当前系统是否处于最佳运行状态。如果不是,则需要通过调整某些参数来进一步改进数据库性能。

4. 数据库的调整

数据库的调整包括调整数据模式、调整索引和簇集、调整数据库运行环境以及调整数据库参数。

1) 调整数据模式

(1) 逆规范化

规范化的过程是确定哪些属性应该放在一张表中的过程。但是,规范化仅仅考虑了关系模式的合理性,并没有考虑其使用要求。规范化的结果往往导致关系模式的过分分解,在应用时不得不进行多关系的连接,使系统不能满足性能要求。

为什么规范化的数据库设计有时不能提供满意的处理效率呢?主要原因有以下几点:

- 有些表的查询处理频繁且访问速度要求较高。
- 有些表的增、删、改操作较少,但连接操作的性能要求很高。
- 查询时,连接操作频繁。

这时,可以对这些表降低规范化程度,使系统具有更好的性能。该过程称为逆规范化处理,如图 11.1 所示的两个关系。

职工表

职工号	姓名	部门	办公室
Z-001	刘宁	B001	302
Z-004	吴波	B001	303
Z-005	万秋兰	B003	401
Z-003	张明明	B004	201
Z-006	于兰	B003	402
…	…	…	…

部门电话表

办公室	电话号码
303	8452303
303	8452303
401	8451401
201	8451201
401	8451401
…	…

图 11.1　职工表和部门电话表

假设每个办公室只有一部电话，一个办公室有多人在一起办公，一个部门有多个办公室。显然，图 11.1 所示两个关系是规范化的数据模式。如果在应用中，经常要查询某人的电话号码，则每次查询都要进行职工表和部门电话表的连接操作，这对系统的性能是不利的。

一个不计算连接操作的办法是建立一个包含职工表和部门电话表所有属性的职工—部门电话表，如图 11.2 所示。

职工号	姓名	部门	办公室	电话号码
Z-001	刘宁	B001	303	8452303
Z-004	吴波	B001	303	8452303
Z-005	万秋兰	B003	401	8451401
Z-003	张明明	B004	201	8451201
Z-006	于兰	B003	401	8451401
…	…	…	…	…

图 11.2　职工—部门电话表

从职工—部门电话表查询某人的电话号码是很快的。然而，一个电话号码对所有在该办公室工作的人员来说都是重复的，而且每当电话号码更新时，应用程序必须更新所有副本。

职工—部门电话表虽然不符合第三范式，存在数据冗余，可能会出现操作异常。但对于一些特定的应用，为了满足性能要求，有时可以利用数据冗余来提高性能要求。

(2) 关系的分割

有时对一个很大的关系进行查询要花费很多时间。例如一个电话号码簿，假设将其按字母次序划分，或按作业划分而分成多个关系(水平分割)。如果查询只涉及其中的一个关系，查询速度明显加快。但当查询涉及多个子关系或全部关系时，还要对每个子关系编写查询程序，并且必须将各个子关系的查询结果做并操作，这样使用不方便且开销大。

另外，当一个表的属性很多且常用的属性不多时，还可进行垂直分割，以提高常用应用的处理速度。例如，将那些常用的属性分割出来单独建立一个关系，这可以提高常用应用的速度。不过，当一个访问涉及不常用的那些属性时，还要做连接操作。因此，是否分割，须在数据库调整时仔细权衡。

(3) 快照的应用

对那些经常需要查询而相对稳定的数据，可把查询结果作为一个快照存在数据库中，这样可提高查询速度。快照由基表导出，一般不要求及时地更新当前情况，可以定期刷新，或由用户用命令刷新。例如，教师的职称数据比较稳定。如果需要经常查询教师的职称情况，可以将职称数据作为快照存于数据库中，每年刷新一次即可。

快照只能反映某一时间的情况，而不能反映当前的情况，这在许多应用中是允许的。对于这些应用，生成快照是提高查询速度的有效途径。

2）调整索引和簇集

在数据库物理设计部分，已介绍过索引和簇集的设计，但是设计时只考虑了主要应用的需求，不可能考虑到所有应用的需求。加之数据库在运行后，其数据的特性也会变化，例如原来一个小表逐步发展成一个大表，这也会使原来的设计偏离实际情况。因此，可根据运行情况和应用要求，对索引和簇集进行必要的调整。

调整时应遵守以下几项原则。

① 对小表(数据量在六个物理块以下)不值得用索引或其他访问机制，可用顺序扫描方式。因为小表的I/O次数很小，加了索引后，在更新时还得增加维护的开销。

② 当访问的元组数比较多时，可不用索引，改用顺序扫描。一般情况下，访问的元组数大于总数的20%就不值得用索引，因为虽然要访问的元组只有20%，但这些元组分散在各个物理块中，要访问的物理块就远远不止20%了。

③ 簇集设计是为了加快某些查询的速度，但如果对于更新频繁的表采用簇集设计，会对性能有显著的影响，这时可考虑撤销这种簇集。

④ 在关系上建立索引可以提高某些查询的速度，但当对数据进行增、删、改时，为了维护索引，要增加开销。因此，数据库经过一段时间运行以后，应根据统计数据和用户的反映，对索引做一次调整。

⑤ 当一个表将进行大量的增、删、改时，除了主键的索引必须留做唯一性检查外，其他索引可暂时撤销，等待大量增、删、改完成后，再重建这些索引。

3）调整数据库运行环境

(1) 合理分配存储空间

在许多数据库系统中，一般装有多个磁盘驱动器。数据库中的数据有些很少被访问，有些经常被访问，形成数据库中的所谓热点(hot spot)。如这些热点数据集中在一个磁盘上，则对这个磁盘的访问，可能成为系统的瓶颈。如发现此情况，应将这些数据分散到多个磁盘上。通过这些磁盘的并发操作，可以提高系统的性能。

数据库的索引和数据常常被交替访问，如果集中在一个磁盘上，会引起磁头臂在索引区和数据区之间的频繁移动。如果把索引和数据分在不同的磁盘上，可以改善系统的性能。

如果磁盘有快慢之分，宜将那些对性能要求特别高的应用所需的数据放在快速磁盘上。

(2) 数据库缓冲区大小的调整

从数据库系统来说，缓冲区申请得大一些，可以保留更多的数据在内存中，从而减少I/O次数，有利于提高性能。但计算机系统的内存资源是有限的，数据库系统占用多了，势必引起内存的紧张，影响整个系统的性能，最终也会波及数据库系统本身。因此，缓冲区的设置应根据系统的实际运行情况进行调整。

(3) 并发度的调整

数据库系统的并发度并不是越高越好。并发度过高，由于各个事务竞争资源，互相等待，死锁增多，反而降低效率。因此，数据库系统运行后，DBA应监视系统的运行情况，及时对并发度进行调整。

4）调整数据库参数

数据库的参数在数据库初始化时已经设定，有些直接采用了系统所提供的缺省值。经过一段时间运行后，可能会发现有些数据库参数设置的不够合适，此时可参阅有关文件，搞清楚每个参数的含义，再对这些参数进行适当调整。

5. 数据库的重组和重构

1）数据库的重组

数据库运行一段时间后，由于记录的不断增、删、改，会使数据库的物理存储变坏，从而降低数据库存储空间的利用率和数据的存取效率，使数据库的性能下降。为了提高数据库的性能，数据库在运行一段时间后，一般都需要重组，即对数据库的物理组织进行一次全面的调整。

数据库重组涉及大量数据的搬移，常用的办法是先将数据库的数据卸载到其他存储区或存储介质上，然后按照数据库物理组织的要求，再加载到指定的空间。DBMS 都提供了卸载和加载的命令或实用程序。

重组的形式可以是全部重组、部分重组或者只对频繁增、删的表进行重组。重组的工作主要是按原设计要求重新安排存储位置、回收垃圾、减少指针链。数据库的重组不会改变原设计的数据逻辑结构和物理结构。

重组是对数据库物理组织的全面调整，需花费很多时间，会影响数据库的正常访问。因此，重组通常是利用周末、节假日或夜间进行。如果数据库不允许中断运行，则可采用逐个重组、边重组边使用的办法。

数据库的重组是要付出代价的，但重组可以提高数据库的性能，这是一对矛盾。如果重组是利用计算机空闲时间进行的，重组可以不计代价；如果重组是在计算机运行期间进行，就需要考虑代价。如何解决这对矛盾？这就存在一个重组周期的合理选择问题。若重组过分频繁，则重组代价过高，虽然可提高数据库性能，但得不偿失。若重组周期过长，数据库性能长期处于较差状态，同样对系统运行不利。所以，要合理选择重组周期。

2）数据库的重构

随着数据库应用环境发生变化，会导致实体及实体间的联系也发生相应的变化，使原有的数据库设计不能很好地满足新的需求。另外，用户可能增加新的应用或新的实体，或者取消某些已有应用，或者改变某些已有应用，此时都需要对数据库进行重构。

数据库重构的主要工作是根据新环境调整数据库的模式和内模式、增加新的数据项、改变数据项的类型、改变数据库的容量、增加或删除索引以及修改完整性约束条件。

数据库重构是在已运行的数据库上进行模式调整，既要考虑到新的应用需要，又要照顾到用户的习惯和现有的应用程序。重构时应尽量减少应用程序的修改量，以免对用户的工作造成影响。重构以后，最好把建立在数据库上的应用程序试运行一遍，以发现重构中的疏忽和错误。

重构数据库的程度是有限的。若应用变化太大,已无法通过重构数据库来满足新的需求,或重构数据库的代价太大,则表明现有数据库应用系统的生命周期已经结束,应该重新设计新的数据库系统,新数据库应用系统的生命周期开始了。

思考题

数据库设计完成之后,如何实现数据库?如何运行数据库?如何维护数据库?

习题

1. 数据库的实现主要包括哪些工作?
2. 数据库的调整、重组以及重构有什么区别?

第12章 数据库设计示例

前面各章已介绍了数据库设计的整个过程。为了帮助读者更好地理解和掌握数据库设计的理论知识,需要对一些数据库应用示例进行分析和研究。本章主要介绍数据库设计的一些示例。

需要说明的是,为了讨论方便,本章所举数据库设计示例都做了一定的简化,实际应用的环境往往要复杂得多。所以,设计数据库应该根据实际情况进行,而不应盲目照搬。

12.1 产品订购管理

现有一个公司希望为其客户的产品订购业务建立一个数据库(仅涉及订单部分)。

如果一个客户可以有一份或多份订单,每份订单可以订购一种或多种产品。每份订单有一张发票,客户可以通过多种方式来支付货款,例如支票、信用卡或者现金。处理这个客户订单登记的职工的名字也要记录下来。

部门工作人员负责整理订单并根据库存情况处理订单。如果订单上的产品在库存中有,就可以凭发票直接发货,发货方式也有多种;如果订单上的产品在库存中没有,就不需要登记订购的产品或者订购其他产品。

请根据上述要求进行数据库的概念设计和逻辑设计,关系模式满足第三范式。

12.1.1 需求分析

根据数据库设计步骤,在进行数据库设计之前应该先进行用户需求分析,主要是搞清楚用户的数据需求和处理需求。图 12.1 是产品订购管理的部分数据流图。

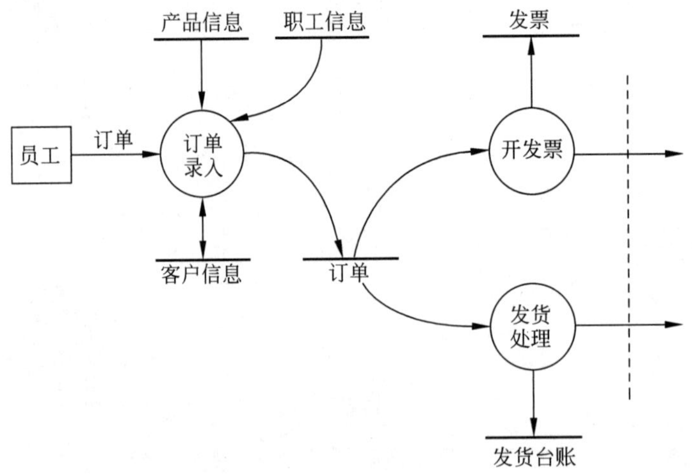

图 12.1　产品订购管理部分数据流图

经过分析,明确公司主要是对客户的订购业务进行管理,产品订购管理的过程涉及的数据有:

• 订单数据。
• 客户数据。
• 职工数据。
• 发票数据。
• 发货数据。
• 产品数据。

注意：数据流图中一般可以只给出主要的数据文件，其他在数据库设计时再考虑。

产品订购管理的处理需求有：

• 查询每种产品的订购情况。
• 查询订单上产品的发货情况。
• 查询开出的发票情况。
• 查询每份订单的执行情况。

……

12.1.2 概念设计

1. 局部视图设计

1）确定局部视图的设计范围

在该应用中，设计的范围很明确，是订单处理中的产品订购管理部分，主要包括客户的基本信息、客户订购的产品和数量以及发票开出情况等。根据局部视图的划分原则，在确定局部视图时应尽可能地将相关功能域的数据放在一个局部视图内，一个局部视图中的实体数不宜多。在下面的局部视图设计中，均以每个局部视图中2～3个实体为限进行讨论。

2）确定实体及实体的主键

根据所提供的信息，产品订购管理涉及的实体包括以下信息。

• 产品，存放所有可以订购的产品信息。主键：产品编号。
• 订单，存放所有与客户签订的订单。主键：订单编号。
• 发票，存放所有开出的发票。主键：发票编号。
• 职工，存放职工基本信息。主键：职工编号。
• 发货，存放订购产品的发货情况。主键：发货编号。
• 客户，存放客户基本信息。主键：客户编号。

其中，由于发票实体中的付款方式是多值的，即付款方式可以为支票、信用卡或现金。所以应将付款方式单独作为一个实体考虑，其主键是付款方式编号。

发货实体中发货方式也是多值的，也应该将发货方式单独作为一个实体考虑，其主键是发货方式编号。

另外,每份订单可以订购多个产品。为了避免数据冗余,将订单中关于产品的订购信息单独作为一个订单细节实体考虑,其主键是订单编号+产品编号;而订单中的其他数据作为一个订单实体,主键为订单编号。

3) 定义实体间的联系

- 客户实体和订单实体通过提交订单发生联系。每个客户可以提交多份订单,而每份订单只对应一个客户。因此,客户实体和订单实体之间是一对多联系,如图 12.2 所示。
- 产品实体和订单细节实体通过订购产品发生联系。每个订单细节可以订购一种产品,而每种产品可以被不同的订单订购。因此,产品实体和订单细节实体之间是一对多联系,如图 12.3 所示。

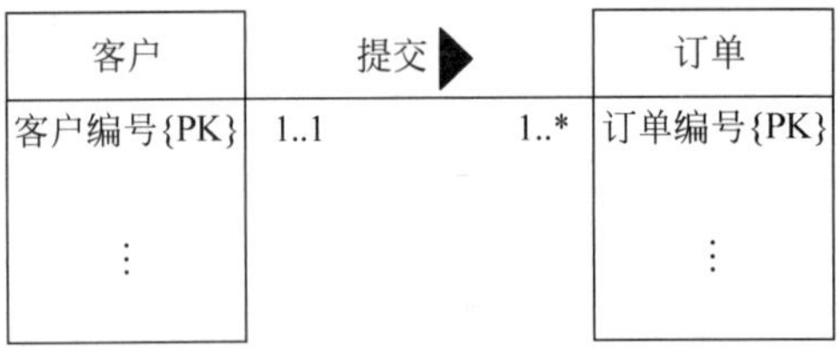

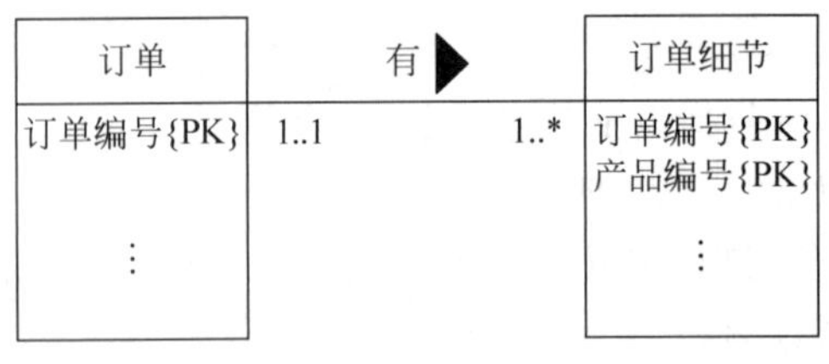

图 12.2　客户与订单之间的一对多联系

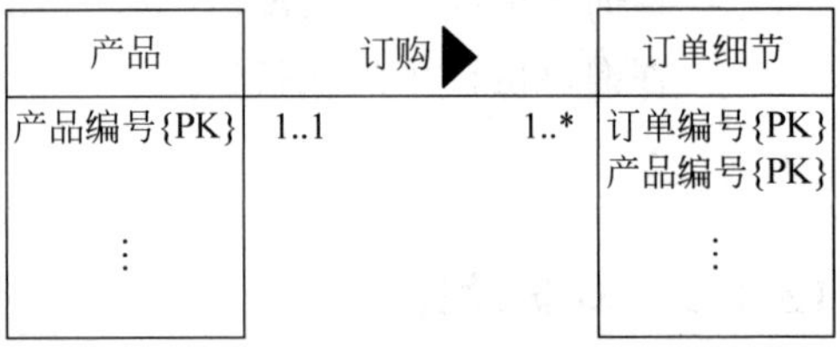

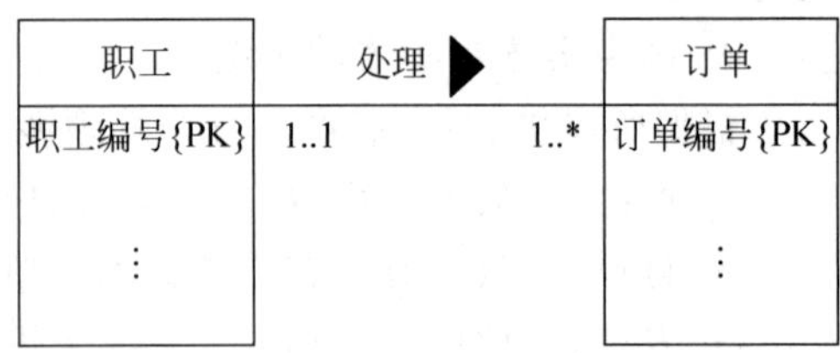

图 12.3　产品与订单细节之间的一对多联系

- 订单细节实体是订单实体的组成部分,故必存在联系。一份订单可以订购多种产品,也就是可以有多个订单细节,而每个订单细节只对应一份订单。因此,订单实体和订单细节实体之间是一对多联系,如图 12.4 所示。
- 职工实体通过处理订单和订单实体发生联系。每个职工可以处理多份订单,而每份订单只能由一个职工处理。因此,职工实体和订单实体之间是一对多联系,如图 12.5 所示。

图 12.4　订单与订单细节之间的一对多联系

图 12.5　职工与订单之间的一对多联系

- 付款方式是发票的组成部分,故必存在联系。每张发票对应一种付款方式,而每种付款方式可以用于不同的发票中。因此,付款方式实体和发票实体之间是一对多联系,如图 12.6 所示。
- 发货实体与订单细节实体通过发货打包发生联系。每个订单细节可能对应多次发货,而每次发货只对应一个订单细节。因此,发货实体和订单细节实体之间是一对多联系,如图 12.7 所示。

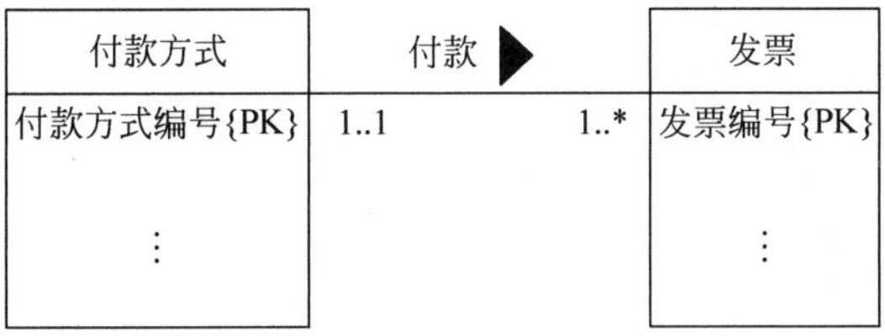

付款方式 —付款▶— 发票
付款方式编号{PK} 1..1 1..* 发票编号{PK}

图 12.6 付款方式和发票之间的一对多联系

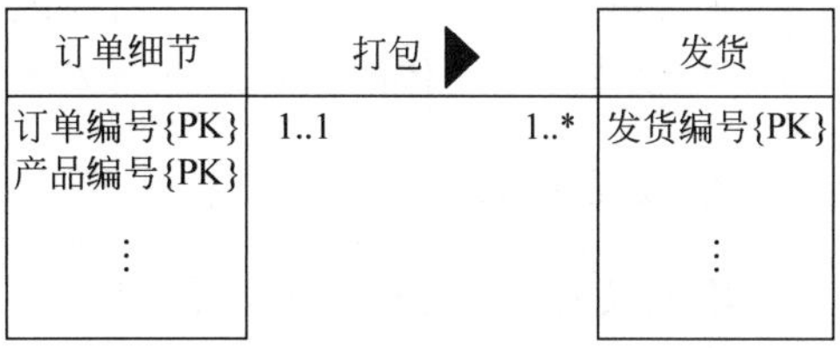

订单细节 —打包▶— 发货
订单编号{PK} 产品编号{PK} 1..1 1..* 发货编号{PK}

图 12.7 订单细节与发货之间的一对多联系

- 发货方式是发货的组成部分，故必存在联系。每个发货对应一种发货方式，而每种发货方式可以用于不同的发货中。因此，发货方式实体和发货实体之间是一对多联系，如图 12.8 所示。
- 订单实体和发票实体通过开具发票发生联系。如果每份订单开具一张发票，而每张发票也只对应一份订单。因此，订单实体和发票实体之间是一对一联系，如图 12.9 所示。

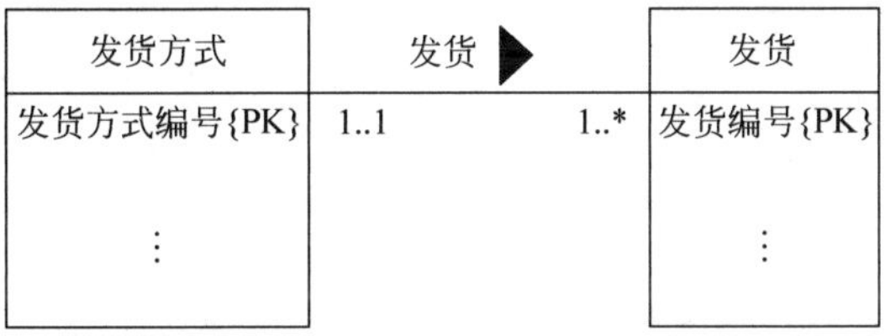

发货方式 —发货▶— 发货
发货方式编号{PK} 1..1 1..* 发货编号{PK}

图 12.8 发货方式和发货之间的一对多联系

订单 —开出▶— 发票
订单编号{PK} 1..1 1..1 发票编号{PK}

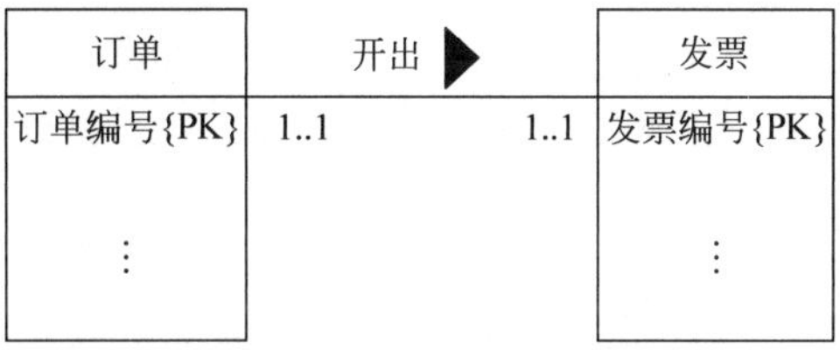

图 12.9 订单和发票之间的一对一联系

4）给实体及联系加上描述属性

实体和联系的属性应该根据具体应用进行识别。同一个实体，在不同的应用场合可能拥有的属性不同。凡是应用中需要用到的属性都必须考虑，而应用中不会用到的属性则不必考虑。

另外，由于版面问题，下面将不在 E-R 图中给出一般的描述属性，只用文字形式描述。

- 客户实体的描述属性有客户编号、客户名称、邮编、电话号、传真号、银行账号。
- 产品实体的描述属性有产品编号、产品名、型号、规格、单价、重量。
- 订单实体的描述属性有订单编号、客户编号、订货日期、交货日期、发货方式编号、职工编号、执行状态。
- 订单细节实体的描述属性有订单编号、产品编号、单价、订货数量。
- 发票实体的描述属性有发票编号、开票日期、付款日期、订单编号、客户编号、金额、付款方式编号。
- 发货实体的描述属性有发货编号、数量、发货日期、订单编号、产品编号、发货方式编号、完成状态、职工编号。
- 职工实体的描述属性有职工编号、姓名、性别、出生年月、地址、办公电话、住宅电话、Email、职务、职称。

• 付款方式实体的描述属性有付款方式编号、付款方式。
• 发货方式实体的描述属性有发货方式编号、发货方式。

2. 视图集成

集成策略为：两两集成策略，即每次只集成两个局部视图。

注意：为了说明集成的过程，在第一个例子中，给出两个视图集成的过程。后面的一些例子将直接给出集成后的视图。

该例中，假设不存在冲突问题。

(1) 局部视图图 12.3 和图 12.4 中的订单细节实体是同一个实体。在集成视图中只需保留一个。另外，产品实体和订单实体是完全不同的两个实体，不存在域的相关性，集成视图中全部保留。集成后如图 12.10 所示。

图 12.10　局部视图图 12.3 和图 12.4 的集成

(2) 局部视图图 12.7 中的订单细节和图 12.10 中的订单细节是同一个实体。集成后如图 12.11 所示。

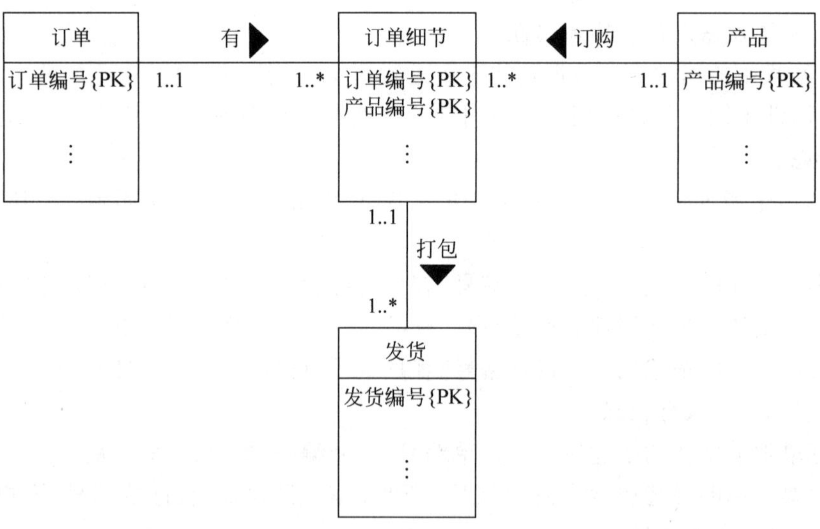

图 12.11　局部视图图 12.7 和图 12.10 的集成

(3) 局部视图图 12.8 中的发货和图 12.11 中的发货是同一个实体。集成后如图 12.12 所示。

(4) 局部视图图 12.2 中的订单域和图 12.12 中的实体为同一个实体。集成后如

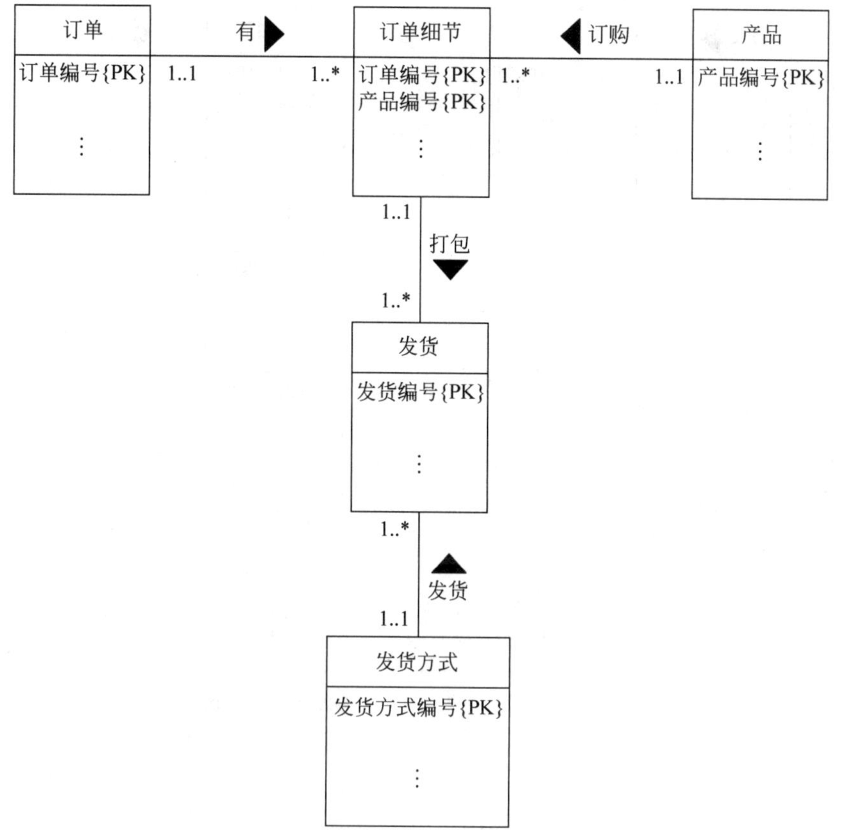

图 12.12　局部视图图 12.8 和图 12.11 的集成

图 12.13 所示。

(5) 局部视图图 12.5 中的订单实体与图 12.13 中的订单实体为同一个实体。集成后如图 12.14 所示。

(6) 局部视图图 12.9 中的订单实体与图 12.14 中订单实体为同一个实体。集成后如图 12.15 所示。

(7) 局部视图图 12.6 中的发票实体与图 12.15 中发票实体为同一个实体。集成后如图 12.16 所示。

12.1.3　逻辑设计

逻辑设计是将概念设计得到的 E-R 模型映射为 DBMS 的逻辑数据模型。对于关系数据库设计来说,符合 E-R 图的数据库可以用表的集合来表示。根据前面概念设计得到的集成视图 12.16,利用实体到关系模式以及联系到关系模式的映射规则,可以得到以下一组关系模式集,然后用关系规范化理论判断关系属于第几范式,如果需要,再对关系模式进行优化处理。

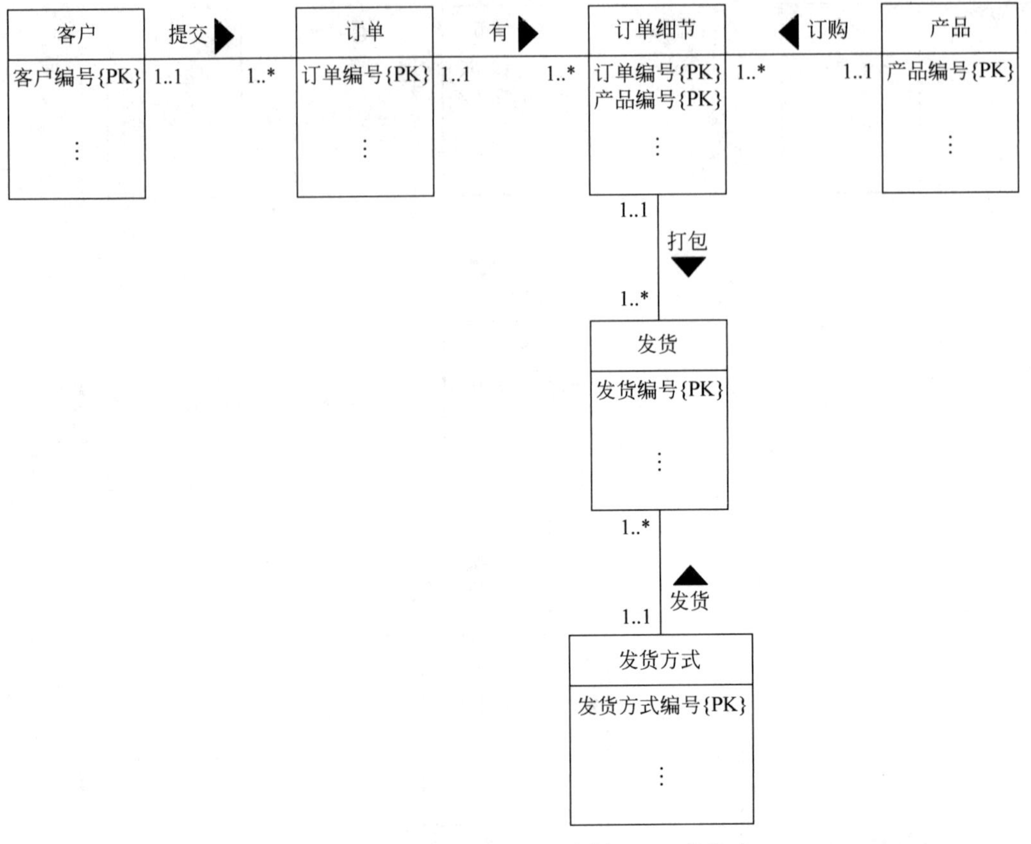

图 12.13　局部视图图 12.2 和图 12.12 的集成

(1) **客户**(客户编号,客户名称,邮编,电话号,传真号,银行账号)

主键:客户编号

候补键:电话号,传真号,银行账号

函数依赖集 *F*:

客户编号→{客户名称,邮编,电话号,传真号,银行账号}

电话号→{客户编号,客户名称,邮编,传真号,银行账号}

传真号→{客户编号,客户名称,邮编,电话号,银行账号}

银行账号→{客户编号,客户名称,邮编,电话号,传真号}

虽然,客户编号→电话号,电话号→传真号,但由于电话号→客户编号也成立,客户编号→传真号不是传递函数依赖。

客户关系中不存在非主属性与候选键之间的传递函数依赖,所以客户关系满足第三范式。

(2) **产品**(产品编号,产品名,型号,规格,单价,重量)

主键:产品编号

函数依赖集 *F*:

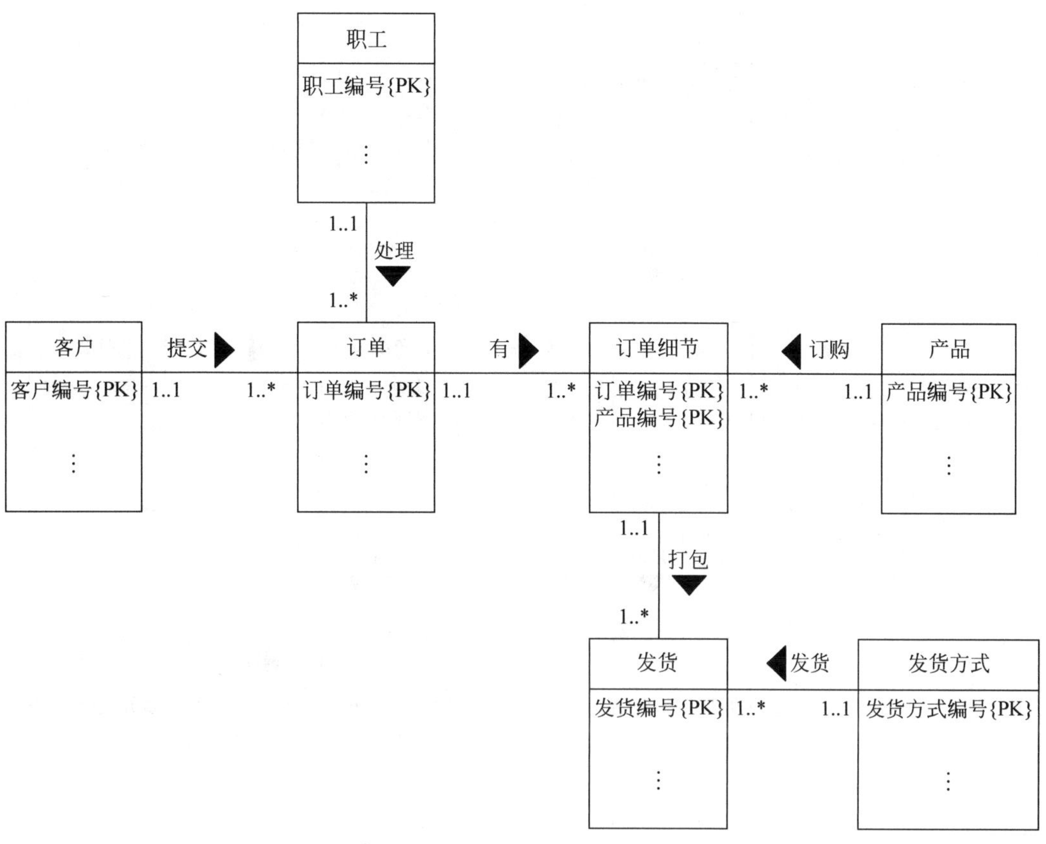

图 12.14　局部视图图 12.5 和图 12.13 的集成

产品编号→{产品名,型号,规格,单价,重量}

产品关系不存在非主属性与候选键之间的部分与传递函数依赖,所以产品关系满足第三范式。

(3) **订单**(订单编号,客户编号,订货日期,交货日期,发货方式编号,职工编号,执行状态)

主键:订单编号

外键:客户编号,引用了客户关系中的客户编号

发货方式编号,引用了发货方式关系中的发货方式编号

职工编号,引用了职工关系中的职工编号

函数依赖集 *F*:

订单编号→{客户编号,订货日期,交货日期,发货方式编号,职工编号,执行状态}

订单关系中不存在非主属性与候选键之间的部分与传递函数依赖,所以订单关系满足第三范式。

注意:订单中的"执行状态"用来表示订单是否已执行完毕,即产品全部发出且货款已全部到款。

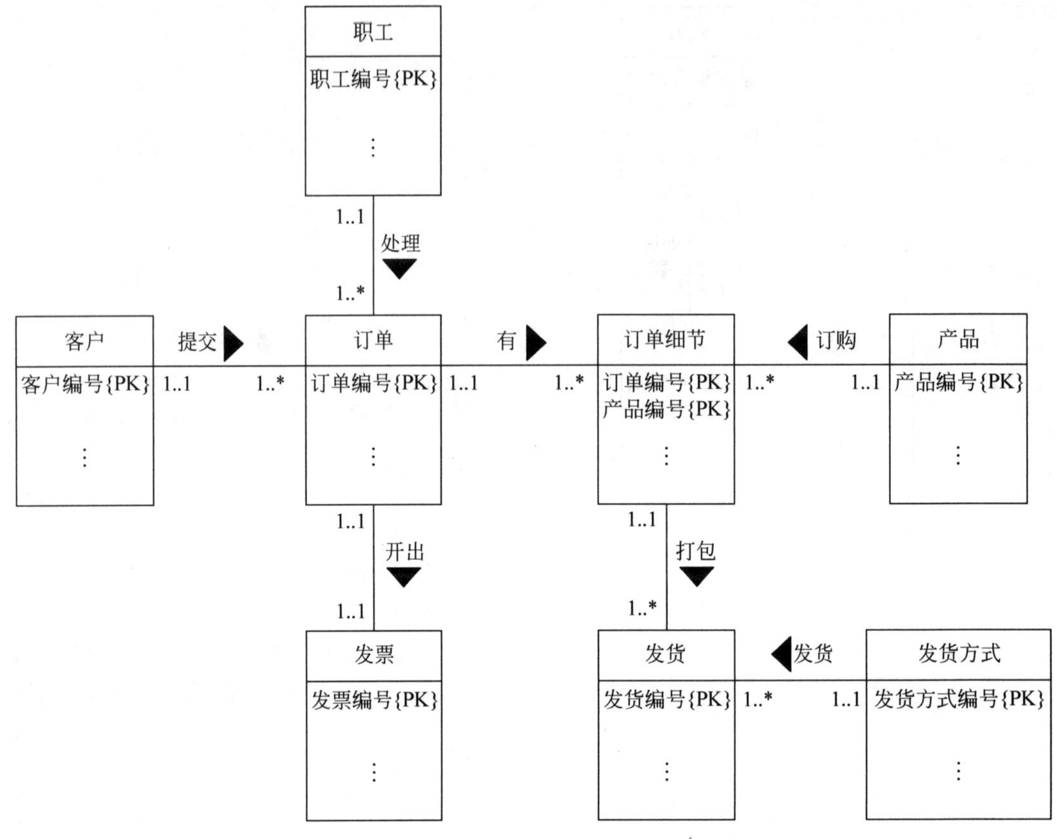

图 12.15 局部视图图 12.9 和图 12.14 的集成

(4) **订单细节**(订单编号,产品编号,单价,订货数量)

主键:订单编号+产品编号

函数依赖集 *F*:

{订单编号,产品编号}→{单价,订货数量}

订单细节关系中不存在非主属性与候选键之间的部分与传递函数依赖,所以订单细节关系满足第三范式。

(5) **发票**(发票编号,开票日期,付款日期,订单编号,客户编号,金额,付款方式编号)

主键:发票编号

候选键:订单编号

外键:订单编号,引用了订单关系中的订单编号

客户编号,引用了客户关系中的客户编号

付款方式编号,引用了付款方式关系中的付款方式编号

函数依赖集 *F*:

发票编号→{开票日期,付款日期,订单编号,客户编号,金额,付款方式编号}

订单编号→{发票编号,开票日期,付款日期,客户编号,金额,付款方式编号}

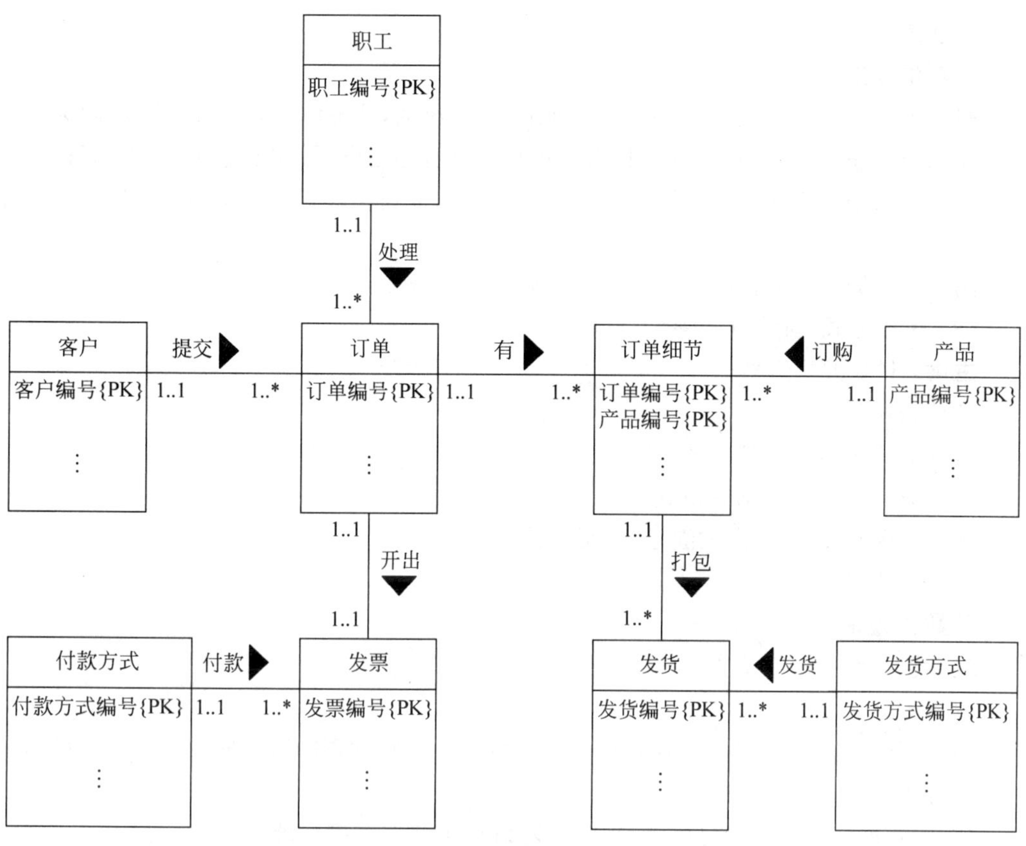

图 12.16　产品订购管理的集成 E-R 图[局部视图(图 12.6 和图 12.15 的集成)]

发票关系中不存在非主属性与候选键之间的部分与传递函数依赖，所以发票关系满足第三范式。

(6) **发货**(发货编号，数量，发货日期，订单编号，产品编号，发货方式编号，完成状态，职工编号)

主键：发货编号

外键：订单编号，引用了订单关系中的订单编号

产品编号，引用了产品关系中的产品编号

发货方式编号，引用了发货方式关系中的发货方式编号

函数依赖集 *F*：

发货编号→{数量，发货日期，订单编号，产品编号，发货方式编号，完成状态，职工编号}

发货关系中不存在非主属性与候选键之间的部分与传递函数依赖，所以发货关系满足第三范式。

(7) **职工**(职工编号，姓名，性别，出生年月，地址，办公电话，住宅电话，Email，职务，职称)

主键：职工编号

候选键：Email

函数依赖集 *F*：

职工编号→{姓名,性别,出生年月,地址,办公电话,住宅电话,Email,职务,职称}

Email→{职工编号,姓名,性别,出生年月,地址,办公电话,住宅电话,职务,职称}

职工关系中不存在非主属性与候选键之间的部分与传递函数依赖,所以职工关系满足第三范式。

图 12.16 即为产品订购管理最终集成后的 E-R 图。

(8) **付款方式**(付款方式编号,付款方式)

主键：付款方式编号

函数依赖集 *F*：

付款方式编号→付款方式

付款方式关系满足第三范式。

(9) **发货方式**(发货方式编号,发货方式)

主键：发货方式编号

函数依赖集 *F*：

发货方式编号→发货方式

发货方式关系满足第三范式。

至此,所有关系都满足较高的范式要求,故产品订购管理的数据库设计是合理的。

验证处理需求的满足情况：

① 要查询每种产品的订购情况,只需对订单细节关系进行统计。

② 要查询每份订单订购产品的发货情况,只需查询发货关系。

③ 要查询已开出去的发票情况,只需查询发票关系。

④ 要查询每份订单的执行情况,只需查询订单关系。

其他查询,如查询某份订单是哪个客户签订的,只需对订单关系和客户关系作连接操作；如需查询某份订单上具体订购了哪些具体的产品,只需对订单细节关系和产品关系进行连接操作。因此,上述数据库的设计是能够满足用户的数据需求和处理需求的。

12.2 学生住宿管理

一所大学的后勤部门希望建立一个数据库来管理学生宿舍的分配。凡是需要住宿的学生都要填写一个申请表,表中有学生的信息情况和要申请的宿舍类型以及租用时间。

学生可以租用一个厅室的一个房间或者是学生公寓。厅室只能提供单独的房间,房间有房间编号、住宿编号以及月租金。住宿编号唯一地决定了后勤部门提供的厅室中的每个房间,以便租给学生使用。每个厅室由后勤部门的一位职工管理。

后勤部门也提供公寓给学生租用,每个房间有一个唯一的公寓编号。这些公寓房间是已经装修好的而且提供单个房间给 3 个、4 个或者 5 个学生一起住。公寓中的每个床位都有月租金、房间编号和住宿编号。住宿编号唯一地确定了所有学生公寓中的可用房间，在房间租给学生时使用。每个公寓由后勤部门的几个职工共同管理。

每个新的学年开始时签订新的租用合同，最短的租用时间为一个学期，最多的是一年。学生要交一个学年的住宿费用，每个学期都有一个发票。假设一旦签订了租用合同便会根据租金情况开出住宿发票，然后学生凭发票交费。如果学生在一个规定的日期之前没有交费，则会收到两封提示交费的信。

请根据学生住宿问题，进行数据库的概念设计和逻辑设计。

12.2.1 需求分析

根据分析，学生住宿管理主要是对学生的住宿租用合同、住宿情况以及租金进行管理。学生住宿管理的部分数据流图如图 12.17 所示。

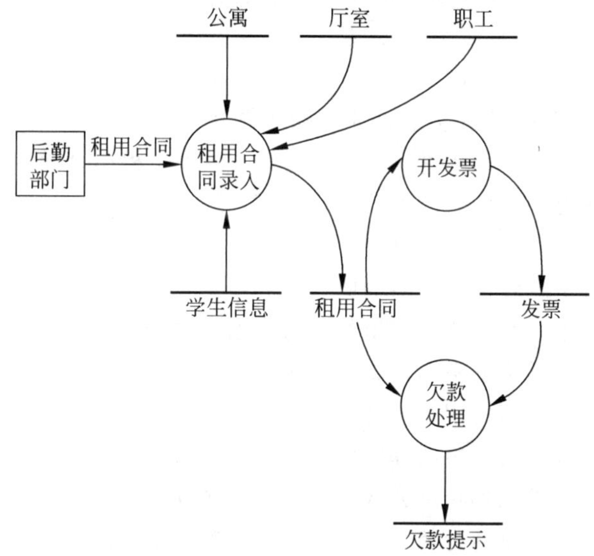

图 12.17　学生住宿管理的部分数据流图

学生住宿管理过程中涉及的主要数据有：

- 租用合同数据。
- 公寓数据。
- 厅室数据。
- 房间数据。
- 发票数据。
- 学生数据。
- 职工数据。
- 欠款提示数据。

学生住宿管理处理需求有：

- 查询可以租用的公寓或厅室情况。
- 查询房间的租用情况。
- 查询租房学生的租用情况。
- 查询租房学生的欠款情况。

……

12.2.2 概念设计

1. 局部视图设计

(1) 确定局部视图的设计范围

在该应用中,设计的范围主要涉及提供给学生的租房信息、学生租用信息、学生租房的交费信息等。

(2) 确定实体及实体的主键

根据所提供的信息,学生住宿管理涉及的实体有：

- 租用合同,存放所有租房学生的租用合同。主键：租用合同编号。
- 公寓,存放所有可租用的公寓信息。主键：公寓编号。
- 厅室,存放所有可租用的厅室信息。主键：厅室编号。
- 房间,存放公寓或厅室所提供的所有房间信息。主键：住宿编号。
- 发票,存放学生所交租金而开出的所有发票。主键：发票编号。
- 学生,存放所有学生的基本信息。主键：学号。
- 职工,存放后勤部门的职工信息。主键：职工编号。
- 欠款提示,存放欠费学生的提示信。主键：提示编号。
- 付款方式,存放不同的付款方式。主键：付款方式编号。

注意：由于发票实体中的付款方式是多值的,所以将付款方式单独作为一个实体考虑,主键是付款方式编号。

每个公寓或厅室都可提供多个房间,所以也将房间单独作为一个实体来考虑,主键是住宿编号。

(3) 定义实体间的联系

- 学生租房必须签订租用合同。由于每个学期都要签订一次租用合同,故一个学生可能多次签订合同；而每份合同只对应一个学生。因此,学生实体与租用合同实体之间是一对多联系,如图 12.18 所示。
- 凡是租房的学生都要付租金。因为学生要交一个学年的住宿费用,每个学期都有一张发票。而每张发票都对应一份租用合同。因此,租用合同实体与发票实体之间是一对多联系,如图 12.19 所示。

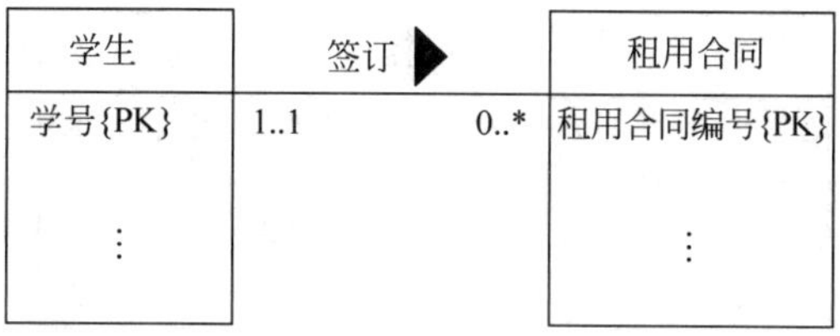

学生 签订 租用合同
学号{PK} 1..1 0..* 租用合同编号{PK}
⋮ ⋮

图 12.18 学生与租用合同之间的一对多联系

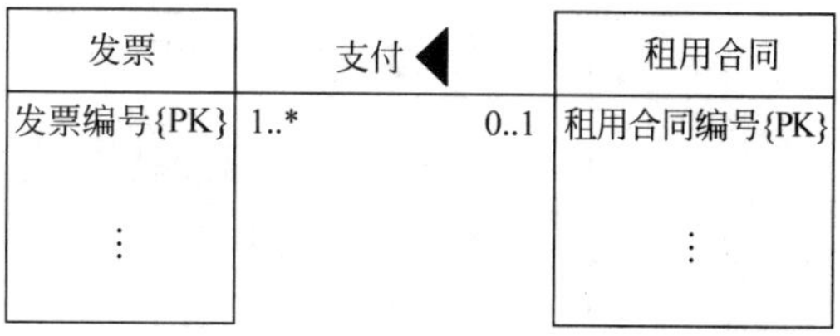

发票 支付 租用合同
发票编号{PK} 1..* 0..1 租用合同编号{PK}
⋮ ⋮

图 12.19 租用合同与发票之间的一对多联系

- 每张发票只有一种支付方式，而每种支付方式可以在不同的发票中使用。因此，支付方式实体和发票实体之间是一对多联系，如图 12.20 所示。
- 如果学生在一个规定的日期之前没有交费，则会收到两封提示交费的信。因此，每张发票最多对应两封提示信。而每封提示信一定对应一张发票。所以，发票实体和提示信实体之间是一对多联系，如图 12.21 所示。

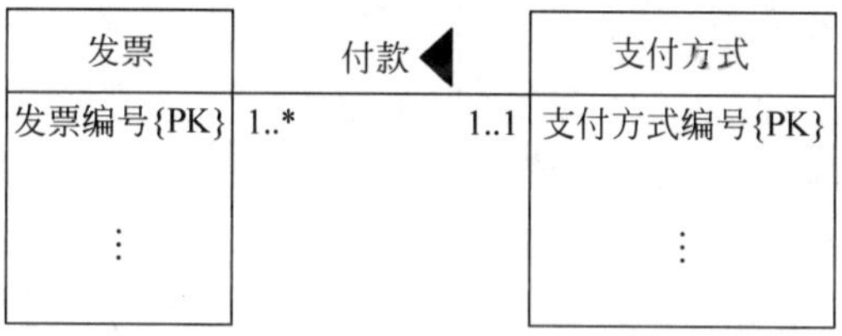

发票 付款 支付方式
发票编号{PK} 1..* 1..1 支付方式编号{PK}
⋮ ⋮

图 12.20 支付方式与发票之间的一对多联系

发票 产生 提示信
发票编号{PK} 1..1 0..2 提示信编号{PK}
⋮ ⋮

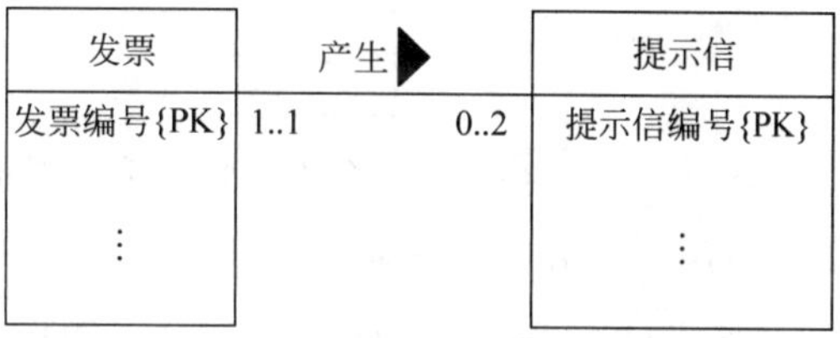

图 12.21 发票与提示信之间的一对多联系

- 每个厅室可提供多个房间租用，而每个房间只能租给一个学生。因此，厅室实体和房间实体之间是一对多联系，如图 12.22 所示。
- 一个职工管理一个厅室，而每个厅室只能由一个职工管理。因此，厅室与职工之间是一对一联系，如图 12.23 所示。

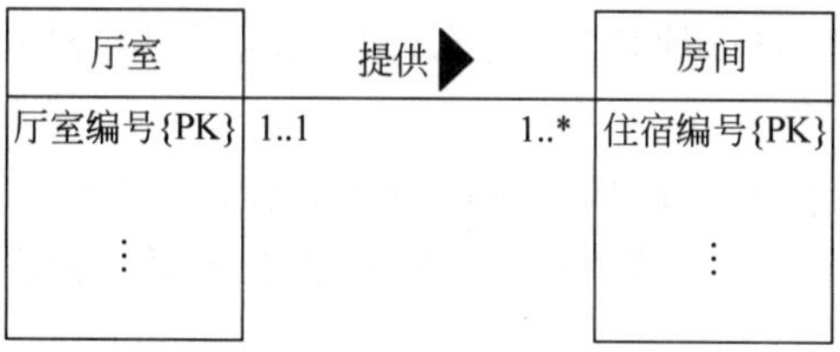

厅室 提供 房间
厅室编号{PK} 1..1 1..* 住宿编号{PK}
⋮ ⋮

图 12.22 厅室与房间之间的一对多联系

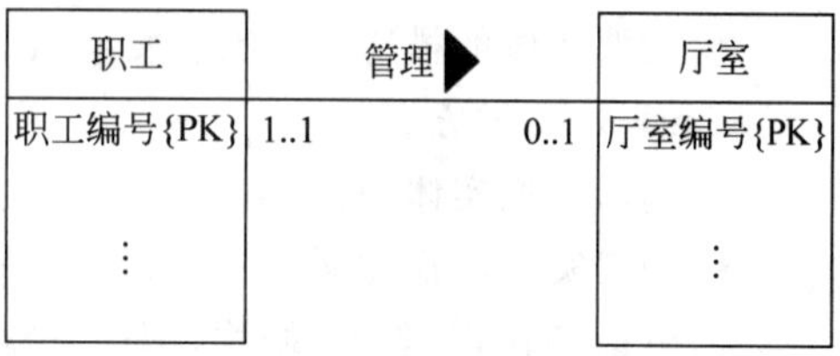

职工 管理 厅室
职工编号{PK} 1..1 0..1 厅室编号{PK}
⋮ ⋮

图 12.23 厅室与职工之间的一对一联系

- 每个公寓提供多个房间。因此，公寓与房间之间也存在一对多联系，如图 12.24 所示。
- 如果每个职工只能管理一个公寓，而一个公寓可由多个职工管理。则公寓与职工之间是一对多联系，如图 12.25 所示。

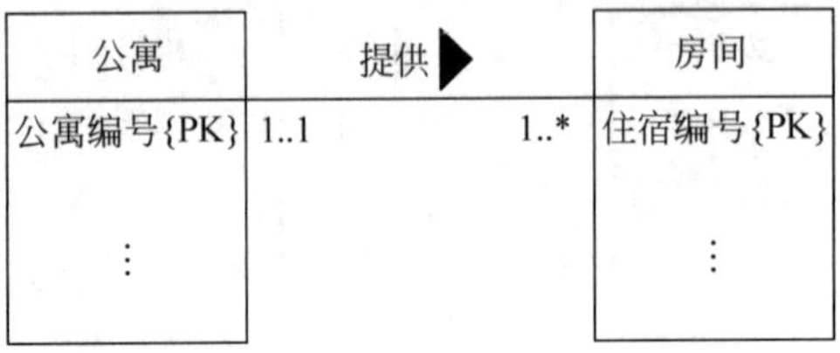

图 12.24　公寓与房间之间的一对多联系

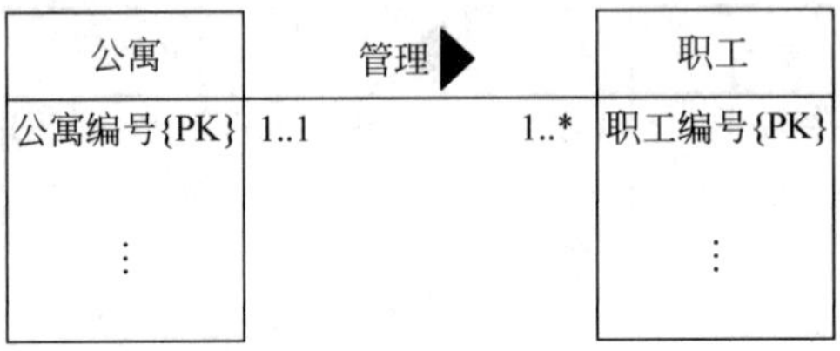

图 12.25　公寓与职工之间的一对多联系

• 每份租用合同只能租用一个房间，而每个房间可多次租用，即有多份合同。因此，房间和租用合同之间是一对多联系，如图 12.26 所示。

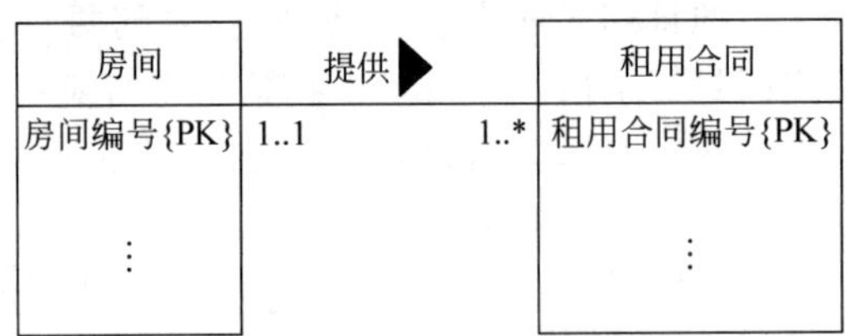

图 12.26　房间与租用合同之间的一对多联系

(4) 给实体及联系加上描述属性

• 租用合同实体的描述属性有：租用合同编号，租期，开始日期，终止日期，学号，住宿编号。
• 公寓实体的描述属性有：公寓编号，公寓名称，公寓地址，公寓房间数量。
• 厅室实体的描述属性有：厅室编号，厅室名称，厅室地址，厅室电话，厅室传真号，厅室房间数量，管理员编号。
• 房间实体的描述属性有：住宿编号，房间编号，每学期租金，厅室编号，公寓编号，床位数，租满否。
• 发票实体的描述属性有：发票编号，学期，应付款日期，实际付款日期，租用合同编号，支付方式编号。
• 提示信息实体的描述属性有：发票编号，提示日期 1，提示日期 2，备注。
• 职工实体的描述属性有：职工编号，姓名，性别，出生年月，地址，办公电话，住宅电话，Email，职务，职称，部门，公寓编号。
• 付款方式实体的描述属性有：付款方式编号，付款方式。
• 学生实体的描述属性有：学号，姓名，性别，家庭住址，联系电话，邮政编码，所在系。

2. 视图集成

集成时仍采用两两集成策略。集成后的 E-R 图如图 12.27 所示。

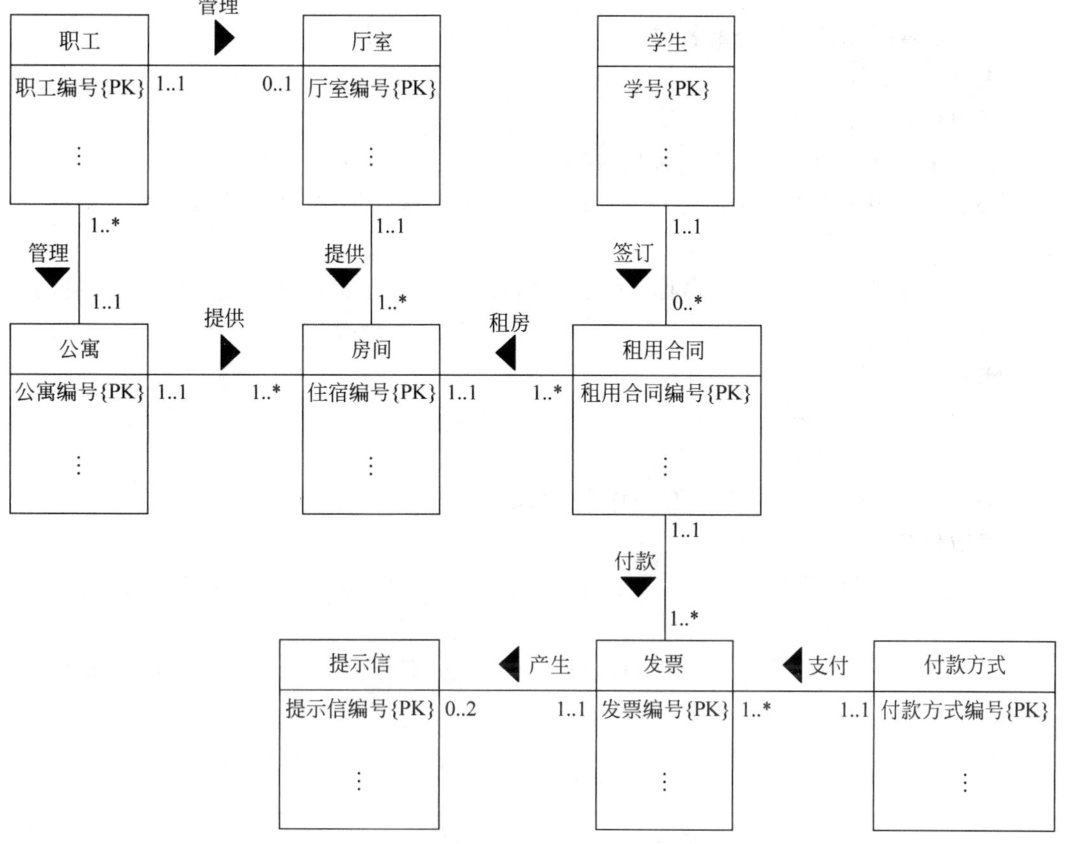

图 12.27　学生住宿管理的集成 E-R 图

12.2.3　逻辑设计

根据实体到关系模式以及联系到关系模式的映射规则，可以得到以下一组关系模式集。

(1) **租用合同**(合同编号，租期，开始日期，终止日期，学号，住宿编号)

主键：合同编号

候补键：住宿编号＋开始日期，学号＋开始日期

外键：学号，引用了学生关系中的学号

住宿编号，引用了房间关系中的住宿编号

函数依赖集 *F*：

合同编号→{租期，开始日期，终止日期，学号，住宿编号}

{住宿编号，开始日期}→{合同编号，租期，终止日期，学号}

{学号，开始日期}→{合同编号，租期，终止日期，学号}

租用合同关系中不存在非主属性与候选键之间的部分与传递函数依赖，所以租用合

同关系满足第三范式。

(2) **公寓**(公寓编号,公寓名称,公寓地址,公寓房间数量)

主键:公寓编号

函数依赖集 *F*:

公寓编号→{公寓名称,公寓地址,房间数量}

公寓关系中不存在非主属性与候选键之间的传递函数依赖,所以公寓关系满足第三范式。

(3) **厅室**(厅室编号,厅室名称,厅室地址,厅室电话,厅室传真号,厅室房间数量,管理员编号)

主键:厅室编号

候补键:厅室电话

厅室传真号

外键:管理员编号,引用了职工关系中的职工编号

函数依赖集 *F*:

厅室编号→{厅室名称,厅室地址,厅室电话,厅室传真号,厅室房间数量,管理员编号}

厅室电话→{厅室编号,厅室名称,厅室地址,厅室传真号,厅室房间数量,管理员编号}

厅室传真号→{厅室编号,厅室名称,厅室地址,厅室传真号,厅室房间数量,管理员编号}

关系中不存在非主属性与候选键之间的部分与传递函数依赖,所以厅室关系满足第三范式。

(4) **房间**(住宿编号,房间编号,每学期租金,厅室编号,公寓编号,床位数,租满否)

主键:住宿编号

候补键:厅室编号+房间编号

公寓编号+房间编号

外键:厅室编号,引用了厅室关系中的厅室编号

公寓编号,引用了公寓关系中的公寓编号

函数依赖集 *F*:

住宿编号→{房间编号,每学期租金,厅室编号,公寓编号,床位数,租满否}

{厅室编号,房间编号}→{住宿编号,每学期租金,床位数,租满否}

{公寓编号,房间编号}→{住宿编号,每学期租金,床位数,租满否}

关系中不存在非主属性与候选键之间的部分与传递函数依赖,所以房间关系满足第三范式。

(5) **发票**(发票编号,学期,应付款日期,实际付款日期,租用合同编号,付款方式编号)

主键:发票编号

外键：租用合同编号，引用了租用合同关系中的租用合同编号

付款方式编号，引用了付款方式关系中的付款方式编号

函数依赖集 *F*：

发票编号→{学期，应付款日期，实际付款日期，租用合同编号，付款方式编号}

关系中不存在非主属性与候选键之间的部分与传递函数依赖，所以发票关系满足第三范式。

(6) **付款方式**(付款方式编号，付款方式)

主键：付款方式编号

函数依赖集 *F*：

付款方式编号→付款方式

付款方式关系满足第三范式

(7) **职工**(职工编号，姓名，性别，出生年月，地址，办公电话，住宅电话，Email，职务，职称，部门，公寓编号)

主键：职工编号

候补键：Email

外键：公寓编号

函数依赖集 *F*：

职工编号→{姓名，性别，出生年月，地址，办公电话，住宅电话，Email，职务，职称，部门，公寓编号}，

Email→{职工编号，姓名，性别，出生年月，地址，办公电话，住宅电话，职务，职称，部门，公寓编号}。

关系中不存在非主属性与候选键之间的部分与传递函数依赖，所以职工关系满足第三范式。

(8) **学生**(学号，姓名，性别，家庭住址，联系电话，邮政编码，所在系)

主键：学号

候补键：联系电话

函数依赖集 *F*：

学号→{姓名，性别，家庭住址，联系电话，邮政编码，所在系}

联系电话→{学号，姓名，性别，家庭住址，邮政编码，所在系}

关系中不存在非主属性与候选键之间的部分与传递函数依赖，所以学生关系满足第三范式。

(9) **提示信**(发票编号，提示日期 1，提示日期 2，备注)

主键：发票编号

外键：发票编号，引用了发票关系中的发票编号

函数依赖集 *F*：

发票编号→{提示日期 1，提示日期 2，备注}

关系中不存在非主属性与候选键之间的部分与传递函数依赖，所以提示信关系满足

第三范式。

至此,已验证设计的所有关系都满足较高范式,故学生住宿管理的数据库设计是合理的。

验证处理需求的满足情况:

① 要查询租用的公寓或厅室情况,只需查询公寓关系或厅室关系。

② 要查询房间的租用情况,只需查询房间关系。

③ 要查询租房学生的租用情况,只需查询租用合同关系。

④ 要查询哪个租房学生有欠款,只需对提示信关系、发票关系以及租用合同关系进行连接操作即可。

上述数据库的设计能够满足用户的数据需求和处理需求。

12.3 工资管理

工资管理部门希望建立一个数据库来管理职工的工资。要计算职工的工资,需要考虑不在休假日期以内的假期、工作期间的病假时间、奖金和扣除的部分。系统必须指明给每个职工发薪水的方式,随着时间的推移,发薪水的方式可能会有些改变。

大多数的职工是通过银行卡来结算工资的,但是也有一部分人使用现金或支票。如果是通过银行卡,就需要知道账号和卡的类型。付款方式只可能是一种方式。

另外,还有几种原因需要扣除工资:例如,个人所得税、养老保险、公积金等。

请根据工资管理的要求,进行数据库的概念设计和逻辑设计。

12.3.1 需求分析

工资管理系统主要是根据每个职工每个月的考勤情况来计算工资的。工资管理系统的部分数据流图如图 12.28 所示。

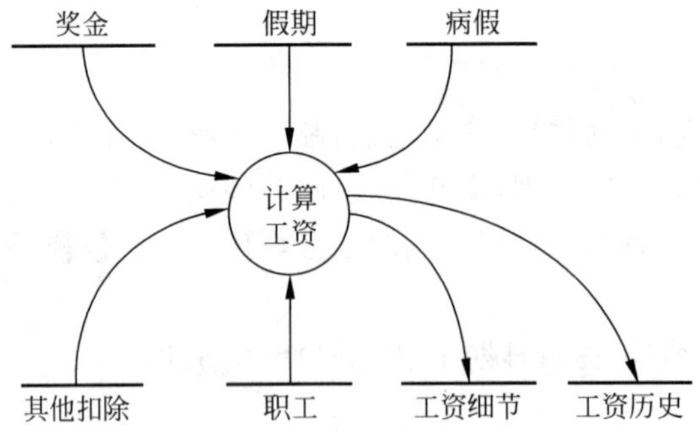

图 12.28 工资管理系统的部分数据流图

工资管理过程中涉及的数据有:

- 职工数据。

- 奖金数据。
- 假期数据。
- 病假数据。
- 扣除数据。
- 工资历史数据。
- 工资细节数据。

工资管理的处理需求有：

- 查询每个职工的所有工资情况。
- 查询职工的支付方式或银行账号。
- 查询职工的奖金、假期、病假以及扣除情况。

……

12.3.2 概念设计

1. 局部视图设计

(1) 确定局部视图的设计范围

该应用主要是计算每个职工的工资。因此，数据库设计涉及职工的病假、假期、奖金等。

(2) 确定实体及实体的主键

每个职工都会有多次的假期、病假、奖金以及其他扣除。其中，“其他扣除”包括了个人所得税、医疗保险、退休保险或者预付款等几种扣除类型；工资的支付方式分银行卡、现金或支票几种支付类型；奖金也分为不同类型。所以，工资管理中涉及的实体有：

- 职工，存放职工的基本信息。主键：职工编号。
- 奖金，存放职工每个月获得的奖金。主键：职工编号＋日期＋奖金类型编号。
- 假期，存放职工的请假情况。主键：职工编号＋假期起始日期。
- 病假，存放职工的病假情况。主键：职工编号＋病假起始日期。
- 扣除，存放职工每个月的扣除情况。主键：职工编号＋扣除日期＋扣除类型编号。
- 工资细节，存放职工工资的账户、支付方式以及银行信息。主键：职工编号。
- 工资历史，存放每个职工工资的发放历史记录。主键：职工编号＋日期。
- 奖金类型，存放不同的奖金类型。主键：奖金类型编号。
- 支付类型，存放不同的支付方式。主键：支付类型编号。
- 扣除类型，存放不同的扣除类型。主键：扣除类型编号。

(3) 定义实体间的联系

- 如果每个职工可以有多次假期，而每次假期都对应某个职工。因此，职工实体和假期实体之间是一对多联系，如图 12.29 所示。

假期
请假
职工
职工编号{PK}
假期起始日期{PK}
0..*
1..1
职工编号{PK}

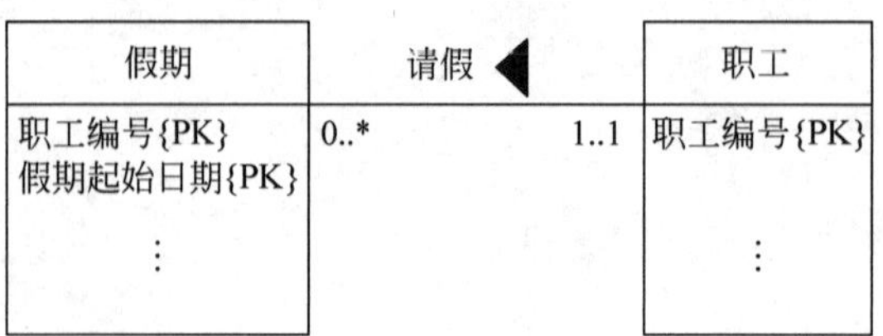

图 12.29　职工与假期之间的一对多联系

• 如果每个职工可以有多次病假,而每次病假都对应某个职工。因此,职工实体和病假实体之间是一对多联系,如图 12.30 所示。

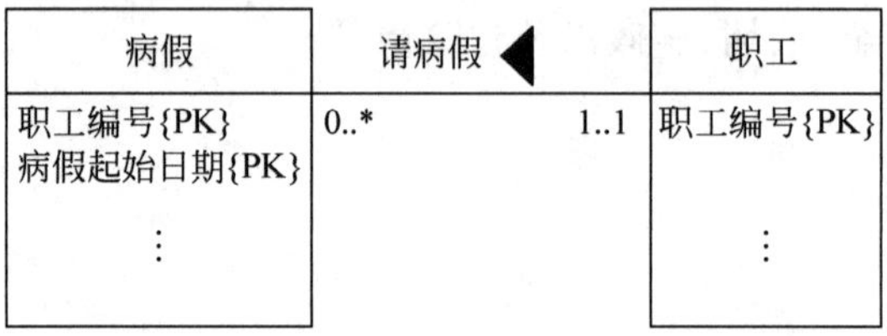

病假
请病假
职工
职工编号{PK}
病假起始日期{PK}
0..*
1..1
职工编号{PK}

图 12.30　职工和病假之间的一对多联系

• 如果每个职工都有不同的扣除部分,而每次扣除都对应某个职工。因此,职工实体和扣除实体之间是一对多联系,如图 12.31 所示。

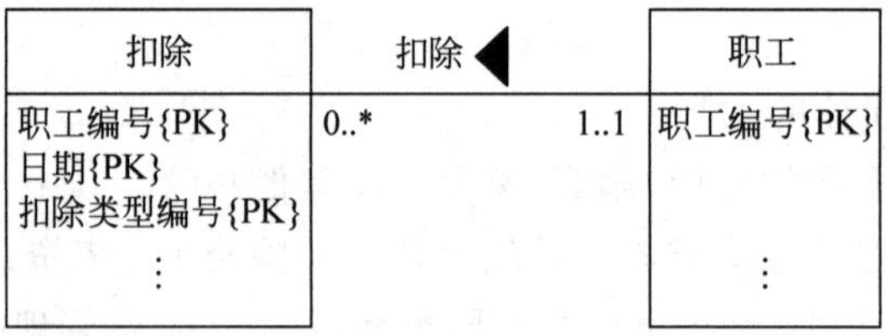

扣除
扣除
职工
职工编号{PK}
日期{PK}
扣除类型编号{PK}
0..*
1..1
职工编号{PK}

图 12.31　职工和扣除之间的一对多联系

• 职工根据工作情况每个月份可以获得不同的奖金,但不是任何职工都能获得奖金。因此,职工实体和奖金实体之间是一对多联系,如图 12.32 所示。

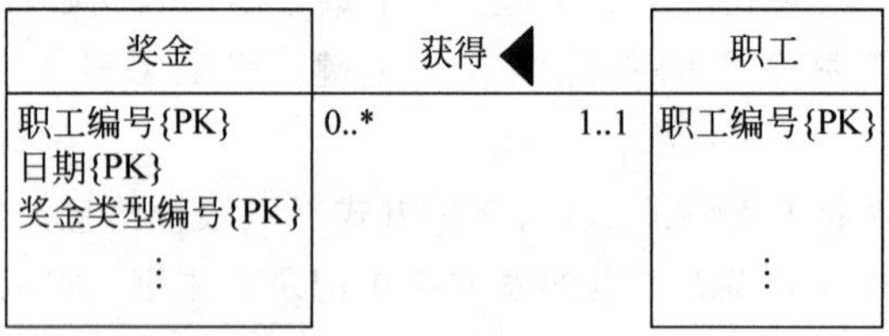

奖金
获得
职工
职工编号{PK}
日期{PK}
奖金类型编号{PK}
0..*
1..1
职工编号{PK}

图 12.32　职工和奖金之间的一对多联系

• 每一个职工不同的月份都有一份工资。系统应该保存每次发放工资的细节和工资发放的历史数据。如果工资发放使用银行卡的话,则还应该保存支付方式变化情况。因此,职工实体和工资历史实体之间是一对多联系;而职工实体和工资细节实体之间也是一对多联系,如图 12.33 所示。

工资历史
支付
职工
职工编号{PK}
日期{PK}
1..*
1..1
职工编号{PK}
1..1
有
0..*
工资细节
职工编号{PK}
开始日期{PK}

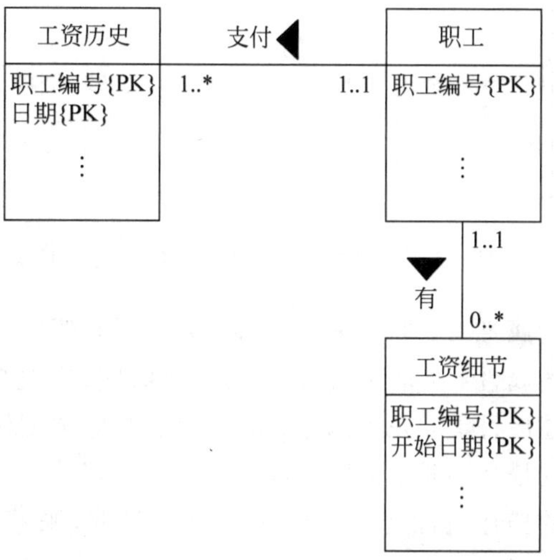

图 12.33 职工和工资、工资细节之间的一对多联系

- 职工获得的每份奖金对应一种类型的奖金。每种奖金类型都可以发送给不同的职工。因此,奖金实体和奖金类型实体之间是一对多联系,如图 12.34 所示。

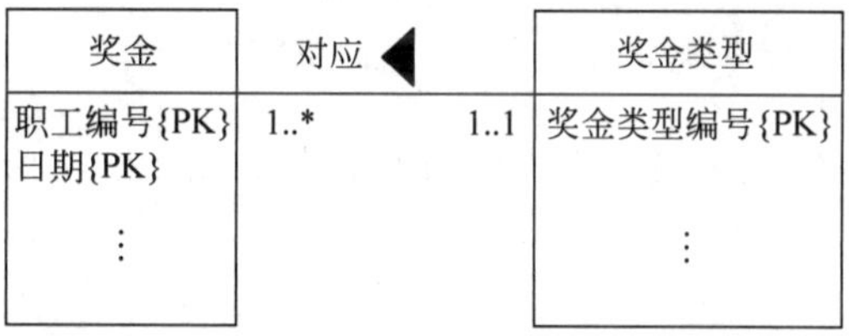

奖金
对应
奖金类型
职工编号{PK}
日期{PK}
1..*
1..1
奖金类型编号{PK}

图 12.34 奖金和奖金类型之间的一对多联系

- 工资的每一次扣除对应一种扣除类型,而每一种扣除类型可对应多次扣除。因此,扣除类型实体和扣除实体之间是一对多联系,如图 12.35 所示。

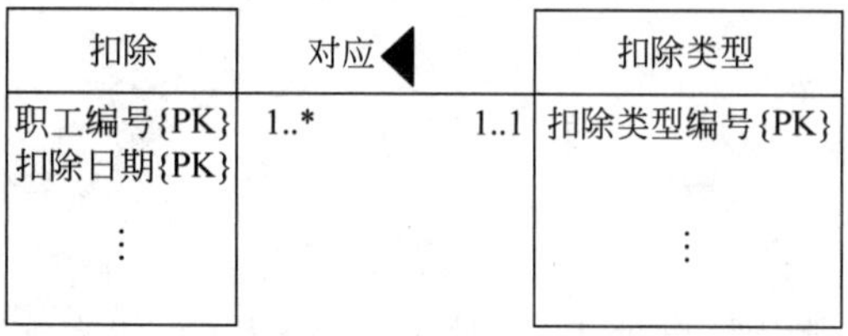

扣除
对应
扣除类型
职工编号{PK}
扣除日期{PK}
1..*
1..1
扣除类型编号{PK}

图 12.35 扣除类型和扣除之间的一对多联系

- 每个职工的工资支付方式只有一种,而每种支付方式可由不同的职工使用。因此,支付方式实体和工资实体之间是一对多联系,如图 12.36 所示。

(4) 给实体及联系加上描述属性

- 职工实体的描述属性有:职工编号,姓名,性别,出生年月,地址,办公电话,住宅电话,Email,职务,职称,部门。
- 奖金实体的描述属性有:职工编号,日期,奖金数,奖金类型。

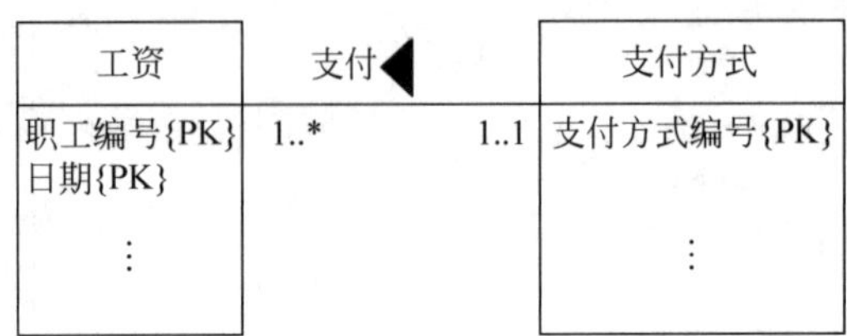

图 12.36　支付方式和工资之间的一对多联系

- 假期实体的描述属性有：职工编号，假期起始时间，假期结束时间，请假原因。
- 病假实体的描述属性有：职工编号，病假起始时间，病假结束时间，病假原因。
- 扣除实体的描述属性有：职工编号，扣除日期，扣除类型编号，扣除数量。
- 工资历史实体的描述属性有：职工编号，日期，工资数。
- 工资细节实体的描述属性有：职工编号，开始日期，账号，支付方式编号，银行名称，银行地址。
- 支付方式实体的描述属性有：支付方式编号，支付方式。
- 奖金类型实体的描述属性有：奖金类型编号，奖金类型。
- 扣除类型实体的描述属性有：扣除类型编号，扣除类型。

2. 视图集成

集成时仍采用两两集成策略。集成后的 E-R 图如图 12.37 所示。

12.3.3　逻辑设计

根据实体到关系模式以及联系到关系模式的映射规则，可以得到以下一组关系模式集：

(1) **职工**(职工编号，姓名，性别，出生年月，地址，办公电话，住宅电话，Email，职务，职称，部门)

主键：职工编号

候补键：Email

函数依赖集 *F*：

职工编号→{姓名，性别，出生年月，地址，办公电话，住宅电话，Email，职务，职称，部门}

Email→{职工编号，姓名，性别，出生年月，地址，办公电话，住宅电话，职务，职称，部门}

关系中不存在非主属性与候选键之间的部分与传递函数依赖，所以职工关系满足第三范式。

(2) **奖金**(职工编号，日期，奖金数，奖金类型编号)

主键：职工编号＋日期＋奖金类型编号

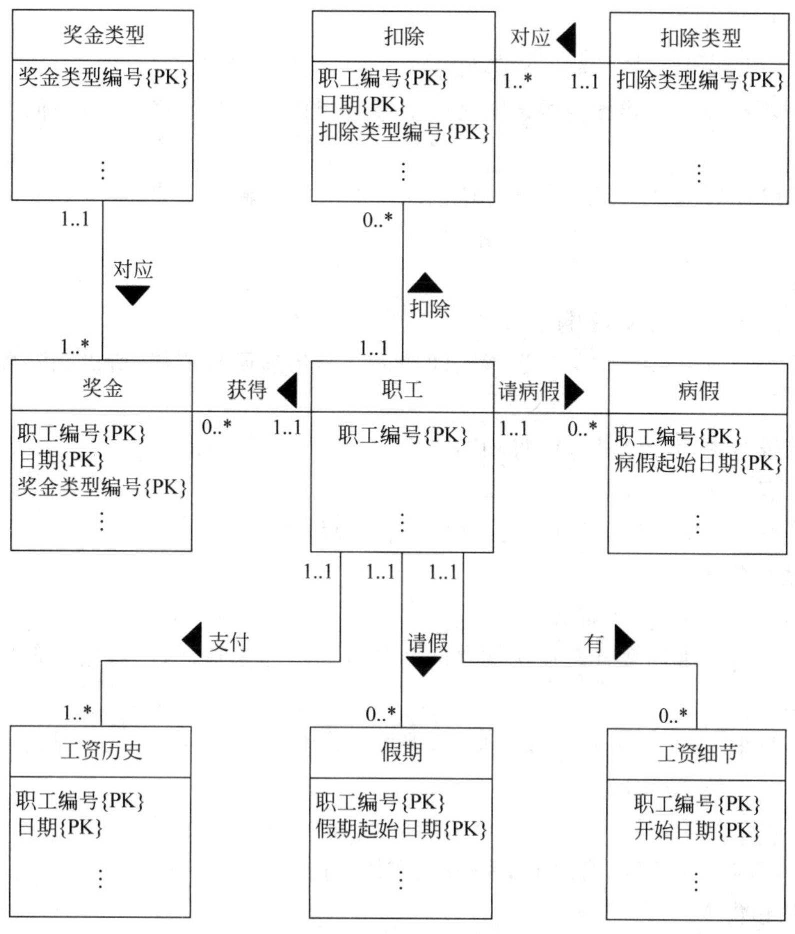

图 12.37 工资管理系统的集成 E-R 图

外键：职工编号，引用了职工实体中的职工编号

奖金类型编号，引用了奖金类型实体中奖金类型编号

函数依赖集 *F*：

{职工编号，日期，奖金类型编号}→奖金数

关系中不存在非主属性与候选键之间的部分与传递函数依赖，所以奖金关系满足第三范式。

(3) **假期**(职工编号，假期起始时间，假期结束时间，请假原因)

主键：职工编号＋假期起始时间

函数依赖集 *F*：

{职工编号，假期起始时间}→{假期结束时间，请假原因}

关系中不存在非主属性与候选键之间的部分与传递函数依赖，所以假期关系满足第三范式。

(4) **病假**(职工编号，病假起始时间，病假结束时间，病假原因)

主键：职工编号＋病假起始时间

函数依赖集 *F*：

{职工编号,病假起始时间}→{病假结束时间,病假原因}

关系中不存在非主属性与候选键之间的部分与传递函数依赖,所以病假关系满足第三范式。

(5) **扣除**(职工编号,扣除日期,扣除数量,扣除类型编号)

主键：职工编号＋扣除日期＋扣除类型编号

函数依赖集 *F*：

{职工编号,扣除日期,扣除类型编号}→扣除数量

关系中不存在非主属性与候选键之间的部分与传递函数依赖,所以扣除关系满足第三范式。

(6) **工资历史**(职工编号,日期,工资数)

主键：职工编号＋日期

外键：职工编号,引用了职工关系中的职工编号

函数依赖集 *F*：

{职工编号,日期}→工资数

关系中不存在非主属性与候选键之间的部分与传递函数依赖,所以工资历史关系满足第三范式。

(7) **工资细节**(职工编号,日期,账号,支付方式编号,银行名称,银行地址)

主键：职工编号＋日期

外键：职工编号,引用了职工实体中的职工编号

支付方式编号,引用了支付方式实体中的支付方式编号

函数依赖集 *F*：

{职工编号,日期}→{账号,支付方式编号,银行名称,银行地址}

关系中不存在非主属性与候选键之间的部分与传递函数依赖,所以工资细节关系满足第三范式。

(8) **支付方式**(支付方式编号,支付方式)

主键：支付方式编号

函数依赖集 *F*：

支付方式编号→支付方式

关系中不存在非主属性与候选键之间的部分与传递函数依赖,所以支付方式关系满足第三范式。

(9) **奖金类型**(奖金类型编号,奖金类型)

主键：奖金类型编号

函数依赖集 *F*：

奖金类型编号→奖金类型

关系中不存在非主属性与候选键之间的部分与传递函数依赖,所以奖金关系满足第三范式。

(10) **扣除类型**(扣除类型编号,扣除类型)

主键:扣除类型编号

函数依赖集 *F*:

扣除类型编号→扣除类型

关系中不存在非主属性与候选键之间的部分与传递函数依赖,所以扣除类型关系满足第三范式。

至此,已验证设计的所有关系都满足较高范式,故工资管理的数据库设计是合理的。

验证处理需求的满足情况:

① 要查询每个职工的所有工资情况,只需查询工资历史关系。

② 要查询职工的支付方式或银行账号,只需对工资细节关系和支付方式关系进行连接操作。

③ 要查询某个职工的奖金、假期、病假以及扣除情况,只需对奖金关系、假期关系、病假关系以及扣除情况关系进行连接操作。

上述数据库的设计能够满足用户的数据需求和处理需求。

12.4 人力资源管理

人力资源管理部门希望建立一个数据库来管理公司的职工。一个公司有几个部门,而一个职工属于一个部门。每个部门指派一个经理来全面负责部门事务和部门职工。但为了有助于管理好部门工作,公司提供一些职位给工作人员来共同参与部门的管理。当有一个新职工进入公司时,需要他以前的工作经历和成绩。通常来说,每个职工都要经历一次面试,这通常是由经理来进行的,但有些时候也指派给一个代表来完成。

公司定义了一系列的职位类型,例如经理、业务分析员、销售人员和秘书。每个职工进公司后都分配一个职位。职工的职位可能会发生变化,系统需要记录职工职位的变化情况。

请给出人力资源管理系统的部分 E-R 数据模型和逻辑模型。

12.4.1 需求分析

根据上述分析,所有进入公司的职工都要先进行面试。人力资源管理部门的该项应用主要是记录职工的面试结果、确定各种职位、确定部门管理人员等。人力资源管理的部分数据流图如图 12.38 所示。

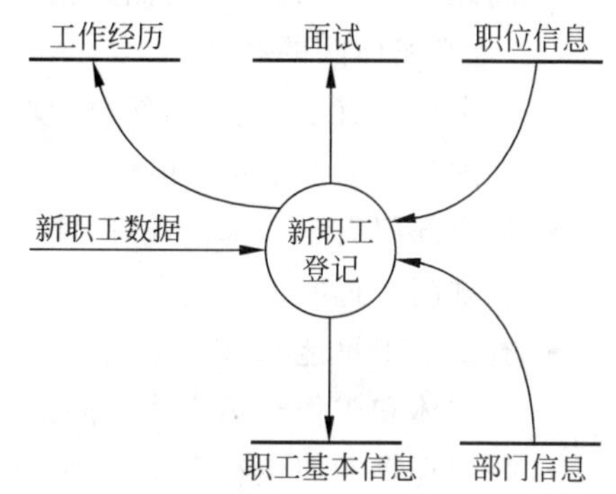

图 12.38 人力资源管理的部分数据流图

人力资源管理部门涉及的数据有:

- 职工基本信息。
- 部门信息。
- 每个职工的工作经历数据。

- 职位变化数据。
- 面试结果数据。
- 职位类型数据。

人力资源管理的处理需求有：

- 查询职工的工作经历。
- 查询职工职位的变化情况。
- 查询职工的面试情况。

……

12.4.2 概念设计

1. 局部视图设计

(1) 确定局部视图的设计范围

该应用仅涉及公司人力资源管理部门的部分工作。

(2) 确定实体及实体的主键

由于每个职工可能有多个不同的工作经历，因此，职工的工作经历是多值的，应该作为实体考虑；职位分不同的类型，而每种职位类型可能有多名职工，为了避免数据冗余，职位类型也应作为实体考虑。另外，公司有多个部门，部门也作为实体考虑。职工的职位可能会发生多次变化，这种变化应该保存下来。故人力资源管理所涉及的实体有：

- 部门，存放不同的部门信息。主键：部门编号。
- 职工，存放职工基本信息。主键：职工编号。
- 工作经历，存放职工的工作经历。主键：原公司编号＋职工编号＋开始工作日期。
- 职位变化，存放职工职位的变化情况。主键：职工编号＋职务类型编号＋任职开始日期。
- 职位，存放不同的职位信息。主键：职位类型编号。
- 面试结果，存放职工的面试情况。主键：职工编号＋面试考官编号＋面试日期。

(3) 定义实体间的联系

- 每个部门有多个职工，而每个职工只属于一个部门。因此，部门实体和职工实体之间是一对多联系，如图 12.39 所示。
- 每个部门有一个部门经理，而每个部门经理只能管理一个部门。因此，部门实体和部门经理实体之间是一对一联系，如图 12.40 所示。
- 有些职工可能有多个不同的工作经历，而每个工作经历对应一个职工。因此，职工实体和工作经历实体之间是一对多联系，如图 12.41 所示。
- 公司提供的职位有多个。每个职工都分配有一个职位，而每种职位可以有多个职工。因此，职位实体和职工实体之间是一对多联系，如图 12.42 所示。

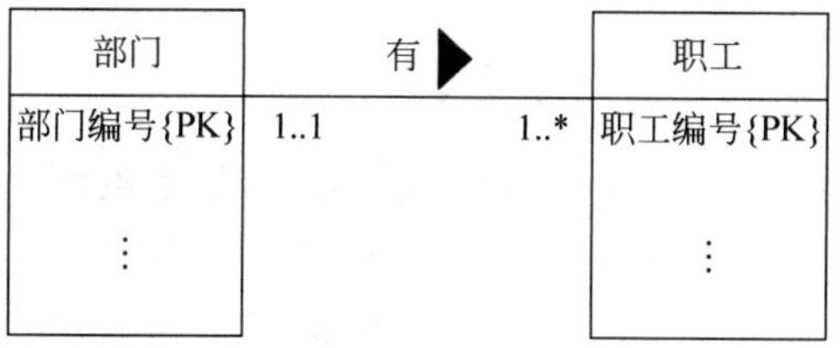

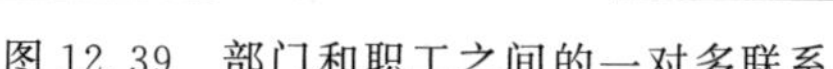

图 12.39 部门和职工之间的一对多联系

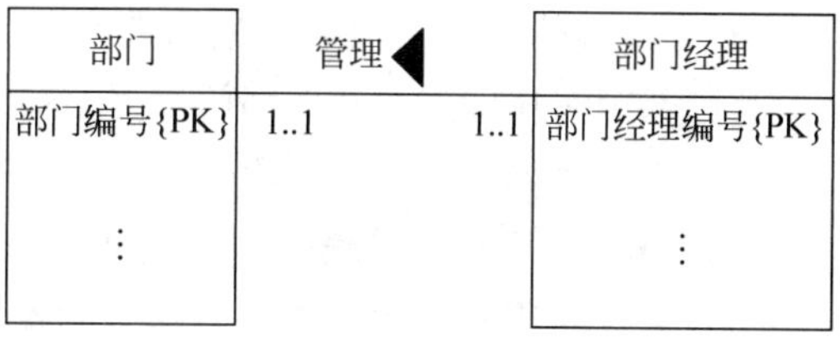

图 12.40 部门和管理人员之间的一对一联系

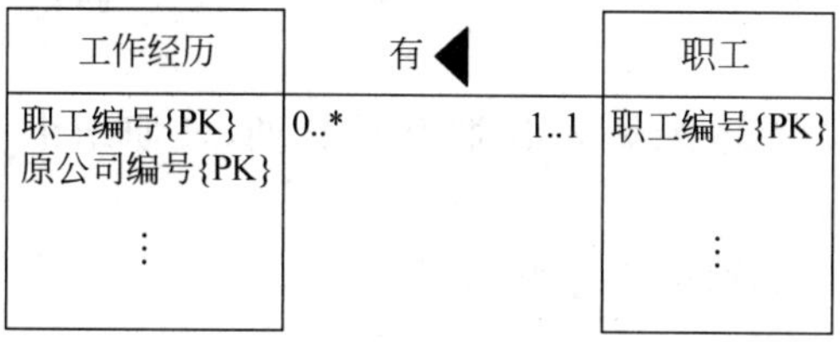

图 12.41 职工和工作经历之间的一对多联系

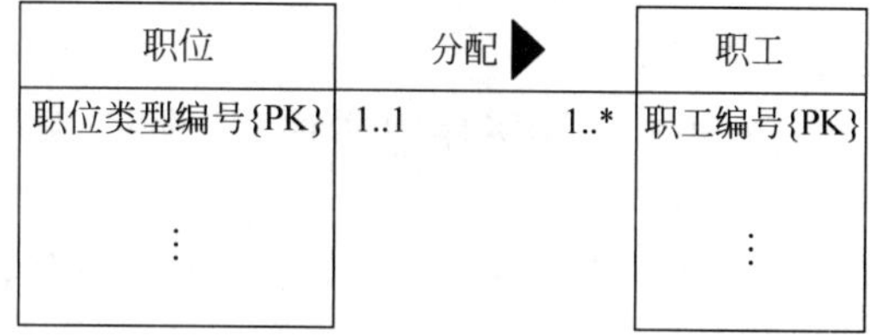

图 12.42 职位和职工之间的一对多联系

- 每个职工都要经历一次面试,面试由经理或一个代表来完成。每个经理或代表可面试多个职工。每个面试结果对应一个职工。因此,职工实体和面试结果实体之间是一对一联系,如图 12.43 所示。

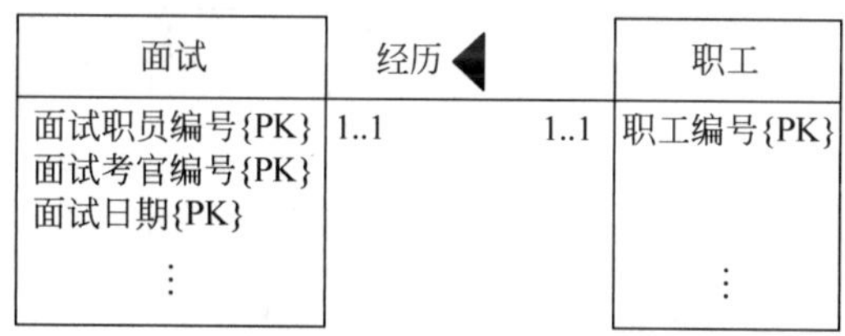

图 12.43 职工和面试之间的一对一联系

- 一个部门经理可以管理多名职工,而一个职工只能被一个部门经理管理。因此,部门经理和职工之间是一对多联系。由于部门经理也来自于职工实体,所以,部门经理和职工之间也是自联系,如图 12.44 所示。
- 一个职工的职位可能会发生多次变化,而每种职位可由多个职工担任。因此,职工实体和职位实体之间通过职位变化发生联系,而且是多对多联系,如图 12.45 所示。

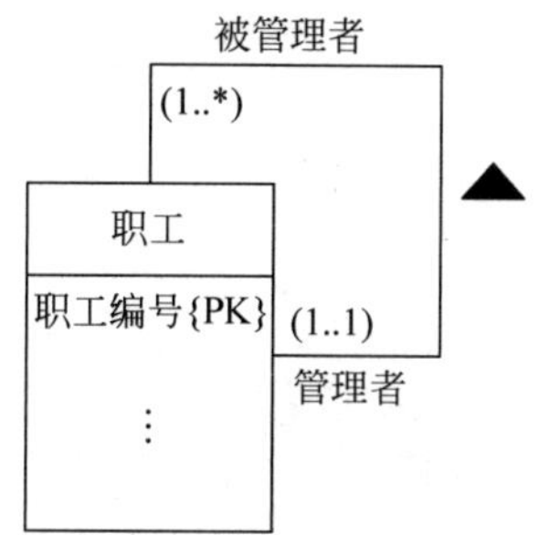

图 12.44 部门经理和职工之间的一对多联系

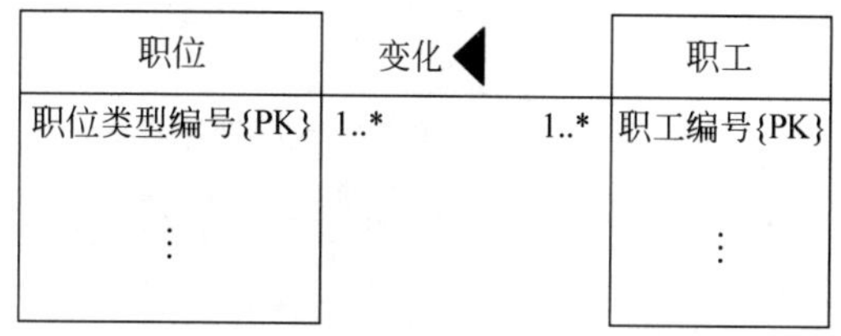

图 12.45 职工和职位之间的多对多联系

(4) 给实体及联系加上描述属性

- 部门实体的属性有：部门编号，部门名称，部门位置，部门经理。
- 职工实体的属性有：职工编号，姓名，性别，出生年月，地址，办公电话，住宅电话，Email，职位类型编号，职称，部门。
- 工作经历实体的属性有：原公司编号，职工编号，开始工作日期，结束工作日期，原职位，原工资，原职称。
- 面试实体的属性有：面试职员编号，面试考官编号，面试日期，面试内容，面试成绩。
- 职位变化实体的属性有：职工编号，职位类型编号，任职开始日期，任职结束日期。
- 职位实体的属性有：职位类型编号，职位名称，岗位等级，工资。

2. 视图集成

部门经理实际上是来自于职工实体，故视图集成时可以与职工实体合并。

根据局部视图设计的结果，集成后的 E-R 图如图 12.46 所示。

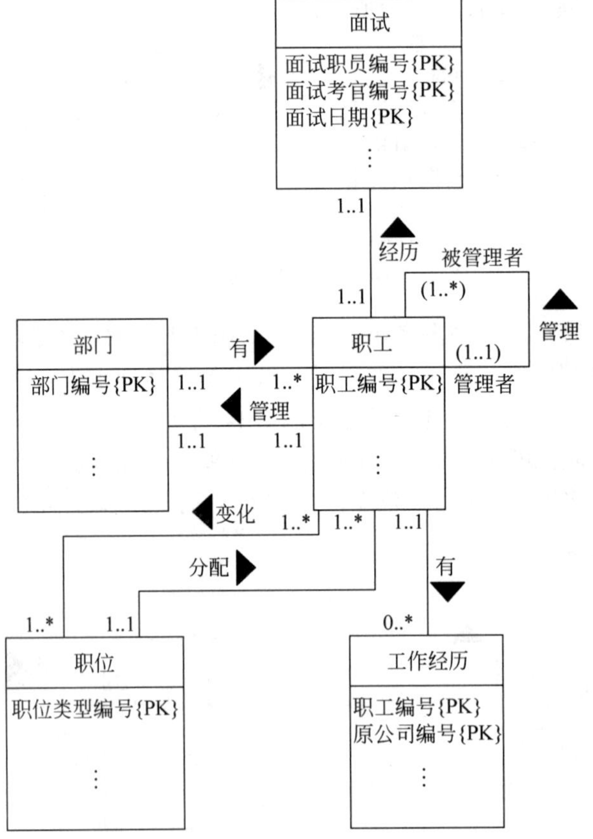

图 12.46　人力资源管理的集成视图

12.4.3 逻辑设计

根据实体到关系模式以及联系到关系模式的映射规则，可以得到以下一组关系模式集：

(1) **部门**(部门编号，部门名称，位置，部门经理)

主键：部门编号

外键：部门经理，引用了职工关系中的职工编号

函数依赖集 *F*：

部门编号→{部门名称，位置，部门经理}

由于部门与经理之间是一对一联系，所以可以只建一个关系。

关系中不存在非主属性与候选键之间的部分与传递函数依赖，所以部门关系满足第三范式。

(2) **职工**(职工编号，姓名，性别，出生年月，地址，办公电话，住宅电话，Email，职位类型编号，职称，部门)

主键：职工编号

候补键：Email

外键：职位类型编号，引用了职位实体中的职位类型编号

函数依赖集 *F*：

职工编号→{姓名，性别，出生年月，地址，办公电话，住宅电话，Email，职位类型编号，职称，部门}

Email →{职工编号，姓名，性别，出生年月，地址，办公电话，住宅电话，职位类型编号，职称，部门}

关系中不存在非主属性与候选键之间的部分与传递函数依赖，所以职工关系满足第三范式。

(3) **工作经历**(原公司编号，职工编号，开始工作日期，结束工作日期，原职位，原工资，原职称)

主键：原公司编号＋职工编号＋开始工作日期

外键：职工编号，引用了职工关系中的职工编号

函数依赖集 *F*：

{原公司编号，职工编号，开始工作日期}→{结束工作日期，原职位，原工资，原职称}

关系中不存在非主属性与候选键之间的部分与传递函数依赖，所以工作经历关系满足第三范式。

(4) **面试**(面试职员编号，面试考官编号，面试日期，面试内容，面试成绩)

主键：面试职员编号＋面试考官编号＋面试日期

外键：面试职员编号，引用了职工关系中的职工编号

面试考官编号，引用了职工关系中的职工编号

函数依赖集 F:

{面试职员编号,面试考官编号,面试日期}→{面试内容,面试成绩}

虽然面试与职工之间是一对一联系,但由于面试情况与职工基本信息常常需要分别查询,所以将它们分别建立两个关系较好。

关系中不存在非主属性与候选键之间的部分与传递函数依赖,所以面试关系满足第三范式。

(5) **职位变化**(职工编号,职位类型编号,任职开始日期,任职结束日期)

主键:职工编号+职位类型编号+任职开始日期

外键:职工编号,引用了职工关系中的职工编号

职位类型编号,引用了职位关系中的职位类型编号

函数依赖集 F:

{职工编号,职位类型编号,任职开始日期}→任职结束日期

关系中不存在非主属性与候选键之间的部分与传递函数依赖,所以职位变化关系满足第三范式。

(6) **职位**(职位类型编号,职位名称,岗位等级,工资)

主键:职位类型编号

函数依赖集 F:

职位类型编号→{职位名称,岗位等级,工资}

关系中不存在非主属性与候选键之间的部分与传递函数依赖,所以职位关系满足第三范式。

至此,已验证设计的所有关系都满足较高范式,故人力资源管理的数据库设计是合理的。

验证处理需求的满足情况:

① 要查询职工的工作经历,只需对工作经历关系进行查询。

② 要查询职工职位的变化情况,只需对职位变化关系进行查询。

③ 要查询职工的面试情况,只需对面试关系进行查询。

④ 要查询职工的职位、岗级以及工资情况,只需对职工关系和职位关系进行连接操作即可。

上述数据库的设计能够满足用户的数据需求和处理需求。

12.5 发票处理

在公司的订单处理中,凡是订购商品的客户,如果库存能够满足客户需求,财务部门就可以开出发票。同时将商品和发票寄给客户,并要求客户付款。公司要求建立一个数据库,对客户的发票进行处理。该数据库应能够提供对发票到款情况的查询,如实际到款数、欠款数等。如果发票到期而客户没有按时付款,系统应该提供欠款的客户名单并发出催款通知。

请给出数据库的概念设计和逻辑设计。

12.5.1 需求分析

发票处理是订单处理的一个组成部分，这里主要涉及发票、实际到款以及欠款情况等数据。发票处理的数据流图如图 12.47 所示。

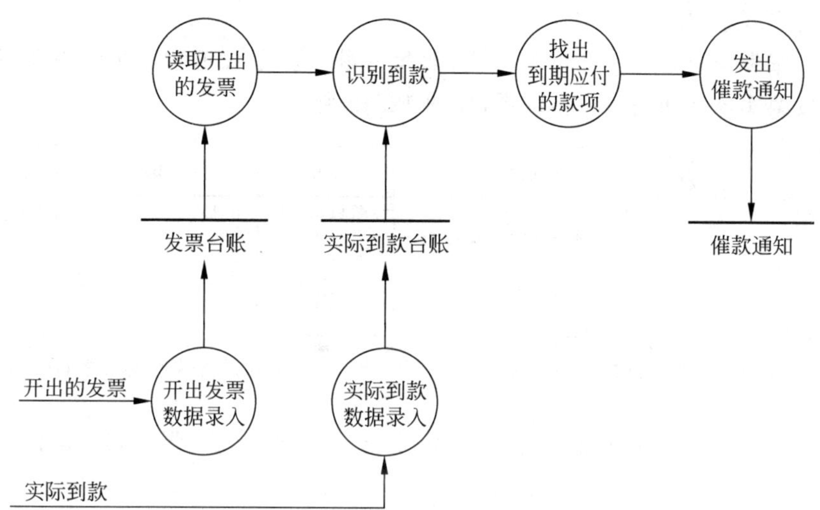

图 12.47 发票处理的数据流图

发票处理涉及的主要数据有：

- 发票数据。
- 实际到款数据。
- 欠款数据。

发票处理的处理需求有：

- 查询所有已开出去的发票情况。
- 查询每张发票的实际到款情况。
- 查询所有欠款情况。

12.5.2 概念设计

1. 局部视图设计

(1) 确定局部视图的设计范围

发票处理通常属于订单处理系统的一个组成部分。这里仅讨论有关发票处理的情况。

(2) 确定实体及实体的主键

发票处理的实体有：

- 发票,存放开出的每一张发票。主键:发票编号。
- 实际到款,存放每张发票的实际到款情况。主键:发票编号+到款日期。
- 付款方式,存放每一种付款方式。主键:付款方式编号。
- 催款通知,存放发票到期但未付完款的客户催款通知。

(3) 定义实体间的联系

如果一张发票对应多次到款,而每笔到款只对应一张发票,则发票实体与到款实体之间是一对多联系,如图 12.48 所示。

如果一张发票只对应一种付款方式,而每一种付款方式可对应多张发票,则付款方式实体和发票实体之间是一对多联系,如图 12.49 所示。

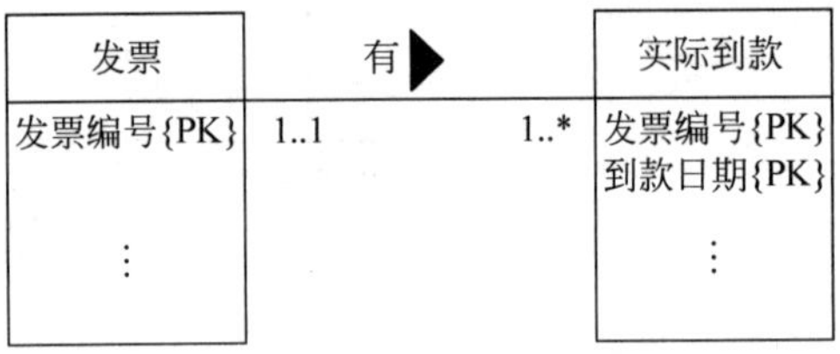

图 12.48 发票与到款之间的一对多联系

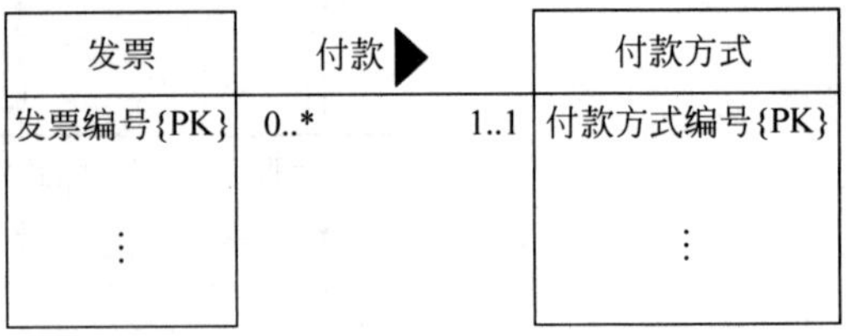

图 12.49 付款方式和发票之间的一对多联系

一张发票可能对应多次催款通知,而每个催款通知对应一张发票。因此,发票实体和催款通知实体之间是一对多联系,如图 12.50 所示。

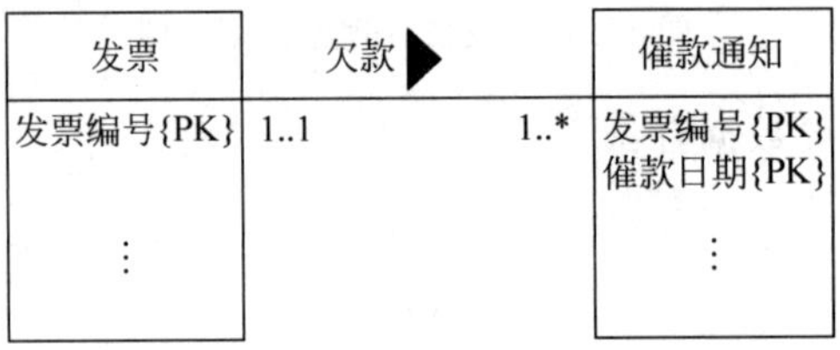

图 12.50 发票和催款通知之间的一对多联系

(4) 给实体及联系加上描述属性

- 发票实体的描述属性有:发票编号,开票日期,应付款日期,订单编号,客户编号,金额,付款方式编号。
- 实际到款实体的描述属性有:发票编号,客户编号,到款日期,到款金额。
- 付款方式实体的描述属性有:付款方式编号,付款方式。

2. 视图集成

发票处理的集成视图如图 12.51 所示。

12.5.3 逻辑设计

根据实体到关系模式以及联系到关系模式的映射规则,可以得到以下一组关系模式集:

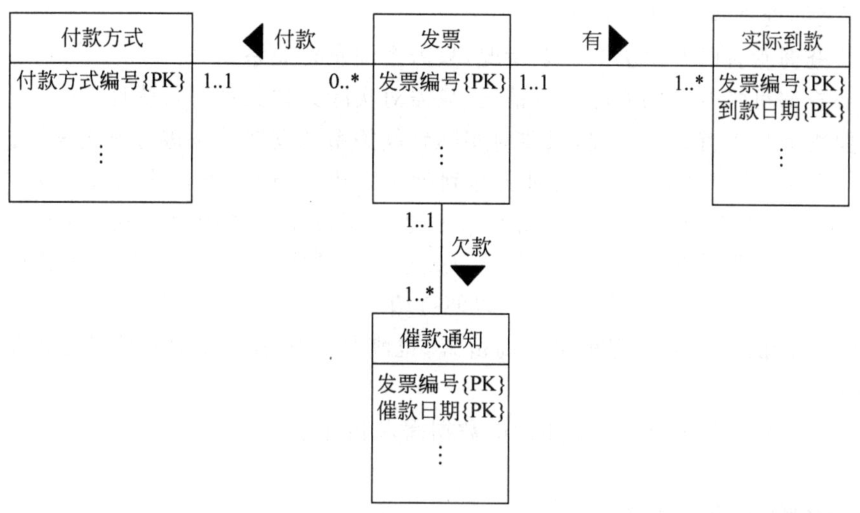

图 12.51 发票处理的集成视图

(1) **发票**(发票编号,开票日期,应付款日期,订单编号,客户编号,金额,付款方式编号)

主键:发票编号

外键:订单编号,引用了订单关系中的订单编号(本例不讨论订单处理部分)

客户编号,引用了客户关系中的客户编号(本例不讨论订单处理中的客户关系部分)

付款方式编号,引用了付款方式关系中的付款方式编号

函数依赖集 *F*:

发票编号→{开票日期,应付款日期,订单编号,客户编号,金额,付款方式编号}

订单编号→{发票编号,开票日期,应付款日期,客户编号,金额,付款方式编号}

发票关系中不存在非主属性与候选键之间的部分与传递函数依赖,所以发票关系满足第三范式。

(2) **实际到款**(发票编号,客户编号,到款日期,到款金额)

主键:发票编号+到款日期

外键:客户编号,引用了客户关系中的客户编号

函数依赖集 *F*:

{发票编号,到款日期}→{客户编号,到款金额}

发票关系中不存在非主属性与候选键之间的部分与传递函数依赖,所以实际到款关系满足第三范式。

(3) **付款方式**(付款方式编号,付款方式)

主键:付款方式编号

函数依赖集 *F*:

付款方式编号→付款方式

付款方式关系满足第三范式。

验证发票处理需求的满足情况：

① 要查询所有已开出去的发票情况，只需查询发票关系。

② 要查询每张发票的实际到款情况，只需对实际到款关系进行统计。

③ 要查询是否有欠款情况，只要对实际到款关系和发票关系进行连接操作。如对已到应付款日期的发票进行检查，先对实际到款关系进行统计，然后再与发票关系中的金额数进行比较。如果某张发票的实际到款总数等于发票实体中对应发票上开出的金额数，则不欠款；如果某张发票的实际到款总数小于发票实体中对应发票上开出的金额数，则欠款。将其记录在催款通知关系中，以便打印。

至此，设计的所有关系都满足较高范式，也满足应用需求。故发票处理的数据库设计是合理的。

上述数据库的设计能够满足用户的数据需求和处理需求。

12.6 保险业务管理

某保险公司雇佣多名业务员开展保险业务。一名业务员可以为多名客户服务；一个客户也可以通过多个业务员购买多种保险；每个客户在每次购买保险时通过一个业务员与保险公司签订合同。图 12.52 中显示了一份经过简化的该保险公司的个人保险投保合同书，请根据这份合同书所提供的信息设计数据库，对保险业务数据进行管理。

个人保险投保合同书

业务员姓名： 业务员工号：

收款收据号： 保险合同号：

<table>
<tr><td colspan="7">一、客户资料</td></tr>
<tr><td rowspan="4">投保人</td><td>姓名</td><td></td><td>性别</td><td></td><td>出生日期</td><td></td></tr>
<tr><td colspan="3">证件名称：</td><td colspan="3">证件号码：</td></tr>
<tr><td colspan="3">通信地址：</td><td colspan="3">邮　编：</td></tr>
<tr><td colspan="3">联系电话：</td><td colspan="3">E-mail：</td></tr>
<tr><td rowspan="4">被保险人</td><td></td><td></td><td></td><td></td><td></td><td></td></tr>
<tr><td colspan="3"></td><td colspan="3"></td></tr>
<tr><td colspan="3"></td><td colspan="3"></td></tr>
<tr><td colspan="3"></td><td colspan="3"></td></tr>
<tr><td colspan="7">二、要约内容</td></tr>
</table>

<table>
<tr><td>保险号</td><td>保险名称</td><td>保险金额</td><td>保险期限</td><td>交费期限</td><td>标准保险费</td></tr>
<tr><td></td><td></td><td></td><td></td><td></td><td></td></tr>
<tr><td colspan="6">保险费合计人民币(大写)　　　　(¥　　　　　)</td></tr>
</table>

日期：________

图 12.52　简化的保险公司个人保险投保合同书

12.6.1 需求分析

根据对个人保险投保合同书的分析，保险业务涉及个人保险投保合同书、业务员、投保人、被保险人以及保险内容。因此，保险业务管理的部分数据流图如图 12.53 所示。

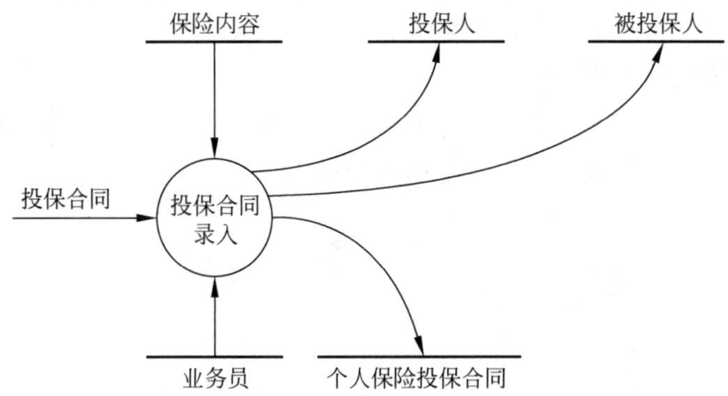

图 12.53 保险业务管理的部分数据流图

保险业务管理涉及的数据有：

- 投保合同数据。
- 保险内容数据。
- 投保人数据。
- 被投保人数据。
- 业务员数据。

保险业务管理的处理需求有：

- 查询所有已签的个人保险投保合同情况。
- 查询能够保险的所有项目。
- 查询所有投保人情况。
- 查询所有被投保人情况。
- 查询业务员情况。

……

12.6.2 概念设计

1. 局部视图设计

(1) 确定局部视图的设计范围

略。

(2) 确定实体及实体的主键

该保险业务涉及的实体有：

- 个人保险投保合同书,存放保险公司与投保人签订的所有个人保险投保合同。主键：保险合同号。
- 投保人,存放所有投保人的信息。主键：投保人号。
- 被保险人,存放所有被投保人的信息。主键：被投保人号。
- 业务员,存放所有业务员的基本信息。主键：业务员工号。
- 保险,存放所有能够提供的保险内容。主键：保险号。

(3) 定义实体间的联系

如果一份合同只能购买一种保险,而每一种保险可以被不同的合同购买,则保险实体和合同实体之间是一对多联系,如图 12.54 所示。

合同
购买
保险
保险合同号{PK}
0..*
1..1
保险号{PK}

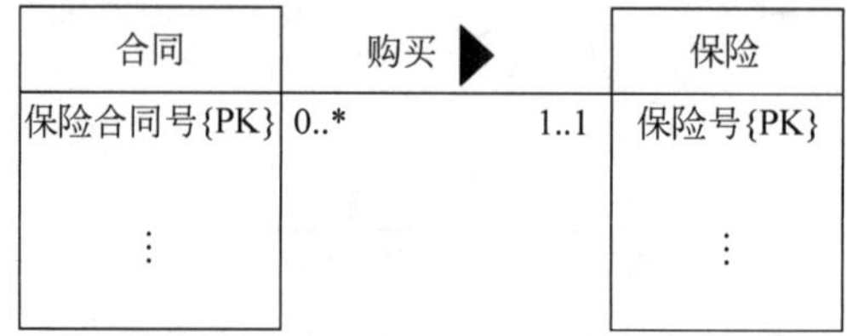

图 12.54　合同和保险之间的一对多联系

每个客户只和一名业务员签订保险合同,而一名业务员可以为多名客户服务,也就是可以签订多份保险合同,则业务员实体和合同实体之间是一对多联系,如图 12.55 所示。

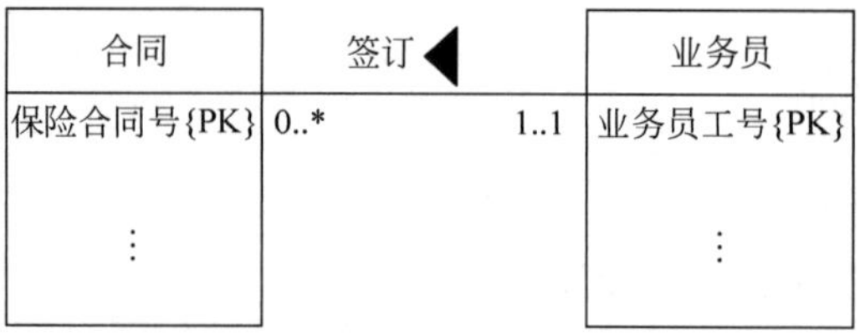

合同
签订
业务员
保险合同号{PK}
0..*
1..1
业务员工号{PK}

图 12.55　合同和业务员之间的一对多联系

每份合同只有一个投保人,而每个投保人可以购买多种保险,即可签订多份保险合同,则投保人实体和合同实体之间是一对多联系,如图 12.56 所示。

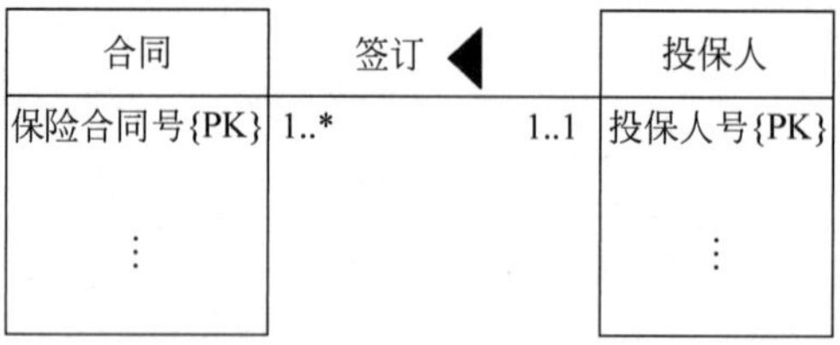

合同
签订
投保人
保险合同号{PK}
1..*
1..1
投保人号{PK}

图 12.56　合同和投保人之间的一对多联系

被投保人是依赖于投保人的,因此,被投保人是一个弱实体。如果投保人可以为多个被投保人购买保险,而每个被投保人只能有一个投保人。则投保人实体和被投保人之间是一对多联系。

一份合同只能有一个被投保人。而一个被投保人可以被保多个险种，即可能有多份保险合同。因此，被投保人与合同之间也是一对多联系，如图 12.57 所示。

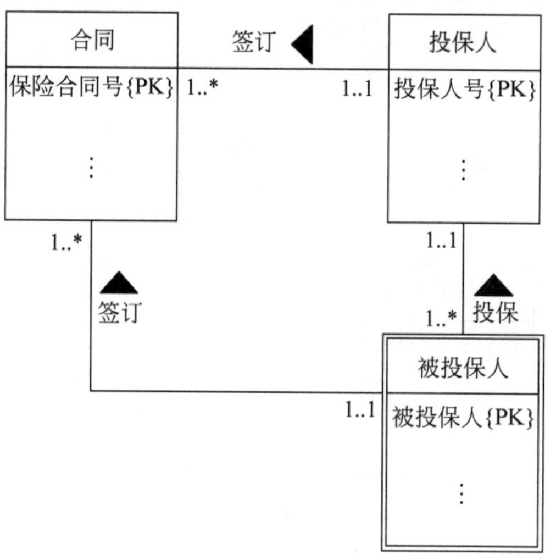

图 12.57 合同、投保人和被投保人实体之间的一对多联系

(4) 给实体及联系加上描述属性

根据个人保险投保合同书的内容，可以确定每个实体的描述属性。如果需要，可以在实体中增加一定的描述属性。

- 合同实体的描述属性有：保险合同号，投保人号，被投保人号，业务员工号，保险号，日期，收款收据号。
- 保险实体的描述属性有：保险号，保险名称，保险金额，保险期限，交费期限，交费方式，标准保险费。
- 业务员的描述属性有：业务员工号，业务员姓名，电话号码。
- 投保人实体的描述属性有：投保人号，姓名，性别，出生日期，证件名称，证件号码，通信地址，联系电话，地址，邮编，Email。
- 被投保人实体的描述属性有：投保人号，被投保人号，姓名，性别，出生日期，证件名称，证件号码，通信地址，联系电话，地址，邮编，Email。

2. 视图集成

采用两两集成策略，对上述局部视图进行集成，集成后的视图如图 12.58 所示。

12.6.3 逻辑设计

根据 E-R 模型到关系模型的映射规则，可以将图 12.58 的 E-R 模型转换为以下一组关系模式集：

(1) **投保人**(投保人号，姓名，性别，出生日期，证件名称，证件号码，通信地址，联系电

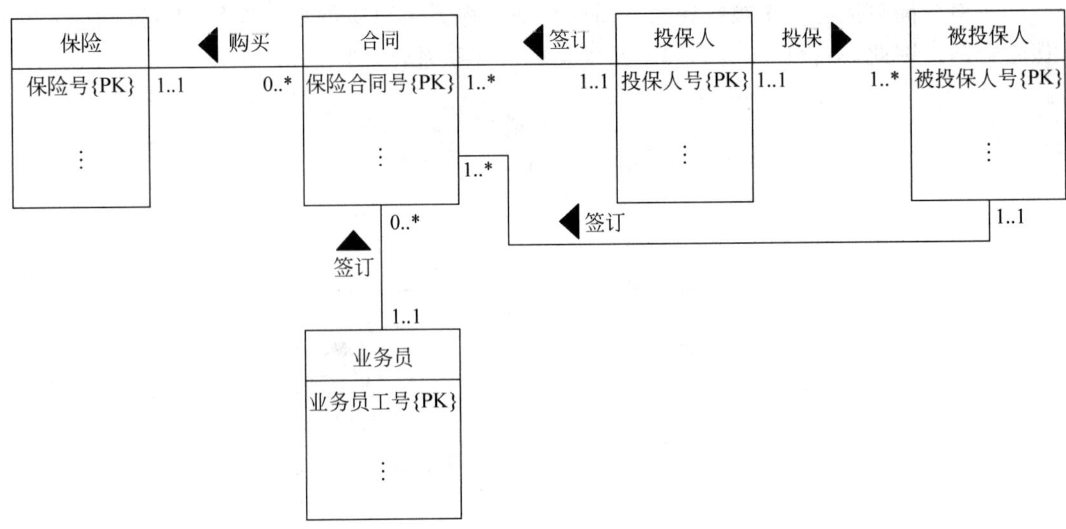

图 12.58　保险业务管理的集成视图

话,地址,邮编,Email)

主键:投保人号

候补键:Email

函数依赖集 $\boldsymbol{F}$:

投保人号→{姓名,性别,出生日期,证件名称,证件号码,通信地址,联系电话,地址,邮编,Email}

Email→{投保人号,姓名,性别,出生日期,证件名称,证件号码,通信地址,联系电话,地址,邮编}

关系中不存在非主属性与候选键之间的部分与传递函数依赖,所以投保人关系满足第三范式。

(2) 被投保人依赖于投保人,是个弱实体。

被投保人(投保人号,被投保人号,姓名,性别,出生日期,证件名称,证件号码,通信地址,联系电话,地址,邮编,Email)

主键:投保人号+被投保人号

候补键:Email

证件号码

外键:投保人号,引用了投保人关系中的投保人号

函数依赖集 $\boldsymbol{F}$:

{投保人号,被投保人号}→{姓名,性别,出生日期,证件名称,证件号码,通信地址,联系电话,地址,邮编,Email}

Email→{投保人号,被投保人号,姓名,性别,出生日期,证件名称,证件号码,通信地址,联系电话,地址,邮编}

证件号码→{投保人号,被投保人号,姓名,性别,出生日期,证件名称,通信地址,联

系电话,地址,邮编,Email}

关系中不存在非主属性与候选键之间的部分函数依赖,所以被投保人关系是第三范式。

(3) **业务员**(业务员工号,业务员姓名,电话号码)

主键: 业务员工号

函数依赖集 *F*:

业务员工号→{业务员姓名,电话号码}

关系中不存在非主属性与候选键之间的部分与传递函数依赖,所以业务员关系满足第三范式。

(4) **保险**(保险号,保险名称,保险金额,保险期限,交费期限,交费方式,标准保险费)

主键: 保险号

函数依赖集 *F*:

保险号→{保险名称,保险金额,保险期限,交费期限,交费方式,标准保险费}

关系中不存在非主属性与候选键之间的部分与传递函数依赖,所以保险关系满足第三范式。

(5) **合同**(保险合同号,投保人号,被投保人号,业务员工号,保险号,日期,收款收据号)

主键: 保险合同号

外键: 投保人号,引用了投保人关系中的投保人号

被投保人号,引用了被投保人关系中的被投保人号

业务员号,引用了业务员关系中的业务员号

保险号,引用了保险关系中的保险号

函数依赖集 *F*:

保险合同号→{投保人号,被投保人号,业务员工号,保险号,日期,收款收据号}

关系中不存在非主属性与候选键之间的部分与传递函数依赖,所以合同关系满足第三范式。

至此,已验证设计的所有关系都满足较高范式,也满足应用需求。

验证处理需求的满足情况:

① 要查询所有已签的个人保险投保合同情况,只需对合同进行查询。

② 要查询能够提供的所有保险业务,只需对保险关系进行查询。

③ 要查询所有投保人情况,只需对投保人关系进行查询。

④ 要查询所有被投保人情况,只需对被投保人关系进行查询。

⑤ 要查询业务员情况,只需对业务员关系进行查询。

上述数据库的设计能够满足用户的数据需求和处理需求。

12.7 车辆租赁管理

一家租赁公司希望建立一个数据库来管理车辆租赁。公司有不同的部门,每个部门都有一定数目的职工,其中包括一个经理和几个高级技师,高级技师负责把工作分配给

下面的一组普通技工。每个部门都有库存的车辆,以便租给用户。用户租赁时间一般为最少 4 小时到最多 6 个月。每个用户和公司之间的租赁合同都有一个唯一的租赁号。用户必须支付在租用期间的保险金。每次租用过后要对车辆进行检查,以验证它的损坏程度。

请根据上述要求设计数据库。

12.7.1 需求分析

根据分析,车辆租赁管理主要涉及车辆的租用和还车处理。因此,车辆租赁管理的部分数据流图如图 12.59 所示。

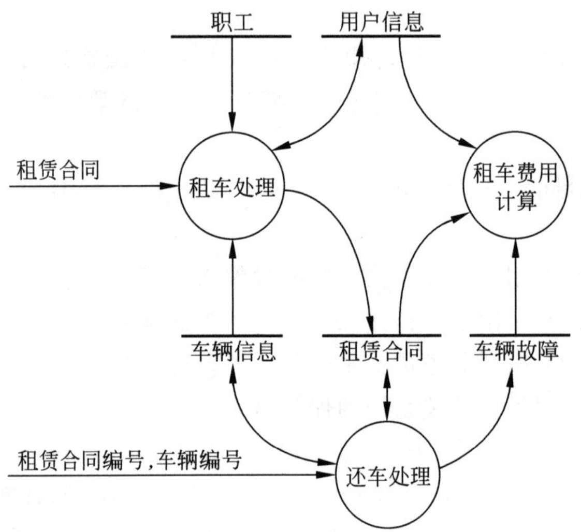

图 12.59 车辆租赁管理的部分数据流图

车辆租赁管理涉及的数据有:

- 租赁合同数据。
- 部门数据。
- 职工数据。
- 用户数据。
- 车辆数据。
- 车辆故障数据。

车辆租赁管理的处理需求有:

- 查询所有可租车辆和已租车辆信息。
- 查询租赁合同信息。
- 查询车辆的故障情况。
- 计算租车费用。

……

12.7.2 概念设计

1. 局部视图设计

(1) 确定局部视图的设计范围

该应用涉及车辆租用、故障检修、租用费用计算等。

(2) 确定实体及实体的主键

车辆租赁管理涉及的实体有：

- 租赁合同，存放所有租用车辆的租赁合同。主键：租赁合同编号。
- 职工，存放公司所有职工信息。主键：职工编号。
- 部门，存放公司所有部门信息。主键：部门编号。
- 用户，存放所有租用车辆的用户信息。主键：用户编号。
- 车辆，存放所有可租用车辆的信息。主键：车辆编号。
- 车辆故障，存放所有车辆的损坏信息。主键：车辆编号＋检查日期。

(3) 定义实体间的联系

一个部门有多名职工，每个职工只属于一个部门，则部门实体与职工实体之间是一对多联系，如图 12.60 所示。

一个部门有多辆车可出租，而每辆车只属于一个部门拥有，则部门实体与车辆实体之间是一对多联系，如图 12.61 所示。

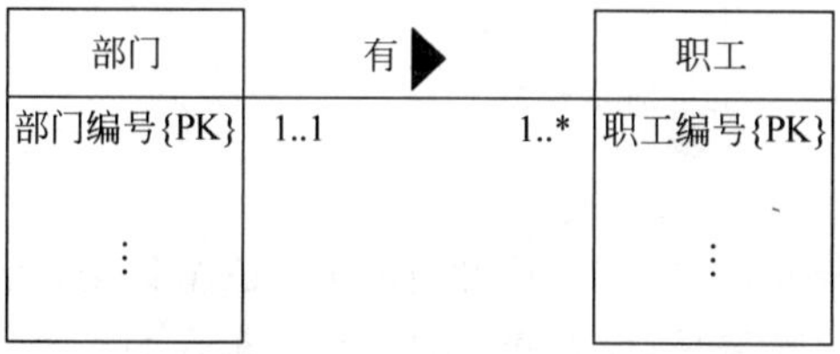

部门 | 部门编号{PK} ⋮ —— 有 ▶ —— 1..1 … 1..* —— 职工 | 职工编号{PK} ⋮

图 12.60 部门与职工之间的一对多联系

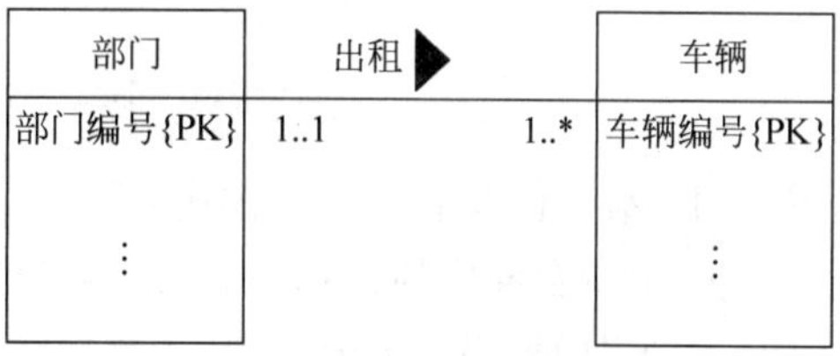

部门 | 部门编号{PK} ⋮ —— 出租 ▶ —— 1..1 … 1..* —— 车辆 | 车辆编号{PK} ⋮

图 12.61 部门与车辆之间的一对多联系

一辆车可能有多次故障，而每个故障记录只对应一辆车，则车辆实体与车辆故障实体之间是一对多联系，如图 12.62 所示。

一辆车可多次出租，而一份租赁合同只能租用一辆车，则车辆实体和租赁合同实体之间是一对多联系，如图 12.63 所示。

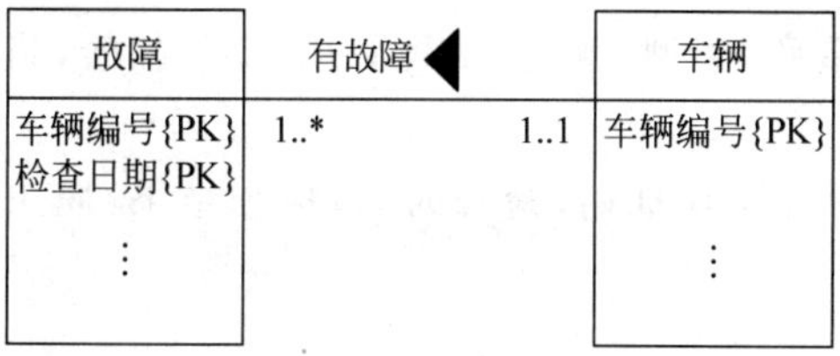

故障 | 车辆编号{PK} 检查日期{PK} ⋮ —— 有故障 ◀ —— 1..* … 1..1 —— 车辆 | 车辆编号{PK} ⋮

图 12.62 车辆与车辆故障之间的一对多联系

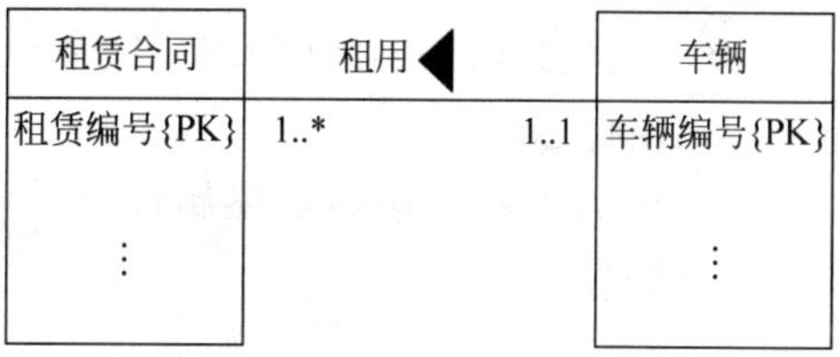

租赁合同 | 租赁编号{PK} ⋮ —— 租用 ◀ —— 1..* … 1..1 —— 车辆 | 车辆编号{PK} ⋮

图 12.63 车辆和租赁合同之间的一对多联系

每个用户可通过签订多次租赁合同而多次租用车辆,而每份租赁合同只对应一个用户,则用户实体与租赁合同之间是一对多联系,如图 12.64 所示。

一个部门有多名职工,其中有一个经理可以管理部门中的其他职工。经理和普通职工之间的管理与被管理是一种自联系,而且是一对多联系,如图 12.65 所示。

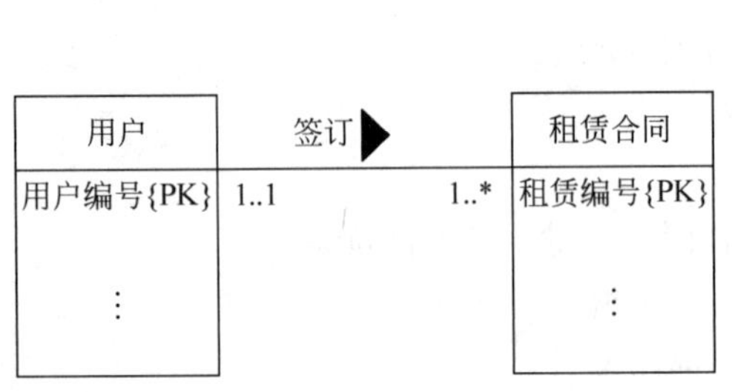

图 12.64　用户和租赁合同之间的一对多联系

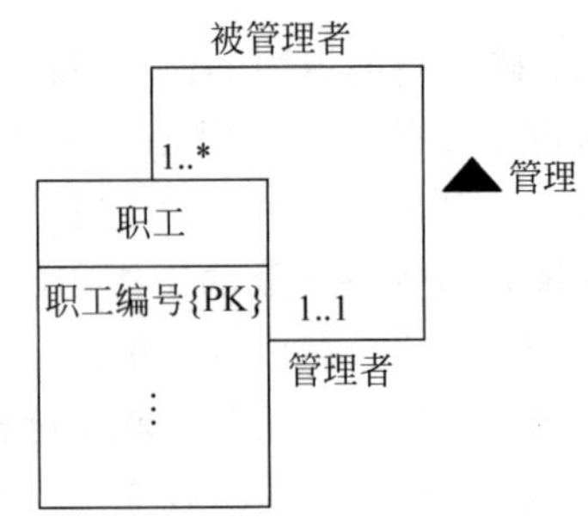

图 12.65　经理和普通职工之间的自联系

一个职工可以排除多个车辆故障,而每个车辆故障由一个职工进行排除,则职工实体与故障实体之间是一对多联系,如图 12.66 所示。

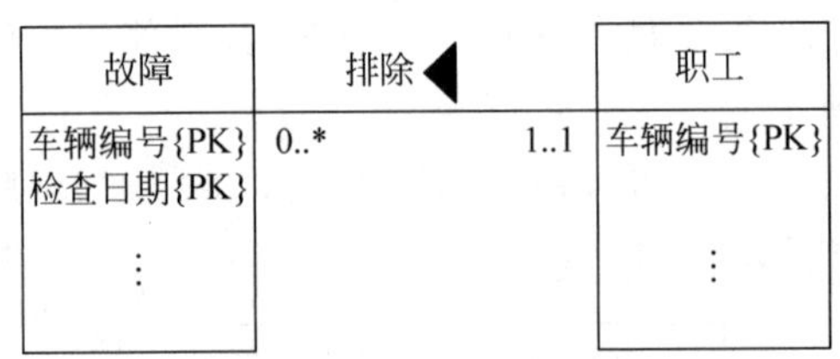

图 12.66　职工与故障实体之间的一对多联系

(4) 给实体及联系加上描述属性

- 租赁合同实体的描述属性有:租赁合同编号,借车日期,借车时间,还车日期,还车时间,用车前公里数,用车后公里数,保险编号,保险费,用户编号,车辆编号。
- 职工实体的描述属性有:职工编号,姓名,性别,地址,办公电话,住宅电话,Email,职位,部门编号。
- 部门实体的描述属性有:部门编号,部门名称,部门地址,部门电话,部门传真号,经理职工编号。
- 用户实体的描述属性有:用户编号,用户名称,用户地址,邮编,用户电话,用户传真号,Email。
- 车辆实体的描述属性有:车辆编号,制造商,车型,颜色,出租费用,部门编号,租出标志。
- 车辆故障实体的描述属性有:车辆编号,检查日期,检查时间,检查结果,职工编号。

2. 视图集成

车辆租赁管理的集成视图如图 12.67 所示。

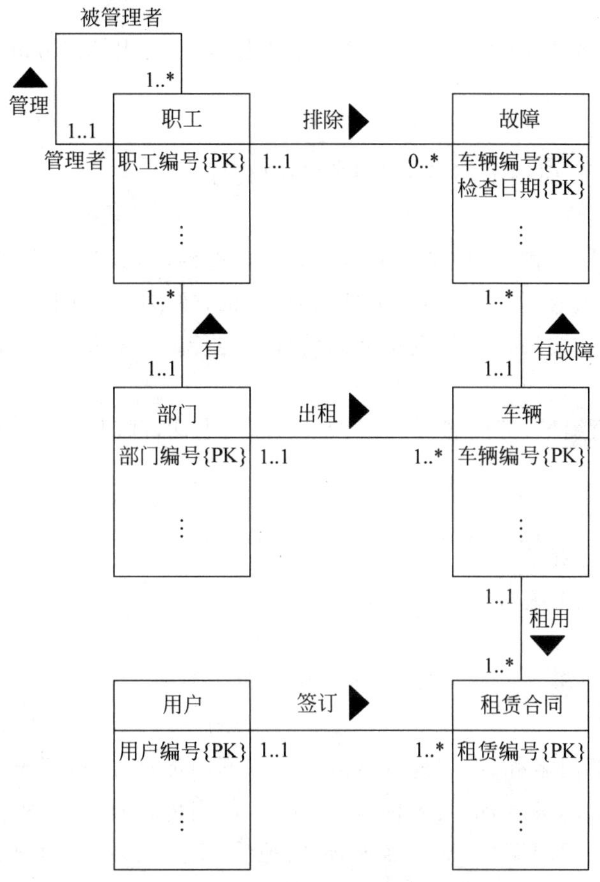

图 12.67 车辆租赁管理的集成视图

12.7.3 逻辑设计

根据 E-R 模型到关系模型的映射规则,可以将图 12.67 的 E-R 模型转换为以下一组关系模式集:

(1) **租赁合同**(租赁合同编号,借车日期,借车时间,还车日期,还车时间,用车前公里数,用车后公里数,保险金,用户编号,车辆编号)

主键:租赁合同编号

外键:用户编号,引用了用户关系中的用户编号

车辆编号,引用了车辆关系中的车辆编号

函数依赖集 *F*:

租赁合同编号→{借车日期,借车时间,还车日期,还车时间,用车前公里数,用车后公里数,保险金,用户编号,车辆编号}

关系中不存在非主属性与候选键之间的部分与传递函数依赖,所以租赁合同关系满足第三范式。

(2) **职工**(职工编号,姓名,性别,地址,办公电话,住宅电话,Email,职位,部门编号)

主键:职工编号

候补键:Email

外键:部门编号,引用了部门关系中的部门编号

函数依赖集 F:

职工编号→{姓名,性别,地址,办公电话,住宅电话,Email,职位,部门编号}

Email→{职工编号,姓名,性别,地址,办公电话,住宅电话,职位,部门编号}

关系中不存在非主属性与候选键之间的部分与传递函数依赖,所以职工关系满足第三范式。

(3) **部门**(部门编号,部门名称,部门地址,部门电话,部门传真号,经理职工编号)

主键:部门编号

候补键:部门电话

部门传真号

经理职工编号

部门名称

外键:经理职工编号,引用了职工关系中的职工编号

函数依赖集 F:

部门编号→{部门名称,部门地址,部门电话,部门传真号,经理职工编号}

部门电话→{部门编号,部门名称,部门地址,部门传真号,经理职工编号}

部门传真号→{部门编号,部门名称,部门地址,部门电话,经理职工编号}

经理职工编号→{部门编号,部门名称,部门地址,部门电话,部门传真号}

部门名称→{部门编号,部门地址,部门电话,部门传真号,经理职工编号}

关系中不存在非主属性与候选键之间的传递函数依赖,所以部门关系是第三范式。

(4) **用户**(用户编号,用户名称,地址,邮编,用户电话,用户传真号,Email)

主键:用户编号

候补键:用户传真号

Email

函数依赖集 F:

用户编号→{用户名称,地址,邮编,用户电话,用户传真号,Email}

用户传真号→{用户编号,用户名称,地址,邮编,用户电话,Email}

Email→{用户编号,用户名称,地址,邮编,用户电话,用户传真号}

关系中不存在非主属性与候选键之间的部分与传递函数依赖,所以用户关系是第三范式。

(5) **车辆**(车辆编号,制造商,车型,颜色,出租费用,部门编号,租出标志)

主键:车辆编号

外键:部门编号,引用了部门关系中的部门编号

函数依赖集 *F*:

车辆编号→{制造商,车型,颜色,出租费用,部门编号}

关系中不存在非主属性与候选键之间的部分与传递函数依赖,所以车辆关系是第三范式。

(6) **车辆故障**(车辆编号,检查日期,检查时间,检查结果,职工编号)

主键:车辆编号+检查日期

外键:车辆编号,引用了车辆关系中的车辆编号

职工编号,引用了职工实体中的职工编号

函数依赖集 *F*:

{车辆编号,检查日期}→{检查时间,检查结果,职工编号}

关系中不存在非主属性与候选键之间的部分与传递函数依赖,所以车辆故障关系满足第三范式。

至此,已验证设计的所有关系都满足较高范式,也满足应用需求。故车辆租赁管理的数据库设计是合理的。

验证处理需求的满足情况:

① 要查询所有可租车辆和已租车辆信息,只需对车辆关系进行查询。

② 要查询租赁合同信息,只需对租赁合同关系进行查询。

③ 要查询车辆的故障情况,只需对车辆故障台账进行查询。

④ 要计算车辆租用费用,只需根据租赁合同中的实际使用时间和公里数即可求得。

可见,上述数据库的设计能够满足用户的数据需求和处理需求。

12.8 飞机订票系统

需要购买飞机票的旅客可以登录飞机订票系统,填写他想要乘坐飞机的航班、目的地、起飞日期、时间和舱位(如头等舱还是经济舱),然后提交给数据库。

飞机订票系统进行数据库查询。如果有符合旅客所要求的机票,则显示该机票票价,并要求旅客填写有关信息(如姓名、身份证号码、家庭住址、联系电话等)和支付方式等。旅客输入完毕后,系统要求旅客进一步确认。一旦确认,系统便会产生机票,寄送给旅客;如果旅客所要求的机票已售完,系统会将信息提示给旅客。

请设计飞机订票系统的数据库。

12.8.1 需求分析

飞机订票系统主要是根据旅客的要求查询飞机的航次、起飞日期、时间和舱位、机票

价格等,最后确定是否需要购买机票。飞机订票系统的部分数据流图如图 12.68 所示。

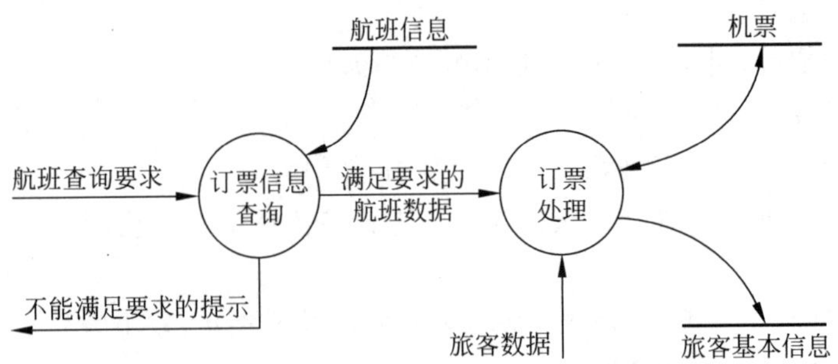

图 12.68　飞机订票系统的部分数据流图

飞机订票系统涉及的数据有:

- 航班数据。
- 机票数据。
- 旅客数据。

飞机订票系统的处理需求有:

- 查询飞机的航班号、机型、起飞时间、出发地以及目的地。
- 查询机票价格、机票售出状况。
- 查询旅客基本信息。

……

12.8.2　概念设计

1. 局部视图设计

(1) 确定局部视图的设计范围

飞机订票系统主要包括航班信息查询以及订票处理。所以,数据库应该能够支持航班信息查询以及订票处理。

(2) 确定实体及实体的主键

飞机订票系统的实体有:

- 航班,存放航空公司安排的所有航班信息。主键:航班号。
- 机票,存放每个航班的所有机票信息。主键:机票号。
- 旅客,存放购买了机票的旅客信息。主键:旅客号。

(3) 定义实体间的联系

- 如果一个旅客持有一张机票,而每张机票只能属于一个旅客,则旅客实体和机票实体之间是一对一联系,如图 12.69 所示。
- 一个航班提供有多张机票,同种机票只能对应一个航班,则航班实体与机票实体之间是一对多联系,如图 12.70 所示。

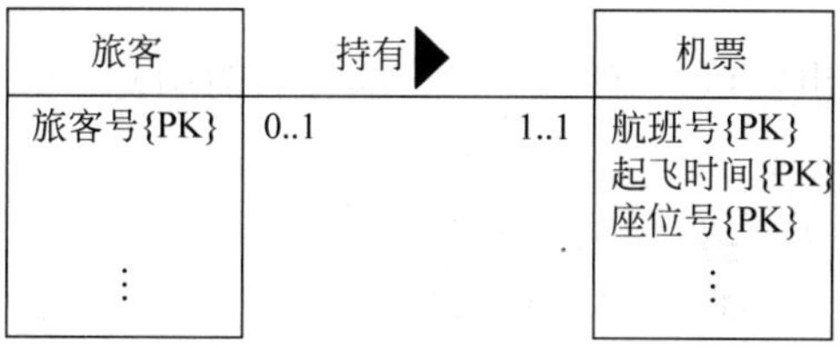

旅客 持有 机票
旅客号{PK} 0..1 1..1 航班号{PK} 起飞时间{PK} 座位号{PK}

图 12.69 旅客与机票之间的一对一联系

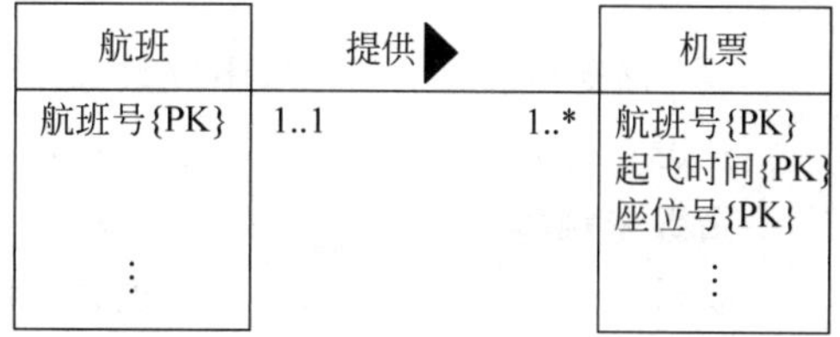

图 12.70 航班与机票之间的一对多联系

- 一人次旅客只能坐对应的一架飞机，而一个航班可以乘坐多名乘客，故航班实体与乘客实体之间是一对多联系，如图 12.71 所示。

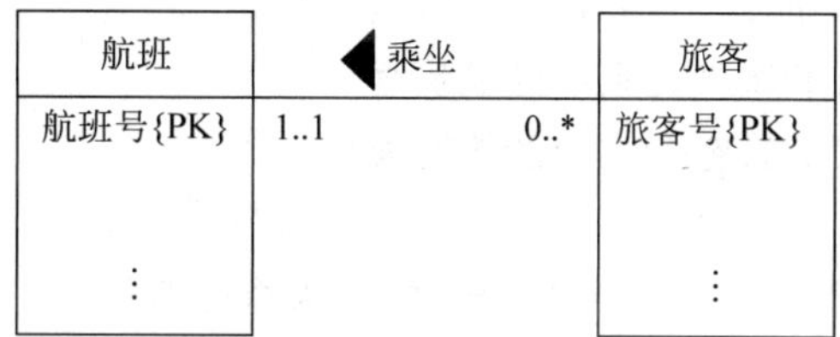

图 12.71 航班与乘客之间的一对多联系

(4) 给实体及联系加上描述属性

- 航班实体的描述属性有：航班号，机型，座位数，起飞时间，出发地，目的地，停靠站，飞行时间。
- 机票实体的描述属性有：航班号，舱位，起飞时间，票价，旅客号，未售已售标志。
- 旅客实体的描述属性有：旅客号，姓名，性别，年龄，身份证号，联系电话，家庭住址。

2. 视图集成

飞机订票系统的集成视图如图 12.72 所示。

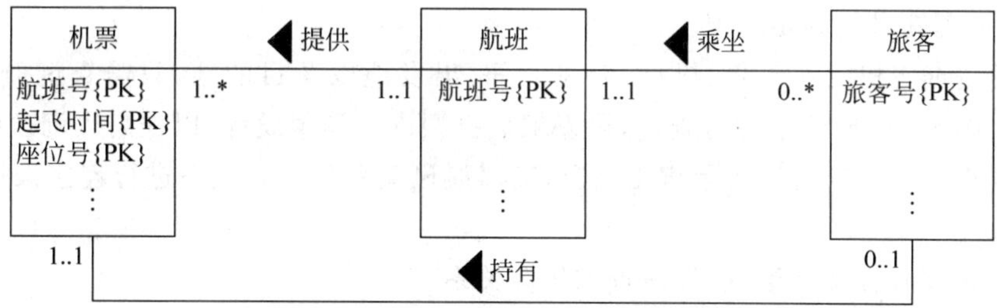

图 12.72 飞机订票系统的集成视图

12.8.3 逻辑设计

根据实体到关系模式以及联系到关系模式的映射规则，可以得到以下一组关系模式集：

(1) **航班**(航班号,机型,座位数,起飞时间,出发地,目的地,停靠站,飞行时间)

主键：航班号

函数依赖集 ***F***：

航班号→{机型,座位数,起飞时间,出发地,目的地,停靠站,飞行时间}

由于航班号→机型,而机型→座位数,所以,航班号→座位数是传递函数依赖。由于存在非主属性对候选键的传递函数依赖,故航班关系是第二范式。航班关系以查询为主,所以允许是第二范式。

(2) **机票**(航班号,舱位,起飞时间,座位号,票价,旅客号,未售已售标志)

主键：航班号＋起飞时间

外键：航班号,引用了航班关系中的航班号

旅客号,引用了旅客关系中的旅客号

函数依赖集 ***F***：

{航班号＋起飞时间}→{舱位,票价,旅客号,未售已售标志}

关系中不存在非主属性对候选键的部分与传递函数依赖,故机票关系是第三范式。

(3) **旅客**(旅客号,姓名,性别,年龄,身份证号,联系电话,家庭住址,航班号)

主键：旅客号

候补键：身份证号

函数依赖集 ***F***：

旅客号→{姓名,性别,年龄,身份证号,联系电话,家庭住址,航班号}

身份证号→{旅客号,姓名,性别,年龄,联系电话,家庭住址,航班号}

关系中不存在非主属性对候选键的部分与传递函数依赖,故旅客关系是第三范式。

至此,设计的所有关系都满足较高范式,也满足应用需求。虽然机票实体是第二范式,但是,机票实体主要提供查询,几乎很少有增、删、改操作,故机票关系的异常操作可以忽略。所以,飞机订票系统的数据库设计是合理的。

验证处理需求的满足情况：

① 要查询飞机的航班号、机型、起飞时间、出发地以及目的地,只需查询航班关系。如果应用中经常根据机型进行查询,可以根据机型进行簇集设计,以提高查询速度。

② 要查询机票价格和机票售出情况,需对航班关系和机票关系进行连接操作后再进行查询。

③ 要查询旅客基本信息,只需查询旅客关系。

经过验证,数据库的设计能够满足用户的数据需求和处理需求。

12.9 酒店客房预订系统

假设某一酒店集团,在全国 10～20 座城市拥有 20～30 间酒店,每间酒店有 400～600 间客房,现在需为其设计客房预订系统的数据库。

客户可以用电话方式预订客房，也可以上网注册预订。无论哪种预订方式，都需要客户给出酒店地点、房间类型、房间数、客人人数、预订时间、离开时间、客人信息等。系统通过查询，如果有满足客户要求的客房，则记录下客人的订房信息；如果没有满足要求的客房，则询问客户是否需要其他客房，"是"则记录下来，"否"则退出预订系统。

12.9.1 需求分析

根据分析可知，酒店分布在不同的城市，每间酒店有一定的房间数。客户预订客房涉及城市、房间等信息。酒店客房预订系统的部分数据流图如图 12.73 所示。

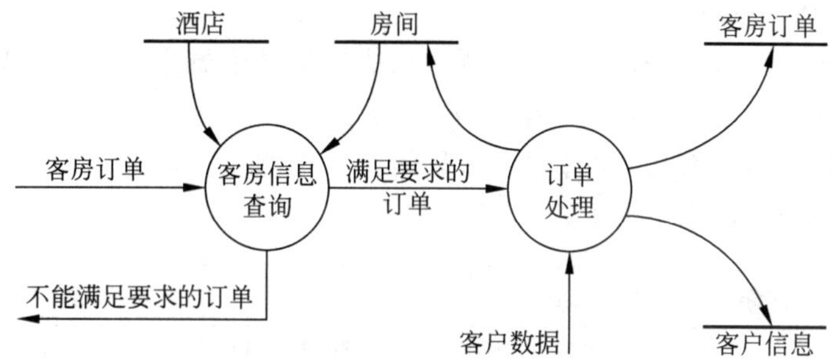

图 12.73 酒店客房预订系统的部分数据流图

酒店客房预订系统涉及的主要数据有：

- 酒店数据。
- 客房数据。
- 客户数据。
- 客房订单数据。
- 城市数据。
- 客户类型数据。

酒店客房预订系统的处理需求有：

- 查询酒店信息、客房信息。
- 查询客户预订情况。

……

12.9.2 概念设计

1. 局部视图设计

(1) 确定局部视图的设计范围

酒店客房预订系统主要包括客房信息查询以及客房预订处理。所以，数据库设计范围应该能够支持客房信息查询以及客房预订处理。

(2) 确定实体及实体的主键

酒店客房预订系统的实体有：

- 酒店——存放酒店集团在所有城市的酒店信息。主键：酒店编号。
- 客房——存放每个酒店的所有可预订的客房信息。主键：客房编号。
- 客房类型——存放不同客房类型信息。主键：客房类型编号。
- 客户——存放预订酒店客房的客户信息。主键：客户编号。
- 客房订单——存放预订酒店客房的订单信息。主键：城市编号＋酒店编号＋客房编号＋预订日期。
- 城市——存放城市的编号信息。主键：城市编号。

(3) 定义实体间的联系

- 一个城市可有多个酒店，而一个酒店只能位于某个城市。因此，城市实体与酒店实体之间是一对多联系，如图 12.74 所示。
- 一个酒店有多个客房，而每间客房只属于某个酒店。因此，酒店实体和客房实体之间是一对多联系，如图 12.75 所示。

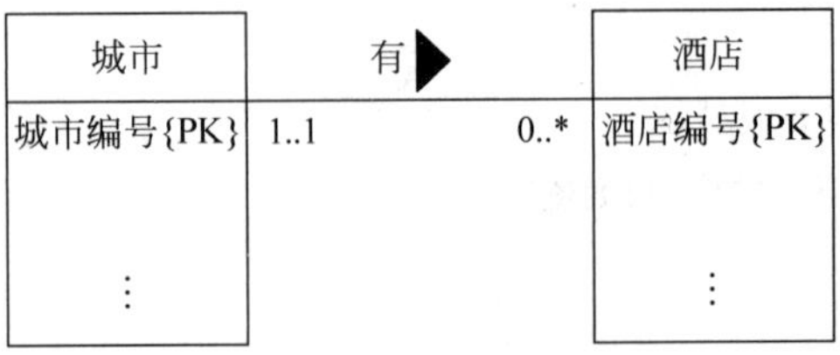

城市
城市编号{PK}
⋮
有
1..1
0..*
酒店
酒店编号{PK}
⋮

图 12.74　城市与酒店之间的一对多联系

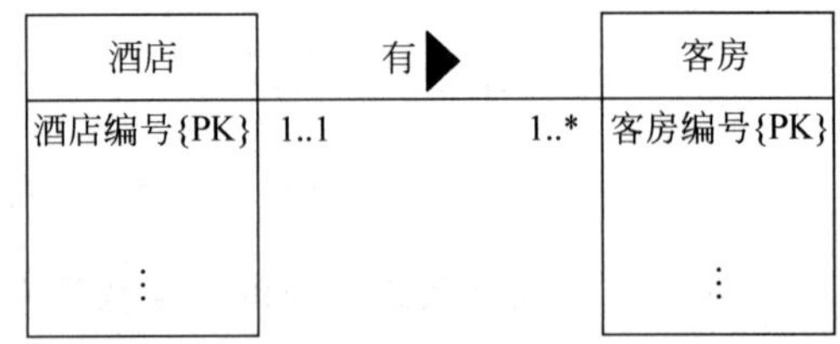

图 12.75　酒店与客房之间的一对多联系

- 每个客户都可预订任何一个城市任何一个酒店的任何一间客房。因此，客房实体、城市实体以及酒店实体之间是三元的多对多联系，如图 12.76 所示。

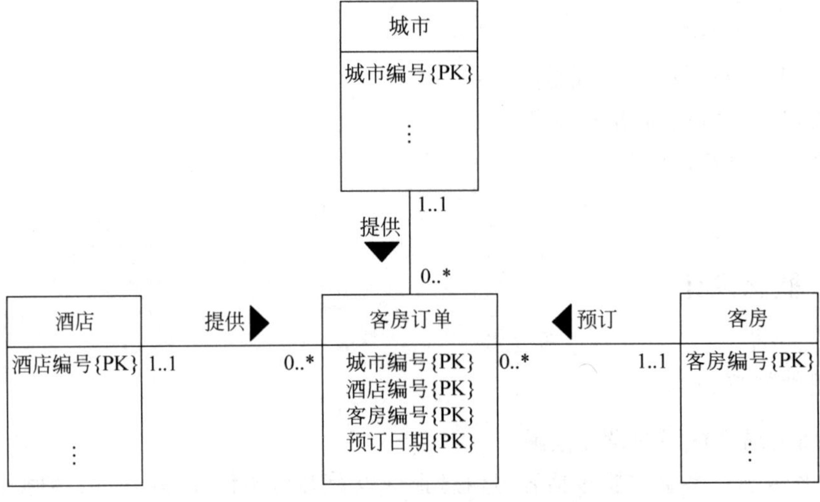

图 12.76　客房、城市以及酒店之间的三元多对多联系

- 一种客房类型有多间客房，而每间客房只属于一种客房类型。因此，客房类型实体和客房实体之间是一对多联系，如图 12.77 所示。

客户类型
预订
客房
类型编号{PK}
1..1
0..*
客房编号{PK}

图 12.77 客房类型和客户之间的一对多联系

(4) 给实体及联系加上描述属性

- 酒店实体的描述属性有酒店编号，酒店名称，地址，邮编，联系电话，客房总数，城市编号。
- 城市实体的描述属性有城市编码，城市名称。
- 客户实体的描述属性有客户编号，客户名称，客户类型，身份证号，地址，联系电话。
- 客房实体的描述属性有客房编号，类型，价格，床位数，使用状态。使用状态分为预订/入住/空闲。
- 客房订单实体的描述属性有城市编号，酒店编号，客户编号，预订日期，订单编号，预定间数，预住日期，预订天数。

2. 视图集成

酒店客房预订系统的集成视图如图 12.78 所示。

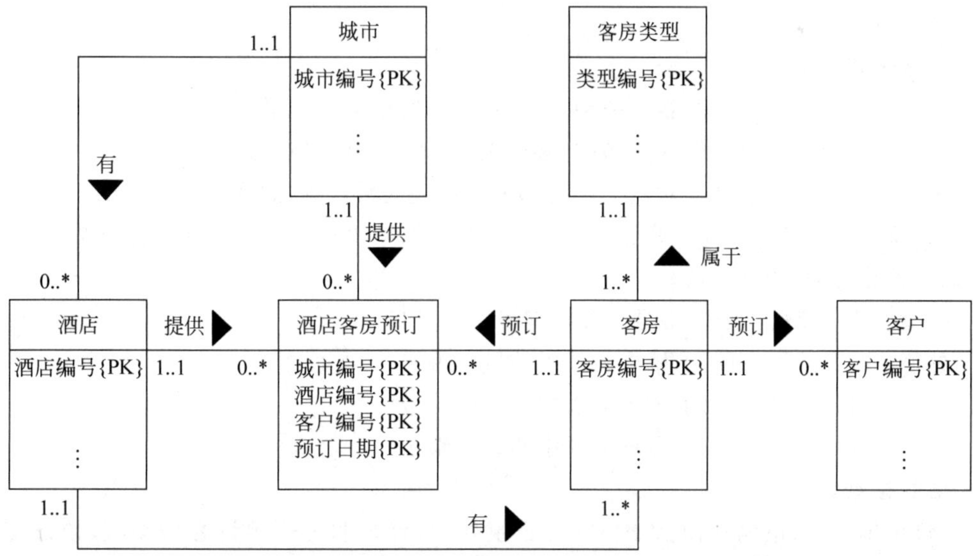

图 12.78 酒店客房预订系统的集成视图

12.9.3 逻辑设计

根据 E-R 模型到关系模型的映射规则,可以将图 12.78 的 E-R 模型转换为以下一组关系模式集:

(1) **酒店**(酒店编号,酒店名称,地址,邮编,酒店等级,联系电话,客房总数,城市编号)

主键:酒店编号

候补键:联系电话

函数依赖集 *F*:

酒店编号→{酒店名称,地址,邮编,酒店等级,联系电话,客房总数,城市编号}

联系电话→{酒店编号,酒店名称,地址,邮编,酒店等级,客房总数,城市编号}

关系中不存在非主属性对候选键的部分与传递函数依赖,故酒店关系是第三范式。

(2) **客房**(客房编号,酒店编号,客户编号,类型,价格,床位数,使用状态)

主键:客房编号

外键:酒店编号,引用了酒店关系中的酒店编号

客户编号,引用了客户关系中的客户编号

函数依赖集 *F*:

客房编号→{酒店编号,客户编号,类型,价格,床位数,使用状态}

关系中不存在非主属性对候选键的部分与传递函数依赖,故房间关系是第三范式。

(3) **客户**(客户编号,客户名称,客户类型,身份证号,地址,联系电话)

主键:客户编号

候补键:身份证号

函数依赖集 *F*:

客户编号→{客户名称,客户类型,身份证号,地址,联系电话}

身份证号→{客户编号,客户名称,客户类型,地址,联系电话}

关系中不存在非主属性对候选键的部分与传递函数依赖,故客户关系是第三范式。

(4) **酒店客房预订**(城市编号,酒店编号,客户编号,预订日期,预订客房类型,预定客房总数,预住日期,预订天数)

主键:城市编号+酒店编号+客户编号+预订日期

外键:城市编号,引用了城市关系中的城市编号

酒店编号,引用了酒店关系中的酒店编号

客户编号,引用了客户关系中的客户编号

函数依赖集 *F*:

{订单编号,城市编号,酒店编号,客户编号,预订日期}→{预订客房类型,预订客房总数,预订天数,预住日期,预订天数}

关系中不存在非主属性对候选键的部分与传递函数依赖,故酒店客房预订关系是第三范式。

(5) **城市**(城市编号,城市名称)

主键:城市编号

函数依赖集 *F*:

城市编号→城市名称

(6) **客户类型**(客房类型编号,类型名称)

主键:客房类型编号

函数依赖集 *F*:

客房类型编号→{类型名称}

关系中不存在非主属性对候选键的部分与传递函数依赖,故客房类型关系是第三范式。

至此,已验证设计的所有关系都满足较高范式。故酒店客房预订系统的数据库设计是合理的。

验证处理需求的满足情况:

① 要查询酒店信息、客房信息,可对酒店关系表、客房关系表进行查询。

② 要查询客户预订情况,可对酒店客房订单关系进行查询。

可见,数据库设计能够满足处理需求。

12.10 学生工作管理

某学校学生工作管理部门要求利用计算机对学生的奖励、违纪以及学籍变更情况等进行管理。请为学生工作管理设计数据库。

12.10.1 需求分析

学生工作一般涉及的内容比较多。其中,学生的奖励、违纪和学籍变更情况管理是较主要的工作。学生工作管理的部分数据流图如图 12.79 所示。

学生工作管理涉及的主要数据有:

- 学生数据。
- 奖励数据。
- 违纪数据。
- 学籍变动数据。

学生工作管理的处理需求有:

- 查询所有学生的获奖情况。
- 查询所有学生的违纪情况。
- 查询所有学生的学籍变动情况。
- 查询某个学生的获奖、违纪以及学籍变更情况。

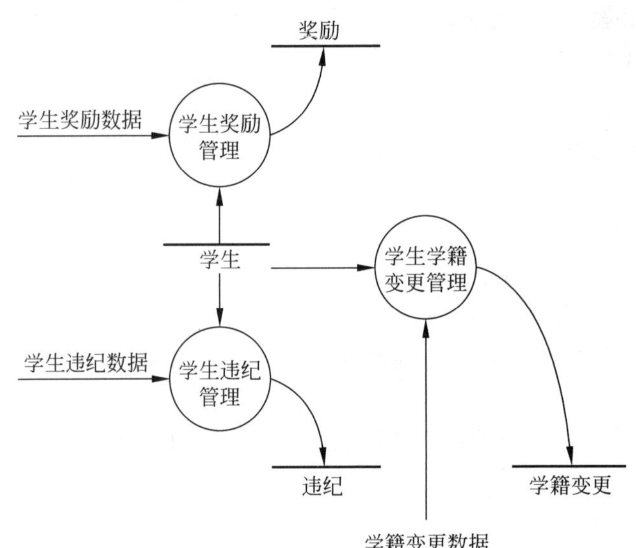

图 12.79　学生工作管理的部分数据流图

12.10.2　概念设计

1. 局部视图设计

(1) 确定局部视图的设计范围

学生工作管理的设计范围主要涉及学生的获奖奖项、违纪处罚和学籍变动。

(2) 确定实体及实体的主键

学生工作管理的实体有：

- 学生,存放所有学生的基本信息。主键：学号。
- 违纪,存放所有违纪学生的信息。主键：学号＋日期＋处罚类型编号。
- 奖励,存放所有获奖学生的信息。主键：学号＋日期＋奖项类型编号。
- 学籍变更,存放所有学生学籍变更信息。主键：学号＋日期＋变更类型编号。
- 班级,存放班级编码信息。主键：班级编号。
- 系,存放系的编码信息。主键：系编号。
- 处罚编码,存放所有处罚类型及其编号。主键：处罚类型编号。
- 奖项编码,存放所有奖项类型及其编号。主键：奖项类型编号。

(3) 定义实体间的联系

- 一个学生在校期间可能获得多个奖项,而每个奖项记录只对应一个学生。因此,学生实体与奖项实体之间是一对多联系,如图 12.80 所示。
- 一个学生在校期间因为多次违纪可能受到多次处罚。而每个处罚记录只对应一个学生。因此,学生实体与违纪实体之间是一对多联系,如图 12.81 所示。
- 一个学生在校期间可能会因为转校、休学、留级或转系、转专业等引起多次学籍变

学生
获奖
奖项
学号{PK}
1..1
0..*
奖项类型编号{PK}
学号{PK}
日期{PK}

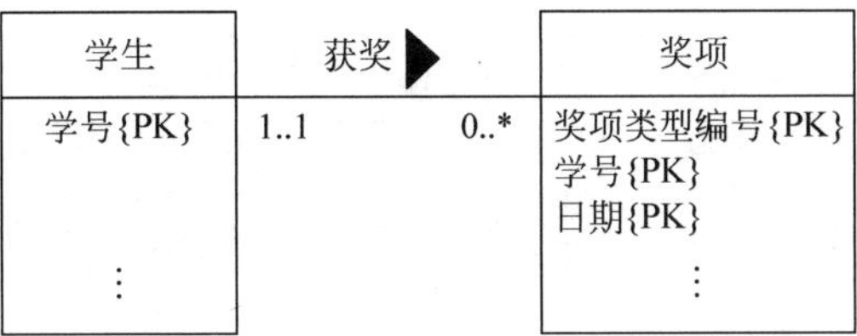

图 12.80　学生和奖项之间的一对多联系

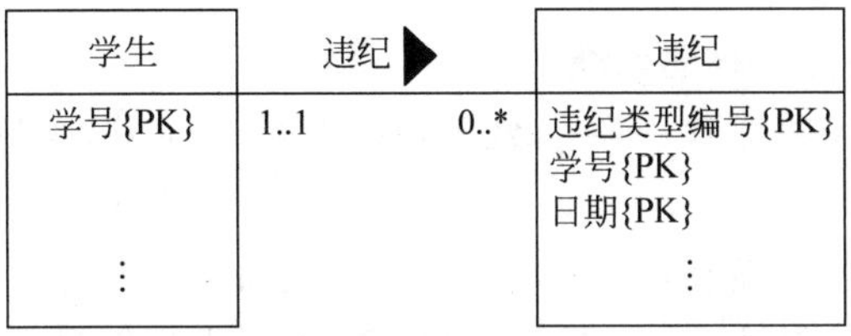

学生
违纪
违纪
学号{PK}
1..1
0..*
违纪类型编号{PK}
学号{PK}
日期{PK}

图 12.81　学生和违纪之间的一对多联系

更。而每次学籍变更记录只对应一个学生。因此,学生实体与学籍变更之间是一对多联系,如图 12.82 所示。

- 一个班级有多个学生,而每个学生只能属于一个班级,则班级实体与学生实体之间是一对多联系,如图 12.83 所示。

学生
变更
学籍变更
学号{PK}
1..1
0..*
变更日期{PK}
学号{PK}

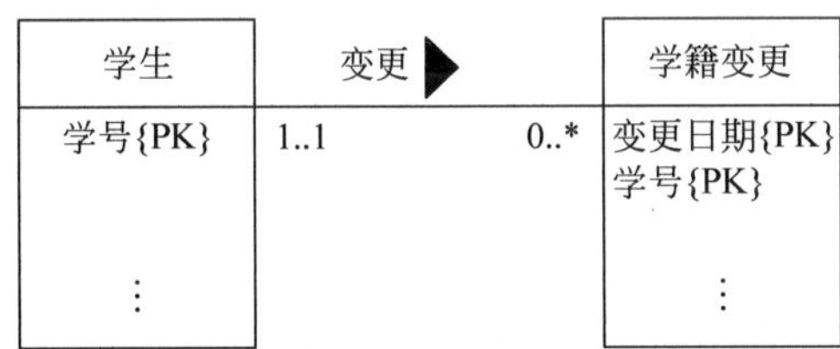

图 12.82　学生和学籍变更之间的一对多联系

班级
有
学生
班级编号{PK}
1..1
1..*
学号{PK}

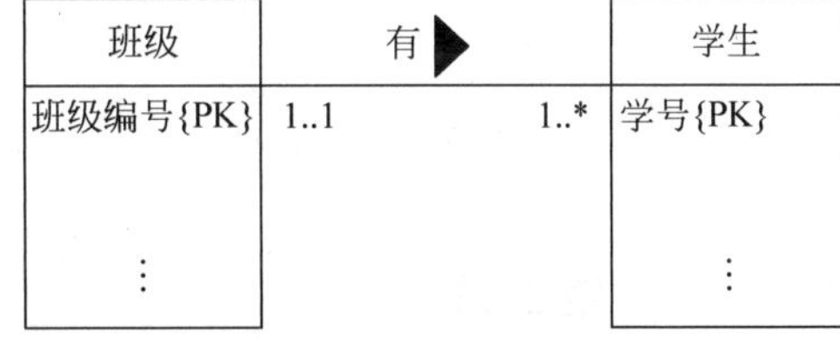

图 12.83　班级和学生之间的一对多联系

- 一个系有多个班级,而每个班级只属于一个系。系实体与班级实体之间是一对多联系,如图 12.84 所示。
- 每个奖项只对应一个奖项类型。而每种奖项类型可以由多人获得。因此,奖项编码实体与奖项实体之间是一对多联系,如图 12.85 所示。

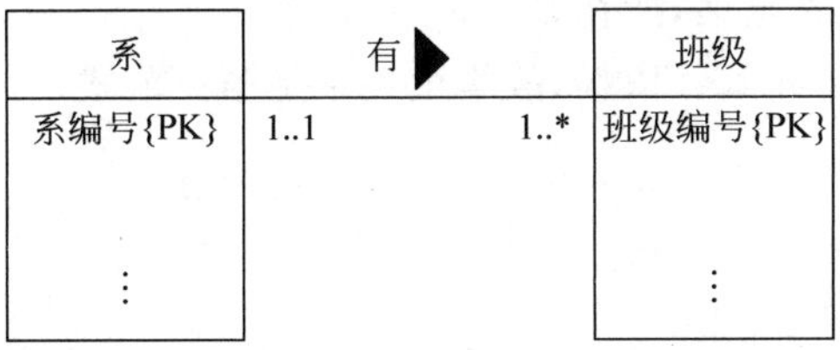

系
有
班级
系编号{PK}
1..1
1..*
班级编号{PK}

图 12.84　系和班级之间的一对多联系

奖项编码
对应
奖项
奖项类型编号{PK}
1..1
1..*
奖项类型编号{PK}
学号{PK}
日期{PK}

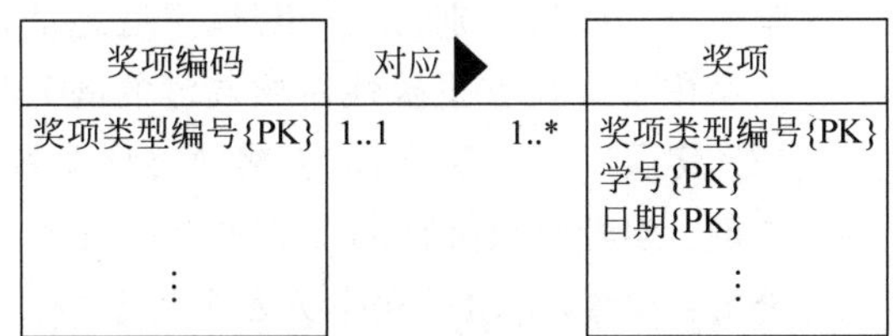

图 12.85　奖项编码与奖项的一对多联系

- 一次违纪对应一种处罚类型,而每种处罚类型可以对应多人。因此,处罚编码实体与违纪实体之间是一对多联系,如图 12.86 所示。

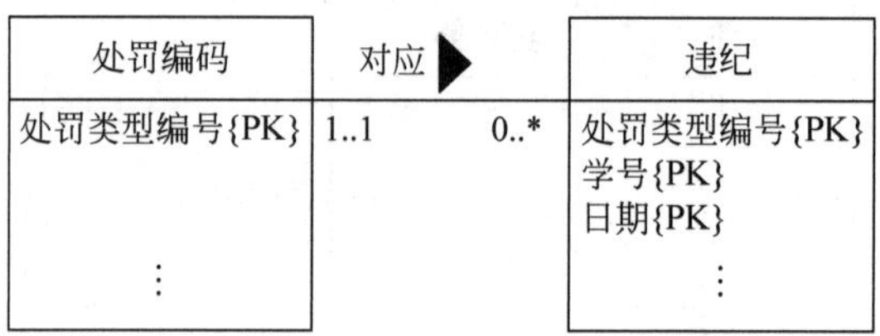

图 12.86　处罚编码与违纪之间的一对多联系

(4) 给实体及联系加上描述属性

- 学生实体的描述属性有：学号,姓名,性别,出生年月,家庭地址,联系电话,所在系,所在班。
- 奖项实体的描述属性有：学号,获奖日期,奖项类型编号。
- 违纪实体的描述属性有：学号,处罚日期,处罚类型编号,处罚原因。
- 学籍变更实体的描述属性有：学号,变更日期,变更情况,原学号,变更原因。
- 系实体的描述属性有：系编号,系名称,系主任,地点。
- 班级实体的描述属性有：班级编号,所属系,专业,班主任。
- 奖项编码实体的描述属性有：奖项类型编号,奖项名称。
- 处罚编码实体的描述属性有：处罚类型编号,处罚名称。

2. 视图集成

学生工作管理的集成视图如图 12.87 所示。

12.10.3　逻辑设计

根据 E-R 模型到关系模型的映射规则,可以将图 12.87 的 E-R 模型转换为以下一组关系模式集：

(1) **学生**(学号,姓名,性别,出生年月,家庭地址,联系电话,所在系,所在班)

主键：学号

函数依赖集 *F*：

学号→{姓名,性别,出生年月,家庭地址,联系电话,所在系,所在班}

关系中不存在非主属性对候选键的部分与传递函数依赖,故学生关系是第三范式。

(2) **奖项**(学号,获奖日期,奖项类型编号)

主键：学号＋获奖日期＋奖项类型编号

外键：学号,引用了学生关系中的学号

奖项类型编号,引用了奖项编码关系中的奖项类型编号

关系中不存在非主属性对候选键的部分与传递函数依赖,故奖励关系是第三范式。

(3) **违纪**(学号,处罚日期,处罚类型编号,处罚原因)

主键：学号＋处罚日期＋处罚类型编号

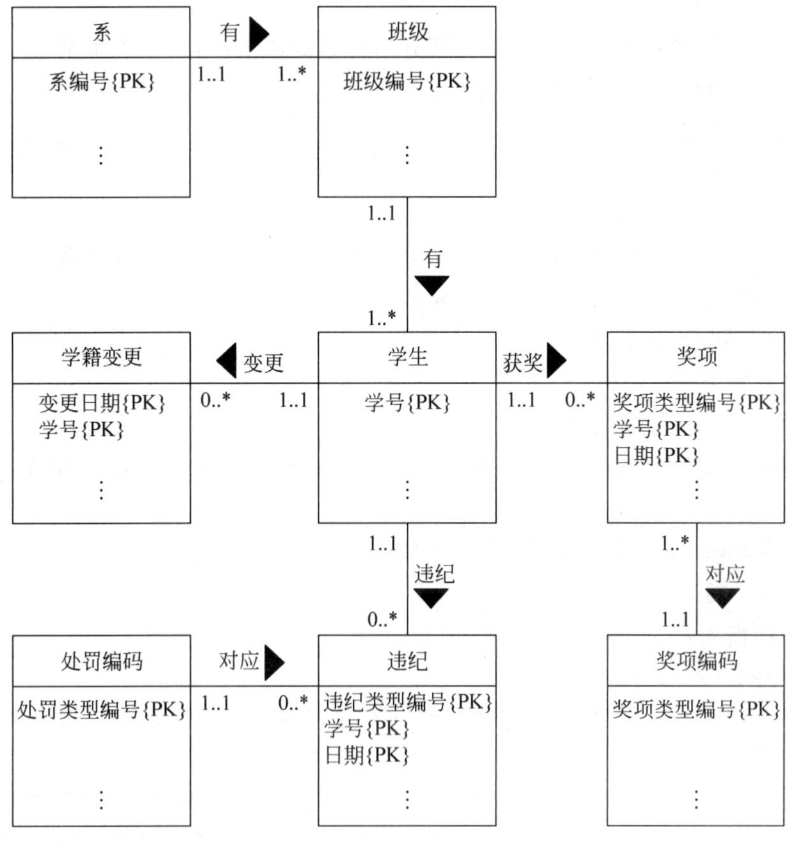

图 12.87　学生工作管理的集成视图

外键：学号，引用了学生关系中的学号

　　处罚类型编号，引用了处罚编码关系中的处罚类型编号

函数依赖集 *F*：

{学号，处罚日期，处罚类型编号}→处罚原因

关系中不存在非主属性对候选键的部分与传递函数依赖，故违纪关系是第三范式。

(4) **学籍变更**(学号，变更日期，变更情况，原学号，变更原因)

主键：学号＋变更日期

外键：学号，引用了学生关系中的学号

函数依赖集 *F*：

{学号，变更日期}→{变更情况，原学号，变更原因}

关系中不存在非主属性对候选键的部分与传递函数依赖，故学籍变更关系是第三范式。

(5) **系**(系编号，系名称，系主任，地点)

主键：系编号

函数依赖集 *F*：

系编号→{系名称,系主任,地点}

关系中不存在非主属性对候选键的部分与传递函数依赖,故系关系是第三范式。

(6) **班级**(班级编号,所属系,专业,班主任)

主键:班级编号

函数依赖集 *F*:

班级编号→{所属系,专业,班主任}

关系中不存在非主属性对候选键的部分与传递函数依赖,故班级关系是第三范式。

(7) **奖项编码**(奖项类型编号,奖项名称)

主键:奖项类型编号

函数依赖集 *F*:

奖项类型编号→奖项名称

关系中不存在非主属性对候选键的部分与传递函数依赖,故奖项编码关系是第三范式。

(8) **处罚编码**(处罚类型编号,处罚名称)

主键:处罚类型编号

函数依赖集 *F*:

处罚类型编号→处罚名称

关系中不存在非主属性对候选键的部分与传递函数依赖,故处罚编码关系是第三范式。

至此,已研究讨论了10个数据库设计示例。从讨论中发现,如果E-R图设计的比较仔细的话,在逻辑设计时得到的关系模式范式都较高。通常,应用中能得到第三范式的关系就比较满意了。因为第三范式关系能够保证无损连接和保持依赖。

第13章 大数据时代的数据管理技术

随着云计算、物联网、社交网络等新兴服务的出现,人类社会的数据种类和数据规模正以前所未有的速度不断地增长和积累,大数据时代已经到来。关系数据库技术经历了近50年的发展,目前遇到了系统扩展性不足、支持数据类型单一等困难。本章简单介绍大数据时代的一些数据管理技术。

13.1 关系数据库时代的数据管理技术

自20世纪70年代初,IBM工程师Codd发表了一篇著名的论文*A Relational Model of Data for Large Shared Data Banks*,从此开启了数据管理技术的新纪元——关系数据库时代。Codd提出的关系数据模型是基于表格(关系)、行、列、属性等基本概念,在实际应用中,可把现实世界中的各类实体及其关系映射到表格上,因此,这些概念易于理解。同时,Codd还为关系模型建立了严格的关系代数运算,使其有较强的理论基础。关系数据库时代到来后,世界各地的研究人员开始致力于关系数据模型及相关技术的研究和开发。例如,研究人员对存储、索引、并发控制、查询优化等关键技术进行了研究,并且针对数据库中保证事务满足基本性质ACID[atomicity(原子性)、consistency(一致性)、isolation(隔离性)、durability(持久性)]提出了日志、检查点和恢复等技术。这些技术解决了数据的一致性、系统的可靠性等关键问题,为关系数据库技术的成熟及其在不同领域的大规模应用创造了必要的条件。关系数据库查询语言(SQL)是一种能够提供数据定义、查询和控制功能且非常容易理解的非过程语言,使用SQL语言,用户只需要告诉系统查询什么数据,即“What”,并不需要告诉系统怎么样去做,即“How”,包括数据在磁盘上是怎么存储、可以使用什么索引结构来加快数据访问以及使用什么算法对数据进行处理等,都无需用户关心。关系数据库系统的查询优化器根据用户的查询特点和数据的特点,自行选择合适的查询执行计划,通过过滤、连接、簇集等操作完成用户的查询,达到执行速度快、消耗资源少、尽快获得部分结果等目标。查询优化器经历了代数优化、基于规则优化以及基于代价估算优化的发展阶段,是关系数据库系统最重要的和最复杂的模块之一。由于有容易理解的模型、容易掌握的查询语言、高效的优化器、成熟的技术和产品,关系数据库在近50年来成为数据管理的首要选择。尽管期间针对特定应用还出现了包括面向XML文档管理和查询的XML数据库、面向多媒体数据管理的多媒体数据库、面向高维时空数据处理的时空数据库、RDF数据库、面向对象的数据库等,但是关系数据库技术和产品占据了绝对的统治地位。

关系数据库系统最初主要用于事务处理领域。后来,随着数据量的不断增加,人们需要对数据进行分析,包括简单汇总、联机分析处理、统计分析、数据挖掘等。事务处理的任务主要包括对数据进行增加、删除、修改和查询以及简单的汇总操作,涉及的数据量一般比较少,执行时间比较短。而联机分析处理和数据挖掘等则需要扫描大量的数据,进行分析、聚集操作,最后获得数据量相对小得多的聚集结果和分析结果。面向事务处理的关系数据库一般采用行存储模型,而为了提高效率,有些学者根据联机分析处理和数据挖掘类应用数据存取的特点,提出了列存储模型。列存储模型有自己独特的优势,当查询只涉及关系的某些数据列时，不会造成无关数据列的提取，从而减少I/O，提高查询效率. 此外，由于同一列数据紧密存放在一起，这些数据来自同样的数据域，表现出很高的冗余度，很容易进行数据压缩，节省存储空间；数据压缩技术也能够提高处理效率，因为压缩数据的提取能够节省I/O带宽；一些压缩技术的研究，甚至可以支持在非解压的情况下进行查询处理。

20世纪90年代末以来，计算机硬件技术发生了巨大的变化：CPU的研发已经不再走单纯提升频率的路线，而是在一个芯片上集成更多的核心，出现了多核，甚至众核CPU。面向图形处理的GPU则集成更多的处理核心，工作频率也比通用CPU高，提供了前所未有的并行处理潜能；存储器的价格持续下降，使得服务器的内存容量不断增长，中小规模、甚至大规模的数据库系统可以把数据全部装载到内存中，实现快速访问和处理；新的持久性存储器不断涌现，包括基于闪存技术的固态硬盘以及相变内存技术等，这些持久性的存储器具有与硬盘不同的读写特性，传统的关系数据库管理系统对其并未感知并加以利用。针对这些新硬件，需要对数据库的存储、索引、并发控制方法、查询优化、恢复等技术进行必要的修改，使其适应新硬件的特点，获得更高的性能。例如，由于内存的访问模式与磁盘根本不同，面向磁盘的存储结构和索引结构不适合基于内存的处理。因此，必须研究面向全内存处理的数据结构、索引结构；一旦数据全部存放在内存，数据在内存如何与CPU之间进行快速交换以加快数据处理操作是系统必须考虑的问题；随着CPU上集成的核心数量的增多，数据处理软件也需要做相应的改变，从面向多核的并行数据处理到解决多个核心的总线争用、多个核心的处理的协调等，都是需要解决的问题；由于保存在内存中的数据在掉电情况下将彻底丢失，为了保证内存数据库的可恢复性，必须针对内存处理研究新的恢复技术，实现高效的日志处理、检查点操作和恢复过程，否则，内存数据库的高速数据处理特性将无法得到有效发挥。

13.2 大数据时代的数据管理技术

以博客、社交网络、基于位置的服务LBS为代表的新型信息发布方式的不断涌现，以及云计算、物联网等技术的兴起，使得用户产生数据的意愿更加强烈；另外，以智能手机、平板电脑为代表的新型移动设备的出现，使得越来越多的用户开始使用手机、平板电脑等设备来发微博、聊天、看新闻等。互联用户的剧增直接导致用户数据的爆炸性增长，互联网全面进入大数据时代。

与此同时，计算机网络和软硬件也得到了飞速发展。针对互联网应用的转变和快速的发展，数据存储的架构也逐渐从原来的集中式处理、向上扩展的架构，转换为分布式集群、横向扩展的系统架构。

13.2.1 传统关系数据库的瓶颈

传统的关系数据库性能好、稳定型高、久经历史考验，而且使用简单、功能强大，同时也积累了大量的成功案例。在20世纪90年代,一个网站的访问量一般都不大,用单个数据库完全可以轻松应付。那时,更多的是静态网页,动态交互类型的网站不多。而近十多年来,网站开始快速发展。火爆的论坛、博客、SNS、微博、微信等逐渐引领Web领域的潮流。初期,论坛的流量也不大,后来,随着访问量的上升,几乎大部分使用关系数据库的系统都开始出现了性能问题。例如,高校学生可能都有过这样的经历,在集中选课时段,往往不能成功登录系统,或选课不成功。主要原因之一就是同一个时段登录系统的学生人数太多,造成数据库压力太大。虽然可以通过文件缓存来缓解数据库压力,但当数据量持续猛增时,缓存也难以解决数据库的性能问题。

为了从海量数据中发现知识并加以利用,指导人们进行决策,必须对数据进行深入的分析,而不是仅仅生成简单的报表。这些复杂的分析必须依赖于复杂的分析模型,但是,关系数据库中SQL的表达能力无法胜任这种复杂的分析。

在社交网络分析中,通常以图的形式来分析社交网络中不同实体间的联系。将每个独立的实体表示为图中的一个结点,实体之间的联系表示为图中两个结点之间的一条边。通过社交网络分析,可以从中发现一些有用的知识,例如,为社交网络中的好友推荐其感兴趣的内容。但是,传统的方法处理大规模的图数据显得力不从心,需要有效的手段对这类数据进行分析。

传统关系数据库管理系统通过ACID协议来保证数据的一致性,且通过两段封锁协议等保证事务的正确执行,追求系统的可用性。但是,针对大规模数据,需要进行横向扩展,即通过增加计算节点连接成集群,并且改写软件,使之在集群上并行执行。在大量节点组成的集群系统中,由于节点失败稀松平常,有可能造成数据库查询不断重启,永远无法结束的情况。ACID实施的这种强一致性约束,使得关系数据库系统很难部署到大规模的集群系统中。

因此,随着数据量的快速增长,关系数据库已在高并发、高效率海量数据访问、高扩展性和可用性等方面捉襟见肘。因此,必须研究大数据时代的数据管理技术。

13.2.2 大数据的特点

大数据时代,数据量已经从TB发展至PB乃至ZB,可称海量、巨量乃至超量。但是,大数据的主要特点不仅仅是数据量巨大,而且还包括其他重要的特点,例如数据来源广泛,数据类型丰富多样,处理复杂,数据生成速度快,需要快速的处理能力等。

① 数据来源广泛。大数据的产生主要来源于博客、微博、微信、传感器等互联网数据。

② 数据类型丰富多样。大数据时代,需要处理的数据类型丰富多样,除了结构化数据(主要指关系型数据)以外,还包括各种半结构化和非结构化的数据。例如,互联网积累和存储了大规模的半结构和非结构化数据,如网页、图片、视频、图像与位置信息等。但是关系模型不容易组织和管理类型多样的数据,例如在关系数据库中,管理大规模的高维时空数据、大规模的图数据等就显得力不从心。

③ 处理复杂。在类型多样的数据上进行处理和分析操作也是多样和复杂的。不仅需要简单的增加、删除、修改、查询和汇总操作，更需要进行复杂的计算和分析，这些分析依赖于人工智能、机器学习、数据挖掘、情感计算、网络分析、搜索等技术。

④ 数据生成速度快，需要快速的处理能力。在事务处理领域，基于互联网的电子商务系统可能迎来突发的事务请求，例如，春运期间铁路部门的网络售票系统即是一个典型例子。当电子商务系统通过互联网面向全球用户进行服务时，这种情况的出现是不奇怪的。这种突发的事务请求需要能对其进行快速的处理。但是，在关系数据库上进行大规模的事务处理，不仅要解决读操作（查询）的性能问题，更需要解决修改操作的性能问题，对于大量的新事务（操作）到达，需要有效的处理，才能保证数据的持久性和可靠性。

虽然，我们可以尝试通过对数据进行逻辑上的划分，把数据分布到多个服务器上，然后对应用程序进行修改，以便支持查询的路由选择，利用多个服务器分担工作负载来提高系统的性能；可以通过大量节点的并行操作来实现大规模数据的高速处理；可以利用对关系数据进行逆规范化处理，增加数据的冗余信息，减少节点间的数据交换，提高数据库系统的扩展性能。但是，数据冗余将会使数据的一致性维护变得困难起来；可以为关系数据库部署分布式缓存。在 RDBMS 的前端部署分布式缓存技术，把最近存取的数据保存在若干服务器的内存中，方便后续的操作。但是，缓存技术并非万能，虽然它能够加速读操作，但是对数据的持久保存和写操作的作用却不大；当内存不足时，Cache 和 RDBMS 间的数据交换对读操作和写操作都带来一定的延迟；Cache 层的引入，还增加了系统的复杂度和运维成本。因此，上述手段虽然可以暂时解决大数据处理问题，但是，不能完全应对现代数据管理中数据规模巨大、数据类型多样等重要挑战，不能从根本上解决问题。一些半结构化数据强行使用关系模型进行建模，无法获得良好的系统性能和扩展能力。

13.2.3 NoSQL 数据库

如何对大数据进行有效处理，既保证读取速度快，又保证写入性能也很高，对于写入操作密集的应用非常重要。因此，需要考虑采用横向扩展的方式应对大数据的挑战，通过大量节点的并行处理获得高性能，包括写入操作的高性能，对数据进行划分并进行并行处理；放松对数据的 ACID 一致性约束，允许数据暂时出现不一致的情况，接受最终一致性；对各个分区数据进行备份，应对节点失败的状况等。NoSQL 就是一类顺应时代发展需要，异军突起、蓬勃发展的技术，解决了类型多样的大数据的管理、处理和分析问题。

NoSQL 数据库通过一种不同于关系数据库 SQL 的处理思路，去除了关系型数据库中的一些功能，裁剪了关系数据库的一些特性，尽量简化数据库的操作使其可以应对大规模并发的海量数据处理。

NoSQL 数据库的发展是从 2007 年开始，随着互联网的发展，尤其是随着 Web 2.0 的普及，根据应用目标的不同，出现了多种不同的 NoSQL 产品，例如：

(1) 基于 Key/Value 数据存储的 NoSQL

这类存储使用一种 Hash 算法把特定的位置 Key 映射到对应的 Value 上,不关心 Value 的具体格式,是一种半结构化数据组织形式。主要支持对于唯一 Key 的快速定位,对于 Value 的内容不可以检索。常见的有开源基于内存的 memcached,redis,亚马逊的 Dynamo 等系统。

(2) 基于列/列族的数据存储的 NoSQL

这个产品和 RDBMS 的基于行存储的方式不同,是以列的方式组织和存储数据的。相同列的数据会物理的存储在一起,支持动态扩展新的列而不影响原来的存储,具有很好的扩展性。但基于列的存储在一般传统的对行的访问上会比较复杂,比较适合于一次检索比较少的列的操作,并且这种结构很难进行多表的数据关联。常见的产品有 Google 的 Bigtable、Apache 开源的 HBase 等。

(3) 面向文档的数据存储的 NoSQL

面向文档的数据存储是一种扩展的 Key/Value 存储,不过对于 Value 部分使用了 JSON 或者类似 JSON 格式的文档形式存储,支持列表数据结构和嵌套文档的结构,并且支持对 Value 上的检索和二次索引。这种数据结构非常丰富灵活,但是同时带来了使用查询上的复杂度。常见的产品有 MongoDB、CouchDB 和 Riak 等。

(4) 面向图的数据存储的 NoSQL

面向图的数据存储主要使用节点、边和属性来存储数据。节点是一种对象实体,属性用于存储节点的相关信息,边是用来连接节点与节点或节点与数据,并且存储它们之间的关系。与 RDBMS 相比,图数据库存储特定格式的数据速度快,可以避免一些复杂的关联操作。常见产品有 HyperGraphDB、Neo4j 等。基于图存储的 NoSQL 数据库设计时,主要考虑的是系统扩展性,目的是对大规模的图数据进行有效的管理和分析。

NoSQL 数据库采用与关系模型不同的数据模型,且数据模式也不是很严格,包括基于文档存储和基于列/列族存储,同一类实体的属性集可以是不同的。这种弱结构化存储机制非常方便设计者根据应用的变化及时地更改数据的模式。而关系数据库的数据模式必须严格定义,对其进行更改需付出较大代价的操作。

对数据进行严格持久化(把数据写入稳定存储器)可以保证系统的可靠性,但对系统的性能有较大影响;因此,NoSQL 通常都提供多服务器数据复制机制来保证系统的可靠性。

面对大数据处理的挑战,纵向扩展通过更换或者升级一台机器的 CPU、内存、磁盘存储器、网络接口卡等来实现更高的性能已不可行,必须考虑横向扩展。所谓横向扩展,首先需要把数据分割到多个节点上,然后对处理算法进行相应修改,对数据进行并行操作,通过并行计算提高系统的性能。当数据量增大或者负载加重时,通过增加处理节点,然后动态地把数据和负载重新分布到整个集群系统上,这样可以达到提高数据处理效率和扩展性的目的。

数据的一致性包括强一致性和最终一致性以及处于两者之间不同程度的一致性保证。这里的一致性是指:当客户请求某个数据时,存放该数据副本的服务器节点对数据该取什么样的值能够达成一致。由于所有的NoSQL系统都通过大量节点来实现系统的扩展性,从而提供足够高的性能。为了支持高度的系统扩展能力,一般对一致性要求进行放松,有的应用场合,最终一致性约束就已经足够。分布式系统的一致性必须通过一致性协议进行支持和保证。

在事务的语义方面,NoSQL技术为了支持强大的扩展能力而放弃了ACID约束,但是一般都能保证单个Key处理符合串行处理的约束,避免某个Key的数据因为并发的操作而受到损坏,出现不一致状况。对于大多数应用来说(如电信日志处理、网站点击流处理等),这样的事务语义保证已经足够,一般不会带来不良的后果。而对于更加复杂的应用,例如网站购物车的更新、社交网络中好友关系的维护等,就需要程序员精心设计程序来保证数据的一致性。

13.2.4 MapReduce

MapReduce是一种面向大数据分析和处理的并行计算模型,也是一种非关系数据管理和分析技术,其致力于通过大规模廉价服务器集群来实现大数据的并行处理,因此,研制初期MapReduce就重点考虑了系统的扩展性和可用性。

MapReduce包含3个层面的内容:分布式文件系统、并行编程模型以及并行执行引擎。

分布式文件系统运行于大规模集群之上,集群使用廉价的机器构建。数据采用键/值对模式进行存储。整个文件系统采用元数据集中管理、数据块分散存储的模式,通过数据的复制(每份数据至少3个备份)实现高度容错。数据采用大块存储(64MB或者128MB为1块)的办法,可方便地对数据进行压缩,节省存储空间和传输带宽。

MapReduce并行编程模型把计算过程分解为两个主要阶段,即Map阶段和Reduce阶段。Map函数处理Key/Value对,产生一系列的中间Key/Value对,Reduce函数用来合并所有具有相同Key值的中间键值对,计算最终结果。

MapReduce程序的具体执行过程:首先对数据源进行分块,然后交给多个Map任务去执行,Map任务执行Map函数,根据某种规则对数据分类,写入本地硬盘;Map阶段完成后,进入Reduce阶段,Reduce任务执行Reduce函数,将具有同样Key值的中间结果,从多个Map任务所在的节点收集到一起进行合并处理,输出结果写入本地硬盘(分布式文件系统)。程序的最终结果可以通过合并所有Reduce任务的输出得到。

MapReduce在系统层面解决了扩展性、容错性等问题,通过接受用户编写的Map函数和Reduce函数,自动地在可伸缩的大规模集群上并行执行,从而可以处理和分析大规模的数据。

近几年来,MapReduce技术获得了广泛的关注,研究人员围绕MapReduce开展了深入的研究,包括MapReduce应用领域的扩展、MapReduce性能的提升、MapReduce易用性的改进等。同时,MapReduce技术和RDBMS也出现了相互借鉴、相互渗透的趋势。

13.2.5 Hadoop

Hadoop技术是MapReduce的开源实现，Hadoop是目前最为流行的大数据处理平台，包括文件系统(HDFS)、数据库(HBase、Cassandra)、数据处理(MapReduce)等功能模块。Hadoop可以更容易开发和存储大规模数据，帮助用户快速、低成本地实现大数据的存储、管理及分析查询。Hadoop由MapReduce和HDFS两个关键部分构成，MapReduce可实现高性能分布式并行数据处理，HDFS提供可靠数据存储服务，低廉MPP(微软的项目管理软件Project格式的文件)、高容错、高通量、可伸缩，用户可在不了解分布式底层细节的情况下开发分布式程序，充分利用MPP的能力。随着用户对大数据存储、管理和分析需求越来越迫切，传统数据库对非结构化数据几乎无能为力。利用传统数据库对大数据进行处理时，会面临很多难以解决的问题。首先是软、硬件平台的要求高，成本压力大，并且成本和收益很难匹配。而同时，用户希望充分发掘和利用非结构化数据背后的商业价值，能以更经济的方式、更好的性能来处理数据，从而推动业务创新。Hadoop在类似搜索引擎的查询并行化分析处理领域取得极大成功，其本质是提供了一种针对大规模数据密集型应用的编程范式，使人们摆脱对于底层分布和并行的操作。它所基于的BigTable和HDFS是非常质朴的数据模型和存储系统，适用领域有限。尽管它的成功为大数据研究打开了思路，但绝不代表大数据技术的全部，它促使人们回到文件系统这一数据库的起点来重新审视数据管理之目的。尽管Hadoop在处理网页数据等方面取得了巨大成功，但它有自身的弱点，Hadoop是一个离线的、批量的数据处理系统，而实时在线(严格事务，高效分析)仍是数据库的擅长。从数据存储的角度来看，HDFS专门针对大文件的存储，等待时间较长，无法做到很高速的随即读写。

目前，也有研究者在研究如何将MapReduce和RDBMS结合，以获取更好的扩展性和容错性。例如，HadoopDB就是这样一种混合系统，它将系统分成两层，上层使用Hadoop进行任务的分解和调度，下层使用RDBMS进行数据的查询和处理。其创新之处是：试图利用Hadoop的任务调度机制提高系统的扩展性和容错性，以解决大数据分析的横向扩展问题；利用RDBMS实现数据存储和查询处理，以解决性能问题。当然，HadoopDB的性能仍然落后于关系数据库系统。如何提升MapReduce的性能将是研究者们进一步研究的内容。

大数据时代给我们带来了宝贵机遇，数据管理技术的研究也已进入了新的阶段。对于大数据的研究，尚有诸多问题亟待解决，我们面临着巨大挑战。本章简单介绍了大数据时代数据管理技术几个值得研究的重要问题。

附录A 各章习题参考答案

第1章

1. 什么是数据？它的表现形式是什么？

答：描述事物的符号记录称为数据。数据的表现形式有数字、文字、图形、声音、语音等，它们经过数字化后可存入计算机。

2. 何谓数据独立性？试说明其重要性。

答：数据的独立性是指数据库中数据和程序的独立性，它包括物理数据独立性和逻辑数据独立性。物理数据独立性指用户的应用程序与存储在磁盘上的数据库中的数据是相互独立的；逻辑数据独立性指用户的应用程序与数据库的逻辑结构是相互独立的。

数据的独立性好，则当数据的存储结构或数据的逻辑发生变化时，不会影响到应用程序。

3. 试比较文件系统和数据库系统，并指出其重要区别。

答：文件是相关数据的集合。而数据库不仅存储相关数据的集合，还存储数据和数据之间的关系。

文件系统把数据组织成相互独立的数据文件，该文件的建立、修改、插入、删除要通过编程实现。一个数据文件对应于一个应用，很难实现共享，存在大量的数据冗余，数据文件的所有操作都要通过编程或修改程序来完成，独立性差，管理和维护代价大。

数据库是在文件系统的基础上发展起来的，它克服了文件系统的缺点。数据库面向多用户、多应用的数据需求，数据结构化、共享性高、冗余度小、数据独立性好、数据的管理和维护代价小。

4. 数据库系统与数据库管理系统的主要区别是什么？

答：数据库系统是指在计算机系统中引入数据库后构成的系统，一般由数据库、数据库管理系统、应用系统、数据库管理员和用户构成。

数据库管理系统是位于用户与操作系统之间的一层数据管理软件，是数据库系统的一个重要组成部分。

5. 数据独立性和数据联系有什么区别？

答：数据独立性是指应用程序与数据模式相互不影响，数据联系是指记录内部数据间的联系以及记录间的数据联系。

6. 现代DBMS应该具备哪些功能？

答：DBMS应该具备的功能有：

(1) 数据定义功能

用数据描述语言定义模式、外模式和内模式。

(2) 数据操纵功能

用数据操纵语言实现对数据的操作。包括数据的查询、插入、删除和修改。

(3) 数据库的运行管理功能

对数据库的安全性、完整性、故障恢复和并发操作等方面的管理功能。

(4) 数据库的建立和维护功能

对数据库数据的初始装载、数据库转储、数据库重组、记录日志文件。

因此,数据库管理系统是数据库系统的一个重要组成部分。

7. 什么是数据冗余?数据库系统与文件系统相比怎样减少冗余?

答:数据冗余是指各个数据文件中存在重复的数据。

在文件管理系统中,数据被组织在一个个独立的数据文件中,每个文件都有完整的体系结构,对数据的操作是按文件名访问的。数据文件之间没有联系,数据文件是面向应用程序的。每个应用都拥有并使用自己的数据文件,各数据文件中难免有许多数据相互重复,数据的冗余度比较大。

数据库系统以数据库方式管理大量共享的数据。数据库系统由许多单独文件组成,文件内部具有完整的结构,但它更注重文件之间的联系。数据库系统中的数据具有共享性。数据库系统是面向整个系统的数据共享而建立的,各个应用的数据集中存储,共同使用,数据库文件之间联系密切,因而尽可能地避免了数据的重复存储,减少和控制了数据的冗余。

8. DBA 的职责是什么?

答:DBA 的职责是:

- 决定数据库中的信息内容和结构。
- 决定数据库的存储结构和存取策略。
- 定义数据的安全性要求和完整性约束条件。
- 监控数据库的使用和运行。

第2章

1. 层次模型、网状模型以及关系模型之间有什么区别?

答:层次模型是用树形结构表示各类实体型及实体间联系的数据模型;网状模型是用有向图表示实体型及实体间联系的数据模型;关系模型是用二维表格来表示实体间联系的数据模型。

2. 域完整性约束、实体完整性约束以及引用完整性约束之间有什么区别?

答:域完整性约束:关系中属性的取值应是给定域中的值。实体完整性约束:关系中的主键值不能为空或部分为空。引用完整性约束:如果关系 R_2 的外键 X 与关系 R_1 的主键相符,那么外键 X 的每一个值必须在关系 R_1 中的主键的值中找到,或者取空值。

3. 为什么关系中的元组没有先后顺序?

答:关系是元组的集合,集合中的元素是没有顺序的,所以关系中元组的顺序无关紧要。

4. 为什么关系中不允许有重复元组?

答:因为关系是一个元组集合,而集合中的元素是不允许重复的,所以关系中的元组是不允许重复的。

5. E-R 模型和关系模型之间有什么联系?

答:E-R 数据模型是一种概念模型,用来描述问题的语义。E-R 数据模型主要用于数据库的概念设计。关系数据模型是面向数据库的一种逻辑结构,可在计算机系统中实现。数据库设计时,通常先进行概念设计,得到E-R数据模型,然后再进行逻辑设计,得到能够在计算机系统中实现的关系数据模型。

6. 已知仓库关系和职工关系如附图2.1所示。

仓库

仓库号	城市	面积
CK1	北京	370
CK2	上海	500
CK3	广州	200
CK4	合肥	300

职工

仓库号	职工号	工资
CK2	ZG1	1220
CK1	ZG3	1210
CK2	ZG4	1250
CK3	ZG6	1230
CK1	ZG7	1250

附图2.1 仓库和职工关系

假定现在要往职工关系中插入一个元组:

```
("CK7","ZG9",1400)
```

请问:这样的操作是否存在问题?

解:由于仓库号是仓库关系的关键字,同时是职工关系的外部关键字。如果在定义职工关系时,没有进行引用完整性说明,那么元组("CK7","ZG9",1400)插入职工关系中是有问题的,因为仓库关系中没有仓库号为"CK7"的仓库。没有"CK7"仓库,就没有在"CK7"工作的职工,所以该元组不能插入职工关系中。

利用引用完整性约束就可以解决这类问题:

```
仓库号 CHAR(4)NOT NULL REFERENCES 仓库(仓库号)
```

有了以上的约束说明,系统就会自动检查,从而保证数据的引用完整性。

7. 使用第6题中给出的仓库关系和职工关系,写出以下表达式的运算结果:

(1) $\sigma_{仓库号='CK1'\ AND\ 职工号='ZG3'}$(职工表)

(2) $\Pi_{职工编号,工资}$(职工表)

(3) 仓库表∞职工表

解:运算结果如附图2.2所示。

职工

仓库号	职工号	工资
CK1	ZG3	1210

(a) $\sigma_{仓库号='CK1'\ AND\ 职工号='ZG3'}$(职工表)

职工

职工号	工资
ZG1	1220
ZG3	1210
ZG4	1250
ZG6	1230
ZG7	1250

(b) $\Pi_{职工编号,工资}$(职工表)

仓库号	城市	面积	职工号	工资
CK1	北京	370	ZG1	1220
CK1	北京	370	ZG7	1250
CK2	上海	500	ZG1	1220
CK2	上海	500	ZG4	1250
CK3	广州	200	ZG6	1230

(c) 仓库表∞职工表

附图2.2 关系代数运算结果

8. 设有下列关系表：

```
S(S#,SNAME,CITY)
```

S 表示供应商，S# 表示供应商代号，SNAME 表示供应商姓名，CITY 表示供应商所在城市，主键 S#。

```
P(P#,PNAME,COLOR,WEIGHT)
```

P 表示零件，P# 为零件代号，COLOR 表示零件颜色，WEIGHT 表示零件重量，主键 P#。

```
J(J#,JNAME,CITY)
```

J 表示工程，J# 表示工程号，JNAME 为工程名，CITY 表示工程所在城市，主键 J#。

```
SPJ(S#,P#,J#,QTY)
```

SPJ 表示供应关系，QTY 为零件数量，主键为(S#,P#,J#)，外键有三个，分别为 S#，P#，J#。

用关系代数完成下列查询：

(1) 找出能同时提供零件 P1 和 P2 的供应商号。

(2) 找出供应红色 P1 零件且其供应量大于 1000 的供应商号。

(3) 找出与供应商 S1 在同一城市的供应商所提供的所有零件号。

(4) 找出这样的工程号，至少有一个与该工程不在同一城市的供应者向它提供零件。

(5) 找出不提供零件号 P1 和 P2 的供应商号。

解：(1) 找出能同时提供零件 P1 和 P2 的供应商号。

$$\Pi_{S\#}(\sigma_{P\#='P1' \wedge P\#='P2'}(SPJ))$$

(2) 找出供应红色 P1 零件且其供应量大于 1000 的供应商号。

$$\Pi_{S\#}(\sigma_{COLOR='红' \wedge P\#='P1' \wedge QTY>1000}(SPJ \infty P))$$

(3) 找出与供应商 S1 在同一城市的供应商所提供的所有零件号。

$$\Pi_{P\#}((S \div \Pi_{CITY}(\sigma_{S\#='S1'}(S))) \infty SPJ)$$

(4) 找出这样的工程号，至少有一个与该工程不在同一城市的供应者向它提供零件。

$$\Pi_{J\#}(\sigma_{S.CITY \neq J.CITY}(SPJ \infty P \infty S))$$

(5) 找出不提供零件号 P_1 和 P_2 的供应商号。

$$\Pi_{S\#}(S) - \Pi_{S\#}(\sigma_{P\#='P1' \vee P\#='P2'}(SPJ))$$

9. 设一个系有学生、班级、课程、教师、教研组、选课等数据对象。每个数据对象可有若干属性。对象之间可有若干联系。试用 E-R 图对该系进行模拟。

解：假定一个教研组有多名教师，每个教师只属于一个教研组；

一名教师可讲多门课，每门课可由多名教师讲；

一个班级有多名学生，每个学生只属于一个班级；

一个学生可选多门课程，每门课程可由多名学生选修。

那么,可得到符合上述语义的 E-R 图,如附图 2.3 所示。

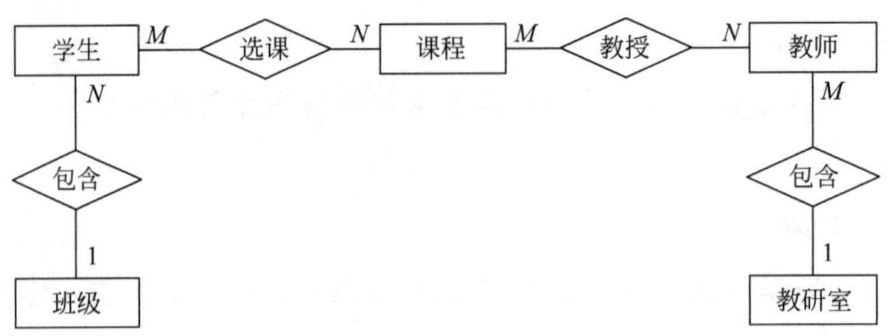

附图 2.3 E-R 图

10. 传统 E-R 数据模型和 UML E-R 数据模型有什么不同?

答:它们在实体、属性、联系、参与度等方面所能表达的语义信息基本相同。但是,传统 E-R 数据模型还能够表达聚集、范畴等概念,而 UML E-R 数据模型还能够表达参与约束、无连接约束等概念。

两个概念数据模型的图形化表示方法不同。

UML E-R 数据模型是一种比较新的面向对象的建模方法,而传统 E-R 数据模型是使用的比较久的一种建模方法。

第 3 章

1. SQL 语言是一种什么语言?包括哪些功能?

答:SQL 是一种非过程性的数据库查询语言。SQL 主要包括四部分功能:数据定义(DDL)、数据查询(QL)、数据操纵(DML)、数据控制(DCL)。

2. 数据库语言与宿主语言有什么区别?

答:数据库语言是非过程性语言,是面向集合的语言,主要用于访问数据库;宿主语言是过程性语言,主要用于处理数据。

3. 视图的作用是什么?

答:视图的作用有以下几点:

(1) 视点集中

视图集中即使用户只关心其感兴趣的某些特定数据和其负责的特定任务。这样通过只允许用户看到视图中所定义的数据而非视图引用表中的数据,从而提高了数据的安全性。

(2) 简化操作

视图大大简化了用户对数据的操作。因为在定义视图时,若视图本身就是一个复杂查询的结果集,这样在每一次执行相同的查询时,不必重新写这些复杂的查询语句,只要一条简单的查询视图语句即可。可见视图向用户隐藏了表与表之间的复杂的连接操作。

(3) 定制数据

视图能够实现让不同用户以不同方式看到不同或相同的数据集。因此,当有许多不同水平的用户共用同一数据库时，这点显得极为重要。

（4）合并分割数据

在有些情况下，由于表中数据量太大，故在表的设计时常将表进行水平分割或垂直分割，但表的结构变化却对应用程序产生不良的影响。如果使用视图就可以重新保持原有的结构关系，从而使外模式保持不变，原有的应用程序仍可以通过视图来重载数据。

（5）安全性

视图可以作为一种安全机制。通过视图用户只能查看和修改其能看到的数据。其他数据库或表既不可见也不可以访问。如果某一用户想要访问视图的结果集，必须授予其访问权限。视图所引用表的访问权限与视图权限的设置互不影响。

4. 简述 **WHERE** 子句与 **HAVING** 子句的区别。

答：**WHERE** 子句是行条件语句，是对元组中属性应满足条件的判断。

HAVING 子句是组条件语句，是对分组结果进行判断的语句。

5. 基表与视图的区别与联系是什么？

答：基表是数据库中实际存储数据的表，在 SQL 中的一个关系就对应于一个二维表。视图是从一个或几个基表(或视图)导出的表，它与基表不同，是一个虚表，本身不保存数据，数据仍保存在基表中。视图的定义保存在数据目录中。视图一经定义，就可和基表一样参加数据库操作。如果基表中的数据发生变化，从视图中查询出的数据也随之改变。

6. 所有视图是否都可以更新，为什么？

答：不是所有的视图都可以更新，视图更新必须遵循以下规则：

① 若视图的字段是来自字段表达式或常数，则不允许对此视图执行 **INSERT**、**UPDATE** 操作，允许执行 **DELETE** 操作。

② 若视图的字段是来自库函数，则此视图不允许更新。

③ 若视图的定义中有 **GROUP BY** 子句或聚集函数时，则此视图不允许更新。

④ 若视图的定义中有 **DISTINCT** 任选项，则此视图不允许更新。

⑤ 若视图的定义中有嵌套查询，并且嵌套查询的 **FROM** 子句中涉及的表也是导出该视图的基表，则此视图不允许更新。

⑥ 若视图是由两个以上的基表导出的，此视图不允许更新。

⑦ 一个不允许更新的视图上定义的视图也不允许更新。

⑧ 由一个基表定义的视图，只有含有基表的主键或候补键，并且视图中没有用表达式或函数定义的属性，才允许更新。

7. 使用 SQL 如何实现各种关系代数运算？

答：设有两个关系 R 和 S，则关系代数运算和其对应的 SQL 语句如下：

```
R∪S        SELECT 查询语句 1
           UNION
           SELECT 查询语句 2
R∩S        SELECT 查询语句 1
           INTERSECT
```

```
              SELECT 查询语句 2
R - S         SELECT 查询语句 1
              EXCEPT
              SELECT 查询语句 2
选择          SELECT *
              FROM <表>
              WHERE <指定选择的条件>
投影          SELECT <投影属性列表>
              FROM <表>
连接          SELECT <连接的属性列表>
              FROM <连接的两个表名>
              WHERE <连接条件>
```

8. C 语言程序中,嵌入式 SQL 中是如何区分 SQL 语句和宿主语言语句的?

答:在 C 语言程序中要区分 SQL 和宿主语言语句,所有 SQL 语句前必须加上前缀 **EXEC SQL** 并以";"作结束标志(不同的宿主语言中是不同的)。

9. 嵌入式 SQL 中是如何解决宿主语言和 DBMS 之间数据通信的?

答:在宿主变量中,有一个系统定义的特殊变量,叫 **SQLCA**(SQL 通信区),它是共享变量。供应用程序与 DBMS 之间通信用。

10. 游标的作用是什么?

答:在宿主语言程序中,**SELECT** 命令在操作数据集合上定义一个游标时,系统将分配一个临时缓冲区保存该元组数据集合,游标是在程序中设定的一个临时指针,它指向 **SELECT** 命令当前要处理的元组。

11. 在嵌入式 SQL 中,如何协调 SQL 的集合处理方式与宿主语言单记录处理方式的关系?

答:由于 SQL 语句处理的是记录集合,而宿主语言一次只能处理一个记录,因此需要用游标机制,把集合操作转换成单记录处理方式。

12. 嵌入式 SQL 语句中,何时需要使用游标? 何时不需要使用游标?

答:① 不涉及游标的情况

如果是 **INSERT**、**DELETE** 和 **UPDATE** 语句,那么加上前缀标识 **EXEC SQL** 和结束标识";",就能嵌入在宿主语言程序中使用。

对于 **SELECT** 语句,如果确认查询结果是单元组时,也可直接嵌入在主程序中使用,此时应在 **SELECT** 语句中增加一个 **INTO** 子句,将查询结果存入对应的共享变量中。

② 必须涉及游标的情况

当 **SELECT** 语句查询结果是多个元组时,此时宿主语言程序无法直接使用,一定要用游标机制把多个元组一次一个地传送给宿主语言程序进行处理。

13. 试分析空值产生的原因。为了处理空值,DBMS 要做哪些工作?

答:空值产生的原因通常有以下几点:

① 数据录入时对应属性值没有赋值,留空;

② 关系中引用了某个外键,而该外键引用的元组被删除,则该外键为空值。

空值实际上只是表示一种不确定的值，系统中可用一个特殊字符来表示。空值对关系的主键和外键有影响，可以采取实体完整性约束和参照完整性约束等方法解决。

为了处理空值，DBMS 允许属性值为空，用关键字 **NULL** 表示空值。系统用 **IS NULL** 测试空值的存在，用 **IS NOT NULL** 测试非空值的存在。

SQL 中规定：

涉及＋、－、*、/的算术表达式中存在空值时，表达式的值也是空值；涉及空值的比较操作的结果认为是 false。

SQL2 规定：

涉及空值的比较操作的结果认为是 unknown。在聚集函数中遇到空值时，除了 **COUNT**(*)外，都跳过空值而去处理非空值。

14. 试叙述 SQL 的关系代数特点和元组演算特点。

答：SQL 的关系代数特点如下：

① 有关系代数运算的并、交、差、自然连接等运算符；

② **FROM** 子句体现了笛卡儿积操作，**WHERE** 子句体现了选择操作，**SELETE** 子句体现了投影操作。

SQL 的元组演算特点如下：

③ **FROM** 子句中的基表名应视为"元组分量"；

④ 有存在量词 **EXISTS** 符号。

15. 根据关系代数公式写出 SQL 语句：

(1) $\Pi_{SNO}(\sigma_{CNO='CS-110'}(SC))$

(2) $\sigma_{GRADE\leqslant 100 \wedge GRADE\geqslant 90}(SC)$

(3) $\Pi_{NAME}(\sigma_{GRADE\geqslant 90}(SC)\infty(STUDENT))$

解：(1)
```
SELECT SNO
FROM SC
WHERE CNO = 'CS - 110';
```
(2)
```
SELECT *
FROM SC
WHERE GRADE BETWEEN 90 AND 100;
```
(3)
```
SELECT NAME
FROM STUDENT,SC
WHERE STUDENT.SNO = SC.SNO
  AND GRADE > = 90;
```

16. 要求根据表 3.2、表 3.3、表 3.4，写出下列的 SQL 语句和查询结果：

(1) 查询计算机系秋季所开课程的课程号和学分数。

(2) 查询选修计算机系秋季所开课程的男生的姓名、课程号、学分数、成绩。

(3) 查询至少选修一门电气工程系课程的女生的姓名。

(4) 查询每位学生已选课程的门数和总平均成绩。

(5) 查询有一门以上(含一门)三学分以上课程的成绩低于 70 分的学生的姓名。

(6) 查询 1973—1974 年出生的学生的学号、总平均成绩及已修学分数。

(7) 查询每个学生选课门数、最高成绩、最低成绩和平均成绩。

(8) 查询秋季有两门以上课程成绩为 90 分以上的学生的姓名。

(9) 查询选课门数唯一的学生的学号。

(10) 查询所学每一门课程成绩均高于等于该课程平均成绩的学生的姓名及相应课程号。

解:

(1)
```
SELECT CNO, CREDIT
    FROM COURSE
    WHERE CNO LIKE 'CS * '
      AND SEMESTER = '秋';
```

查询结果:

CNO	CREDIT
CS-110	2
CS-201	5
CS-221	4

(2)
```
SELECT SNAME,COURSE.CNO, CREDIT,GRADE
FROM STUDENT, COURSE, SC
WHERE STUDENT.SNO = SC.SNO
  AND COURSE.CNO = SC.CNO
  AND SEX = '男'
  AND COURSE.CNO LIKE 'CS * '
  AND SEMESTER = '秋';
```

查询结果:

SNAME	CNO	CREDIT	GRADE
张晓晨	CS-110	2	85
王文选	CS-110	2	82
王文选	CS-201	5	75

(3)
```
SELECT SNAME
FROM STUDENT
WHERE SEX = '女'
    AND SNO IN
        (SELECT SNO
        FROM SC
        WHERE CNO LIKE 'EE * ');
```

查询结果:无人满足。

(4)
```
SELECT SNO,COUNT(CNO),AVG(GRADE)
FROM SC
GROUP BY SNO;
```

查询结果:

SNO	COURSES	AVGGRADE
09920201	2	92.5
09920202	2	82.5
09920203	3	78.5

(5)
```
SELECT SNAME
FROM STUDENT
WHERE SNO IN
  (SELECT SNO
  FROM SC
  WHERE GRADE < 70
      AND CNO IN
     (SELECT CNO
      FROM COURSE
      WHERE CREDIT > = 3));
```

查询结果：无人满足。

(6)
```
SELECT STUDENT.SNO, AVG(GRADE), SUM(CREDIT)
FROM STUDENT, SC, COURSE
WHERE STUDENT.SNO = SC.SNO
  AND COURSE.CNO = SC.CNO
  AND YEAR(BDATE)> = 1973
  AND YEAR(BDATE)< = 1974
  GROUP BY STUDENT.SNO;
```

查询结果：

SNO	AVGGRADE	CREDITS
09920201	92.5	7
09920202	82.5	7
9309203	78.5	7

(7)
```
SELECT SNO, COUNT(CNO) AS COUNT, MAX(GRADE) AS maxGrade, MIN(GRADE) AS minGrade, AVG
(GRADE) AS avgGrade
    FROM SC
    GROUP BY SNO;
```

查询结果：

SNO	COUNT	maxGrade	minGrade	avgGrade
09920201	2	95	90	92.5
09920202	2	85	82	82.5
09920203	3	82	75	78.5

(8)
```
SELECT SNAME
FROM STUDENT,SC,COURSE
```

```
WHERE SC.GRADE>=90.0
   AND STUDENT.SNO = SC.SNO
   AND SC.CNO = COURSE.CNO
   AND COURSE.SEMESTER = '秋'
GROUP BY SC.SNO
HAVING COUNT( * )>=2;
```

查询结果：

SNAME
刘芳

(9)
```
SELECT SNO
FROM SC SCX
WHERE SNO NOT IN
   (SELECT SNO
    FROM SC
    WHERE CNO! = SCX.CNO);
```

查询结果：无人满足。

(10)
```
SELECT SNAME, CNO
FROM STUDENT,SC
WHERE STUDENT.SNO = SC.SNO
   AND SC.SNO NOT IN
      (SELECT SC.SNO
       FROM SC, (SELECT CNO, AVG(GRADE) AVG_GRADE FROM SC GROUP BY CNO) AS T
      WHERE SC.CNO = T.CNO
        AND SC.GRADE < T.AVG_GRADE);
```

查询结果：无人满足。

17. 为什么在嵌入式 SQL 中要使用游标？

答：使用游标是为了 SQL 的集合处理方式与宿主语言单记录处理方式的协调。由于 SQL 语句可以处理一组记录，而宿主语言语句一次只能处理一个记录，因此需要游标机制，把集合操作转换成单记录方式。

18. 宿主语言与 SQL 的数据类型有时不完全对应或等价，如何解决数据类型转换问题？

答：宿主变量按宿主语言的数据类型及格式定义，若与数据库中的数据类型不一致，则由数据库系统按实现时的约定进行必要的转换。

第 4 章

1. 事务不遵守 ACID 准则，将对数据库产生何种后果？为什么在一般不涉及数据库的程序中不提 ACID 准则？

答：一个事务是由应用程序中对数据库的一组操作序列组成的。如果事务不遵守ACID准则，则数据库中数据的完整性和一致性等就可能会因为事务的执行而遭到破坏。而一般不涉及数据库的程序不存在多用户之间数据的共享问题，所以在一般不涉及数据库的程序中不提ACID准则。

2. 什么是死锁？

答：一个事务如果申请锁而未获准，则须等待其他事务释放锁。这就形成了事务间的等待关系。当事务中出现循环等待时，如果不加干预，则会一直等待下去，使得事务无法继续执行，这种现象称为死锁。

3. 数据库的一致状态是指什么？数据不一致表现主要有哪些？

答：如果数据库中只有成功数据事务提交的结果，此数据状态就称为"一致状态"。如果数据库系统发生故障，有一些事务未完成而被迫中断，这种未完成事务对数据库所做的修改有一部分已写入数据库，这时数据库处于不一致的状态。

4. 什么叫活锁？如何防止活锁？

答：如果不断有事务申请对某数据对象的S锁，以致它始终被S锁占有，而X锁的申请迟迟不能获准，这种现象称为活锁。防止活锁的方法可以在加锁协议中规定"先申请，先服务"的原则。这样，比X锁后申请的S锁就不会先于X锁获准了。

5. 请回答以下问题：

(1) 什么叫并发？

(2) 为什么要并发？

(3) 并发会引起什么问题？

(4) 什么样的并发执行才是正确的？

(5) 如何避免并发所引起的问题？

(6) 既然目标可串行化调度比冲突可串行化调度多，为什么要强调冲突可串行化而非目标可串行化？

答：(1) 如果DBMS可同时接纳多个事务，事务可以在时间上重叠执行，则称这个执行方式为并发。

(2) 并发是为了：

① 改善系统的资源利用率和吞吐率(即单位时间内处理的事务数)。

② 改善短事务的响应时间。

(3) 并发可能引发的问题有：

① 丢失更新，是由于两个事务对同一数据并发地写入所引起的，称为写—写冲突。

② 读脏数据，即读取的数据不一致或不存在，由读—写冲突引起。

③ 读值不可复现，由读—写冲突引起。

(4) 如果并发执行的结果与并发事务的某一串行执行等价，则该并发执行是正确的。

(5) 解决并发所引起的问题的应用最广泛的技术是加锁。DBMS按一定的协议调度事务(如加锁协议)，以保证其执行可串行化，则可以避免并发所引起的问题。

(6) 目标可串行化的测试算法是 NP 完全问题，而且没有保证目标可串行化的简单规则，因而是不实用的。冲突可串行化覆盖了绝大多数可串行化的调度实例，且测试算法简单，在 DBMS 中也很容易实现。以冲突可串行化代替目标可串行化作为并发控制的正确性准则，虽然对系统效率略有影响，但比花很大代价去实现目标可串行化合理。

6. 试区别串行调度与可串行调度。请各举一例。

答：可串行化调度与串行调度是有区别的，前者交叉执行各事务的操作，但在效果上相当于事务的某一串行执行；而串行调度完全是串行执行各事务，失去并发的意义，不能充分利用系统的资源。DBMS 并发控制的任务是要保证事务执行的可串行化。

例如，$S=W_3(y)R_1(x)R_2(y)W_3(x)W_2(x)W_3(z)R_4(z)W_4(x)$是一个可串行化调度，其等价串行调度为 $S'=R_1(x)W_3(y)W_3(x)W_3(z)R_2(y)W_2(x)R_4(z)W_4(x)$。

7. 叙述数据库中死锁产生的原因和解决死锁的方法。

答：死锁产生的原因：对事务加锁可引起死锁，如一个事务如果申请锁而未获准，则须等待其他事务释放锁。这就形成了事务间的等待关系。当事务中出现循环等待时，如果不加干预，则会一直等待下去，使得事务无法继续执行。

解决死锁的常用方法有以下 3 种：

① 要求每个事务一次就将它所需要的数据全部加锁。

② 预先定义一个加锁顺序，所有事务按照该顺序加锁。

③ 允许死锁发生，当死锁发生时，系统选择一个消除死锁代价小的事务作为牺牲品，释放该事务持有的所有锁，使其他事务能继续运行下去。

8. 数据库系统中有哪些类型的故障？哪些故障破坏了数据库？哪些故障未破坏数据库，但可能使其中某些数据变得不正常？

答：数据库系统中的故障主要有事务故障、系统故障和介质故障。

介质故障是破坏数据库的故障；事务故障和系统故障虽未破坏数据库，但使其中某些数据变得不正常。

9. undo 操作和 redo 操作各做些什么事情？

答：在恢复操作中，redo 操作称为重做，undo 操作称为撤销。如果数据库被破坏，利用日志文件执行 redo 操作，将两个数据库状态之间的所有修改重新做一遍。这样，既建立了新的数据库，同时也没丢失对数据库的更新操作。

redo 处理的方法是正向扫描日志文件，重新执行登记的操作。

如果数据库未被破坏，但某些数据可能不可靠。这时，可通过日志文件执行 redo 操作，把已经结束的不可靠的事务进行 redo 处理。

undo 处理的方法是反向扫描日志文件，对每个 undo 事务的更新操作执行逆操作，即对已插入的新记录执行删除操作，对已删除的记录重新插入，对已修改的数据库用旧值代替新值。

10. 什么是数据库的恢复？恢复的基本原则是什么？恢复是如何实现的？

答：在数据库系统投入运行后，就可能会出现各式各样的故障，即数据库被破坏或数据不正确。作为 DBMS,应能把数据库从被破坏后不正确的状态,变成最近的一个正确的状态,这个过程称为"恢复"的过程。DBMS 的这种能力称为可恢复性。

恢复的基本原则就是"冗余",即数据库重复存储。

数据库恢复可用以下方法实现:

(1) 周期性地对整个数据库进行复制或转储。

(2) 建立日志文件,对于数据库的每次插入、删除或修改,都要记下改变前后的值,写到日志文件中,以便有案可查。

(3) 一旦发生数据库故障,则分两种情况处理:

① 如果数据库已被破坏,如磁头脱落、磁盘损坏等,这时数据库已不能用了,就要装入最近一次复制的数据库,然后利用日志文件执行"重做"操作,将这两个数据库状态之间的所有修改重新做一遍。这样就建立了新的数据库,同时也没丢失对数据库的更新操作。

② 如果数据库未被破坏,但某些数据不可靠,受到怀疑,例如程序在修改数据库时异常中断,这时,不必去复制存档的数据库,只需通过日志文件执行"撤销"操作,撤销所有不可靠的修改,把数据库恢复到正确的状态。

11. 查询优化对非关系数据库也适用么?

答:对于关系数据库系统来说,关系表达式具有的高度语义层次使得优化能够得以进行。而在非关系系统中,用户的查询使用低层次的语义表达,任何的"优化"都由用户来进行。在这样的系统中,是由用户而不是由机器来决定使用什么样的底层操作及操作的顺序。而且,如果用户作出了错误的决定,那么系统对此也是无能为力的。这就意味着这种系统的用户必然是编程高手。仅此一点,就使得许多普通用户无法从该数据库系统中受益。

12. 查询优化有哪些途径?

答:查询优化有多种途径。一种途径是对查询语句进行变换,例如,改变基本操作的次序,使查询语句执行起来更有效。这种查询优化方法仅涉及查询语句本身,而不涉及存取路径,称为独立于存取路径的优化,或称代数优化。查询优化的另一途径是根据系统所提供的存取路径,选择合理的存取策略,这称为依赖于存取路径的规则优化,或根据不同存取策略进行代价估算,选择代价小的查询语句而获得优化效果。

13. 与基于网状、层次数据模型的数据库管理系统相比,关系数据库管理系统的查询处理有什么本质的不同?

答:在关系数据库管理系统中,查询处理与基于网状、层次数据模型的数据库管理系统相比的本质在于以下几点:

(1) 优化器可以从数据字典中获取许多统计信息。例如关系中的元组数、关系中每个属性值的分布情况、这些属性上是否有索引、是什么索引(如 B^+ 树索引、散列索引、唯一索引以及组合索引)等。优化器可以根据这些信息选择有效的执行计划,而用户程序则难以获得这些信息。

(2) 如果数据库的物理统计信息改变了,系统可以自动对查询进行重新优化以选择相适应的执行计划。在非关系系统中必须重写程序,而重写程序在实际应用中往往是不太可能的。

(3) 优化器可以考虑数十甚至数百种不同的执行计划,从中选出较优的一个,而程序员一般只能考虑有限的几种可能性。

(4) 优化器中包括了很多复杂的优化技术,这些优化技术往往只有最好的程序员才能掌握。系统的自动优化相当于使得所有人都拥有这些优化技术。

第5章

1. 什么是数据库的完整性?DBMS的完整性子系统的功能是什么?

答:数据库的完整性是指数据的正确性、有效性和相容性,防止错误的数据进入数据库。数据库完整性子系统的功能是:

(1) 监督事务的执行,并测试是否违反完整性约束。

(2) 如果违反完整性约束,采取适当的措施。

2. 引用完整性约束在SQL中可以用哪几种方式实现?

答:引用完整性约束在SQL中可以用三种方式实现:

(1) CASCADE:如主表中删除了某一主键,则基表中引用此主键的行也随之被删除。

(2) RESTRICT:凡是被基表所引用的主键,不得删除。

(3) SET NULL:删除基表时,将依赖主表的外键等于主键值的外键值置空。

3. 数据库的完整性和一致性有何异同点?

答:完整性和一致性都是要保证数据库中数据的正确性。完整性是由完整性控制系统在数据库定义时定义完整性要求,而一致性是由并发控制系统的封锁机制来保证的。完整性发生在数据的输入和输出过程中,而一致性发生在数据库的事务操作过程中。

4. 数据库的安全性和完整性有什么区别和联系?

答:数据库的安全性是指保护数据库,防止不合法、未经授权的使用,以免数据的泄露、非法更改和破坏。数据库的完整性是指避免非法的不合语义的错误数据的输入和输出,造成无效操作和错误结果。

数据库的完整性是指尽可能避免无意破坏数据库中的数据;数据库的安全性是指尽可能避免恶意滥用数据库中的数据。完整性和安全性是密切相关的。特别是从系统实现方法来看,某一种机制常常既可用于安全性保护,又可以用于完整性保护。

5. 数据库完整性受到破坏的原因主要来自哪几个方面?

答:数据库完整性受到破坏的原因主要来自:

(1) 操作员终端用户的错误。

(2) 数据库应用程序的错误。

(3) 并发控制出错。

(4) OS 或 DBMS 故障。

(5) 系统硬件故障。

6. 鉴别用户的身份通常有哪几种方法?

答:鉴别用户的身份通常有以下四种方法:

(1) 给每个用户注册一个用户名或用户标识符,用户用该标识符进入系统。

(2) 口令鉴别。

(3) 签名、指纹、声音鉴别。

(4) 磁性卡片。

7. 试述数据库权限的作用。

答:由于数据库中的数据由多个用户共享,为了保证数据不被窃取,不遭破坏,数据库必须提供一种安全保护机制保证数据的安全,这通常通过为用户设置权限来实现的。权限的作用在于将用户能够进行的数据库操作及操作的数据限定在指定的范围内,禁止用户超越权限对数据库进行非法的操作,从而保证了数据库的安全性。

8. 试对 SQL 中 CHECK 子句和断言两种完整性约束进行比较,各说明什么对象,何时激活,能保证数据库的一致性吗?

答:CHECK 子句主要用于对属性值、元组值加以限制和约束。断言实际上是一种涉及面广的检查子句,用 CREATE 语句来定义。这两种约束都是在进行插入或删除时激活,进行检查。

CHECK 子句只在定义它的基表中有效,而对其他基表无约束力,因此在与 CHECK 子句有关的其他基表进行修改时,就不能保证这个基表中检查子句的语义了。而断言能保证完整性约束彻底实现。

9. 有一选课关系 SC(SNO,CNO,GRADE),如果规定 0≤GRADE≤100,试用触发子 **TRIGGER** 说明该完整性约束。

答:
```
DEFINE TRIGGER GRADE 约束 ON SC: GRADE < 0 OR GRADE > 100
            ACTION_PROCEDURE 卷回事务,通知用户;
```

10. 在教学数据库的关系 SC、STUDENT、COURSE 中,试用 SQL 的断言机制定义下列两个完整性约束:

(1) 学生必须在选修 MATHS 课后,才能选修其他课程。

(2) 每个男学生最多选修 20 门课程。

解:(1) 这个约束可用下列形式表达:不存在这样一个学生的选课,该学生没学过 MATHS 课。断言如下:

```
CREATE ASSERTION ASSE1 CHECK
    (NOT EXISTS(SELECT SNO
               FROM SC X
               WHERE NOT EXIETS
                   (SELECT *
                   FROM SC Y,C
```

```
              WHERE Y.CNO = C.CNO
                AND Y.SNO = X.SNO
                AND CNAME = 'MATHS')));
```

(2)
```
CREATE ASSERTION ASSE2 CHECK
    (20 >= ALL(SELECT COUNT(CNO)
              FROM S,SC
              WHERE S.SNO = SC.SNO
                AND SEX = 'M'
              GROUP BY S.SNO));
```

第6章

1. 如果对函数依赖 $X \rightarrow Y$ 的定义加以扩充,X 和 Y 可以为空属性集,用 $\varnothing$ 表示空集,那么 $X \rightarrow \varnothing$,$\varnothing \rightarrow Y$,$\varnothing \rightarrow \varnothing$ 的含义是什么?

答:$X \rightarrow \varnothing$ 的含义是:属性集 X 无论为 $\varnothing$ 还是非空属性集,它都能函数依赖地决定空属性集。

$\varnothing \rightarrow Y$ 的含义是:空属性集如果能函数依赖地决定 Y 属性集,那么 Y 一定为空属性集。

$\varnothing \rightarrow \varnothing$ 的含义是:空属性集可以函数依赖地决定空属性集。

2. 关系模式规范化的目的是什么?

答:在关系数据库设计中,要考虑怎样合理地设计关系模式,如设计多少个关系模式、一个关系模式要由哪些属性组成等,这些问题需要利用关系规范化理论去解决。通常,关系模式必须满足第一范式,但有些关系模式还存在插入异常、删除异常、修改异常以及数据冗余等各种异常现象。为了解决这些问题,就必须使关系模式满足更强的约束条件,即规范化为更高范式,以改善数据的完整性、一致性和存储效率。

3. 下面的说法正确吗,为什么?

(1) 任何一个二目关系都是 3NF 的。

(2) 任何一个二目关系都是 BCNF 的。

(3) 当且仅当函数依赖 $A \rightarrow B$ 在 R 上成立,$R(ABC)$ 等于其投影 $R_1(AB)$ 和 $R_2(AC)$ 的连接。

(4) 若 $A \rightarrow B$,$B \rightarrow C$,则 $A \rightarrow C$ 成立。

(5) 若 $A \rightarrow B$,$A \rightarrow C$,则 $A \rightarrow BC$ 成立。

(6) 若 $BC \rightarrow A$,则 $B \rightarrow A$,$C \rightarrow A$ 成立。

答:(1) 正确。因为在任何一个二目关系中,属性只有两个,不会产生非主属性对候选键的部分函数依赖和传递函数依赖,所以是 3NF 的。

(2) 正确。因为在任何一个二目关系中,属性只有两个,不会产生主属性或非主属性对候选键的部分函数依赖和传递函数依赖,所以是 BCNF 的。

(3) 不正确。因为当 $A \rightarrow C$ 时,$R(ABC)$ 也等于 $R_1(AB)$ 和 $R_2(AC)$ 的连接。

(4) 正确。(根据 Armstrong 推理规则的传递律)

(5) 正确。(根据 Armstrong 推理规则的合并规则)

(6) 不正确。Armstrong 推理规则的分解规则是对函数依赖右部的属性进行分解。

4. 试分析下列分解是否具有无损分解和保持函数依赖的特点:

(1) 设 $R(ABC)$,$F_1=\{A \to B, B \to C\}$在 R 上成立,$\rho_1=\{AC,BC\}$;

(2) 设 $R(ABC)$,$F_2=\{A \to C, A \to B\}$在 R 上成立,$\rho_2=\{AC,AB\}$;

(3) 设 $R(ABC)$,$F_3=\{A \to C, B \to C\}$在 R 上成立,$\rho_3=\{AC,BC\}$。

解:(1) $R_1=AC, R_2=BC$

$R_1 \cap R_2=C, R_1-R_2=A, R_2-R_1=B$

$R_1 \cap R_2 \to A$,或 $R_1 \cap R_2 \to B$,不满足 F_1 中的 $A \to B, B \to C$,所以 ρ_1 不是无损连接分解。

下面考查 ρ_1 分解的保持依赖性:

F_1 在 R_1 上的投影为空;

F_1 在 R_2 上的投影为 $B \to C$;

F_1 中的函数依赖 $A \to B$,由于分解被丢失,所以分解 ρ_1 不具有保持依赖的特点。

(2) $R_1=AC, R_2=AB$

$R_1 \cap R_2, AC \cap AB=A$

$R_1-R_2=AC-AB=C$

所以 $R_1 \cap R_2 \to R_1-R_2$ 满足 F_1 中 $A \to C$,ρ_2 的分解是具有无损连接性的。

下面考查 ρ_2 分解的保持依赖性:

F_2 在 R_1 上的投影为 $A \to C$

F_2 在 R_2 上的投影为 $A \to B$

F_2 中的函数依赖在分解中全部保持,所以分解 ρ_2 具有保持依赖的特点。

(3) $R_1=AC, R_2=BC$

$R_1 \cap R_2=AC \cap BC=C$

$R_1-R_2=AC-BC=A$

$R_2-R_1=BC-AC=B$

具有依赖保持的特点。所以 $R_1 \cap R_2 \to R_1-R_2$ 和 $R_1 \cap R_2 \to R_1-R_2$ 在 F_3 中都不成立,所以 ρ_3 的分解是不具有无损连接性的。

下面考查 ρ_3 分解的保持依赖性:

F_3 在 R_1 上的投影为 $A \to C$

F_3 在 R_2 上的投影为 $B \to C$

F_3 中的函数依赖在分解中全部保持,所以分解 ρ_3 具有保持依赖的特点。

5. 设有函数依赖集:

$F=\{AB \to C, C \to A, BC \to D, ACD \to B, D \to EG, BE \to C, CG \to BD, CE \to AG\}$

计算其等价的最小依赖集。

解:

(1) 利用分解规则,将函数依赖右边的属性单一化,结果为

$$F_1=\begin{Bmatrix} AB \to C, & BE \to C, \\ C \to A, & CG \to B, \\ BC \to D, & CG \to D, \\ ACD \to B, & CE \to A, \\ D \to E, & CE \to G, \\ D \to G & \end{Bmatrix}$$

(2) 在 F_1 中去掉函数依赖左部多余的属性。

对于 $CE \to A$,由于有 $C \to A$,则 E 是多余的;对于 $ACD \to B$,由于$(CD)^+ = ABCDEG$,则 A 是多余的。删除左部多余的属性后:

$$F_2=\begin{Bmatrix} AB \to C, & D \to G, \\ C \to A, & BE \to C, \\ BC \to D, & CG \to B, \\ CD \to B, & CG \to D, \\ D \to E, & CE \to G \end{Bmatrix}$$

(3) 在 F_2 中去掉多余的函数依赖。

对于 $CG \to B$,由于$(CG)^+ = ABCDEG$,则 $CG \to B$ 是多余的,删去后得 F_3:

$$F_3=\begin{Bmatrix} AB \to C, & D \to G, \\ C \to A, & BE \to C, \\ BC \to D, & CG \to D, \\ CD \to B, & CE \to G, \\ D \to E & \end{Bmatrix}$$

F_3 即为与 F 等价的最小函数依赖集。

第 7 章

1. 设计数据库之前,为什么要先进行需求分析?

答: 数据库设计的最终目标是要设计出一组能够满足用户需求的所有数据表,以便存放用户所需要的各种数据。为了达到这个目的,设计数据库之前必须先进行需求分析。需求分析的主要目标是确定用户的需求,收集用来设计数据库的数据集,为数据库设计工作打下基础。

2. 用户的业务需求包括哪些内容?

答: 业务需求包括业务的流程、组成业务的数据、对数据的处理以及一些规则。

3. 数据流图的作用是什么?为什么需要一套分层的数据流图?

答: 数据流图是以图形的方式表达数据处理系统中数据的流动和被处理过程。它是从数据的角度描述它们作为输入进入系统,经各个加工,或者合并,或者分解,或者存储,

最后成为输出离开系统的整个过程。数据流图中的数据文件就是后面数据库设计的内容。

对数据处理系统来说，从数据角度观察问题一般能够较好地抓住问题的本质。

采用一套分层数据流图描述系统，可以将一个复杂的系统通过自顶向下、逐步细化的方式使我们不至于一下子陷入数据处理系统的细节，而是有控制地逐步地了解更多的细节，这有助于理解问题。

第8章

1. 在给实体加描述属性时，为什么要尽量避免实体出现空值的情况？

答：空值在数据库中是一个特殊的值，它表明该值为空缺或未知。空值是处理不完整数据或异常数据的一种方式，与数字零或空格填充的字符串不同，零和空格是值，而空值代表没有值。空值对数据库用户来说可能会引起混淆，应尽量避免。例如，假定一个部门没有负责人是可能的，可能因为负责人最近离开了，而新的负责人还没有上任。这时，部门表中该部门的"负责人"属性的值就没有定义。没有空值，就必须引入不存在的数据来描述负责人。或者在部门表中增加新的一列"当前负责人"，如果有负责人，该列的值为 Y(是)，否则，值为 N(否)。这两种方法都会令使用数据库的人感到困惑。

2. 当实体的某个属性具有多值时，为什么要把多值属性另作为一个实体考虑？

答：如果一个实体的某个属性是多值的，我们不将该属性分离出来，那么关系表中就会出现空值或大量的冗余数据。例如，职工表中的"职务"属性最多有 3 个任职，表的设计如附表 8.1 所示。

附表 8.1 职工表

职工编号	姓名	性别	出生年月	职务 1	职务 2	职务 3	…	部门
B001	王方	男	1958.8	董事长	总经理	市政协委员	…	经理室
B002	李强	男	1962.12	副总经理	科协主席		…	经理室
…	…	…	…				…	
B008	刘琴	女	1968.2	车间主任			…	化工车间
…	…	…	…				…	

可以看出，因为每个职工担任的职务可以是 0～3 个，所以表中会出现许多空值。

如果表设计成职工每担任一个职务就形成表的一条记录，那么表中就存在大量重复数据，造成数据冗余，如附表 8.2 所示。

附表 8.2 职工表

职工编号	姓名	性别	出生年月	职务 1	…	部门
B001	王方	男	1958.8	董事长	…	经理室
B001	王方	男	1958.8	总经理		
B001	王方	男	1958.8	市政协委员		

续表

职工编号	姓名	性别	出生年月	职务 1	…	部门
B002	李强	男	1962.12	副总经理	…	经理室
B002	李强	男	1962.12	科协主席		
…	…	…	…		…	
B008	刘琴	女	1968.2	车间主任	…	化工车间
…	…	…	…		…	

因此,这两种情况都不是好的设计方法。应该将“职务”属性分离出来作为一个独立实体,如果每个职工担任的职务可以是 0~3 个,而每个职务必须有 1~2 人担任(如一个科室只有一个科长,但可有两个副科长),此时职工与职务之间的联系便为多对多联系,如附图 8.1 所示。

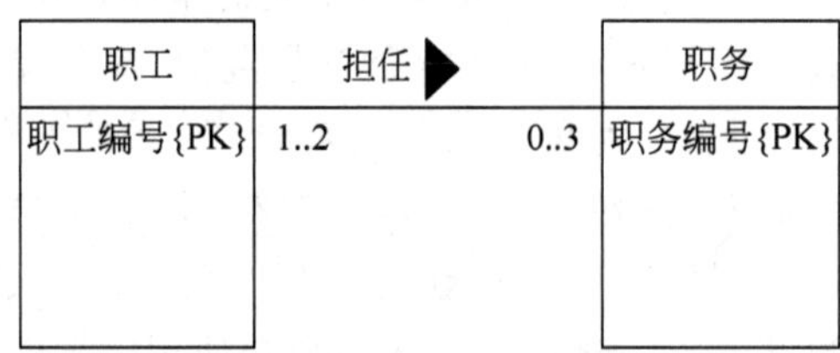

附图 8.1　职工与职务之间的多对多联系

3. 如何确定一个属性是简单属性还是组合属性?

答:确定一个属性是简单属性还是组合属性是很重要的。组合属性由简单属性组成。例如,“地址”属性可以是简单的,即把所有关于地址的细节当作一个值,例如“南京市玄武区北京东路 2 号”。但是,“地址”属性也可以是由简单属性组成的组合属性,即把地址的各成分分开,例如,把“南京市玄武区北京东路 2 号”分开为“南京市”“玄武区”“北京东路 2 号”。“地址”属性是否需要分开取决于用户的需求。如果用户不需要访问地址中的各组成部分,就可以把地址作为简单属性。如果用户需要访问地址的不同部分,例如,需要分别访问“南京市”或“玄武区”的信息,此时就必须把地址属性作为由简单属性组成的组合属性。

4. 如果有些实体包含有很多相同的属性,但其中的每个实体又有自己各自不同的属性,概念建模时如何表达这些情况?

答:如果有些实体包含有很多相同的属性,但其中的每个实体又有自己各自不同的属性,概念建模时可引入普遍化/特殊化结构(子类/超类结构)。凡是这些实体中相同的属性则放在超类中,而每个实体自己不同的属性则放在子类中。

5. 概念建模时是否可以表达导出属性?

答:如果一个属性的值可以由其他属性的值得到,则该属性称为导出属性。导出属性一般不出现在逻辑模型中,但可以出现在概念模型中。例如,“年龄”属性可以从“出生年月”属性得到,年龄是一个导出属性。导出属性如果存放在数据库中,则其值必须进行有规则地更新,如“年龄”属性就必须根据一个人的出生年月进行更新,而“出生年月”是不会改变的,因此,数据库中应该存储"出生年月"属性,在需要年龄的时候,从出生年月导出年龄。

6. 实体之间联系的语义如何表达?

答:数据库概念设计时,实体之间联系的语义主要由联系的元数、实体在联系中的角色、实体在联系中的参与度以及联系的值域等决定。

7. 传统 E-R 模型与 UML E-R 模型在表示实体参与联系的最小次数和最大次数方面有什么不同?

答:传统 E-R 模型用参与度表示实体参与联系的最小次数和最大次数。参与度表示为:$(m:n)$,m 表示实体集参与联系的最小次数。$m>0$,表示实体参与联系是非强制性的,即实体不一定参与联系;$m<0$,表示实体参与联系是强制性的,即实体一定参与联系。n 表示实体集参与联系的最大次数。

UML E-R 模型也用参与度(也称参与约束)表示实体参与联系的最小次数和最大次数。参与度表示为:*..*,左边的*表示实体集参与联系的最小次数,右边的*表示实体集参与联系的最大次数。左边的*=0 或右边的*=0 的含义同传统 E-R 模型中的参与度,不再赘述。

两种 E-R 模型在表示参与度时的位置正好相反。

8. 如每一种部件由一个厂家生产,但一个厂家生产多种部件,一种部件供应多个顾客,一个顾客可购买多种部件,试分析应建立什么样的联系?

答:根据题意,厂家与部件之间通过生产发生联系,该联系是一对多的。部件与顾客通过购买发生联系,该联系是多对多的,如附图 8.2 所示。

厂家
生产
部件
购买
顾客
厂家编号{PK}
1..1
0..*
部件编号{PK}
0..*
0..*
顾客编号{PK}

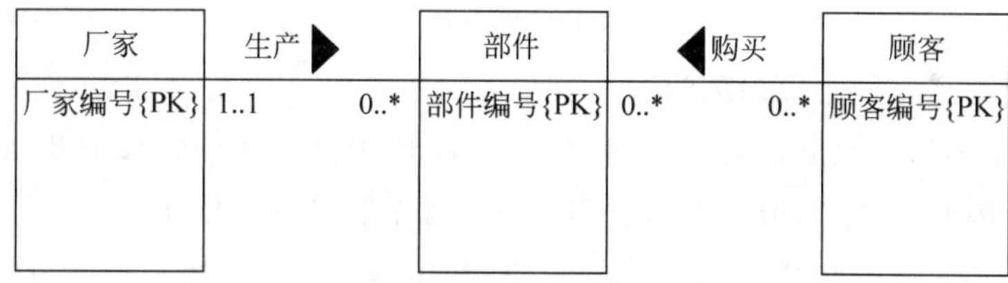

附图 8.2 厂家、部件、顾客间的联系

9. 假设在一个公司中,它的每个部门都有一辆小汽车,但只能由一定资格的人使用,如附图 8.3 的 E-R 模型所示。

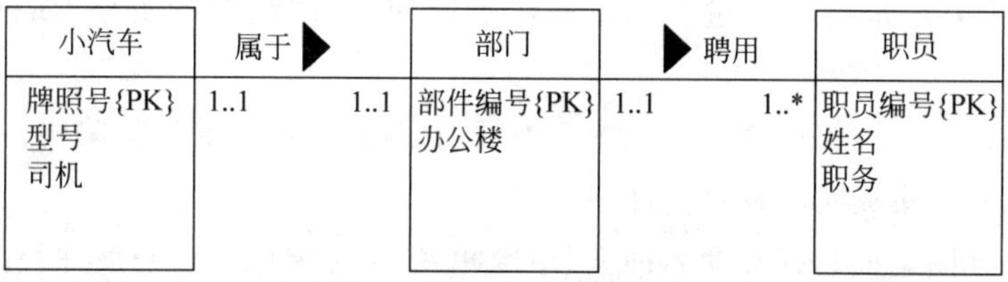

小汽车
属于
部门
聘用
职员
牌照号{PK}
型号
司机
1..1
1..1
部件编号{PK}
办公楼
1..1
1..*
职员编号{PK}
姓名
职务

附图 8.3 小汽车、部门、职员间的联系回答下面问题：

(1) 如果知道了职员编号,可否获得被使用的汽车的信息?

(2) 如果知道了汽车牌照号,能否确定哪个职员可以使用汽车?

(3) 要确定有资格使用汽车的职员还应增加什么信息?

(4) 这个 E-R 结构存在什么类型的连接陷阱? 如不改变模型图,有没有消除连接陷阱的办法?

(5) 如果以汽车被职员使用替代汽车被部门使用,有何意义?

答：该联系结构对应的值图如附图 8.3′所示。

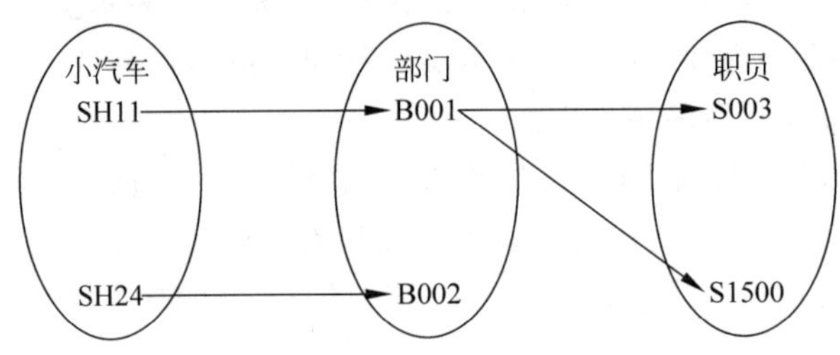

附图 8.3′　小汽车、部门、职员间联系的值图

(1) 如果知道了职员编号,根据 E-R 模型提供的联系：职员和部门之间是一对多联系,每一个职工都被聘用在一个部门工作,所以可以知道该职工所在的部门；部门和小汽车之间是一对一联系,知道部门就一定知道该部门使用的汽车。所以,知道了职员编号,可以获得被使用的汽车的信息。

(2) 如果知道了汽车牌照号,不能确定哪个职员可以使用汽车。因为不是所有职员都有资格使用汽车。虽然根据部门和小汽车之间的一对一联系,可以知道哪个部门使用该汽车,但由于部门和职员之间是一对多联系,而且职员实体中也没有提供有资格使用汽车的信息。因此,即使知道了部门也不能确定哪个职员可以使用汽车。

(3) 要确定有资格使用汽车的职员可以在汽车与职员之间增加一个新的联系“使用”来解决问题。

(4) 虽然联系的结构隐含了小汽车与职员的联系(由联系的传递性),但却没有提供哪个职员可以使用小汽车的联系路径。因此,这个 E-R 结构存在断层陷阱。如不改变模型图,其中一个方法是可以通过在职员实体上增加“使用汽车的资格”属性来消除连接陷阱。

(5) 如果以汽车被职员使用替代汽车被部门使用,可以消除连接陷阱。

10. 局部视图集成时存在哪些冲突问题?

答：局部视图集成时存在命名冲突、结构冲突、域冲突以及参与度冲突。

命名冲突有同名异义和同义异名两种。同名异义是指来自不同视图的两个不同意义的数据对象命名相同；同义异名是指来自不同视图的两个相同意义的数据对象命名不同。

结构冲突是指同一对象在不同应用中具有不同的抽象。例如,在一个视图中作为实体集,而在另一视图中可能作为属性或联系。

域冲突是指相同的属性在不同的视图中有不同的域。例如,属性在一个视图中定义为整型,而在另一个视图中定义为字符型。

约束冲突是指不同视图的相同实体可能有不同的参与约束。

因此,视图集成的任务主要是:揭示矛盾、识别共性、消除冗余、解决冲突。

11. 某个工厂有若干个仓库,每个仓库有若干职工在其中工作,每个仓库有一名职工作为管理员,每个仓库存放若干种零件,每种零件可以存放在不同的仓库中,每位职工都有一名职工作为他的领导。仓库有仓库号、仓库地址、仓库容量;职工有职工号、职工名、工种;零件有零件号、零件名、零件重量。请画出符合上述语义的 E-R 图。

解:因为工厂有若干个仓库,每个仓库有若干职工在其中工作,则仓库实体与职工实体之间通过工作发生联系,这种联系是一对多的;由于每个仓库存放若干种零件,每种零件可以存放在不同的仓库中,则仓库实体与零件实体之间通过存放发生联系,这种联系是多对多的;由于每个仓库有一名职工作为管理员,每位职工都有一名职工作为他的领导,则职工实体内部一般职工与管理员之间通过领导发生自联系。符合上述语义的 E-R 图如附图 8.4 所示。

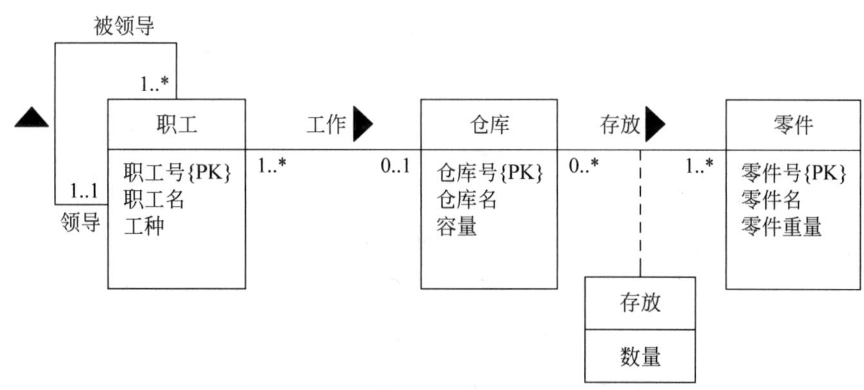

附图 8.4　仓库、职工、零件间的 E-R 图

12. 设有如下运动队和运动会两个方面的实体:

a. 运动队方面

运动队:队名、教练姓名、队员姓名

队员:队名、队员姓名、性别、项名

其中,一个运动队有多个队员,一个队员仅属于一个运动队,一个队一般都有一个教练。

b. 运动会方面

运动队:队编号、队名、教练姓名

项目：项目名、参加运动队编号、队员姓名、性别、比赛场地

其中，一个项目可由多个队参加，一个运动员可参加多个项目，一个项目一个比赛场地。

请完成如下设计：

(1) 分别设计运动队和运动会两个局部 E-R 图。

(2) 将它们合并为一个全局 E-R 图。

(3) 合并时存在什么冲突？如何解决？

解：(1) 运动队局部 E-R 图如附图 8.5 所示，运动会局部 E-R 图如附图 8.6 所示。

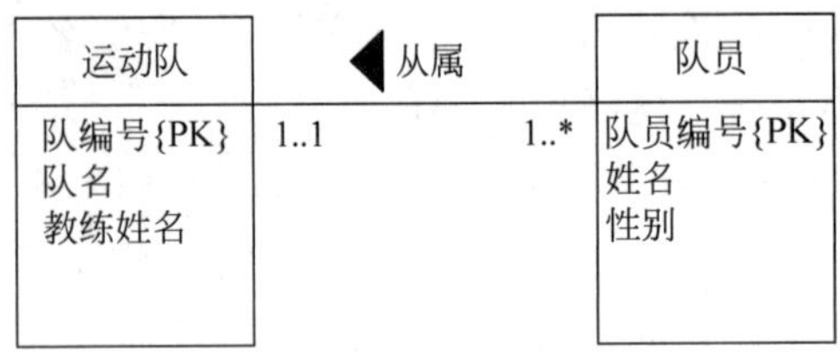

附图 8.5　运动队与队员的视图

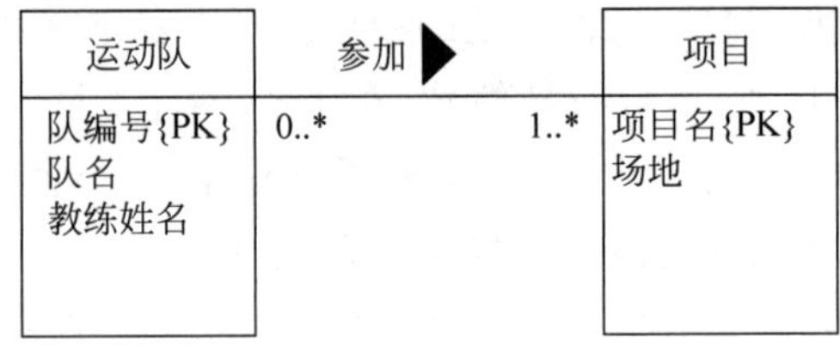

附图 8.6　运动队与项目的视图

(2) 合并后的 E-R 图如附图 8.7 所示。

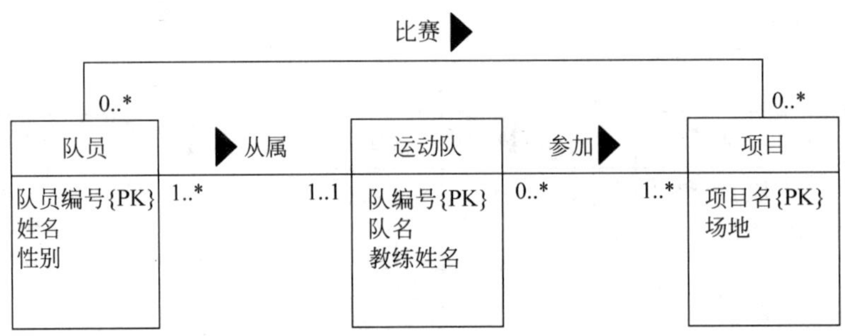

附图 8.7　合并后的视图

(3) 命名冲突：项名、项目名同义异名，将它们统一命名为项目名。

结构冲突：项目在两个局部 E-R 图中，一个作属性，一个作实体，合并统一为实体。

第 9 章

1. 规范化理论对数据库设计有什么指导意义？

答：由 E-R 图映射来的一组关系模式只是初始关系模式，有可能还会存在一些问题。为了解决这些问题，就必须用规范化理论对这组关系模式进行优化，最终获得性能良好的关系模式。

2. 关系模式是否一定需要进行优化处理？

答：并不是规范化程度越高的关系就越好。当一个应用的查询中经常涉及两个或多

个关系模式的属性时，系统必须经常地进行连接运算，而连接运算的代价是相当高的，可以说关系模式操作低效的主要原因就是做连接运算，在这种情况下，第二范式甚至第一范式也许是最好的。因此，关系模式不一定需要进行优化处理。

3. 将附图 9.1 中的 E-R 图转换为一组关系模式集。

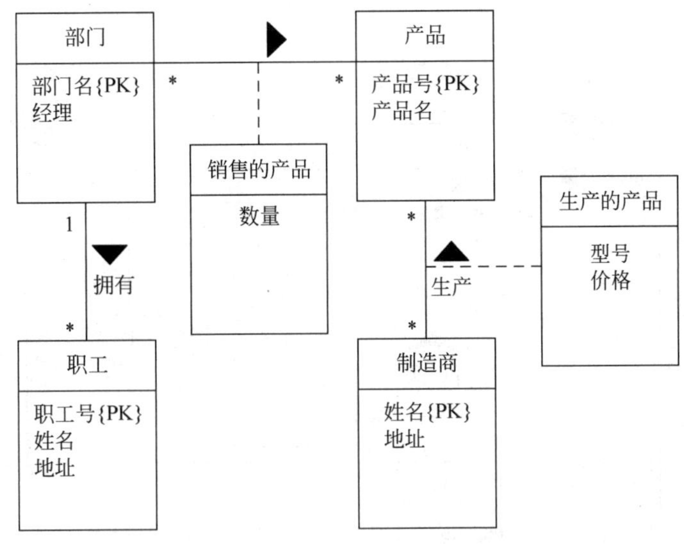

附图 9.1　E-R 图

解：根据 E-R 图到关系模型的映射规则，可得到以下一组关系模式：

职工（<u>职工号</u>，部门名，姓名，地址）

部门（<u>部门名</u>，经理）

产品（<u>产品号</u>，产品名）

制造商（<u>制造商名称</u>，地址）

销售（<u>部门名，产品号</u>，数量）

生产（<u>制造商名称，产品号</u>，型号，价格）

其中，带下划线的属性为关系的主键。

4. 将所给附图 9.2 转换为关系模式。图中所有属性都函数依赖于其主键，只有 rank→salary 例外。对某些数据可以重新命名，但需做说明。

解：根据实体和联系的映射规则，可得以下一组关系模式：

(1) Department（<u>D#</u>，name，head），FD={D#→name，D#→head}

(2) Employee（<u>E#</u>，D#，rank，salary，sex，name，birthday，skill），FD={rank→salary}

因为 E#→rank（主键决定任何非主属性），且已知 rank→salary，所以 E# $\xrightarrow{t}$ salary。

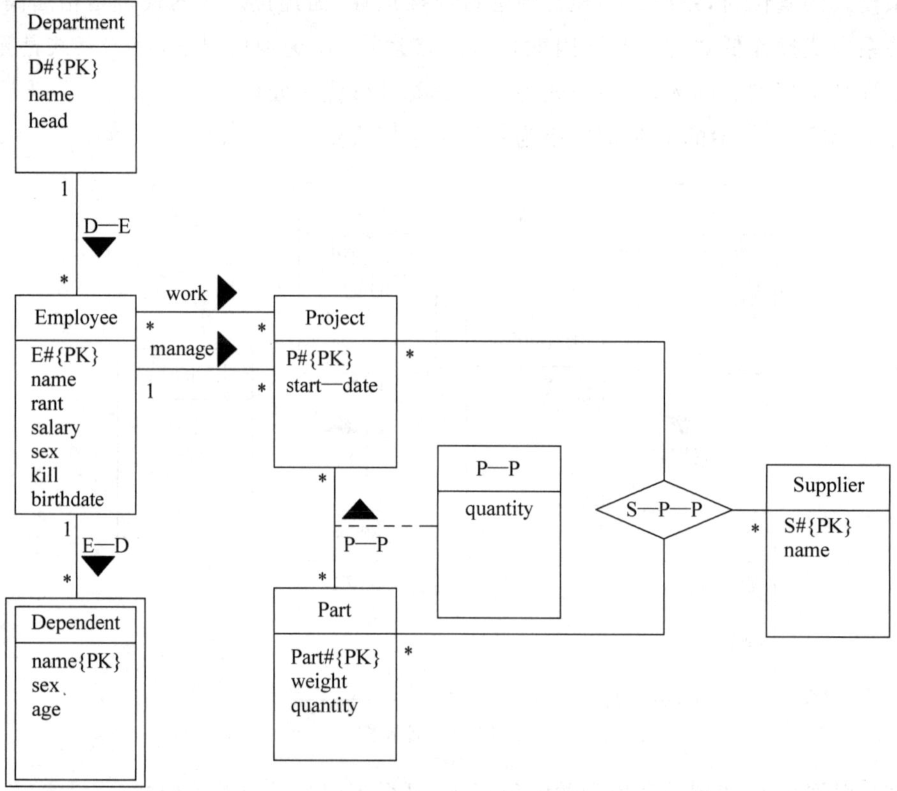

附图 9.2　E-R 图

由于关系模式 Employee 存在传递函数依赖，将 Employee 分解为 Employee'，Employee"两个关系：

Employee'(E＃，D＃，rank，sex，name，birthday，skill)

Employee"(rank，salary)

(3) Dependent(name，E＃，sex，age)

(4) work(E＃，p＃)

(5) project(p＃，E＃，start-date)

(6) P-P(p＃，part＃，quantity)

(7) Part (part＃，weight，quantity in hand)

(8) Supplier(s＃，name，…)

(9) S-P-P(p＃，part＃，s＃)

其中，带下划线的属性为关系的主键。

5. 某公司有多名销售人员负责公司的商品销售业务，每名客户可以一次性订购多种商品，每件商品都由唯一的商品号标识，则下面就是销售商品的详细订单。

商品订购单

订单号：13254687	日期：16/09/03	付款方式：现金支付	总金额：3400.00 元	
客户号：11023562	客户姓名：王帅	联系电话：4106179		
地址：大连市沙河口区黄河路 12 号		邮政编码：116001		
商品号	商品列表	规格	单价/元	总计/元
110001	海尔 29 英寸纯平彩电	T518	2500.00	2500.00
110018	华雅丽沙发	S821	700.00	700.00
120032	喜力牌电饭锅	D324	200.00	200.00
销售人员号：1125	销售人员姓名：王长江	电话号码：13024523525		

(1) 试为该公司的商品销售业务数据库设计一个优化的 E-R 图。

(2) 将 E-R 图转换为关系模式集,并写出每个关系模式的主键和外键(如果有)。

解：从订单可知,每份订单可以订购多个商品；每份订单由一个销售员签订；每个商品都有明细；不同客户可以一次性订购多种商品。

(1) 该公司的商品销售业务 E-R 图如附图 9.3 所示(省略属性)。

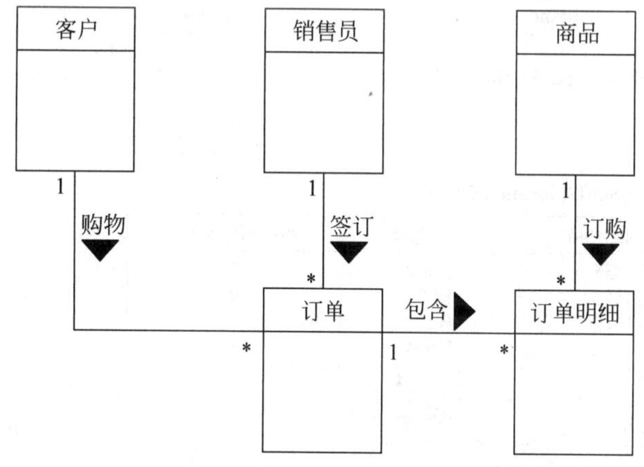

附图 9.3 商品销售业务 E-R 图

(2) 转换后的关系模式集为

客户(<u>客户号</u>,客户名,联系电话,地址,邮政编码)

销售人员(<u>职工号</u>,职工名,电话号码)

商品(<u>商品号</u>,商品名,规格,单价)

订单(<u>订单号</u>,日期,客户号,职工号,付款方式,总金额)

订单明细(<u>订单号,商品号,数量</u>)

其中：带下画线"________"的属性为主键,带下画线"________"的属性为外键。

6. 分解如附图 9.4 所示关系，使其满足 2NF。

tempStaffAllocation

staffNo	branchNo	branchAddress	name	position	hoursPerWeek
S4555	B002	City Center Plaza, Seattle, WA98122	Ellen Layman	Assistant	16
S4555	B004	16-14th Avenue, Seattle, WA98128	Ellen Layman	Assistant	9
S4612	B002	City Center Plaza, Seattle, WA98122	Dave Sinclair	Assistant	14
S4612	B004	16-14th Avenue, Seattle, WA98128	Dave Sinclair	Assistant	10

附图 9.4　每个分公司临时工每周工作分配

解：tempStaffAllocation 表的主键是{staffNo，branchNo}，所以，关系模式上存在函数依赖：

$$\{staffNo, branchNo\} \rightarrow branchAddress$$

而

$$branchNo \rightarrow branchAddress$$

$$staffNo \rightarrow \{name, position\}$$

也成立

因此，tempStaffAllocation 表存在部分函数依赖，它不是 2NF。

现在对关系进行分解，以消除部分函数依赖，所得结果如附图 9.5 所示。

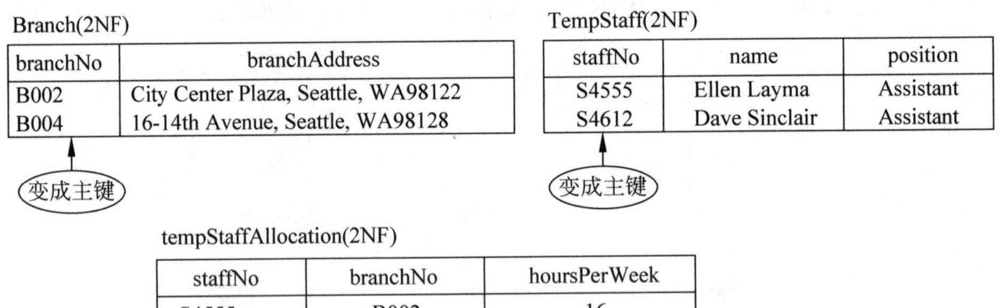

Branch(2NF)

branchNo	branchAddress
B002	City Center Plaza, Seattle, WA98122
B004	16-14th Avenue, Seattle, WA98128

TempStaff(2NF)

staffNo	name	position
S4555	Ellen Layma	Assistant
S4612	Dave Sinclair	Assistant

tempStaffAllocation(2NF)

staffNo	branchNo	hoursPerWeek
S4555	B002	16
S4555	B004	9
S4612	B002	14
S4612	B004	10

变成外键　复合主键　变成外键

附图 9.5　tempStaffAllocation 表的一个分解

分解后的 Branch 表的主键为 branchNo，函数依赖：branchNo→branchAddress，不存在部分函数依赖，Branch 表是 2NF 的。

TempStaff 表的主键为 staffNo，函数依赖：staffNo→{name，position}；不存在部分函数依赖，TempStaff 表是 2NF 的。

tempStaffAllocation 表的主键为{staffNo，branchNo}，函数依赖：{staffNo，branchNo}→hoursPerWeek，不存在部分函数依赖，tempStaffAllocation 也是 2NF 的。

第10章

1. 影响数据库物理设计的因素有哪些?

答:影响数据库物理设计的主要因素有以下几个方面:

(1) 选用的 DBMS。

(2) 应用环境。

(3) 数据本身的特性。

(4) 支持环境。

2. 什么叫簇集?什么情况下建簇集?

答:所谓簇集,就是把有关的元组集中在一个物理块内或物理上相邻的若干个物理块内,以提高对某些数据的访问速度。具体方法是将某一键值的记录存放在一起。如果这些键值经常被查询,建簇集可以提高查询速度。但是,若要按多个键值进行查询,建簇集就无意义,且浪费时间。

3. 在关系上建立索引的好处是什么?

答:在关系上建立索引可使 DBMS 快速地在文件中查找记录,并能快速地响应用户的查询。

4. 在数据库中快速访问数据,应采用什么方法?

答:在数据库中快速访问数据,应采用的方法是在文件上建立适当的索引。

5. 稠密主索引与辅助索引有何区别?

答:(1) 主索引中一系列的后续值指向的记录是连续存放的。辅助索引中一系列的后续值指向的记录不是连续存放的。

(2) 辅助索引的结构可以与主索引不同。

(3) 按主索引顺序对文件进行顺序扫描非常有效,因记录的物理存储顺序与索引顺序一致。而对辅助索引,存储文件的物理顺序与辅助索引的索引顺序不同。如按辅助键的顺序对文件进行顺序扫描,则读每一条记录都很可能需要从磁盘读入一个新的块,很慢。

6. 把附图 10.1 转换成关系数据模式。假设数据量大,有如下一些常用的数据库操作:

(1) 查询某顾客于某日所订货物的清单。

(2) 某顾客送来一新订单。

(3) 某顾客的订单已执行或终止。

(4) 查询某顾客的某订单的某项订货由哪个厂家供货。

(5) 查询产品的库存量及单价。

试根据一般物理设计原则提出初步的物理设计方案。读者可根据需要做一些合理的假定。

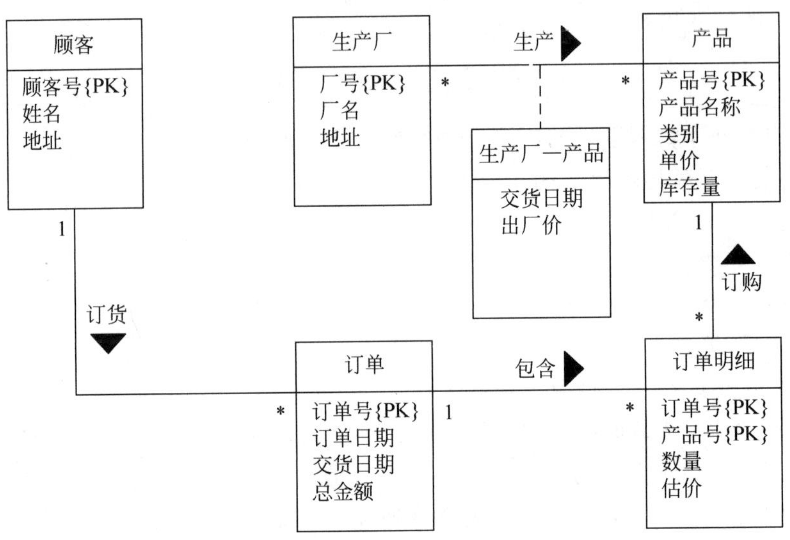

附图 10.1　E-R 图

解：根据附图 10.1 转换得到的一组关系模式如下：

顾客(顾客号,姓名,地址)

订单(订单号,顾客号,订货日期,交货日期,总金额)

订单明细(订单号,产品号,数量,估价)

产品(产品号,产品名称,类别,单价,库存量)

生产厂(厂号,厂名,地址)

生产厂—产品(厂号,产品号,出厂价,交货时期)

其中,带下画线的属性为关系的主键。

为了满足上述处理要求,根据一般物理设计原则,在每个关系的主键上建立索引。

由操作(1)可知,应对"订单"文件按"顾客号+订货日期"建立索引。

由操作(2)可知,送来的新订单数据,可直接输入订单与订单明细文件中。

由操作(3)可知,订单已执行或终止,可在"订单"与"订单明细"文件中删去该份订单。

如要查询订单执行情况,可在订单文件中增加"执行情况"属性,其值有：执行、未执行、中止。

由操作(4)可知,要实现这个处理,需将"订单""订单明细"文件按订单号连接,然后再与"生产厂—产品"文件中产品号进行连接。最后与"生产厂"文件连接得到具体厂名等信息。

由操作(5)可知,只要查"产品"文件即可。

至此,以上处理需求均可满足。

由于大部分查询是按顾客号进行的,所以这些顾客号相同的订单可考虑在物理上应尽量簇集在一起,以加快查询速度。

7. 如果大多数查询如以下形式：

```
SELECT A1,A2,…,An
FROM R
WHERE Ai = C
```

那么，为了处理这个查询，应该在关系 R 上建立什么索引比较合适？

答：对于这种形式的查询，Hash 索引结构比较合适。因为有序文件的查找所需要的时间与关系 R 中 A_i 值的个数的对数成正比。但在 Hash 结构中，平均查找时间是一个与数据库大小无关的常数。而且这种形式查询的 Hash 索引结构上的索引的唯一优点是最坏情况下的查找时间和关系 R 中 A_i 值个数的对数成正比。但是，用 Hash 索引时最坏查找时间发生的可能性极小，因而在这种情况下 Hash 索引更可取。

第11章

1. 数据库的实现主要包括哪些工作？

答：数据库的实现主要包括以下一些工作：

(1) 充分熟悉数据库的环境及所用的命令和实用程序。

(2) 确定数据库的各种参数。

(3) 定义数据库。

(4) 加载数据和建立索引。

2. 数据库的调整、重组以及重构有什么区别？

答：数据库的调整包括调整数据模式、调整索引和簇集、调整数据库运行环境以及调整数据库参数，其目的是提高系统性能。

数据库的重构主要是根据新环境调整数据库的模式和内模式、增加新的数据项、改变数据项的类型、改变数据库的容量、增加或删除索引以及修改完整性约束条件。这是一种逻辑上的调整。

数据库的重组是在数据库运行一段时间后，对数据库的物理组织进行一次全面的调整。这是物理存储位置的调整。

附录B 实验内容和实验报告

一、数据库原理与应用综合性实验

1. 实验内容
2. 实验目的
3. 基本要求

（内容详见二维码）

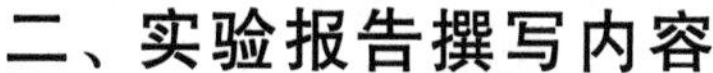

二、实验报告撰写内容

（内容详见二维码）

附录

试题讲解

单项选择题

1. 在数据管理技术的发展过程中,经历了人工管理阶段、文件系统阶段和数据库系统阶段。在这几个阶段中,数据独立性最高的是(　　)阶段。

   A. 数据库系统　　　　B. 文件系统

   C. 人工管理　　　　D. 数据项管理

2. 数据库系统的数据共享是指(　　)。

   A. 多个用户共享一个数据文件

   B. 多个用户共享同一种语言共享数据

   C. 多个应用、多种语言、多个用户相互覆盖地使用数据集合

   D. 同一个应用的多个程序共享数据

3. 在数据库中,产生数据不一致的根本原因是(　　)。

   A. 数据存储量太大　　　　B. 没有严格保护数据

   C. 未对数据进行完整性控制　　　　D. 数据冗余

4. 关系数据库中的数据模型是用(　　)实现数据之间的联系。

   A. 关系　　　　B. 指针

   C. 表　　　　D. 公共属性(或外键)

5. 在关系代数操作中,五种基本操作是(　　)。

   A. 并、差、选择、投影、自然连接

   B. 并、交、差、选择、投影

   C. 并、差、选择、投影、笛卡儿积

   D. 并、交、差、连接、笛卡儿积

6. 根据关系模型的完整性规则,一个关系中的主键(　　)。

   A. 不能有两个

   B. 不可作为其他关系的外部键

   C. 可以取空值

   D. 不可以是属性组合

7. 已知学生关系:学生(学号,性别,年龄,籍贯),若执行 SQL 语句:

```
SELECT    姓名,年龄
FROM      学生
WHERE     籍贯 = '北京'
```

说明该语句对学生关系进行了(　　)操作。

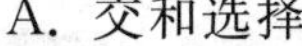

   A. 交和选择　　　　B. 投影和选择

   C. 选择和连接　　　　D. 连接和投影

8. 检索学生姓名及其所选修课程的课程号和成绩。

正确的 SQL 语句是(　　)。

A. SELECT S.SN,SC.C#,SC.GRADE
FROM S
WHERE S.S# = SC.S#

B. SELECT S.SN,SC.C#,SC.GRADE
FROM SC
WHERE S.S# = SC.GRADE

C. SELECT S.SN,SC.C#,SC.GRADE
FROM S,SC
WHERE S.S# = SC.S#

D. SELECT S.SN,SC.C#,SC.GRADE
FROM S,SC

9. 若用如下的 SQL 语句创建一个 student 表：

```
CREATE TABLE student(SNO      CHAR(4)   NOT  NULL,
                     NAME     CHAR(8)   NOT  NULL,
                     SEX      CHAR(2),
                     AGE      DEC(2,0));
```

可以插入 student 表中的记录是(　　)。

A. ('1031', '曾华',男,23)

B. ('1031', '曾华', '男',23)

C. (NULL,'曾华',男, 23)

D. ('1031',NULL, '男',23)

10. 若事务 T_i 对数据对象 R 已加 X 锁，则其他事务对数据对象 R (　　)。

A. 可以加 S 锁但不能加 X 锁

B. 不能加 S 锁但可以加 X 锁

C. 可以加 S 锁也可以加 X 锁

D. 不能加任何锁

11. 数据库系统中，日志文件主要是用来记录(　　)。

A. 程序执行的结果

B. 程序的运行过程

C. 数据操作

D. 事务对数据的所有更新操作

12. 并发控制的主要技术是(　　)。

A. 备份　　B. 日志

C. 封锁　　D. 授权

13. 下列说法不正确的是(　　)。

A. 后援副本和后备副本是一个概念

B. 事务和程序是一个概念

C. 数据库的转储工作由 DBA 完成

D. ROLLBACK 表示事务非正常的提交

14. 某学校规定，每个学期学生至少选修 1 门课程，最多选修 6 门课；每一门课程至多有 50 人选修，可以没人选。由此可知，在学生与课程的联系中，学生与课程的参与度分别是(　　)。

A. (0..50),(1..6)　　B. (0..50),(6..1)

C. (1..6),(0..50)　　D. (1..6),(50..0)

15. 关于“死锁”，下列说法中正确的是(　　)。

A. 死锁是操作系统中的问题

B. 在数据库操作中防止死锁的方法是禁止两个用户同时操作数据库

C. 当两个用户竞争相同资源时不会死锁

D. 只有出现并发操作时，才有可能出现死锁

16. 数据库安全性遭到破坏的情况是属于下面哪一种？(　　)

A. 用户读取未提交事务修改过的“脏数据”

B. 由于系统断电而破坏了数据库中的数据

C. 非法用户读取数据库中的数据

D. 丢失更新问题

17. 如果有两个事务，同时对数据库中同一数据对象进行操作，不会引起冲突的操作是(　　)。

A. 其中有一个是 DELETE

B. 一个是 DELETE，另一个是 UPDATE

C. 两个都是 DELETE

D. 两个都是 UPDATE

18. 关系 $R(ABCDE)$ 中，$F=\{A\rightarrow DCE, D\rightarrow E\}$，该关系属于(　　)。

A. 1NF　　B. 2NF

C. 3NF　　D. BCNF

19. 关系模式规范化有多种范式，以下各范式之间关系正确的为(　　)。

A. BCNF⊆4NF⊆3NF⊆2NF⊆1NF

B. 1NF⊆2NF⊆3NF⊆4NF⊆BCNF

C. 4NF⊆BCNF⊆3NF⊆2NF⊆1NF

D. 1NF⊆2NF⊆3NF⊆BCNF⊆4NF

20. 在关系规范化过程中，消除了(　　)使得 2NF 变成了 3NF。

A. 部分函数依赖

B. 传递函数依赖

C. 部分函数依赖和传递函数依赖

D. 完全函数依赖

简 答 题

1. 目前大多数 DBMS 都采用关系数据模型存放数据,请问关系数据模型有哪些优点和不足?

2. 基表与视图的区别与联系是什么?

3. 事务不遵守 ACID 准则,将对数据库产生何种后果?为什么在一般不涉及数据库的程序中不提 ACID 准则?

4. 说明事务提交规则和先记后写规则对更新事务的必要性。

5. 与基于网状、层次数据模型的数据库管理系统相比,关系数据库管理系统的查询处理有什么本质的不同?

6. 什么叫死锁?如何对付死锁?DBMS 如何处理死锁?

7. 数据库的完整性和一致性有何异同点?

8. 数据库的完整性与数据库的安全性有什么区别和联系?

9. 数据库概念设计中,为什么要进行视图集成,视图集成的方法是什么?

10. 什么叫数据与程序的物理独立性?什么叫数据与程序的逻辑独立性?为什么数据库系统具有数据与程序的独立性?

题 1　题 2　题 3　题 4　题 5

题 6　题 7　题 8　题 9　题 10

计 算 题

1. 关系 R、S 如下所示。试求下列关系代数运算结果。

(1) $\Pi_{3,4}(\sigma_{3=c2}(R))-S$

(2) $R \underset{c}{\bowtie} S$,其中,$c=(R.3=S.1)\text{AND}(R.4=S.2)$

(3) $(\Pi_{1,2}(R)\times S)-R$

R

1	2	3	4
a_1	b_1	c_1	d_1
a_1	b_1	c_2	d_2
a_1	b_1	c_3	d_3
a_2	b_2	c_1	d_1
a_2	b_2	c_2	d_2
a_3	b_3	c_1	d_1

S

1	2
c_1	d_1
c_2	d_2

2. 现有船员关系：*S*1(船员号,船员名,等级,年龄)

订船关系：*R*1(订船船员编号,船号,租用日期)

*S*1

sid	sname	rating	age
22	dustin	7	45.0
31	lubber	8	55.5
58	rusty	10	35.0

*R*1

sid	bid	day
22	101	10/10/96
58	103	11/12/96

试求下列关系代数运算结果。

(1) $\pi_{\text{sname,rating}}(\sigma_{\text{rating}>8}(\text{S1}))$

(2) $S1 \bowtie_{S1.\text{sid}<R1.\text{sid}} R1$

(3) $S1 \bowtie R1$

3. 假设有 4 个关系 *A*、*B*1、*B*2、*B*3,如下所示。

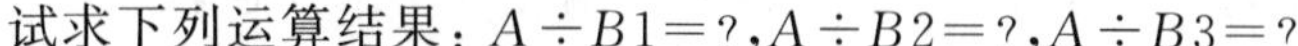

试求下列运算结果：$A\div B1=?$,$A\div B2=?$,$A\div B3=?$

A

sno	pno
*s*1	*p*1
*s*1	*p*2
*s*1	*p*3
*s*1	*p*4
*s*2	*p*1
*s*2	*p*2
*s*3	*p*2
*s*4	*p*2
*s*4	*p*4

*B*1

pno
*p*2

*B*2

pno
*p*2
*p*4

*B*3

pno
*p*1
*p*2
*p*4

4. 假设有关系 R 和 S,如下所示,求 $R \div S$。

R

A	B	C	D
a_1	b_2	c_3	d_5
a_1	b_2	c_4	d_6
a_2	b_4	c_1	d_3
a_3	b_5	c_2	d_8

S

C	D	F
c_3	d_5	f_3
c_4	d_6	f_4

5. 假设有学生关系 S(SNO,SNAME,…),课程关系 C(CNO,CNAME,…),选课关系 SC(SNO,CNO,…)。请用关系代数表达式写出查询选修了全部课程的学生学号和姓名。

编 程 题

1. 假设有下列三个关系:

Sailors(sid, sname, rating, birth, master)/*分别为水手的编号、名字、级别、出生日期、师父的编号,每个水手的师父也是水手*/

Boats(bid, bname, color) /*分别为船的编号、名字、颜色*/

Reserves(sid, bid, day) /*分别为订船水手编号、所订船编号、日期*/

试写出表达下列查询要求的 SQL 语句:

(1) 用连接查询查预定了编号大于 103 的蓝色船的水手姓名。

(2) 查询只有一人预订的蓝色船的姓名。

(3) 查询预订了所有船的水手姓名。

(4) 查询没有人预订的蓝色船的名字。

(5) 按水手级别查询各级别水手预订红色船的总数。

(6) 查找水手 John 的所有徒弟的编号和姓名。

2. 假设规定每个水手最多收三名徒弟,编写一个触发器,监控 Sailors 表上的 insert 操作,对添加的每条记录判断其师父水手是否满足该约束(如果有师父水手),若不满足约束,执行卷回操作。

Sailors

sid	sname	rating	birth	master
S001	Jackson	3	1968-12-03	Abbas
S002	John	10	1975-06-15	Jackson
S003	Dailey	8	1983-09-21	John
S004	Abbot	7	1982-07-01	Jackson
S005	Halley	5	1992-04-06	John
S006	Mac	6	1990-01-28	John
…	…	…	…	…

3. 如果在 Sailors 表上经常进行水手删除操作，为了提高性能和方便用户，请编写一个存储过程，供以后需要时在宿主语言中直接调用(使用第 1 题的 Sailors、Boats、Reserves 三张表)。

设 计 题

1. 假设某超市公司要设计一个数据库系统来管理该公司的业务信息，该超市的业务管理规则如下：

(1) 该超市公司有若干仓库和若干连锁商店，供应若干商品。

(2) 每个商店有一个经理和若干收银员，每个收银员只在一个商店工作。

(3) 每个商店销售多种商品，每种商品可在不同的商店销售。

(4) 每个仓库可存放多种商品，每种商品也可存放在不同的仓库。

(5) 每种商品有一个商品编号，每个商品编号只有一个商品名称，但不同的商品编号可以有相同的商品名称。每种商品在不同商店可以有不同的销售价格。

试按上述规则设计数据库：

a. 给出集成后的 E-R 模式；

b. 将其转换为一组关系模式集(各关系的属性自定)；

c. 指出每个关系模式的主键和外键；

d. 指出每个关系属于第几范式；

e. 编写一个触发器，监视每种商品库存量的更新，一旦更新后的库存量出现负值，则拒绝此操作。

2. 下面是一个用于工程管理的关系 R，请判断 R 为第几范式？是否存在操作异常？若存在，则将其分解为 3 范式以上关系。

工 程 号	材 料 号	数 量	开 工 日 期	完 工 日 期	价 格
P1	I1	4	9805	9902	250
P1	I2	6	9805	9902	300
P1	I3	15	9805	9902	180
P2	I1	6	9811	9912	250
P2	I4	18	9811	9912	350

3. 假设某一酒店集团，在全国 10～20 座城市拥有 20～30 个酒店，每个酒店有 400～600 间客房。客户可以采用电话方式预订客房，也可以上网注册预订。无论采用哪种预订方式，都需要客户给出酒店地点、客房类型、预订房间数、预住日期、预定天数、预定人姓名等信息。一旦有满足要求的客房信息，客户就会通过网上预订系统或电话进行预定。

试按上述规则设计满足客房预订需求的数据库：

a. 给出集成后的 E-R 模式；

b. 将其转换为一组关系模式集(各关系的属性自定)；

c. 指出每个关系模式的主键和外键；

d. 指出每个关系属于第几范式。

4. 在格莱美获奖音乐信息管理应用中，关于每首获奖歌曲有编号、歌名、获奖年份、歌词等信息，关于每位歌手有编号、姓名、出生日期、国籍、乐坛简历等信息，假设每位歌手可能有多首主唱歌曲获奖，而每首歌曲也可能有多位主唱歌手(比如组合)，如果需要根据歌手姓名、歌名、获奖年份等各种线索查询格莱美获奖音乐的相关信息，应如何设计数据库中的表？说明你的理由。

5. 如果一个单位要设计一个存放关于学生面试信息的数据库。

假设：任何一个学生可以申请任何一个地方的任何一个职位。一个学生可申请 1～3 个职位；招聘单位通过三次面试决定是否录用学生。

该系统应能提供学生基本信息查询、职位信息查询、工作地点信息查询、某个学生选择某个地方某个职位的信息以及各次面试结果查询。例如，中兴通讯公司提供南京、上海、西安、深圳等地分公司供选择，而每个地方提供的职位都一样。

请设计一个数据库方案(包括概念设计、逻辑设计)，要求尽量避免表中出现空值的情况。指出每张表的主键和外键，判断各关系最高属于第几范式。

综合应用题

某高校举行运动会，要求建立一个简单的数据库应用管理系统管理学生的比赛成绩。运动会规定：每个学生可以参加多个项目，每个项目可以有多个学生参加。

(1) 给出运动会比赛成绩管理的概念设计和逻辑设计。

(2) 根据题目要求，写出以下的 SQL 语句。

a. 写出创建学生参与项目表的 SQL 代码。

b. 从学生参与项目表中删除学生“张三”参与比赛项目的记录(假设只有一个“张三”)。

c. 为学生参与项目表添加一条记录，学号为“xh001”的学生参与了编号为“xm001”的运动项目，但没有成绩。

d. 查询“计算机”学院的学生参加了哪些运动项目，只需将运动项目名称列出，去除重复记录。

e. 查询各个院系学生的“跳高”项目比赛的平均成绩(不要求输出比赛项目的计分单位)。

f. 建立“计算机”学院所有男生的信息视图 JSJ_M_Student。

g. 回收用户“李明”对 sports 表的查询权限。

(3) 用关系代数表达式表达以下查询：

a. 查询参加“跳高”的学生的姓名。

b. 查询参加了所有运动项目的学生姓名。

参 考 文 献

[1] 王能斌. 数据库系统教程(上册)[M]. 北京：电子工业出版社，2002.

[2] Connolly T M，Begg C E. 数据库设计教程[M]. 北京：机械工业出版社，2003.

[3] Silberschatz A，Korth H E，Sudarshan S. 数据库系统概念[M]. 4 版. 北京：机械工业出版社，2003.

[4] 王能斌，董逸生. 数据库设计与实现[M]. 武汉：华中科技大学出版社，1993.

[5] 刘亚军，高莉莎. 数据库设计与应用[M]. 北京：清华大学出版社，2007.

[6] 刘亚军，高莉莎. 数据库原理与设计——习题与解析[M]. 北京：清华大学出版社，2005.

[7] 刘亚军，高莉莎. 数据库原理与应用——习题与解析[M]. 北京：清华大学出版社，2013.

[8] 王珊，李盛恩. 数据库基础与应用[M]. 北京：人民邮电出版社，2002.

[9] 覃雄派，王会举，李芙蓉，等. 数据管理技术的新格局[J]. 软件学报，2013，2(24)：175-197.

[10] 覃雄派，王会举，杜小勇，等. 大数据分析——RDBMS 与 MapReduce 的竞争与共生[J]. 软件学报，2012，23(1)：32-45.

[11] 李战怀，王国仁，周傲英. 从数据库视角解读大数据的研究进展与趋势[J]. 计算机工程与科学，2013，35(10)：1-11.

图书资源支持

感谢您一直以来对清华大学出版社图书的支持和爱护。为了配合本书的使用，本书提供配套的资源，有需求的读者请扫描下方的“书圈”微信公众号二维码，在图书专区下载，也可以拨打电话或发送电子邮件咨询。

如果您在使用本书的过程中遇到了什么问题，或者有相关图书出版计划，也请您发邮件告诉我们，以便我们更好地为您服务。

我们的联系方式：

地　　址：北京市海淀区双清路学研大厦 A 座 701

邮　　编：100084

电　　话：010-83470236　010-83470237

资源下载：http://www.tup.com.cn

客服邮箱：tupjsj@vip.163.com

QQ：2301891038（请写明您的单位和姓名）

教学资源・教学样书・新书信息

人工智能科学与技术
人工智能|电子通信|自动控制

资料下载・样书申请

书圈

用微信扫一扫右边的二维码，即可关注清华大学出版社公众号。